高等院校网络教育教材

计算机应用基础教程

高万萍　吴玉萍　主编

清华大学出版社
北京

内 容 简 介

本书是在上海交通大学网络教育学院自编教材《计算机基础教程》的基础上,根据教育部全国高校网络教育考试委员会制定的"计算机应用基础"考试大纲(2010 年修订版)改编而成的,主要内容包括:计算机基础知识、Windows XP 操作系统及其应用、Word 2003 文字编辑、Excel 2003 电子表格、PowerPoint 2003 电子演示文稿、计算机网络基础、Internet 应用、计算机安全、计算机多媒体技术等。

本书内容涵盖了课程考试大纲中规定的全部知识点,重点突出,通俗易懂,范例翔实。每章备有大量练习题,并配有与之对应的实验指导用书。

本书既可作为网络教育本科层次计算机应用基础课程的教材,也可作为高等院校各专业计算机基础课程教学用书和自学参考书。

图书在版编目(CIP)数据

计算机应用基础教程/高万萍,吴玉萍主编. —北京:清华大学出版社,2011.4
(高等院校网络教育教材)
ISBN 978-7-302-24970-2

Ⅰ. ①计… Ⅱ. ①高… ②吴… Ⅲ. ①电子计算机—高等学校—教材 Ⅳ. ①TP3

中国版本图书馆 CIP 数据核字(2011)第 029235 号

责任编辑:束传政
责任校对:袁　芳
责任印制:何　芊

出版发行:清华大学出版社		地　　　址:北京清华大学学研大厦 A 座	
http://www.tup.com.cn		邮　　编:100084	
社　总　机:010-62770175		邮　　购:010-62786544	
投稿与读者服务:010-62776969,c-service@tup.tsinghua.edu.cn			
质　量　反　馈:010-62772015,zhiliang@tup.tsinghua.edu.cn			

印　刷　者:北京富博印刷有限公司
装　订　者:北京市密云县京文制本装订厂
经　　　销:全国新华书店
开　　　本:185×260　印　张:23.75　字　数:558 千字
版　　　次:2011 年 4 月第 1 版　印　次:2011 年 12 月第 2 次印刷
印　　　数:5001～7000
定　　　价:45.00 元

产品编号:040168-01

前言

"计算机应用基础"课程是全国网络高等学历教育公共基础课程之一,是现代远程教育试点高校网络教育的全国统一考试科目。本书是根据全国高校网络教育考试委员会"计算机应用基础"课程考试大纲(2010年修订版)编写的网络教育本科教材,内容涵盖了考试大纲中规定的各个部分。

自1999年现代远程教育试点工作开展以来,我国网络教育蓬勃发展。为了进一步加强网络教育的规范管理,确保网络教育人才培养的质量,2005年教育部决定对现代远程教育试点高校网络教育学生的"计算机应用基础"课程实行全国统一考试。这方面的教材虽然很多,但真正适合网络教育学生使用的教材基本没有。2005年秋,上海交通大学网络教育学院组织了多位有丰富远程教育教学经验的一线教师,在总结多年"计算机应用基础"课程教学经验的基础上,遵循网络教育应用型人才的培养目标,针对从业人员继续教育的特点,根据全国高校网络教育"计算机应用基础"课程考试大纲编写了符合网络教育特点的《计算机基础教程》一书,作为上海交通大学网络教育学院"计算机应用基础"课程的校内教材。本教材符合远程教育的特点,内容紧密围绕统考大纲,经过多届共计3万名学生的使用,反映良好,教学效果非常显著,在全国"计算机应用基础"课程共15次统一考试中,上海交通大学网络学院历次成绩均居全国榜首,平均通过率高达96.43%。

为了适应计算机技术的快速发展,围绕全国高校网络教育"计算机应用基础"课程考试大纲的两次修订,结合近年来教材使用的实际情况,我们对原教材进行了多次改版及修订。按照"加强基础、提高能力、重在应用"的原则,调整教材结构和内容,将其中的Windows 2000改成了Windows XP,将Office 2000改成了Office 2003,并精心编写了许多应用实例。为了更好地配合任课教师在实验环节上的教学,加强学生计算机应用能力和计算机综合能力的训练,我们还编写了本书的配套教材《计算机应用基础实训指导》。

本书以面向实际应用为目标,介绍了计算机基础知识和应用技能,以Windows XP操作系统、Office办公软件、Internet应用以及多媒体工具的使用为重点,力求将计算机基础理论知识的学习和应用能力的培养相结合,为学生将来的工作和学习奠定扎实的基础。

本教材建议学时数为72学时,其中包含16学时上机实践,教师可根据实际需要对授课内容进行取舍。

本书由高万萍、吴玉萍老师主编,高万萍负责全书的总体规划和内容组织,高万萍、吴玉萍老师负责对全书进行统稿、修改和定稿。书中各章节分别由高万萍、吴玉萍、叶强、周伟编写及审核。

在本书的编写过程中，我院教师东嘉、朱晓文、宋臻等在素材整理、Flash 演示课件制作方面给予了很大帮助，在此对他们表示诚挚的谢意。

由于计算机技术的飞速发展，加上编者水平有限，疏漏和不当之处在所难免，恳请广大读者不吝赐教。

编　者

2010 年 11 月

目 录

第1章

计算机基础知识

1.1 计算机的基本概念

1.1.1 计算机的诞生和发展历史

计算机离我们越来越近,已经成为我们工作、生活的一部分。打开计算机,您就可以打字、画画、听音乐、玩游戏、看电影……有很多的应用。目前最热门也是非常有现实意义的应用是 Internet 网络应用。在您足不出户就可以畅游世界的时候,那份计算机带给您的欣喜一定是无法用言语来表达的,只有置身其中,置身于奇妙的计算机世界,您才能感觉到网络时代的节奏和脉搏。

世界上第一台电子数字式计算机于 1946 年 2 月 15 日在美国宾夕法尼亚大学研制成功,它的名称叫 ENIAC(埃尼阿克),是电子数值积分式计算机(The Electronic Numberical Intergrator And Computer)的缩写。它使用了近 18000 个真空电子管,耗电 170 千瓦,占地 150 平方米,重达 30 吨,每秒钟可进行 5000 次加法运算。图 1-1 所示是放置这台计算机的房间全景。虽然它的运算速度还比不上今天最普通的一台微型计算机,但在当时它是运算速度方面绝对的冠军,并且其运算的精确度和准确度是史无前例的。以圆周率(π)的计算为例,中国的古代科学家祖冲之利用算筹,耗费 15 年心血,才把圆周率计算到小数点后 7 位数。一千多年后,英国人香克斯以毕生精力计算圆周率,才计算到小数点后 700 多位。而使用 ENIAC 进行计算,仅用了 40 秒就达到了这个纪录,还发现在香克斯的计算中,第 528 位是错误的。

图 1-1　ENIAC 计算机

ENIAC 奠定了电子计算机的发展基础,在计算机发展史上具有划时代的意义,它的问世标志着电子计算机时代的到来。

ENIAC 诞生后,数学家冯·诺依曼提出了重大的改进理论,主要有两点:其一,电子计算机应该以二进制为运算基础;其二,电子计算机应采用"存储程序"方式工作,并且进一步明确指出了整个计算机的结构应由五个部分组成,即运算器、控制器、存储器、输入装置和输出装置。

冯·诺依曼提出的理论,解决了计算机运算自动化的问题和速度匹配问题,对后来计算机的发展起到了决定性的作用。直至今天,绝大部分的计算机还是采用冯·诺依曼方式工作。

在 ENIAC 诞生后短短的几十年间,计算机的发展突飞猛进。其主要电子器件相继使用了真空电子管,晶体管,中、小规模集成电路和大规模、超大规模集成电路,并引起计算机的几次更新换代。每一次更新换代都使计算机的体积和耗电量大大减小,功能大大增强,应用领域进一步拓宽。特别是体积小、价格低、功能强的微型计算机的出现,使得计算机迅速普及,进入了办公室和家庭,在办公自动化和多媒体应用方面发挥了很大的作用。目前,计算机的应用已扩展到社会的各个领域。

根据采用的基本元器件的不同,我们将计算机的发展过程分成以下几个阶段。

(1) 第一代计算机(1946—1957 年)主要元器件是电子管,其主要贡献是:

- 确立了模拟量可变化为数字量进行计算,开创了数字化技术的时代。
- 形成了电子数字计算机的基本结构——冯·诺依曼结构。
- 确定了程序设计的基本方法。
- 开创了使用 CRT(Cathode-Ray Tube)作为计算机的字符显示器。

(2) 第二代计算机(1958—1964 年)用晶体管代替了电子管,其主要贡献是:

- 开创了计算机处理文字和图形的新阶段。
- 出现高级语言。
- 出现通用计算机和专用计算机的区别。
- 鼠标开始作为输入设备出现(主要在一些图形工作站上)。

(3) 第三代计算机(1965—1970 年)以中、小规模集成电路取代了晶体管,其主要贡献是:

- 操作系统更加完善。
- 运算速度达到 100 万次/秒以上。
- 机器的种类开始根据性能被分为巨型机、大型机、中型机和小型机。
- 较好地解决了硬件更新过程中的兼容性问题。

(4) 第四代计算机(1971 年至今)采用大规模集成电路和超大规模集成电路,其主要贡献是:出现了微机——微型计算机,计算机开始走入家庭。

从 1971 年至今,虽然没有大家公认的五代机的诞生,但计算机还是在持续发展中。尤其是微型计算机,以其体积小、性能稳定、价格低廉、对环境要求低等特点,发展十分迅速。

从 1971 年 Intel 公司率先推出 4004 微处理器之后,微处理器的结构、性能一直在快速发展中。微型计算机的字长从 4 位、8 位、16 位、32 位到 64 位,速度越来越快,存储容量越来越大,其性能指标已经赶上甚至超过 20 世纪 70 年代的中、小型机的水平。

目前,已经进入网络时代的计算机集文字、图形、声音、视频处理于一体。1993 年美国"信息高速公路"计划的提出,促进了计算机与通信的结合,形成了各种规模的计算机网络,从局域网、城域网、广域网到国际互联网,计算机发展前景广阔。

1.1.2　计算机的分类

计算机的种类很多,确切地分类很困难。分类标准有很多,常见的分类标准如下所述。

1. 按信号分类

(1) 数字电子计算机

数字(digital)电子计算机以数字量(也叫不连续量)作为运算对象并进行运算,与模拟量电子计算机相比,其精确度高,具有存储和逻辑判断能力。计算机的内部操作和运算是在程序的控制下自动完成的。

一般情况下,若不做说明,"计算机"指的就是数字电子计算机。

(2) 模拟电子计算机

模拟电子计算机是以模拟量(连续变化的量)作为运算量的计算机。在计算机发展的初期,它具有速度快的特点,但精确度不高。随着数字电子计算机的发展,其运算速度越来越快,相比之下,模拟电子计算机的优点已不复存在,缺点却依然存在,所以现在已经很少使用。

(3) 数模混合计算机

数模混合计算机兼具数字电子计算机和模拟电子计算机的特点,既可以输入、输出并处理数字量,也可以输入、输出并处理模拟量。

2. 按设计目的分类

(1) 通用计算机

通用计算机是指用于解决各类问题而设计的计算机。通用计算机要考虑各种用途的情况,既可以进行科学计算,又可以进行数据处理,是一种用途广泛、结构复杂的计算机。

(2) 专用计算机

专用计算机是为某种特定用途而设计的计算机,如用于数字机床控制、用于专用游戏机控制等。专用计算机针对性强,其结构相对简单,效率高,成本低。

3. 按用途分类

计算机按用途划分,可以分为用于科学计算的、用于军事的、用于工业控制的、用于数据处理的、用于信息管理的、用于计算机辅助设计/辅助制造/辅助教学的计算机等。

4. 按规模大小分类

计算机按规模大小划分,可以分为巨型计算机、大型计算机、中型计算机、小型计算机、微型计算机。

1.1.3　计算机的主要特点

计算机的基本工作特点是快速、准确和通用。由于计算机具有强大的算术运算和逻辑运算能力,因此计算机能够解决各种复杂的问题。

1. 计算机具有自动控制的能力

计算机中可以存储大量的数据和程序。存储程序是计算机工作的一个重要原则,这是计算机能自动处理的基础。

计算机由存储的程序控制其操作过程,只要根据应用的需要,事先编写好程序并输入计算机,计算机就可以自动连续地工作,完成预定的处理任务。

2. 计算机具有高速运算的能力

现代计算机的运算速度最高可以达到每秒几万亿次,即便是个人电脑,运算速度也可以达到每秒几亿次。

3. 计算机具有记忆(存储)的能力

计算机拥有容量很大的存储装置,它不仅可以存储处理所需要的原始数据、中间结果与运算结果,还可以存储程序员编写的指令——程序。

计算机不仅可以存储用于算术运算的数值数据,还可以存储不能用于算术运算的文本数据和多媒体数据,并对这些数据进行加工、处理。

4. 计算机具有很高的计算精度

因为计算机采用数字量进行运算,并且采用各种自动纠错方式,所以准确性相当高。随着字长的增加,浮点数的精确度越来越高(即有效数位越来越长)。

5. 计算机具有逻辑判断的能力

计算机除了可以进行算术运算,还可以进行逻辑运算。

6. 通用性强,用途广泛

计算机可以在各行各业广泛应用。对于同一台通用计算机,只要安装不同的软件,就可以运用在不同的场合,完成不同的任务。

1.1.4　计算机的主要用途

计算机的应用领域十分广泛,从军事到民用,从科学计算到文字处理,从信息管理到人工智能,大致分为下述几个方面。

1. 科学计算

数值计算是计算机最早应用的领域。第一台计算机就是用于弹道计算的,以后如天气预报、人造卫星、原子反应堆、导弹、建筑、桥梁、地质、机械等方面都离不开大型高速计算机。计算机根据公式模型进行计算,其工作量大,精确度高,速度快,结果可靠。利用计算机进行数值计算,可以节省大量人力、物力和时间。

2. 数据处理

数据处理是现在计算机应用最广泛的领域,是一切信息管理、辅助决策的基础。计算机可以对各种各样的数据进行处理,包括文本型数据和多媒体数据的输入(采集)、传输、加工、存储和输出等。信息管理系统(MIS)、决策支持系统(DSS)、专家系统(ES)以及办公自动化系统(OA)都需要数据处理的支持。例如,企业信息系统中的生产统计、计划制订、库存管理以及市场销售管理等;人口信息系统中数据的采集、转换、分类、统计、处理以及输出报表等。

3. 实时控制

实时控制有时也称为自动控制。实时控制主要用在工业控制和测量方面,对控制对象进行实时的自动控制和自动调节。例如,大型化工企业中自动采集工艺参数,进行校验、比较以控制工艺流程;大型冶金行业的高炉炼钢控制;数控机床控制;电炉温度闭环控制等。使用计算机控制可以降低能耗,提高生产效率及产品质量。

4. 计算机辅助系统

计算机辅助系统可以帮助人们更好地完成学习、工作等任务。例如,计算机辅助设计(CAD)就是利用计算机的特点,使得绘图质量高、速度快,修改方便,大大提高了设计效率。它不仅仅被用在产品设计上,还可以用于一切需要图形的领域——计算机模拟,以及制作地图、广告、动画片等。

除了计算机辅助设计(CAD)外,还有计算机辅助制造(CAM)、计算机辅助工程(CAE)、计算机辅助教学(CAI)和计算机集成制造系统(CIMS)等。

5. 人工智能

人工智能是利用计算机来模仿人的高级思维活动,如智能机器人、专家系统等。这是计算机应用中难度较大的领域之一。

此外,还有如联机检索、网络应用、电子商务等应用领域。

1.1.5　信息的基本概念

信息是各种事物的变化和特征的反映,是人们由客观事物得到的,使人们能够认知客观事物的各种消息、情报、数字、信号、图像、声音等所包含的内容。

从人的角度来看,数据是信息的载体,是客观事物的属性的表示。可以分为数值或非数值数据。对计算机而言,数据是指能够被其处理的经过数字化的信息。例如,病历卡上记载病人的体温为39℃,这就是数据。数据39℃本身是没有意义的,当数据以某种形式经过处理、描述或与其他数据进行比较时,才能成为信息。某个病人的体温是39℃,这才是信息,信息是有意义的。

在计算机领域,信息经过转换成为计算机能够处理的数据,计算机经过对这些数据的处理后作为问题的解答输出这些数据。

1.1.6　计算机的发展方向

计算机的应用能力有力地推动了经济的发展和科学技术的进步,同时也对计算机技术提出了更高的要求。以超大规模集成电路为基础,未来的计算机将向巨型化、微型化、网络化与智能化四个方向发展。

1.2　计算机系统

1.2.1　计算机系统的组成

计算机系统包括硬件系统和软件系统两大部分,如图1-2所示。

硬件是指组成计算机的各种物理设备,也就是那些看得见、摸得着的实际物理设备。它包括计算机的主机和外部设备,具体由五大功能部件组成,即运算器、控制器、存储器、输入设备和输出设备。这五大部件相互配合,协同工作。其简单工作原理为:首先,由输入设备接收外界信息(程序和数据),控制器发出指令将数据送入(内)存储器,然后向内存储器发出取指令命令。在取指令命令下,程序指令逐条送入控制器。控制器对指令进行

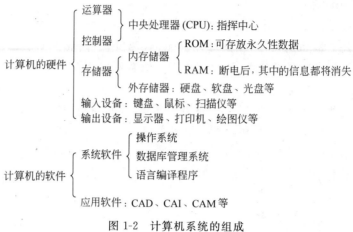

图 1-2　计算机系统的组成

译码，并根据指令的操作要求，向存储器和运算器发出存数、取数命令和运算命令，经过运算器计算后把计算结果存在存储器内；最后，在控制器发出的取数和输出命令的作用下，通过输出设备输出计算结果。

计算机软件系统包括系统软件和应用软件两大类。

1. 系统软件

系统软件是指控制和协调计算机及其外部设备，支持应用软件的开发和运行的软件，其主要功能是进行调度、监控和维护系统。系统软件是用户和裸机的接口，主要包括以下几个方面：

（1）操作系统软件，如 DOS、Windows 98、Windows 2003、Linux、Netware 等。

（2）各种语言的处理程序，如低级语言、高级语言、编译程序、解释程序。

（3）各种服务性程序，如机器的调试、故障检查和诊断程序、杀毒程序等。

（4）各种数据库管理系统，如 SQL Server、Oracle、Informix、FoxPro 等。

2. 应用软件

应用软件是用户为解决各种实际问题而编制的计算机应用程序及其有关资料。应用软件主要有以下几种：

（1）用于科学计算的数学计算软件包（Matlab）、统计软件包（SPSS）。

（2）文字处理软件包（如 WPS、Office）。

（3）图像处理软件包（如 Photoshop、动画处理软件 3ds max）。

（4）各种财务管理软件、税务管理软件、工业控制软件、辅助教育软件等。

除了如图 1-2 所示的内容以外，我们经常把 CPU 和内存合起来称为主机；将输入设备、输出设备和外存合起来称为外部设备。

1.2.2　硬件系统的组成及各个部件的主要功能

现在一般认为 ENIAC 是世界上第一台电子计算机。不过，ENIAC 本身存在两大缺点：一是它没有存储器；二是它用布线接板进行控制。1946 年，有"计算机之父"之称的美籍匈牙利科学家冯·诺依曼提出了后来被称为冯·诺依曼体系结构的理论，其主要内容包括：

- 明确指出新型的计算机由 5 个部分组成，包括运算器、逻辑控制装置、存储器、输入和输出设备，并描述了这 5 个部分的职能和相互关系。
- 采用二进制。不但数据采用二进制，指令也采用二进制。
- 建立了存储程序控制，指令和数据便可一起放在存储器里，做同样的处理，简化了计算机的结构，大大提高了计算机的速度。

综合上述设计思想，制成了著名的"冯·诺依曼机"，其中心就是由存储程序控制。存储程序的主要思想是将事先编好的程序和数据存放在计算机内部的存储器中，计算机在程序的控制下一步一步进行处理。原则上，指令和数据一起存储。这个概念被誉为"计算机发展史上的一个里程碑"。它标志着电子计算机时代的真正开始，指导了以后的计算机设计。

采用冯·诺依曼结构的计算机的硬件由五大部件构成，如图 1-3 所示。

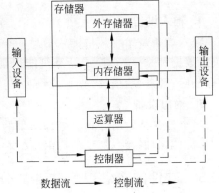

图 1-3　冯·诺依曼计算机的五大部件

1. 运算器

运算器又称为算术逻辑单元（Arithmetic Logic Unit，ALU）。它是计算机对数据进行加工处理的部件，包括算术运算（加、减、乘、除等）和逻辑运算（与、或、非、异或、比较等）。运算器接收待运算的数据，完成程序指令所指定的运算后，把运算结果送往内存。

2. 控制器

控制器负责从存储器中取出指令，并对指令进行译码；根据指令的要求，按照时间的先后顺序，负责向其他各部件发出控制信号，保证各部件协调、一致地工作，一步一步地完成各种操作。控制器主要由指令寄存器、译码器、程序计数器、操作控制器等组成。

如图 1-4 所示，随着半导体集成电路技术的出现和广泛应用，Intel 公司最先将控制器和运算器制作在同一芯片上（Intel 4004），就是我们常说的中央处理器（Central Processing Unit，CPU）。中央处理器也叫微处理器，是硬件系统的核心。

3. 存储器

存储器是计算机记忆或暂存数据的部件。计算机中的全部信息，包括原始的输入数据、经过初步加工的中间数据以及最后处理完成的有用信息都存放在存储器中。指挥计算机运行的各种程序，即规定对输入数据如何加工处理的一系列指令也都存放在存储器中。存储器分为内存储器（内存）和外存储器（外存）两种，如图 1-5 所示。

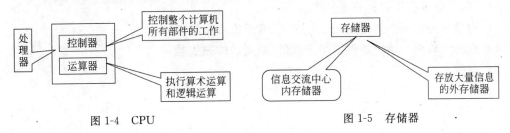

图 1-4　CPU　　　　　　　　　　　　　　　图 1-5　存储器

内存也叫主存,主要存放将要执行的指令和运算数据,相对外存来说容量小,但速度快、成本较高。

外存也叫辅存,主要用于长期存放程序和数据,相对内存来说容量大、速度慢、成本低。

CPU只能对内存进行读写操作,所以外存中的程序和数据要处理时,必须先调入内存。

4. 输入设备

输入设备是给计算机输入信息的设备。它是重要的人—机接口,负责将输入的信息(包括数据和指令)转换成计算机能识别的二进制代码,送入存储器保存。常见的输入设备有鼠标、键盘、扫描仪、光笔、触摸屏等。

5. 输出设备

输出设备是输出计算机处理结果的设备。在大多数情况下,它将这些结果转换成便于人们识别的形式。常见的输出设备有显示器、打印机、绘图仪、音箱等。

1.2.3　软件的概念以及软件的分类

软件是计算机系统的重要组成部分。相对于计算机硬件而言,软件是计算机的无形部分,但它的作用很大。可以这样说,没有装备任何软件的计算机(这样的计算机称为裸机)是没有用的。

所谓软件,一般指能够指挥计算机工作的程序和程序运行所需要的数据,以及与这些程序和数据有关的文字说明及图表资料(文档)。

所谓程序,是指为解决某个问题而设计的一系列有序的指令或语句(一条语句可以分解成若干条指令)的集合。

所谓指令,也叫机器语言,是包含有操作码和地址码的一串二进制代码。其中,操作码规定了操作的性质,地址码表示操作数和运算结果的地址。

硬件与软件是相辅相成的,硬件是计算机的物质基础,没有硬件就无所谓计算机。软件是计算机的灵魂,没有软件,计算机的存在就毫无价值。硬件系统的发展给软件系统提供了良好的开发环境,而软件系统的发展则给硬件系统提出了新的要求。

软件是组成计算机系统的重要部分。那么,软件可以分成几类呢?微型计算机系统的软件分为两大类,即系统软件和应用软件。

系统软件是指由计算机生产厂(部分由"第三方")为使用该计算机而提供的基本软件。最常用的有操作系统、文字处理程序、计算机语言处理程序、数据库管理程序、联网及通信软件、各类服务程序和工具软件等。

应用软件是指用户为了自己的业务应用而使用系统开发出来的用户软件。系统软件依赖于机器,应用软件则更接近用户业务。

系统软件、应用软件和硬件之间的关系如图1-6所示。

以下简介计算机中几种常用的系统软件。

图1-6　硬件与软件的关系图

1．操作系统

操作系统(Operating System)是最基本、最重要的系统软件。它负责管理计算机系统的各种硬件资源(例如 CPU、内存空间、磁盘空间、外部设备等)，并且负责解释用户对机器的管理命令，使之转换为机器实际的操作，如 DOS、Windows、UNIX 等。

2．计算机语言处理程序

计算机语言分为机器语言、汇编语言和高级语言。

- 机器语言(Machine Language)是指机器能直接识别的语言，它是由"1"和"0"组成的一组代码指令。
- 汇编语言(Assemble Language)实际上是由一组与机器语言指令一一对应的符号指令和简单语法组成的。
- 高级语言(High Level Language)比较接近日常用语，对机器依赖性低，即适用于各种机器的计算机语言，如 BASIC 语言、Visual BASIC 语言、FORTRAN 语言、C 语言、Java 语言等。相对于高级语言，机器语言和汇编语言被称为"低级语言"。

计算机只认识机器语言，采用汇编语言所写的程序要经过"汇编"的过程翻译成机器语言才能被计算机所理解。同样，使用高级语言所写的程序叫做"源程序"，也必须翻译成机器语言才可以被计算机所理解、执行。

将高级语言所写的程序翻译为机器语言程序，要使用两种翻译程序，一种叫做"编译程序"；另一种叫做"解释程序"。

编译程序把高级语言所写的程序作为一个整体进行处理，编译后与子程序库链接，形成一个完整的可执行程序。这种方法的缺点是编译、链接较费时，但可执行程序的运行速度很快。FORTRAN、C 语言等均采用这种编译的方法。

解释程序则对高级语言程序逐句解释、执行。这种方法的特点是程序设计的灵活性大，但程序的运行效率较低。BASIC 语言属于解释型。

3．数据库管理系统

随着数据处理的业务不断增加，日常的许多业务处理都属于对数据进行管理，所以计算机制造商开发了许多数据库管理程序(DBMS)。较著名的适用于微机系统数据库管理程序的有 Visual FoxPro、SQL Server、DB2、Oracle 等。

另外，还有联网及通信软件、各类服务程序和工具软件等。

应用软件是为解决各种实际问题而编制的计算机程序，如财务软件、学籍管理系统等。应用软件可以由用户自己编制，也可以由软件公司编制。例如，Microsoft Office 就是一个应用软件。

1.3　信息编码

1.3.1　数值在计算机中的表现形式

在计算机中的数是用二进制表示的，因为二进制的数据运算法则简单，与逻辑运算吻合，成本较低，容易实现，特别是在技术上很容易找到具有两种状态的元器件来表示二进

计算机应用基础教程

制的数据。那么,什么是二进制呢? 这要从进位计数制说起。

1. 进位计数制与基数和位权

所谓进位计数制,其实就是"逢 N 进一"的数据表示法。"逢十进一"就是我们所熟悉的十进制,二进制则是"逢二进一"。表 1-1 所示是 16 以内的十进制数与二进制数和八进制数、十六进制数的对应关系。

表 1-1　十进制数、二进制数、八进制数、十六进制数关系对照表

十进制数	二进制数	八进制数	十六进制数
0	0	0	0
1	1	1	1
2	10	2	2
3	11	3	3
4	100	4	4
5	101	5	5
6	110	6	6
7	111	7	7
8	1000	10	8
9	1001	11	9
10	1010	12	A
11	1011	13	B
12	1100	14	C
13	1101	15	D
14	1110	16	E
15	1111	17	F
16	10000	20	10

关于进位计数制,有两个很重要的概念——基数和位权。

在一种数制中,只能使用一组固定的数字符号来表示数目的大小,具体使用多少个数字符号来表示数目的大小,就称为该数制的基数。例如:

(1) 十进制(Decimal):基数是 10,它有 10 个数字符号,即 0,1,2,3,4,5,6,7,8,9。其中,最大数码是基数减 1,即 9,最小数码是 0。

(2) 二进制(Binary):基数是 2,它只有两个数字符号,即 0 和 1。这就是说,如果在给定的数中,除 0 和 1 外还有其他数,例如 1012,它就绝不会是一个二进制数。

(3) 八进制(Octal):基数是 8,它有 8 个数字符号,即 0,1,2,3,4,5,6,7。最大的数也是基数减 1,即 7,最小的数是 0。

(4) 十六进制(Hexadecimal):基数是 16,它有 16 个数字符号,除了十进制中的 10 个数可用外,还使用了 6 个英文字母。它的 16 个数字依次是 0,1,2,3,4,5,6,7,8,9,A,B,C,D,E,F。其中 A~F 分别代表十进制数的 10~15,最大的数字也是基数减 1。

我们可以得出这样一个规律:对于 N 进制数,实际上基数就是 N。

既然有不同的进制,那么在给出一个数时,需指明是什么数制里的数。例如,

$(1010)_2$, $(1010)_8$, $(1010)_{10}$, $(1010)_{16}$ 所代表的数值就不同。除了用下标表示外,还可用后缀字母来表示数制。例如,2A4EH、FEEDH、BADH(最后的字母 H 表示是十六进制数),与 $(2A4E)_{16}$、$(FEED)_{16}$、$(BAD)_{16}$ 的意义相同。与十六进制数可以使用 H 后缀表示一样,八进制数、十进制数、二进制数分别用 O、D、B 后缀表示。由于英文字母 O 和数字 0 很难区别,所以八进制数常常用 Q 作为后缀。

再来看看什么叫做位权。对于多位数,处在某一位上的"1"所表示的数值的大小,称为该位的位权。例如,十进制数第 2 位的位权为 10,第 3 位的位权为 100;而二进制数第 2 位的位权为 2,第 3 位的位权为 4。

对于位权,如果规定小数点左边第一位的序号为 0,向左序号递增、向右序号递减,则位权等于基数的序号次方,见表 1-2。

表 1-2　进位计数制的基数和位权

数 制	数 码	基数	位　权									
			a_n	a_{n-1}	…	a_1	a_0	…	a_{-1}	a_{-2}	…	a_{-m}
十进制	0,1,2,3,4,5,6,7,8,9	10	10^n	10^{n-1}	…	10^1	10^0	…	10^{-1}	10^{-2}	…	10^{-m}
二进制	0,1	2	2^n	2^{n-1}	…	2^1	2^0	…	2^{-1}	2^{-2}	…	2^{-m}
八进制	0,1,2,3,4,5,6,7	8	8^n	8^{n-1}	…	8^1	8^0	…	8^{-1}	8^{-2}	…	8^{-m}
十六进制	0,1,2,3,4,5,6,7,8,9,A,B,C,D,E,F	16	16^n	16^{n-1}	…	16^1	16^0	…	16^{-1}	16^{-2}	…	16^{-m}

2. 二进制数相加的规则

二进制数的加减法本身比较简单。加法遵循"逢 2 进 1"准则;减法则是不够减向上借位,借来的位相当于 2。但实际上在计算机中,减法是被当做加上一个负数来理解的,所以这里只说明加法的规则。

二进制加法法则为:

$$0+0=0$$
$$0+1=1$$
$$1+0=1$$
$$1+1=10 \quad (进位为 1)$$

例 1-1　将两个二进制数 1011 和 1010 相加。

解:相加过程如下:

$$
\begin{array}{r}
被加数 \quad 1011 \\
加　数 \quad 1010 \\
\hline
10101
\end{array}
$$

3. 二进制数和十进制数的相互转换

因为人们熟悉的是十进制,而计算机采用二进制,所以经常会遇到二进制数、十进制数之间的相互转换。那么,怎么转换呢?

首先讨论一下展开多项式的概念。对于 N 进制数,每个位置上的数据所代表的真实

大小显然等于数据本身乘以位权。那么,该数大小就等于各个数据所代表的真实大小相加,即

$$(a_n a_{n-1} \cdots a_0) = a_n \times 基数^n + a_{n-1} \times 基数^{n-1} + \cdots + a_0 \times 基数^0$$

例如:

$$(1010)_{10} = 1 \times 10^3 + 0 \times 10^2 + 1 \times 10^1 + 0 \times 10^0$$

$$(1010)_2 = 1 \times 2^3 + 0 \times 2^2 + 1 \times 2^1 + 0 \times 2^0 = (10)_{10}$$

由此看到,利用二进制数的展开多项式,可以把一个二进制数转换为十进制数,即使这个数带小数点,例如:

$$101.11B = 2^2 + 1 + 2^{-1} + 2^{-2} = 5.75D$$

相同的方法也可以作用在八进制数、十六进制数向十进制数转换的过程中。例如:

$$1010Q = 1 \times 8^3 + 0 \times 8^2 + 1 \times 8^1 + 0 \times 8^0 = 520D$$

$$BADH = 11 \times 16^2 + 10 \times 16^1 + 13 \times 16^0 = 2989D$$

刚才介绍的是二进制数或其他进制数向十进制数转换。如果需要将一个十进制数转换成二进制数,又该如何呢?

对于十进制数的整数部分,要转换成二进制数,可以采用"除基取余法",即把这个十进制数不断地除以基数,取每一次的余数,直到商为0,然后将余数倒过来写,就是转换以后的二进制数。

例 1-2 将十进制数 25 转换为二进制数。

解:

```
2 | 25
2 | 12      余数 1
2 | 6       余数 0
2 | 3       余数 0
2 | 1       余数 1
    0       余数 1
```

结果为 25D＝11001B。

对于十进制数的小数部分,要转换成二进制数,采用"乘基取整法",即把这个十进制纯小数不断地乘以基数,取每一次的整数部分,直到小数部分为0或者出现循环。将每次的整数部分顺着写下来,就是相应的二进制数的小数部分。

例 1-3 将十进制数 0.25 转换为二进制数。

解:

```
        0.25
    ×    2
        0.50      取整数位 0
    ×    2
        1.00      取整数位 1
```

结果为 0.25D＝0.01B。

如果一个二进制数既有整数部分又有小数部分,则要把它们分开转换,转换结束后再合在一起。

例 1-4　将十进制数 125.24 转换为二进制数（取 4 位小数）。

解：

整数部分转换	余数	小数部分转换	取整数位
2 ⌊125		0.24	
2 ⌊62	1	× 　2	
2 ⌊31	0	0.48	0
2 ⌊15	1	× 　2	
2 ⌊7	1	0.96	0
2 ⌊3	1	× 　2	
2 ⌊1	1	1.92	1
0	1	× 　2	
		1.84	1

结果为 125.24D＝1111101.0011B。

如果要将十进制数转换成八进制数或十六进制数，方法完全一样，只不过将基数改为 8 或 16。

例 1-5　将十进制数 125.24 转换为十六进制数（取 1 位小数）。

解：

整数部分转换	余数	小数部分转换	取整数位
16 ⌊125	D	0.24	
16 ⌊7	7	× 　16	
0		3.84	3

结果为 125.24D＝7D.3H（不考虑四舍五入）。

4. 二进制数与八进制数、十六进制数之间的转换

在刚才的讨论过程中，有这样一个问题：我们使用二进制数是因为计算机，使用十进制数是因为"人"自己。那么，为什么还需要八进制数，甚至十六进制数呢？

原来，二进制数虽然实现方便、运算简单，但它有一个很大的缺点，就是一个数据的位数往往很长，再加上二进制数又全是 0 或 1，变化少，所以在阅读或书写时很容易出错。十进制数的阅读、书写很方便，但和二进制数的转换相对复杂了一点。所以，我们需要一种书写简单，又和二进制数容易转换的进制数。要容易转换，进制必须是 2 的 n 次方，四进制数的书写仍然很长，而三十二进制的基数太多，只剩下八进制数和十六进制数了。

那么，二进制数和八进制数或十六进制数的转换是否真的很简单呢？它们是怎么转换的呢？我们再来看表 1-1，研究二进制数和八进制数之间的关系，发现什么规律了？原来，每 1 位八进制数都可以独立地对应于 3 位二进制数，所以，八进制数转换为二进制数时，只要将每位上的数用 3 位二进制数表示出来即可。如果有小数部分，也一样。

例 1-6　将八进制数 64327.12 转换为二进制数。

解：八进制数　　64327.12

　　　　二进制数　　110 100 011 010 111.001 010

结果为 64327.12Q＝110100011010111.00101B。

将二进制数转换成八进制数,则反向操作,即以小数点为标准,分别向左、右方向按 3 位一组进行分组,每组独立转换成八进制数即可。注意,向左(整数部分)不够数分组时前面加 0,向右(小数部分)不够数分组时后面加 0。

例 1-7 将二进制数 1101011.01011 转换成八进制数。

解：二进制数　　001 101 011.010 110

　　　　八进制数　　153.26

结果为 1101011.01011B＝153.26Q。

上面分析的是二进制数和八进制数转换的规则。其实由于计算机的特点,十六进制数用得更多一点。二进制数与十六进制数的转换方式和二进制数与八进制数的转换方式雷同,只不过 1 位十六进制数要对应 4 位二进制数。

例 1-8 将十六进制数 AB63F.1C 转换成二进制数。

解：十六进制数　　AB63F.1C

　　　　二进制数　　　1010 1011 0110 0011 1111.0001 1100

结果为 AB63F.1CH＝10101011011000111111.000111B。

例 1-9 将二进制数 1100101.10101 转换成十六进制数。

解：二进制数　　0110 0101.1010 1000

　　　　十六进制数　65.A8

结果为 1100101.10101B＝65.A8H。

1.3.2　定点数在计算机中的编码形式

根据上面 1.3.1 小节的阐述,我们已经知道,数值数据在计算机中是用二进制数来表示的。不过,只是这样还是不够的。在现实中,数值数据不仅是有正、负之分的,有时还是有小数点的,而这一切,无论是正、负号还是小数点,在计算机中都是无法直接表示的——计算机中只有 0 和 1。所以,必须用某些方法来间接地表示正、负号和小数点的位置。

关于小数点的位置表示,牵涉到浮点数的知识,本书不作介绍。下面介绍的知识暂时不考虑小数点的问题,或者说局限在整数上,我们把这样的数据称为定点数。这样,我们把重点集中在正、负号上。

正、负号,按照习惯,通常放在二进制数的最高位。虽然计算机中没有正、负号,但是这个问题似乎比较容易解决——只要用某种二进制数组合来表示就可以了。实际上,由于数值数据非正即负(0 可以看做正 0 或负 0),因此只需要 1 位二进制数就可以代表正、负号。一般情况下,规定用"0"代表符号"＋","1"代表符号"－",用二进制数的最高位来表示,这样,计算机中数值数据的正、负符号就被数值化了。按照这种编码规则设定的数据被称为原码,是一种可以表示符号数的编码。

问题解决了吗? 好像是。但是问题接踵而至,来看一下这个例子: 假设有两个数 x 和 y,值分别为 $x＝+1$ 和 $y＝-1$,它们的原码表示是什么呢? 实际上,这里还应该考虑原码的二进制数位数的长度。不过这和本例要说明的问题没有什么关系,所以为了简单起见,假设原码长度为 8 位(后面的编码也都假设为 8 位长)。

　　显然,这时候$[x]_原$=00000001,$[y]_原$=10000001。那么,$x+y$又会变成多少呢? 考虑到已经假设计算机内部的数据采用原码的形式,当运算器在执行加法运算时,实际上是两个原码数在相加,即

$$
\begin{array}{r}
00000001 \\
+\ \ 10000001 \\
\hline
10000010
\end{array}
$$

而原码 10000010 是-2。也就是说,两个原码数相加结果是-2,而$x+y$显然应该是 0 而不是-2。这就凸显了原码的缺陷,即两个原码数不能直接进行加减运算,必须考虑符号位的不同而采用不同的处理方法,这显然会大大增加硬件运算器的设计难度。所以,应该考虑其他编码方案。

　　我们引入"反码"的概念。反码的符号位规定与原码是一样的,正数的编码规定也一样,区别在负数上。反码规定,负数除了符号位必须是 1 外,剩下的数据位应该是原来的二进制数值取反,即 0 变成 1,1 变成 0。

　　仍然考虑上面的例子。这时候,$x=+1$,$y=-1$。显然,$[x]_反$=00000001,$[y]_反$=11111110,两数相加,即

$$
\begin{array}{r}
00000001 \\
+\ \ 11111110 \\
\hline
11111111
\end{array}
$$

　　显然,-0 的反码就是 11111111,也就是说,$x+y$ 正好是 0(-0)的反码,与我们期望的一样。那么,是不是其他数的相加也能这样完美呢? 我们再来看一个例子。

　　假设这次 x 是$+2$,y 仍然是-1,那么$[x]_反$=00000010,$[y]_反$=11111110,两数相加,即

$$
\begin{array}{r}
00000010 \\
+\ \ 11111110 \\
\hline
00000000
\end{array}
\quad\text{(结果也必须是 8 位)}
$$

　　结果如何? 好像又出问题了。运算结果是 00000000,也就是$+0$的反码,而我们期望的结果是$+1$的反码 00000001。

　　不过,与原码不同,我们发现,对于反码的加法,如果最高位(符号位)向上没有进位,结果就是正确的;而如果最高位(符号位)向上有进位,只需要把这个进位加在最低位上,就可以修正成正确结果。这一点比原码好得多。不过,修正带来的代价就是速度下降和硬件复杂度提高,这是我们不愿意看到的。因此,虽然反码比原码更适应运算器的加减运算,但还是不够,我们希望有一种更适合加减运算的编码方案,最好能够在任何情况下都不需要任何修正,只要直接相加就可以了。这种编码方案的确存在,这就是计算机中整数的实际存储编码方案——补码。

　　补码的符号位规定和原码、反码一样,正数的编码规定也和原码、反码一样,区别仍然在负数上。补码规定,负数除了最高位是 1 外,剩下的数据位应该是原来的二进制数值取补。所谓取补,就是在取反的基础上在最低位加上 1。

　　注意: 由于加 1 会产生进位,所以在补码表示中,负 0 的补码也是 00000000,和正 0

是一样的。这和原码与反码都有所不同。

还是假设 $x=+1$，$y=-1$，$[x]_{补}=00000001$，$[y]_{补}=11111111$，两数相加，即

$$
\begin{array}{r}
00000001 \\
+\quad 11111111 \\
\hline
00000000
\end{array}
$$
（结果也必须是 8 位）

00000000 是 0 的补码形式，符合我们的期望。那么，是不是所有的补码数据相加都符合我们的期望呢？能否证明呢？

仍然以 8 位定点整数为例来证明。任意两个数的补码相加，只要结果没有溢出（还在表示范围之内），就是两数相加的补码，即证明 $[x]_{补}+[y]_{补}=[x+y]_{补}$。

我们分 4 种情况来证明：

(1) $x>0$，$y>0$，显然 $x+y>0$。

要相加的两数都是正数，所以其和也一定是正数。根据补码定义，正数的补码和原码是一样的，就是数值本身，可得：

$$[x]_{补}+[y]_{补}=x+y=[x+y]_{补}$$

(2) $x>0$，$y<0$，则 $x+y>0$ 或 $x+y<0$。

准备知识 1：8 位定点整数相加，一旦发生最高位向上的进位时，相当于减去 256。

准备知识 2：8 位定点整数，负数的补码等于该数数值本身加上 256。

若要相加的两数一个为正，一个为负，则相加结果有正、负两种可能。根据补码定义，因为

$$[x]_{补}=x，\quad [y]_{补}=256+y$$

所以

$$[x]_{补}+[y]_{补}=x+256+y=256+(x+y)$$

当 $x+y>0$ 时，$256+(x+y)>256$，进位 256 必丢失；又因 $(x+y)>0$，所以

$$[x+y]_{补}=x+y$$

所以

$$[x]_{补}+[y]_{补}=256+x+y=x+y=[x+y]_{补}\quad (\text{mod } 256)$$

当 $x+y<0$ 时，$256+(x+y)<256$，也就是不发生向上的进位；又因 $(x+y)<0$，所以

$$[x+y]_{补}=256+(x+y)$$

所以

$$[x]_{补}+[y]_{补}=256+(x+y)=[x+y]_{补}$$

小结：无论 $x+y>0$ 或 $x+y<0$，$[x]_{补}+[y]_{补}$ 都等于 $[x+y]_{补}$。

(3) $x<0$，$y>0$，则 $x+y>0$ 或 $x+y<0$。

同(2)，把 x 和 y 的位置对调即可。

(4) $x<0$，$y<0$，则 $x+y<0$。

两数都是负数，那么其和也一定是负数。因为

$$[x]_{补}=256+x，\quad [y]_{补}=256+y$$

所以

$$[x]_{补}+[y]_{补}=256+x+256+y=256+(256+x+y)$$

又因为 $|x+y|<256$，所以 $256+(256+x+y)>256$，必然产生向上进位，故

$$[x]_{补}+[y]_{补}=256+(256+x+y)=256+x+y$$

又因为 $x+y<0$，所以 $[x+y]_{补}=256+(x+y)$，故

$$[x]_{补}+[y]_{补}=256+(x+y)=[x+y]_{补} \quad (\text{mod } 256)$$

结论：至此证明了对于 8 位定点整数，任意两数的补码之和等于该两数之和的补码。

上述结论也适用于其他位长的定点整数和定点小数。也就是说，补码在计算机中执行加法运算之时，不需任何修正就可以直接运算，不需要考虑符号位与数据位的分割，也不需要考虑最高位(符号位)是否有向上的进位。

实际上，补码减法也是如此，即两数补码之差等于两数之差的补码。我们仍然以 8 位定点整数来证明。

因为

$$[x+y]_{补}=[x]_{补}+[y]_{补} \quad (\text{mod } 256)$$

令 $x=-y$，所以

$$[0]_{补}=0=[y]_{补}+[-y]_{补}$$

故

$$[-y]_{补}=-[y]_{补} \quad (\text{mod } 256)$$

故

$$[x-y]_{补}=[x+(-y)]_{补}=[x]_{补}+[-y]_{补}=[x]_{补}-[y]_{补} \quad (\text{mod } 256)$$

当然，这一切都是在运算结果没有超出机器数所能表示的最大范围的前提下(也就是说，不能溢出)。

总结补码加法在运算范围之内的特点如下：

- 符号位要作为数的一部分一起参加运算；
- 一旦发生最高位向上的进位，将进位扔掉即可。

正是补码的这些特点，使其在计算机内被广泛应用。基本上，整数都是用补码来表示的。

1.3.3　字符编码

在计算机中，除了有整型、实型等数值数据外，还有很多非数值数据，例如图像、声音等，其中最重要的是字符数据(文本数据)。

1. 西文字符

在计算机中是不能直接存储西文字符或专用字符的。如果想把一个字符存放到计算机内，必须用一个二进制数来取代它，也就是说，要制定一套字符与二进制数之间的映射关系标准，这就是西文字符编码。

西文字符编码有很多，最常见的叫做 ASCII 码。ASCII 码(American Standard Code for Information Interchange)是美国信息交换标准代码的简称。ASCII 码占 1 个字节，标准 ASCII 码为 7 位(最高位为 0)，扩充 ASCII 码为 8 位(用来作为本国语言字符的代码)。7 位二进制数给出了 128 个编码，表示 128 个不同的字符。其中的 95 个字符可以显示，

包括大小写英文字母、数字、运算符号、标点符号等；另外的 33 个字符是不可显示的，它们是控制码，编码值为 0～31 和 127。

例如，"A"的 ASCII 码为 1000001B，十六进制表示为 41H；空格为 20H 等。最常用的还是英文字母和数字字符，即字符"0"～"9"对应 48～57，字符"A"～"Z"对应 65～90，字符"a"～"z"对应 97～122。

这里尤其要注意的是数字字符"0"～"9"和整型数据 0～9 的区别。整型数据在计算机内就是以其二进制形式存储的，而字符数据必须编码再存储，也就是说，字符"0"～"9"在计算机内就是十进制数 48～57 的二进制表示。

2. 汉字字符

西文是拼音文字，基本符号比较少，编码比较容易，因此，在一个计算机系统中，输入、内部处理、存储和输出都可以使用同一代码。汉字种类繁多，编码比拼音文字困难，因此在不同的场合要使用不同的编码。通常有 4 种类型的编码，即输入码、交换码（国标码）、内码和字形码。

（1）输入码

输入码所解决的问题是如何使用西文标准键盘把汉字输入到计算机内。有各种不同的输入码，主要分为三类：数字编码、拼音编码和字形编码。

① 数字编码就是用数字串代表一个汉字，常用的是国标区位码。它将国家标准局公布的 6763 个两级汉字分成 94 个区，每个区分 94 位。实际上是把汉字表示成二维数组，区码、位码各用两位十进制数表示，输入一个汉字需要按 4 次键。此外，国标区位码还收录了许多符号和其他语言的字母，分 9 个区安排，第 1～9 区安排了 682 个图形符号，包括常用标点符号、运算符号、制表符号、顺序号以及英、俄、日、希腊文的字母等。数字编码是惟一的，但很难记住。比如"中"字，它的区位码以十进制表示为 5448（54 是区码，48 是位码），以十六进制表示为 3630（36 是区码，30 是位码）。以十六进制表示的区位码是不能用来输入汉字的。

② 拼音编码是以汉字读音为基础的输入方法。由于汉字中的同音字太多，输入后一般要进行选择，影响了输入速度。

③ 字形编码是以汉字的形状确定的编码，即按汉字的笔画部件用字母或数字进行编码。如五笔字型、表形码，便属此类编码，其难点在于如何拆分一个汉字。

（2）交换码（国标码）

交换码用于在计算机之间交换信息，实际上是一种汉字标准。它用两个字节来表示，每个字节的最高位均为 0，因此可以表示的汉字数为 $2^{14} = 16384$ 个。将汉字区位码的高位字节和低位字节各加十进制数 32（即十六进制数的 20），便得到国标码。例如，"中"字的国标码为 8680（十进制）或 5650（十六进制）。国家标准局制定了 GB 2312—1980 信息交换用汉字编码集。

（3）内码

汉字内码是在设备和信息处理系统内部存储、处理、传输汉字用的代码。无论使用何种输入码，进入计算机后立即被转换为机内码。其规则是将国标码的高位字节和低位字节各加上 128（十进制）或 80（十六进制）。例如，"中"字的内码以十六进制表示时应为

F4E8。这样做的目的是使汉字内码区别于西文的 ASCII 编码，因为每个西文字母的 ASCII 编码的高位均为 0，而汉字内码的每个字节的高位均为 1，不会造成中、西文混排时的编码误读现象。这也是为什么我们使用标准 ASCII 码而不是扩展 ASCII 码的原因。

　　为了统一表示世界各国的文字，1993 年国际标准化组织公布了"通用多八位编码字符集"的国际标准 ISO/IEC 10646，简称 UCS(Universal Code Set)，它为包括汉字在内的各种正在使用的文字规定了统一的编码方法。该标准使用 4 个字节来表示一个字符。其中，1 个字节用来编码组，因为最高位不用，故总共表示 128 个组。1 个字节编码平面，总共有 256 个平面，这样每一组都包含 256 个平面。在一个平面内，用 1 个字节来编码行，因而总共有 256 行。再用 1 个字节来编码字位，故总共有 256 个字位。1 个字符就被安排在这个编码空间的 1 个字位上。例如，ASCII 字符"A"的 ASCII 编码为 41H，在 UCS 中的编码则为 00000041H，即位于 00 组、00 面、00 行的第 41H 字位上。又如汉字"大"，它在 GB2312 中的编码为 3473H，而在 UCS 中的编码为 00005927H，即在 00 组、00 面、59H 行的第 27H 字位上。4 个字节的编码足以包容世界上所有的字符，同时也符合现代处理系统的体系结构。

　　(4) 字形码

　　字形码是表示汉字字形的字模数据，因此也称为字模码，是汉字的输出形式。通常用点阵、矢量、轮廓等表示。这里只介绍点阵字形码。

　　用点阵表示时，字形码指的就是这个汉字字形点阵的代码。根据输出汉字的要求不同，点阵的多少也不同。简易型汉字为 16×16 点阵，提高型汉字为 24×24 点阵、48×48 点阵，还有一些高分辨率点阵。

　　现在以 16×16 点阵为例来说明一个汉字字形码所要占用的内存空间。所谓点阵字形，实际上是把每个点看做一个 0 或者 1 的数据位，因为每行 16 个点就是 16 个二进制位，存储一行代码需要 2 个字节(字节的概念见下述 1.4.1 小节)，那么，16 行共占用 2×16＝32 个字节。

　　由此可见，点阵字形码所占存储空间取决于点阵的分辨率而不是什么汉字。点阵的分辨率越高，汉字越漂亮，但所占存储空间也越大。在同样的点阵下，不同汉字的点阵字形码存储空间是一样的。其计算公式为：每行点数/8×行数。因此，对于 48×48 的点阵，一个汉字字形需要占用的存储空间为 48/8×48＝6×48＝288 个字节。

1.4　微型计算机的硬件组成

1.4.1　CPU、内存、接口和总线的概念

　　微型计算机的特点是体积小、重量轻、价格低廉、可靠性高、结构灵活、适应性强和应用广泛等。因为体积小，所以计算机才能顺利地进入家庭；因为微型计算机在每个时刻只能供一个人使用，所以又被称为个人电脑。

　　1. 微处理器(CPU)

　　运算器和控制器合在一起，集成在一块半导体集成电路中，称为中央处理器(CPU)，

也称为微处理器。它是计算机的核心,用于数据的加工、处理,并使计算机各部件自动、协调地工作。CPU品质的高低直接决定了一个计算机系统的档次。

(1)第一代微处理器:1971年Intel公司制成的4位微处理器4004、4040和早期的8位微处理器8008。

(2)第二代微处理器:以Intel公司1973年12月研制成功的8080为标志。

(3)第三代微处理器:Intel公司1978年制造的8086和1979年研制的8088,1983年制造了全16位的80286。

(4)第四代微处理器:

- 1985年Intel公司制造出32位字长的微处理器80386;
- 1989年4月研制成功80486;
- 1993年3月,Intel公司制造出Pentium(奔腾)微处理器;
- 2006年7月Intel推出新一代基于Core微架构的产品体系统,称之酷睿。

2. 主板

微型计算机中最大的一块电路板是主板。微处理器、内存、显示接口卡以及各种外设接口卡都插在这块主板上。

主板上有CPU插座、内存插座、BIOS、CMOS及电池、输入/输出接口和输入/输出扩展槽(系统总线)等PC机的主要部件。不同档次的CPU需用不同档次的主板。主板的质量直接影响PC机的性能和价格。图1-7所示是一块典型的主板的示意图。

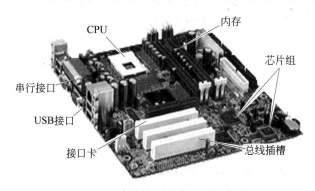

图 1-7 主板

主板上有一块Flash Memory(快速电擦除可编程只读存储器,也称为"闪存")集成电路芯片,其中存放着一段启动计算机的程序,在微机开机后自动引导系统。

主板上有一片CMOS集成芯片,它有两大功能:一是实时时钟控制;二是由SRAM构成的系统配置信息存放单元。CMOS采用电池和主板电源供电,当开机时,由主板电源供电;断电后由电池供电。系统引导时,一般可通过按Del键,进入BIOS系统配置分析程序修改CMOS中的参数。

3. 存储器

存储器可以分为内存(主存)和外存(辅存)。虽然都属于五大部件中的存储器部件,但是它们的差别很大。

首先来看内存。它由随机存取存储器(RAM)和只读存储器(ROM)构成。

　　RAM 负责存储计算机运算过程中的原始数据、中间数据、运算结果以及一些应用程序,其特点是关机即清除。

　　ROM 负责存储一些系统软件,如开机检测、系统初始化等,其特点是信息永久保存,只能读出,不能重写。

　　内存是计算机用于存储程序和数据的部件,由若干大规模集成电路存储芯片或其他存储介质组成。内存储器直接与中央处理器交换资料,如图 1-8 所示,它存取速度快,管理较复杂。内存虽然分为随机存取存储器和只读存储器两大类,但是人们常说的内存是指随机存取存储器(RAM)。RAM 用于存储当前计算机正在使用的程序和数据,信息可以随时存取,一旦断电,RAM 中的资料全部丢失,且无法挽救。只读存储器(ROM)在一般情况下只能读出,不能写入。通常,厂商把计算机最重要的系统信息和程序数据存储在 ROM 中,即使机器断电,ROM 的资料也不会丢失。

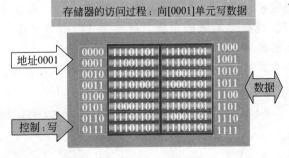

图 1-8　内存读/写

　　内存存储资料的容量以字节(Byte)为单位表示,简记为 B,比如 640KB,1MB,32MB,1GB 等。其相互关系为:1KB=1024B,1MB=1024KB,1GB=1024MB,1TB=1024GB。

　　那么,到底什么叫字节呢? 我们知道,内存是用来存储程序和数据的,而程序和数据都是用二进制数来表示的。不同的程序和数据的大小(二进制位数)是不一样的,因此,我们需要一个关于存储容量大小的单位。下面介绍各种单位:

- 位(bit)是二进制数的最小单位,通常用 b 表示。
- 我们把 8 个 bit 叫做一个字节(byte),通常用 B 表示。内存存储容量一般都是以字节为单位的。
- 字(word)由若干字节组成。至于到底等于多少字节,取决于计算机的类型,更确切地说,取决于计算机的字长,即计算机一次所能处理的数据的最大位数。

内存储器的主要性能指标就是存储容量和读取速度。

　　下面再来看看外存。

　　外存又称为辅助存储器,用来存储大量的暂时不处理的数据和程序。外存的特点是存储容量大、速度慢、价格低,在停电时不会丢失信息且能永久地保存信息。它和内存最本质的一点区别是:CPU 不能直接访问外存。也就是说,外存的数据必须被调入内存后,才能被执行和处理。

　　最常用的外存储器是软盘、硬盘、光盘及 U 盘等。

（1）软盘

软盘是在聚酯塑料圆盘上涂上一层磁性薄膜制成的。软盘容量小、速度低，但价格便宜、可脱机保存、携带方便，主要用于数据后备及软件转存。以前 PC 机所用的软盘都是 3.5 英寸的，容量为 1.44MB。在 3.5 英寸磁盘中，写保护口打开时为写保护。

软盘中的信息是记录在盘面上称为磁道的同心圆上，如图 1-9 所示。磁道按顺序编号，最外面一个磁道编号为第 0 道。0 道在磁盘中具有特殊用途，若该磁道损坏，将导致磁盘报废。每个磁道又被划分成若干邻接的段，称为扇区。扇区是存放信息的最小物理单位。每个扇区的长度一般为 512 个字节，因此可以得到软盘的存储容量公式如下：

$$存储量＝面数×每面磁道数×每道扇区数×每扇区字节数$$

例如，3.5 英寸软盘存储容量＝2 面×80 磁道×18 扇区×512B＝1.44MB。

软盘由于存储量小，读写速度慢，现在基本上已淘汰。

（2）硬盘

硬盘的特点是固定密封、容量大、运行速度快、可靠性高。磁盘片和驱动器（磁头、传动装置等）集成在一起，因此又叫做固定盘。硬盘是 PC 机主要信息（系统软件、应用软件、用户数据等）存放的地方。

硬盘的信息记录方式、概念、存储容量的计算公式都和软盘类似，如图 1-10 所示。

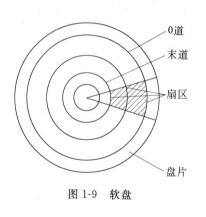

图 1-9　软盘

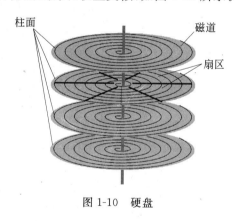

图 1-10　硬盘

（3）光盘

光盘的存储原理和磁介质的软、硬盘完全不同。光盘是一种利用激光写入和读出的存储器，特点是速度快、容量大，其容量一般在 500MB 以上，而且能够永久保存盘上的信息。光盘有 CD-ROM（只读型）、CD-R（一次写入型）、CD-RW（可擦写型）等不同种类。

（4）U 盘

U 盘，也称为优盘，是采用 Flash Memory（也称闪存）存储技术的 USB 设备，因为支持即插即用，使用方便，所以现在非常流行。

4. 接口

由于输入设备、输出设备、外存储器等外设在结构和工作原理上与主机（CPU＋内存）有着很大的区别，因此在交换数据时需要一种逻辑部件协调两者的工作。我们把这种逻辑部件叫做输入/输出接口，简称接口。

根据接口数据传送宽度，把接口分为串行和并行两大类。我们平时经常接触的接口有：

- 总线接口：提供多种总线类型的扩展槽，供用户插入相应的适配器（如显卡、声卡、网卡）。
- 串行口：只能依次传送 1 路信号，提供 COM1、COM2。
- 并行口 LPT：一次同时传送 8 路信号。
- USB 接口（通用串行总线）：新型接口标准，支持即插即用。

5. 微型计算机系统总线

总线是一组公共信息传输线路，通常是由发送信息的部件分时地将信息发往总线，再由总线将这些信息同时发往各个接收信息的部件。

对于总线，有不同的分类标准。

根据传送的信息种类，分为控制总线、数据总线和地址总线（见图 1-11）。

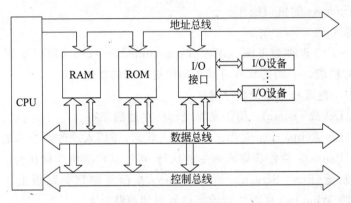

图 1-11　系统总线结构

根据在微机中的位置，把微处理器与内存以及其他接口部件之间的总线称为系统内部总线；主机系统与外部设备之间的通信总线称为外部总线。

根据系统内部总线在主板上还是在芯片内部，又可以分为系统总线（板总线）和芯片总线（局部总线）。

系统总线标准有 ISA、EISA、VESA、PCI 等。

1.4.2　常用外部设备

1. 键盘

键盘是标准输入设备，一般可划分为主键盘区、功能键区、光标控制键区与小键盘数字键区。

（1）主键盘区

- 字母、数字键：主要用来输入 0～9 数字和 a～z 26 个字母。
- 字母锁定键（Caps Lock）：按下此键，字母锁定为大写；再按此键，锁定为小写。
- 换挡键（Shift）：左、右各有一个。按下此键，再按打字键，输入上挡符号，或改变字母大小写。
- 制表键（Tab）：光标向右移动至下一个 8 格的头一位；同时按下换挡键，光标向左移动至上一个 8 格的头一位。

- 退格键(←或 BackSpace):光标回退一格,用于删除光标前字符。
- 回车键(Enter):结束命令行或结束逻辑行。
- 空格键:光标右移一格,使光标所在处出现空格。
- 换码键(Esc):删除当前行。如果输入的命令有错,可按此键删除,以重新输入命令。
- 控制键(Ctrl)、组合键(Alt):左、右各有一个,与其他键配合使用,完成特殊的控制功能。如 Ctrl+Alt+Del 组合键的功能是使系统热启动,Ctrl+Print Screen 组合键的功能是屏幕硬拷贝,Ctrl+Break 组合键的功能是中止当前执行中的命令。
- Windows 徽标键:位于 Ctrl 和 Alt 两键之间的键,左、右各有一个,上有 Windows 徽标。按此键可快速启动 Windows 的"开始"菜单。与其他键配合使用,可完成多种 Windows 的窗口操作。

(2) 功能键区

功能键 F1~F12 也称为可编程序键(Programmable Keys),可以编制一段程序来设定每个功能键的功能。不同的软件可赋予功能键不同的功能。

(3) 光标控制键区与小键盘数字键区

- 删除键(Del 或 Delete):用于删除光标所在处的字符。
- 插入键(Ins 或 Insert):常用来改变输入状态,即插入或改写方式的转换。
- 暂停键(Pause):暂停程序或命令的执行,再按其他键将继续执行。
- 屏幕复制键(Print Screen):将 Windows 桌面复制到剪贴板上。按 Alt+Print Screen 将 Windows 桌面的活动窗口复制到剪贴板上。
- Num Lock:转换小键盘区为数字状态(Num Lock 灯亮)或光标控制状态(Num Lock 灯灭)。

还有如控制光标上、下、左、右移动的方向键等。

2. 鼠标

鼠标是常用的快速输入设备,对于现代图形界面的用户来说更是必不可少。鼠标一般分为光电式和机械式两种。光电式鼠标灵敏度较高,但价格较贵。鼠标有左、中、右 3 个键,也有的鼠标只有左、右 2 个键。

3. 显示器

目前常用的显示器有液晶显示器 LCD 和普通 CRT 显示器。显示器是最常见的输出设备。下面介绍一些与显示器相关的概念。

(1) 像素:即光点。整个屏幕可以看做是由光点(像素)组成的。

(2) 点距:指屏幕上相邻两个荧光点之间的最小距离。点距越小,显示质量就越好。

(3) 分辨率:用水平像素×垂直像素表示,如 1024×768 表示水平方向最多可以包含 1024 个像素,垂直方向有 768 个像素。

(4) 垂直刷新频率:也叫场频,是指每秒钟显示器重复刷新显示画面的次数,单位以 Hz 表示。这个刷新的频率就是我们通常所说的刷新率。根据 VESA 标准,75Hz 以上为推荐刷新频率。

（5）水平刷新频率：也叫行频，是指显示器 1 秒钟内扫描水平线的次数，以 kHz 为单位。在分辨率确定的情况下，它决定了垂直刷新频率的最大值。

（6）带宽：是显示器处理信号能力的指标，单位为 MHz，是指每秒钟扫描像素的个数。可以用"水平分辨率×垂直分辨率×垂直刷新率"这个公式来计算带宽的数值。

4. 显示适配器

对应于不同的显示器，必须要有相应的控制电路，称为适配器或显示卡（显卡）。

（1）显示存储器：也叫显示内存、显存。显存容量大，则显示质量高，特别是对于图像的显示。

$$显示存储空间＝水平分辨率×垂直分辨率×每个像素所占存储空间$$

每个像素所占的存储空间取决于它的灰度级（即颜色数目）。如果每个像素占 $n$bit，那么 2^n 就是颜色的数目。一般我们所说的"真彩"，其每个像素将占据 24 位甚至更多的存储空间。

（2）显示标准：有 CGA（Color Graphics Adapter，彩色图形显示控制卡）、EGA（Enhanced Graphics Adapter，增强型图形显示控制卡）和 VGA（Video Graphics Array，视频图形显示控制卡）几种。目前流行的是 SVGA（Super VGA）和 TVGA，其分辨率可达到 1024×768，甚至 1024×1024、1280×1024。

5. 打印机

打印机是计算机系统常用的另一个基本输出设备。打印机按印字方式分为击打式打印机和非击打式打印机两种。

（1）击打式打印机：利用机械原理由打印头通过色带把字体或图形打印在打印纸上。典型的就是点阵针式打印机，可以按打印针的数目分为 9 针或 24 针打印机。

（2）非击打式打印机：利用光、电、磁、喷墨等物理或化学的方法把字印出来。主要有喷墨打印机和激光打印机。

- 喷墨打印机：利用特制技术，把墨水微粒喷在打印纸上绘出各种文字符号和图形的打印机。
- 激光打印机：激光打印机是激光扫描技术和电子照相技术相结合的产物。它是页式打印机，具有很好的印刷质量和打印速度。

除了上述常见的外部设备外，还有如扫描仪、绘图仪、光笔等外部设备。

1.4.3　微处理器、微型计算机和微型计算机系统

1. 微处理器

使用大规模集成电路或超大规模集成电路技术，将传统计算机的运算器和控制器集成在一块（或多块）半导体芯片上作为中央处理器（CPU），这种半导体集成电路就是微处理器。

2. 微型计算机

以微处理器为核心，配上由大规模集成电路所制成的存储器、输入设备、输出设备及系统总线所组成的计算机，简称微型计算机。

3. 微型计算机系统

以微型计算机为中心,配以相应的外围设备、辅助电路、系统软件,就构成了微型计算机系统。它与微型计算机最主要的区别是包括了指挥计算机工作的系统软件。

1.4.4 微型计算机的主要性能指标

1. 运算速度

运算速度是衡量 CPU 工作快慢的指标。该指标虽然和主频有关,但由于还牵涉到内/外存的速度、字长以及指令系统的设计,所以不能简单地认为就是主频。一般以每秒可以完成多少条指令作为衡量标准,单位是 MIPS(每秒百万指令数)。

2. 字长

字长是 CPU 一次可以处理的二进制位数。字长主要影响计算机的速度和精度。字长越长,同时处理的数据量越大,速度相应地越快;字长越长,数据的有效位数越长,精度越高。我们常说的 16 位机、32 位机、64 位机,就是指的字长。

3. 内存容量

内存容量是表示计算机存储能力的指标。容量越大,能存储的数据越多,能直接处理的程序和数据越多,计算机的解题能力和规模就越大。

内存容量、字长和运算速度是计算机的三大性能指标。

4. 主频

虽然主频不等于运算速度,但它可以在很大程度上决定运算速度。主频的单位是 MHz。

5. 可靠性

可靠性指计算机连续无故障运行的时间长短。可靠性的指标是 MTBF,即平均无故障时间。

6. 可维护性

可维护性指故障发生后能否尽快恢复。可维护性指标是 MTTR,即平均修复时间。

7. 兼容性

兼容是广泛的概念,包括程序数据的兼容和设备的兼容。兼容使机器易于推广。

8. 性价比

性价比指综合性能与价格之间的对比关系。

习　　题

选择题(只有一个正确答案)

1. 1946 年,美国诞生了世界上第一台电子计算机,它的名字叫做(　　)。

   A. ADVAC　　　　B. EDSAC　　　　C. ENIAC　　　　D. UNIVAC-I

2. 第三代计算机称为(　　)计算机。

   A. 电子管　　　　　　　　　　B. 晶体管

   C. 中小规模集成电路　　　　　D. 大规模、超大规模集成电路

3. 通常,一台计算机系统的存储介质包含 Cache、内存、磁带和硬盘。其中,访问速度最慢的是(　　)。

    A. Cache　　　　　　B. 内存　　　　　　C. 磁带　　　　　　D. 硬盘

4. 把下列二进制数 10101.10101 转换成八进制数是(　　)。

    A. 25.25　　　　　　B. 25.52　　　　　　C. 25.42　　　　　　D. 52.52

5. 计算机的硬件系统是由(　　)几大部分组成的。

    A. CPU、控制器、存储器、输入设备和输出设备

    B. 运算器、控制器、存储器、输入设备和输出设备

    C. 运算器、存储器、输入设备和输出设备

    D. CPU、运算器、存储器、输入设备和输出设备

6. CPU 是构成计算机的核心部件,在微型机中,它一般被称为(　　)。

    A. 中央处理器　　　B. 单片机　　　　　C. 单板机　　　　　D. 微处理器

7. 存储器包括内存储器和外存储器。现代计算机的内存储器有(　　)。

    A. ROM　　　　　　B. RAM　　　　　　C. ROM 和 RAM　　D. 硬盘和软盘

8. 计算机的存储容量通常以能存储多少个二进制位或多少个字节来表示。1 个字节是指(　　)个二进制位,1MB 的含义是(　　)字节。

    A. 1024、1024　　B. 8、1024KB　　C. 8、1000KB　　D. 16、1000

9. 扫描仪是一种(　　)。

    A. 输出设备　　　　B. 存储设备　　　　C. 输入设备　　　　D. 玩具

10. 计算机软件主要分为(　　)和(　　)。

    A. 用户软件、系统软件　　　　　　　　B. 用户软件、应用软件

    C. 系统软件、应用软件　　　　　　　　D. 系统软件、教学软件

11. 操作系统、编译程序和数据库管理属于(　　)。

    A. 应用软件　　　　B. 系统软件　　　　C. 管理软件　　　　D. 以上都是

12. 电子数字计算机工作原理最重要的特征是(　　)。

    A. 高速度　　　　　　　　　　　　　　B. 高精度

    C. 存储程序和自动控制　　　　　　　　D. 记忆力强

13. 计算机能直接识别的语言是(　　)。

    A. 汇编语言　　　　B. 自然语言　　　　C. 机器语言　　　　D. 高级语言

14. 把十六进制数 A301 转换成二进制数是(　　)。

    A. 10100011 00000001　　　　　　　B. 10010010 00000010

    C. 10100111 10001000　　　　　　　D. 10101100 00001000

15. 1MB 等于(　　)字节。

    A. 1000　　　　　　　　　　　　　　　B. 1024

    C. 1000×1000　　　　　　　　　　　　D. 1024×1024

16. 如果按字长来划分,微型机可分为 8 位机、16 位机、32 位机、64 位机和 128 位机等。所谓 32 位机,是指该计算机所用的 CPU(　　)。

    A. 一次能最多处理 32 位二进制数　　B. 具有 32 位的寄存器

    C. 只能处理 32 位二进制定点数   D. 有 32 个寄存器

17. 下列关于操作系统的叙述中,正确的是(　　　)。

    A. 操作系统是软件和硬件之间的接口

    B. 操作系统是源程序和目标程序之间的接口

    C. 操作系统是用户和计算机之间的接口

    D. 操作系统是外设和主机之间的接口

18. 硬盘和软盘驱动器属于(　　　)。

    A. 内存储器系统   B. 外存储器系统

    C. 只读存储器系统   D. 半导体存储器系统

19. 能将源程序转换成目标程序的是(　　　)。

    A. 调试程序   B. 解释程序   C. 编译程序   D. 编辑程序

20. 系统软件中最重要的是(　　　)。

    A. 操作系统   B. 语言处理程序

    C. 工具软件   D. 数据库管理系统

21. 一个完整的计算机系统包括(　　　)。

    A. 计算机及其外部设备   B. 主机、键盘、显示器

    C. 系统软件与应用软件   D. 硬件系统与软件系统

22. 把十进制数 1024 转换成二进制数为(　　　)。

    A. 1000100000   B. 10000000000

    C. 1000000000   D. 100000000000

23. 断电时,计算机(　　　)中的信息会丢失。

    A. 软盘   B. 硬盘   C. RAM   D. ROM

24. 微型计算机的性能主要取决于(　　　)的性能。

    A. RAM   B. CPU   C. 显示器   D. 硬盘

25. 所谓"裸机",是指(　　　)。

    A. 单片机   B. 单板机

    C. 不装备任何软件的计算机   D. 只装备操作系统的计算机

26. 在计算机行业中,MIS 是指(　　　)。

    A. 管理信息系统   B. 数学教学系统

    C. 多指令系统   D. 查询信息系统

27. CAI 是指(　　　)。

    A. 系统软件   B. 计算机辅助教学软件

    C. 计算机辅助管理软件   D. 计算机辅助设计软件

28. 既是输入设备,又是输出设备的是(　　　)。

    A. 磁盘驱动器   B. 显示器   C. 键盘   D. 鼠标

29. 当运行某个程序时,发现存储容量不够,解决的办法是(　　　)。

    A. 把磁盘换成光盘   B. 把软盘换成硬盘

    C. 使用高容量磁盘   D. 扩充内存

30. 计算机的存储系统一般指主存储器和（　　）。

　　A. 显示器　　　　　B. 寄存器　　　　　C. 辅助存储器　　　D. 鼠标

31. （　　）是为了解决实际问题而编写的计算机程序。

　　A. 系统软件　　　　　　　　　　B. 数据库管理系统

　　C. 操作系统　　　　　　　　　　D. 应用软件

32. 对 PC 机来说，人们常提到的"Pentium"、"Pentium Ⅱ"指的是（　　）。

　　A. 存储容量　　　B. 运算速度　　　C. 主板型号　　　D. CPU 类型

33. 为了避免混淆，二进制数在书写时通常在后面加上字母（　　）。

　　A. E　　　　　　B. B　　　　　　C. H　　　　　　D. D

34. 通常所说的区位、全拼双音、双拼双音、智能全拼、五笔字型和自然码是不同的（　　）。

　　A. 汉字字库　　　B. 汉字输入法　　　C. 汉字代码　　　D. 汉字程序

35. 一张 3.5 英寸软盘的存储容量是（　　）。

　　A. 1.44MB　　　B. 1.44KB　　　C. 1.2MB　　　D. 1.2KB

36. I/O 设备直接（　　）。

　　A. 与主机相连接　　　　　　　　B. 与 CPU 相连接

　　C. 与主存储器相连接　　　　　　D. 与 I/O 接口相连接

37. 下列外部设备中，属于输入设备的是（　　）。

　　A. 鼠标　　　　　B. 投影仪　　　　C. 显示器　　　　D. 打印机

38. 主要逻辑元件采用晶体管的计算机属于（　　）。

　　A. 第一代　　　　B. 第二代　　　　C. 第三代　　　　D. 第四代

39. 液晶显示器简称为（　　）。

　　A. CRT　　　　　B. VGA　　　　　C. LCD　　　　　D. TFT

40. 当软盘被写保护后，它（　　）。

　　A. 不能读和写　　B. 只能写　　　　C. 只能读　　　　D. 可读也可写

第2章

Windows XP 操作系统及其应用

2.1 Windows 的基本知识

2.1.1 Windows 的历史和基本概念

Windows 系统是微软（Microsoft）公司开发的，是一个具有图形用户界面（Graphical User Interfdce，GUI）的多任务操作系统。所谓多任务，是指在操作系统环境下可以同时运行多个应用程序，如一边可以在 Word 软件中编辑稿件，一边让计算机播放音乐，这时两个程序都被调入内存储器中处于工作状态。

Windows 是在 MS-DOS 操作系统的基础上发展起来的，即使到了 Windows XP，也能看到 DOS 的影子。由最初的 Windows 1.0 版本至今，Windows 的发展历史见表 2-1。

表 2-1 Windows 的发展历史

年份	产　品	特　　点
1981	MS DOS	基于字符界面的单用户、单任务的操作系统
1983	Windows 1.0	支持 Intel X386 处理器，具备图形化界面，实现了通过剪贴板在应用程序间传播数据的思想
1987、1990	分别推出 Windows 2.0、3.0	成为 Microsoft 的主流产品，增加了对象链接和嵌入技术及对多媒体技术的支持等
1993	Windows for Workgroup 3.1	Microsoft 的第一个网络桌面操作系统
1995、1998	Windows 95、Windows 98	可独立运行而无须 DOS 支持。采用 32 位处理技术，兼容以前 16 位的应用程序，Windows 98 内置 IE 4.0 浏览器
2000	Windows 2000 系列	比 98 更稳定、更安全，更容易扩充
2001	Windows XP	比以往版本有更友好和清新的流线型窗口设计、菜单设计更加简化，在提高计算机的安全性、数字照片和视频处理、设置家庭及办公网络方面都有很大改进
2007	Windows Vista	采用了全新的图形用户界面。但系统兼容等问题比较突出，成为 Windows 家族的匆匆过客
2009	Windows 7	由于产品的稳定性、强大的系统兼容性，越来越多的用户开始使用 Windows 7

事实上，最初的 Windows 3.x 并不是一个真正的图形用户界面操作系统，它只是一个在 DOS 环境下运行的、对 DOS 有较多依赖的 DOS 子系统。1995 年推出的 Windows 95 和 1998 年推出的 Windows 98 是真正的全 32 位的个人计算机图形用户界面操作系统。Windows NT 4.0 是 Windows 家族中第一个完备的 32 位网络操作系统，它主要面

向高性能微型计算机、工作站和多处理器服务器,是一个多用户操作系统。

Windows 2000 原名 Windows NT 5.0,它具有全新的界面、高度集成的功能、稳固的安全性和便捷的操作方法。Windows 2000 在界面、风格与功能上都具有统一性,是一种真正面向对象的操作系统。另外,用户在操作本机的资源和远程资源时不会感到有什么不同。

2001 年 9 月推出的 Windows XP 把 NT 版本的设计带入了家庭用户。Windows XP 除了拥有图形用户界面操作系统所具有的多任务、"即插即用"等特点外,比以往版本有更友好和清新的流线型窗口设计,而且菜单设计更加简化,在提高计算机的安全性、数字照片和视频处理、设置家庭及办公网络方面都有很大改进,这些技术使计算机的运行效率更高,而且更加可靠。

2003 年春,微软公司发布了 Windows Server 2003。Windows Server 2003 有 4 个版本,分别是 Standard Edition、Enterprise Edition、Data Center Edition 和 Web Edition。

Windows Vista 在 2007 年 1 月高调发布,它采用了全新的图形用户界面。但系统兼容性不够好,运行速度不够快等问题比较突出。所以许多 Windows 用户仍然坚持使用 Windows XP。Windows Vista 成为 Windows 家族的匆匆过客。

2009 年年底发布的 Windows 7 给用户带来新的体验,其运行比 Vista 更流畅,特别是其多达上千种的新功能、充分满足个性化的贴心设计、出众的产品稳定性、强大的系统兼容性,更让企业和个人用户对其充满信心,越来越多的用户开始使用 Windows 7。

本章以普遍使用的 Windows XP 为例,介绍 Windows 操作系统的基本概念和功能。

2.1.2　Windows 运行环境

本节讨论 Windows 操作系统运行的硬件环境。

Windows 操作系统对个人计算机硬件的最低配置要求如下:

(1) 处理器:133MHz Pentium 或更高的微处理器(或相当的其他微处理器)。Windows Professional 支持双 CPU。

(2) 内存容量:推荐最小 128MB 内存。

(3) 硬盘自由空间:2GB 硬盘,850MB 的可用空间(此空间指操作系统安装目录。如 Windows 安装于 C 盘,则 C 盘中至少要保留 850MB 可用空间)。如果从网络安装,还需要更多的可用磁盘空间。

(4) 显示器:VGA 或更高的分辨率。

(5) 光盘驱动器:CD-ROM 或 DVD-ROM 驱动器。

(6) 光标定位设备:Microsoft 的鼠标或与其兼容的定位设备。

上述硬件配置是可运行 Windows 操作系统的最低指标,满足更高的指标可以明显提高其运行性能。如需要联入计算机网络和增加多媒体功能,需要配置调制解调器(Modem)、声卡等附属设备。

2.1.3　Windows 桌面的组成

启动 Windows 之后，首先看到的整个屏幕就是 Windows 的桌面，用户对计算机的控制都是通过它来实现的。初始安装 Windows XP 时，桌面上只有一个回收站图标，用户可以根据工作的需要，将"我的电脑"、"回收站"、"我的文档"、"网上邻居"等图标添加到桌面上，如图 2-1 所示。

图 2-1　桌面

除了桌面图标，Windows 桌面还包括"开始"菜单和任务栏两个主要组成部分。

1. 桌面图标

桌面上的图标通常是 Windows 环境下的一个可以执行的应用程序，也可能是一个文件夹。用户可以通过双击其中任意一个图标打开相应的应用程序窗口进行具体的操作。下面介绍桌面上的常用图标。

（1）"我的电脑"图标

"我的电脑"整合了计算机系统中的各种资源，主要包括软盘驱动器、硬盘驱动器、光盘驱动器、控制面板以及一些移动设备、网络映射驱动器等。双击该图标，屏幕上显示如图 2-2 所示的窗口。

"我的电脑"是用户访问计算机资源的入口。当用户在"我的电脑"窗口中选择某个对象后，屏幕上将出现代表该资源的窗口。

在"我的电脑"左侧包含三项主要内容："系统任务"、"其他位置"和"详细信息"。

①"系统任务"：用来查询或更改系统设置。其中，"查看系统信息"选项用来显示计算机的信息，如处理器速度等；"添加/删除程序"选项提供了添加、更改或删除一个程序的方法、步骤；"更改一个设置"选项提供了改变计算机外观和功能的选项，实际上是进入了控制面板。

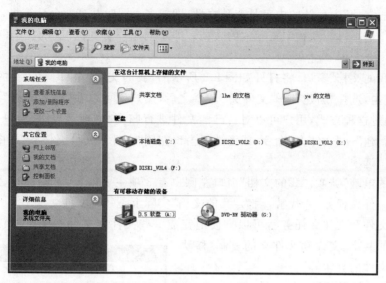

图 2-2　"我的电脑"窗口

②"其他位置"：提供一种快捷、方便的措施进入其他经常使用的功能，如"我的文档"、"网上邻居"等。

③"详细信息"：显示当前的位置，以及所选中的文件、文件夹、逻辑盘的信息。

（2）"我的文档"图标

"我的文档"是 Windows 用于保存用户文件的文件夹，它是所有应用程序保存文件的默认文件夹。为了便于用户查找、保存这个特殊的文件夹，"我的文档"文件夹已经被移到了根目录的" Documents and Settings "目录下。它含有 3 个特殊的个人文件夹，即"图片收藏"、"我的视频"和"我的音乐"，如图 2-3 所示。

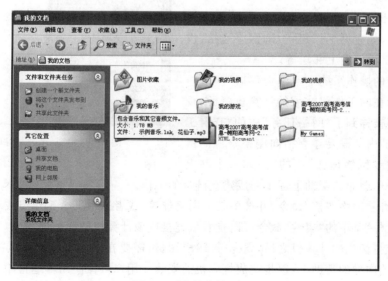

图 2-3　"我的文档"窗口

在"我的文档"内存储的内容具有独立性,即使多人同时共享一台计算机,在未获得授权的情况下,也不可能互相浏览存放的文档。即不同用户看到的"我的文档"中的内容是不一样的。

双击"我的文档"窗口,将打开如图 2-3 所示的"我的文档"窗口。在"我的文档"窗口的空白处右击,选择"新建"→"文件夹"命令之后,用户便可以在"我的文档"内创建新的文件夹。通过这种方式,用户可以对自己的文件进行归类、整理。当然,用户也可以选择"文件"→"新建"→"文件夹"命令;或者选择窗口左侧"文件和文件夹任务"框中的"创建一个新文件夹"选项。

与"我的电脑"类似,"我的文档"窗口左侧也有 3 项主要内容,不同的是,"系统任务"被"文件和文件夹任务"所代替,因为"我的文档"实际上是一个文件夹。

利用"文件和文件夹任务",可以方便地完成一些文件和文件夹操作,如创建新文件夹、文件夹的共享、文件和文件夹的复制/移动和重命名、文件的打印等。

(3)"网上邻居"图标

双击桌面的"网上邻居",将打开如图 2-4 所示的"网上邻居"窗口,它用于帮助用户在网络中查找信息和资源。双击桌面上的"网上邻居"图标将显示全部可用的资源,这些资源都是共享的,在图标的下方将显示共享的文件夹或文件名。

与"我的电脑"类似,"网上邻居"窗口左侧也有 3 项主要内容,不同的是,"系统任务"被"网络任务"所代替。

"网络任务"帮助用户建立、修改或查询一些网络设置,如查询工作组、查询网络连接、设置无线上网、设置网上邻居等。

在以前的操作系统中,"网上邻居"窗口将显示用户所在的工作组或域的计算机资源,现在这些内容被移到了"网络任务"中的"查看工作组计算机"内。需要建立指向网络资源的链接时,可选择"网络任务"中的"添加一个网上邻居",在操作向导的帮助下逐步完成建立链接的工作。

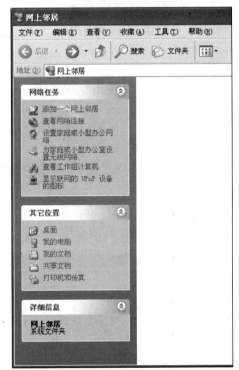

图 2-4　"网上邻居"窗口

选择"查看网络连接"命令,并选中某个网络连接,或者选中某个工作组或域中的计算机,利用"文件"菜单的"属性"命令可以查看该连接或该计算机的详细内容。

选择带打印机的计算机之后,双击打印机图标,需要在本地安装打印机的驱动程序时,可在安装向导的帮助下,逐步完成打印机的安装。用户可像使用本地打印机一样使用网络上的打印机。打开"网上邻居"窗口的"查看"菜单,执行"详细资料"命令,可在"备注"栏中查找打印机名或说明。

（4）"回收站"图标

"回收站"是用来保存被暂时删除的文件和文件夹与图标的地方（如图 2-5 所示）。

双击"回收站"图标打开"回收站"窗口，在该窗口中显示出以前删除的文件、文件夹、图标的名字。用户可以从中恢复一些有用的文件、文件夹和图标，或者把这些内容彻底清除。只有把这些被"删除"的东西从回收站彻底"清空"，才能腾出外存空间。

与"我的电脑"类似，"回收站"窗口左侧也有 3 项主要内容，不同的是，"系统任务"被"回收站任务"所代替。

"回收站任务"帮助用户清空回收站，以及恢复回收站中部分或全部文档。

此外，与其他图标相比，"回收站"图标的一个比较特殊的地方是：该图标不能更改名字。

（5）Internet Explorer 图标

双击 Internet Explorer 图标，可以打开 IE 浏览器，通过局域网或者调制解调器建立 Internet 连接。不过，用调制解调器建立 Internet 连接之前，用户需要为自己选择一个服务提供者（ISP），并请求用户账号；用局域网联入 Internet 也需要做好网络设置。

可以通过双击"Internet Explorer"图标打开 IE 浏览器，连接到 Internet。关于 IE 浏览器的详细介绍请参见第 7 章。

2. "开始"按钮

"开始"按钮位于桌面的左下角。单击"开始"按钮可以打开 Windows 的"开始"菜单（见图 2-6），用户可以在该菜单中选择相应的命令进行操作。

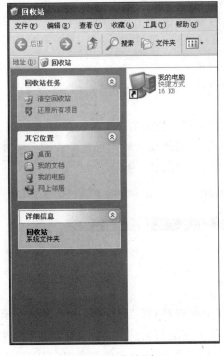

图 2-5　"回收站"窗口

图 2-6　"开始"菜单

"开始"菜单内包括了用户需要的大多数服务。针对具体的情况,用户可将其他应用程序添加到"开始"菜单内。

"开始"菜单中有些命令的右边带有向右的黑三角,在 Windows 中这些黑三角表示该菜单项带有下一级子菜单,当鼠标移向该菜单项时,就会打开子菜单。

用户安装的应用程序、管理工具都会出现在"开始"菜单的"所有程序"子菜单内,它可以说是 Windows 中最重要的一个子菜单。除了"所有程序"子菜单项,"开始"按钮的各个菜单命令都各有其用途,简单总结如下:

- 所有程序:用以运行指定的应用程序。
- 我的文档:用以打开用户的"我的文档"窗口。
- 图片收藏:用以打开用户的"我的文档"窗口中的特殊个人文件夹——"图片收藏"。
- 我的音乐:用以打开用户的"我的文档"窗口中的特殊个人文件夹——"我的音乐"。
- 收藏夹:显示 IE 收藏夹内容。
- 我的电脑:用以打开"我的电脑"窗口。
- 控制面板:用以打开"控制面板"窗口,通过该窗口设定计算机属性、设置打印机、显示属性、设置鼠标、查看网络连接属性和用户账号等。
- 设定程序访问和默认值:指定浏览器、收发邮件、媒体播放等使用的默认软件。
- 连接到:显示并使用网络连接。
- 打印机和传真:显示或添加打印机设置。
- 帮助和支持:打开 Windows 联机帮助系统。
- 搜索:根据文件名、文件大小或日期等查找文件或文件夹。
- 运行:提供了一种通过输入命令字符串来启动程序、打开文档或文件夹,以及浏览 Web 站点的方法。
- 注销:退出或暂时切换当前用户,进入登录界面。
- 关闭计算机:提供了退出 Windows 系统的各种方法(关机、重新启动、待机等)。

3. 任务栏

任务栏位于桌面的底部,从左到右依次为"开始"按钮、"快速启动"工具栏、任务按钮、用于放置当前打开程序的最小化窗口的空白处。在最右端通知区域矩形框中放置状态指示器,其中包含音量控制器、系统时间、输入法指示器等,如图 2-7 所示。

图 2-7　任务栏

快速启动工具栏中的按钮可以快速启动一些常用的程序;状态指示器主要表明系统关于声音、文字、时间以及其他一些性能状态;而所有正在运行的应用程序和打开的文件夹均以按钮的形式显示在任务栏空白处,要切换到某个应用程序或文件夹窗口,只需单击任务栏上相应的按钮即可。

2.1.4　Windows 文件及路径等概念

1. 文件

在 Windows 中，所有信息（程序、数据、文本）都是以文件的形式存储在磁盘上的。文件是一组信息的有序集合。

文件有三个要素，即文件名、扩展名和存放位置。每个文件都有一个文件名，文件名可以用英文或汉字命名。Windows 支持长文件名格式，文件名不区分大小写，可以使用多分隔符，也可以使用诸如"＋　，　；〔　〕＝　空格"等特殊字符。

多数文件还有一个扩展名，扩展名表示该文件的类型。例如，.DOC 文件是 Word 文档；.EXE 或 .COM 文件是程序文件。

2. 文件夹

文件夹也叫目录，是文件的集合体，或者说是用来放置文件和子文件夹的容器。文件夹中可以包含多个文件或子文件夹，当然也可以是空文件夹。

为了有效地组织文件，文件夹（目录）采用层次结构。每个逻辑磁盘的根部可以直接存放文件，叫做根目录。根目录下面还可放置子目录（文件夹），子目录下面可再放置子目录（文件夹），整个结构像一棵倒置的树，见图 2-8 所示。

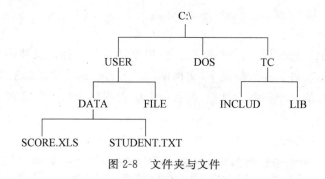

图 2-8　文件夹与文件

3. 逻辑盘

计算机的外存储器一般以硬盘为主。为了便于数据管理，我们一般会把硬盘分区，划分成多个逻辑盘，用盘符来表示。

软驱的盘符是 A 和 B；硬盘的逻辑盘盘符从 C 开始。因此，如果一台机器上有逻辑硬盘 C 和 D，它们可能是属于同一个物理硬盘的，也可能属于两个物理硬盘。

4. 路径

在文件"三要素"中，除了文件名和扩展名以外，另一个要素"存放位置"实际上是指文件所在的路径。不光文件有所在路径，文件夹也有所在路径（存放位置）。

所谓路径，其作用在于标明文件所在的位置。根据路径表述方式的不同，可以把路径分为绝对路径和相对路径。

- 绝对路径：即从根目录开始，到文件所在目录的路线上的各级子目录名与分隔符"\"所组成的字符串。根目录的表示形式为"盘符:\"，如 C:\。例如，在图 2-8 中，文件 student.txt 的绝对路径为 C:\user\file。

- 相对路径：即从当前位置开始，到文件所在目录的路线上的各级子目录名与分隔符"\"所组成的字符串。当前位置是指系统当前正在使用的目录。以图 2-8 为例，如果当前位置是 C:\user\file，则文件 SCORE. XLS 的相对路径是..\data，这里".."表示上一级文件夹(父目录)。

在 Windows 中，两个不同文件的三要素不可能完全相同，即知道了某个文件的文件名、扩展名和路径，就可以惟一确定该文件。因此，我们常常用"路径＋文件名＋扩展名"清楚地表示某个文件，文件名和扩展名之间用"."分隔。路径与文件名之间的分隔符为"\"。

如图 2-8 中，student. txt 文件的完整表示为 C:\user\file\student. txt。

2.1.5 Windows 窗口的组成

Windows 采用了多窗口技术，所以在使用 Windows 操作系统时，我们可以看到各种窗口。对这些窗口的理解、操作也是 Windows 中最基本的要求。

简单来说，Windows 操作系统中的窗口可以分为以下四大类。

1. 应用程序窗口

应用程序窗口是应用程序运行时的工作界面。应用程序窗口是典型的 Windows 窗口，由标题栏、菜单栏、工具栏、最大化按钮、最小化按钮、关闭按钮、控制按钮、状态栏、窗体本身等组成。

2. 文档窗口

文档窗口只能出现在应用程序窗口之内，用于显示某文档的具体内容。它常常包含用户的文档或数据文件。一般情况下，文档窗口没有自己的菜单栏和工具栏，而是共享所在的应用程序窗口的菜单栏和工具栏，而且一个应用程序窗口中经常可以包含多个文档窗口，如图 2-9 所示。

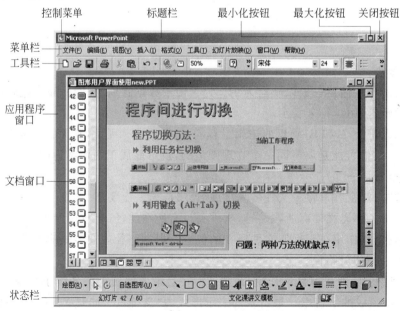

图 2-9　应用程序窗口和文档窗口

3. 文件夹窗口

文件夹窗口用于显示该文件夹中的文档组成内容和组织方式。双击某个文件夹就可以打开这个窗口，如图 2-10 所示。

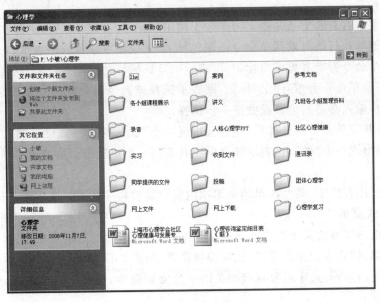

图 2-10 文件夹窗口

4. 对话框窗口

当操作系统需要与用户进一步沟通时，它就显示一个"对话框"作为提问、解释或警告之用。对话框窗口是系统和用户对话、交换信息的场所。对话框窗口的形态各种各样，随着对话框种类的不同而变化很大。图 2-11 所示是保存文件时使用的"另存为"对话框。

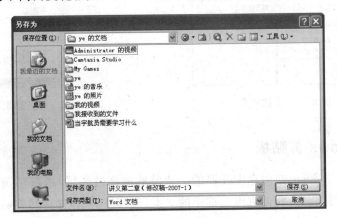

图 2-11 "另存为"对话框

2.1.6 Windows 的菜单

Windows 菜单主要分为下拉式菜单和弹出式菜单两种。

1. 下拉式菜单

大多数菜单都属于下拉式菜单,如单击菜单栏中的某项,或者单击"开始"按钮等,都会出现下拉式菜单,如图 2-12 所示。下拉式菜单出现的方向不一定向下,也可能向上(如"开始"菜单)。

下拉式菜单含有若干条命令。为了便于使用,命令按功能分组,分别放在不同的菜单项里。当前能够执行的有效菜单命令以深色显示,无效命令以浅灰色表示。

如果菜单命令旁带有黑三角标记,则表示一旦鼠标移动到该命令项,就会弹出一个子菜单项;如果菜单命令旁带有"…"标记,则表示选择该命令将会弹出一个对话框窗口,以便用户进一步输入必要的信息或做进一步选择。

此外,有些菜单命令被选择后,左边会出现一个"√",这表示该菜单项其实是一个复选框;有些会出现一个"●",这表示该菜单项其实是一个单选框。这些菜单项仅仅表示某种选择设置。

在有些应用程序中,某些菜单的菜单项内容会随着程序状态的变化而变化。

2. 弹出式菜单

将鼠标指向屏幕的某个位置或指向某个选中的对象,然后单击鼠标右键(右击),就会打开一个菜单,称之为弹出式菜单,也叫快捷菜单,如图 2-13 所示。该菜单中的内容与选中的对象有关,包括与选中对象直接相关的一组常用命令,选中的对象不同,弹出的菜单命令也不一样。

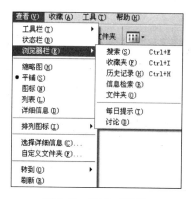

图 2-12　下拉式菜单

图 2-13　弹出式菜单

2.1.7　Windows 剪贴板

剪贴板是 Windows 在内存中开辟的一块特殊的临时区域,用来在 Windows 程序之间、文件之间传送信息。我们可以把选中的文本(或其他对象)保存到剪贴板中,再把它们粘贴到目标位置。剪贴板是个很重要的工具。用户经常进行的剪切、复制、粘贴操作都会用到剪贴板。

- 剪切:把选中对象移到剪贴板,原来的内容消失。
- 复制:把选中对象复制到剪贴板,原来的内容仍存在。由于剪贴板中的内容用户看不到,所以给人的感觉好像什么事情也没发生。

- 粘贴：把剪贴板内容移到目标位置，剪贴板内容仍存在。因此，一个内容可以"粘贴"多次。

在 Windows XP 的剪贴板中可以存放多个内容，完成新的一次剪切或复制操作，其内容都会加入到剪贴板中。要查看剪贴板中的内容，可以选择"编辑"→"剪贴板"命令。

2.2　Windows 的基本操作

2.2.1　Windows 的启动和退出

将 Windows 安装在计算机上之后，每次打开计算机，在系统自检通过后，Windows 都会自行启动。完成加载驱动程序、检查系统的硬件配置之后，屏幕上显示登录对话框，要求输入用户名、密码。用户名和密码通过检验后，Windows 桌面才会显示在屏幕上。

要退出 Windows 操作系统，可以单击"开始"按钮，并选择"关闭计算机"命令；或者在关闭所有程序和窗口之后继续按 Alt＋F4 组合键，将打开如图 2-14 所示的"关闭计算机"对话框。

在"关闭计算机"对话框中有 3 个选项：

① 选择"重新启动"之后，将首先保存数据，然后重新启动计算机。如果用户安装了多种操作系统，还可以选择其他操作系统。

② 选择"关闭"之后，在关闭计算机之前，同样将保存已更改的设置。

③ 选择"待机"之后，计算机将进入休眠状态，减少功耗。如果要再次使用，可以很快进入。

图 2-14　"关闭计算机"对话框

图 2-15　"注销 Windows"对话框

在 Windows XP 中，"注销"单独成为"开始"菜单的一个命令。选择"注销"命令可以打开如图 2-15 所示的"注销 Windows"对话框。"注销 Windows"对话框有 2 个选项：

① 选择"注销"之后，计算机将关闭当前用户程序，结束当前用户的 Windows 对话，进入登录界面，用于变更计算机的用户。

② 选择"切换用户"之后，计算机可以在当前用户程序和文档都不关闭的情况下，进入登录界面，让其他用户登录。

"切换用户"是 Windows XP 新增加的一个功能。在那些没有关闭的程序中，有些可以同时对其他用户起作用，如拨号上网；当用户回到原来的用户名下继续工作时，会发现一切保留当时的状态，使用更方便。另外，Windows XP 提供了一个该功能的快捷组合键，当用户在按下键盘上的 Windows 徽标键的同时按下 L 键，就相当于选择了"切换用户"这个功能。

为了使 Windows 系统在退出前保存必要的信息并妥善处理相关的运行环境，保证能再次正常启动，Windows 操作系统的退出一定要按照规程去做，不要仅仅简单地采用关闭电源的方式直接退出。

2.2.2　Windows 中汉字输入方法的启动和汉字输入方法

在安装 Windows 时，系统已经把常用的输入法安装好了，并在任务栏的右边显示输入法指示器图标。如果以后还需要使用新的输入法，可以添加安装。

单击输入法指示器按钮，就可以打开如图 2-16 所示的输入法列表。在列表中选择需要的输入法即可。当切换到汉字输入法时，屏幕上会出现相应的输入法状态框。图 2-17 所示就是在选择了智能输入法后所显示的输入法状态框，可以用鼠标单击其中的按钮进行全角/半角切换、中英文切换、中西文标点切换、标准/双打切换、软键盘打开等。

图 2-16　输入法列表

图 2-17　输入法状态框

当然，在汉字输入时，用得更多的是组合键。常用的组合键有：

- 中英文切换：按 Ctrl＋Space 组合键或单击任务栏的文字切换按钮（En），再选择输入法。
- 中文输入法切换：按 Ctrl＋Shift 组合键或单击任务栏的文字切换按钮（En），再选择输入法状态图标。
- 全角/半角切换：按 Shift＋Space 组合键或单击输入法状态框中相应的按钮即可。

其他还有一些针对某个输入法的特殊按键，这里就不再一一介绍了。

下面以智能 ABC 输入法为例，介绍汉字输入法规则。

（1）智能 ABC 输入法一般以汉字的拼音作为输入的键码，输入过程如下：

- 字母输入时要求在小写状态（Caps Lock 指示灯不亮，输入法标志不是"A"）。
- 按拼音规则输入代码，可以是全拼，也可以简拼，系统会自动识别。
- 按 Space 键，从汉字列表中选择所需的汉字。若找不到，可按"＝/－"或 Page Up/Down 键翻页。

（2）智能 ABC 输入法也可以按音形混合规则输入汉字。

- 规则：汉字的声母加一到两个笔画代码（八笔画），见表 2-2。
- 取码时按照笔顺：含有笔形"十（7）"和"口（8）"的结构，按笔形代码 7 或 8 取码，而不能将它们分割成简单笔形代码 1～6。例如，宁 n44，山 s2，国 g8，地 d71。

表 2-2　八笔画代码表

笔形代码	笔形	笔形名称	实　例	注　　解
1	一(✓)	横(提)	二、要、厂、政	"提"也算作"横"
2	∣	竖	同、师、少、党	
3	ノ	撇	但、箱、斤、月	
4	、(丶)	点(捺)	写、忙、定、间	"捺"也算作"点"
5	㇆	折(竖弯勾)	对、队、刀、弹	顺时针方向,多折笔画,以尾折为准,如"了"
6	ㄴ	弯	匕、她、绿、以	逆时针方向,多折笔画,以尾折为准,如"乙"
7	十(×)	叉	草、希、档、地	交叉笔画只限于"正叉"
8	口	方	国、跃、是、吃	四边整齐的方框

(3) 能用词组的地方,还可以使用词组输入(全拼或音形混合)。原来词组库中没有的词组,可以自己创造;新词用过后,系统能自动记忆,可以和基本词汇库中的词条一样使用。例如,中华人民共和国 z'hrmghg。

注意:

① 当无法区分是一个字还是两个字时,两字之间用分隔符"'"分开。例如,"中华"(z'h);"平安"(p'an)。

② 在新词输入选择过程中,如果结果与用户需要不符,可用按 BackSpace 键"←"进行干预后重新选择。

(4) 要输入特殊符号,可以右击小键盘,然后选择(单击)符号类,再单击小键盘上的相应按键进行输入。

还有其他很多种输入法,如微软拼音输入法、五笔字型输入法等,用户可以自由选择。

2.2.3　Windows 中鼠标的使用

Windows 是图形化操作系统,鼠标的使用就是 Windows 环境下的主要特点之一。用鼠标作为输入设备,比用键盘作为输入设备更简单、更容易、更"傻瓜",具有快捷、准确、直观的屏幕定位和选择能力。

鼠标的主要操作方法有:

- 单击(也叫左击):按一下鼠标左键,表示选中某个对象或启动按钮。
- 双击:快速连续地按两次鼠标左键,表示启动某个对象(等同于选中之后再按 Enter 键)。
- 右击:按一下鼠标右键,表示启动快捷菜单(弹出式菜单)。
- 拖动:按住左键不放,并移动鼠标指针至屏幕的另一个位置或另一个对象。表示选中一个区域,或是把对象拖到某个位置,或是改变对象位置或大小。
- 指向:移动鼠标指针至屏幕的某个位置或某个对象上,没有按键。

由于鼠标的位置以及和其他屏幕元素的相互关系往往会反映当前鼠标可以完成什么样的操作,为了使用户更清晰地看到这一点,在不同的情况下鼠标的形状会不一样。当然,用户可以自己定义鼠标的形状,但在默认的环境下,鼠标在对应不同操作时的形状如图 2-18 所示。

图 2-18　鼠标指针形状表示的含义

2.2.4　Windows 窗口的操作方法

根据 2.1.5 小节中关于窗口的描述,我们知道 Windows 中有很多可操作的矩形区域,叫做窗口。这些窗口可以分为应用程序窗口、文档窗口、文件夹窗口和对话框窗口四大类。那么,对于这些窗口,到底有哪些常用的操作呢? 本节将详细分析。

（1）窗口的移动

将鼠标指向窗口标题栏,并拖动鼠标到指定位置。

（2）窗口的最大化、最小化和恢复

① 窗口最大化与还原:在窗口右上角,最大化按钮是三个按钮中的中间一个(参见图 2-21)。用鼠标单击窗口中的最大化按钮,则窗口将放大到充满整个屏幕空间,最大化按钮将变成还原按钮。单击还原按钮,窗口将恢复原来的大小。

② 窗口最小化与还原:最小化按钮是三个按钮中的左边一个,它可把窗口缩小为一个图标按钮并放在任务栏上。要把最小化后的窗口还原,只要用鼠标左击任务栏上相对应的图标按钮。

（3）窗口大小的改变

当窗口不是最大时,可以改变窗口的宽度和高度。

① 改变窗口的宽度:将鼠标指向窗口的左边或右边,当鼠标变成双箭头符号后,将鼠标拖动到所需位置。

② 改变窗口的高度:将鼠标指向窗口的上边或下边,当鼠标变成双箭头符号后,将鼠标拖动到所需位置。

③ 同时改变窗口的宽度和高度:将鼠标指向窗口的任意一个角,当鼠标变成倾斜双箭头符号后,将鼠标拖动到所需位置。

注意:有些窗口的大小是固定的,不能改变,或者有最小限制。这在对话框窗口中比较常见。

（4）窗口内容的滚动

① 小步滚动窗口内容:单击滚动条的滚动箭头(见图 2-19)。

② 大步滚动窗口内容:单击滚动条中滚动箭头和滑块之间的空白区域。

图 2-19　垂直滚动条

③ 滚动窗口内容到指定位置：用鼠标拖动滚动条中的滑块到指定位置。

(5) 窗口的关闭

在窗口右上角,关闭按钮是三个按钮中最右面的一个。单击关闭按钮,或者双击控制菜单图标,或者按组合键 Alt+F4,或者右击标题栏并在弹出式菜单中选择"关闭"命令,或者右击任务栏上的图标按钮并在弹出式菜单中选择"关闭"命令,都可以关闭当前窗口。

(6) 控制菜单

用鼠标单击窗口左上角的控制按钮,就会出现控制菜单。利用控制菜单,可以用键盘进行一些原本只能用鼠标实现的操作。控制菜单中各命令的意义如下：

- 还原：将窗口还原成最大化或最小化前的状态。
- 移动：使用键盘上的上、下、左、右移动键将窗口移动到另一位置。
- 大小：使用键盘改变窗口的大小。
- 最小化：将窗口缩小成图标。
- 最大化：将窗口放大到最大。
- 关闭：关闭窗口。

(7) 不同窗口之间的切换

在 Windows 中,可以同时打开很多窗口,但只有当前正在被操作的窗口叫做活动窗口。默认情况下,活动窗口的标题为深蓝色,非活动窗口的标题为浅蓝色。如果用户想要在其他窗口中操作,必须切换到对应的窗口。

实现窗口之间切换的方法有很多,例如,单击非活动窗口、单击任务栏上相应的按钮图标、按住组合键 Alt+Tab 然后选择需要的窗口、使用组合键 Alt+Esc 等。

2.2.5　Windows 菜单的基本操作方法

Windows 里有下拉式和弹出式两种菜单。对于弹出式菜单,一般在某个位置或对象上用鼠标右击打开；而对于下拉式菜单,主要有以下两种打开方法：

① 用鼠标单击该菜单项处。

② 当菜单项后的方括号中含有带下画线的字母时,也可按 Alt+字母键组合快捷键。

若要执行菜单中的某个命令,一般有以下四种方法：

① 打开菜单,然后用鼠标单击该命令选项。

② 打开菜单,然后用键盘上的四个方向键将高亮条移至该命令选项,然后按 Enter 键。

③ 若该命令选项后的括号中有带下画线的字母,可以在打开菜单后直接按该字母键。

④ 若该命令选项后标有组合键,可以不用打开菜单,而直接按组合键执行该菜单项命令。

如果在打开菜单后,在菜单外单击鼠标,表示取消对该菜单的选择。

2.2.6　Windows 对话框的操作

对话框窗口是 Windows 的四种窗口类型之一,也是变化最多的一种窗口。不同的对话框大小,形状各异,但基本功能都是提供人—机交互的界面,等待用户输入信息。对话框的组成元素基本上包括标题栏、命令按钮、文本框、单选按钮、复选框、组合框、标签、框体、选项卡、列表框等,如图 2-20 所示。当然,这些组件不一定都有,而且数目多少不一,由此造成了对话框的多样性。

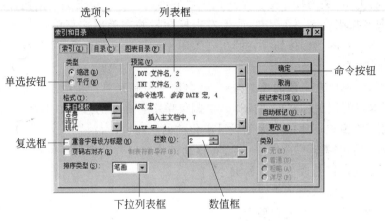

图 2-20　对话框窗口

在对话框窗口中的基本操作就是针对上述组成元素的输入或设置,如文本框的输入、单选按钮/复选框的设置、列表框/组合框的选择等,有些命令按钮还会进一步打开新的对话框窗口进行设置。用户完成所有输入和设置后,一般对话框会有一个"确定"或类似含义的命令按钮,单击此命令按钮表示确认刚才的信息输入,并关闭对话框窗口。当然,大多数对话框还有"取消"命令按钮,单击此命令按钮,表示关闭对话框窗口并且不进行信息输入。

2.2.7　Windows 工具栏的操作和任务栏的使用

在窗口的菜单栏下面通常是工具栏,如图 2-21 所示。工具栏中包括了一些常用的工具按钮,可以通过单击这些工具按钮来实现某些菜单中的命令,方便、快捷。

图 2-21　工具栏

用户可以在不同的窗口中设置显示不同的工具栏,如在"我的电脑"中通过对"查看"菜单→"工具栏"下子菜单进行设置来显示工具栏,如图 2-22 所示。

Windows 是一个多任务的操作系统,用户可以同时打开多个应用程序和多个文档窗口。设置任务栏的主要目的就是方便用户在各个应用程序以及各个文档窗口之间进行切换。

任务栏一般位于桌面底部,用户可以用鼠标指向任务栏的空白区,并按住鼠标左键,把它拖动到桌面的顶部或左右两边。每当用户打开一个应用程序,任务栏中就会出现代表该应用程序的图标按钮。即使该应用程序窗

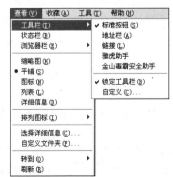

图 2-22　工具栏设置

口被最小化了,在任务栏上依然留有这个图标按钮。用户要切换到某个应用程序,只需简单地单击这个图标按钮就可以实现。

当然,任务栏还有其他一些作用。例如,用户可以利用任务栏上的快速启动工具栏中的按钮,快速、方便地启动一些应用程序;利用任务栏通知区域上的状态指示器,查看当前的声音、时间等信息,并且进行设置;还可以在任务栏上建立自己的工具栏等。

在任务栏的空白区右击,将弹出如图 2-23 所示的弹出式菜单。用户可以利用其中的"工具栏"选项在任务栏上建立新的甚至是自己定义的工具栏;可以安排窗口的排列方式;也可以选择"任务管理器",打开如图 2-24 所示的窗口,并进一步选择结束任务或进程,或者切换任务,或者开始运行新的任务(程序),查看计算机当前性能和用户状态等。

图 2-23　任务栏弹出
式菜单

对于任务栏本身,除了可以移动位置到上、下、左、右外,还可以对它做一些设置。例如,利用鼠标拖动任务栏的边缘,以改变任务栏的高度。利用鼠标右击任务栏的空白处,并在如图 2-23 所示的弹出式菜单中选择"属性"命令,就可以进入如图 2-25 所示的对话框窗口。在该窗口的"任务栏"选项卡中,可以利用几个复选框设置任务栏的一些特性:是否自动隐藏任务栏? 是否在任务栏上显示"快速启动"工具栏? 是否在通知区域中显示时钟? 等等。

图 2-24　任务管理器

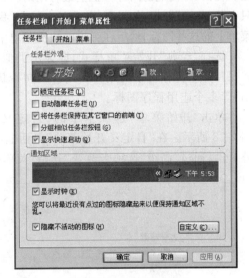

图 2-25　"任务栏"选项卡

2.2.8　Windows "开始"菜单的定制

在 Windows 操作系统中,用户可以按照自己的意图来定制"开始"菜单。首先,右击任务栏的空白处,并在任务栏的弹出式菜单中选择"属性"命令,就可以进入"任务栏和开始菜单属性"对话框窗口。选择"开始菜单"选项卡,如图 2-26 所示。

計算机应用基础教程

图 2-26　"开始菜单"选项卡

默认"开始"菜单如图 2-6 所示。"开始"菜单中的项目比早期版本多,除了 Internet、Outlook 等常用程序和所有程序项目,还有"我的电脑"、"我的文档"、"控制面板"等,以便能更加轻松、方便地访问计算机上最有用的项目。选用默认"开始"菜单,桌面上在初始状态下只有"回收站"图标,如果要将"我的电脑"、"我的文档"等图标放在桌面上,可以右击"开始"菜单上的这些图标,然后在弹出的快捷菜单中选择"在桌面上显示",如图 2-27 所示。

选择"经典"开始菜单样式,即显示类似于以前 Windows 版本的"开始"菜单,方便一些保持原来操作习惯的用户使用。在初始状态下,桌面上就会显示"我的文档"、"我的电脑"等多个应用程序图标。

单击"开始菜单"选项卡中的"自定义"按钮,进入"自定义开始菜单"对话框,如图 2-28 所示。在"自定义开始菜单"对话框中,用户可以使"开始"菜单中的图标变小。另外,可以通过"高级"选项卡改变"开始"菜单中的各项设置。

图 2-27　"我的电脑"桌面图标显示设置

图 2-28　"自定义开始菜单"对话框

2.2.9 Windows 中对象的剪切、复制与粘贴操作

前面我们提到过剪贴板的概念,知道可以利用剪贴板完成剪切、复制、粘贴操作。那么,具体应该怎么做呢?

要进行剪切和复制,步骤如下:

第一步,先要选中一个对象,即选中一个或一组文件或文件夹。方法有下列几种:

① 选中单个文件或文件夹:用鼠标单击要选中的文件或文件夹的图标或名称。

② 选中一组连续排列的文件或文件夹:用鼠标单击要选中的文件或文件夹组中第一个的图标或名称,然后移动鼠标指针到该文件或文件夹组中最后一个的图标或名称,最后按下 Shift 键并单击鼠标;或者从左上角拖动鼠标至右下角。

③ 选中一组非连续排列的文件或文件夹:在按下 Ctrl 键的同时,用鼠标单击每一个要选中的文件或文件夹的图标或名称。

④ 选中几组连续排列的文件或文件夹:先选中第一组;然后在按下 Ctrl 键的同时,用鼠标单击第二组中第一个文件或文件夹图标或名称;再按下 Ctrl+Shift 组合键,用鼠标单击第二组中最后一个文件或文件夹图标或名称;以此类推,直到选中最后一组。

⑤ 选中所有文件和文件夹:单击“编辑”→“全部选定”命令,或按 Ctrl+A 组合键。

一旦发现选错,要取消选中文件,只要单击窗口中任何空白处即可。

选择一组连续排列的文件和文件夹时,也可以采用鼠标拖动的方式来完成。

第二步,就可以进行剪切或复制操作了。大部分 Windows 应用程序窗口中都有剪切、复制、粘贴的菜单命令,一般放在“编辑”菜单中。如图 2-29 所示为文件夹窗口的“编辑”菜单。用户可以选择这些菜单命令进行剪切、复制,也可以使用热键 Ctrl+X(剪切)、Ctrl+C(复制)。注意在 Windows 中,在剪贴板上只能放一样东西,也就是说,只有最近的那次剪切或复制是有效的。

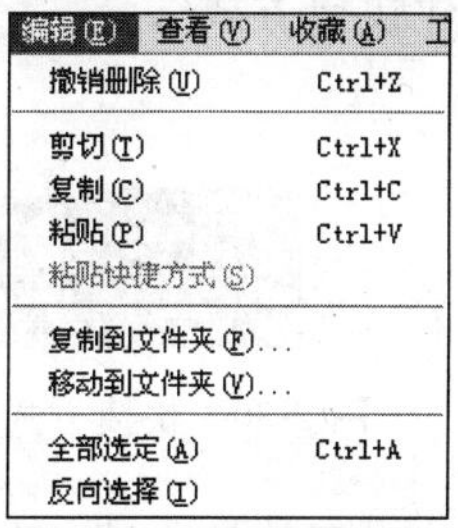

第三步,把剪贴板上的内容粘贴到需要的地方。首先选择粘贴目的地,再使用菜单命令“粘贴”,或按快捷键 Ctrl+V(粘贴)。粘贴后,除非退出 Windows 或者用户再一次进行剪切、复制操作,否则剪贴板上的内容不会消失,用户可以把它再粘贴到别的地方。

图 2-29 文件夹窗口的 “编辑”菜单

除了对于文件和文件夹的剪切、复制和粘贴外,还可以把屏幕上显示的内容复制到剪贴板上,并进一步粘贴到需要的地方去,方法如下:

① 在 Windows 操作中,任何时候按下屏幕打印键(Print Screen),就会把整个屏幕信息作为一幅图像复制到剪贴板上。

② 在 Windows 操作中,任何时候同时按下 Alt 键和屏幕打印键(Print Screen),就可以把当前活动窗口在屏幕上显示的内容作为一幅图像复制到剪贴板上;而非活动窗口,或者虽然是活动窗口但不在屏幕范围内的内容不会被复制下来。

計算机应用基础教程

2.2.10 快捷方式的建立、使用与删除

所谓快捷方式,实际上是在某个地方(文件夹)中建立一个链接,该链接指向原来的对象文件。因此,对此快捷方式的"运行"实际上是在运行原来的对象,而对快捷方式的删除不会影响到原来的对象。这样可以方便用户从不同的位置运行同一个程序(或是打开同一个窗口)。

为了和一般的文件图标和应用程序图标有所区别,快捷应用程序图标在左下角用一个小箭头表示,如图 2-30 所示。

由于快捷方式图标仅仅对应于一个"链接",而不是应用程序或文件本身,所以相比于简单的文档(程序)复制,它有不少特点:

① 相对于简单复制,快捷方式只占据最小单位的存储空间,可以节省大量存储空间。

② 相对于简单复制,所有快捷方式,无论有多少,都指向同一个对象文件,这样可以防止数据的不完整性,不会出现简单复制中,修改了某个文件而忘了修改其他对应文件所造成的数据不一致性。这一点在对应于数据文件的快捷方式中表现得更为突出。当然,如果用户本来就希望造成数据的不一致(如想做一个备份文件),那就另当别论。

③ 快捷方式并不直接对应于原始对象,所以即使不小心删除了该图标,也仅仅是删除了一个"链接",原始对象仍然存在。所以对于重要文档,用快捷方式来打开可以防止程序或文档的误删。

要建立快捷方式图标,最简单的方法是:用鼠标指向原始对象的图标,按住右键不放,拖动图标到目的地(目标文件夹),在弹出的如图 2-31 所示的菜单中选择"在当前位置创建快捷方式"。

图 2-30 快捷方式图标

图 2-31 右键拖动图标释放后弹出的菜单

对于快捷方式的使用没什么特别的。双击运行快捷方式图标实际上相当于运行其所对应的原始对象,没有什么区别。

至于快捷方式的删除,与一般图标删除没有什么两样,而且如上所介绍的,不会影响到它对应的原始对象,仅仅是删除一个链接。

2.2.11 Windows 中的命令行方式

Windows 是在 DOS 操作系统的基础上发展起来的,命令行方式就是指在 MS-DOS 模式下执行命令的方式。

要进行命令行方式的操作,首先就要切换到 MS-DOS 模式。严格来说,是在 Windows 操作系统之上加一层 MS-DOS 的外壳,方法如下:选择"开始"→"所有程序"→"附件"→"命令提示符"命令,进入如图 2-32 所示的命令行方式环境。

图 2-32　"命令提示符"窗口

图 2-32 所示的"命令提示符"窗口和其他窗口一样,可以最大化、最小化、还原和关闭。该窗口同样有标题栏、滚动条、控制菜单等 Windows 窗口常见的元素。除了窗口方式,命令行方式还可以以全屏幕方式运行,即独霸整个屏幕,产生一种完全类似于 MS-DOS 操作系统环境的感觉。使用快捷键 Alt＋Enter 可以在窗口方式和全屏幕方式之间切换。

窗口方式运行时,使"命令提示符"窗口成为当前活动窗口,或者选择全屏幕方式运行,用户就可以在其中进行 MS-DOS 的命令行操作。输入命令"exit"可以关闭该窗口。

2.3　Windows 资源管理器

2.3.1　Windows 资源管理器的启动和窗口组成

在 Windows 中,用户可以用资源管理器或"我的电脑"来管理文件和文件夹。资源管理器的主要功能就是对系统资源进行管理,它把"我的电脑"、"我的文档"、"回收站"、"网上邻居"等全部归结在一个窗口之内,如图 2-33 所示。

1. 打开资源管理器

方法 1:在"开始"菜单的"程序"选项的"附件"中,单击"资源管理器"图标。

方法 2:右击"我的电脑"、"网上邻居"、"回收站"、"开始"按钮等项目,在弹出的菜单上单击"资源管理器"选项。

方法 3:如果桌面上有资源管理器的快捷方式图标,则双击该图标(初始状态桌面上是没有资源管理器快捷方式图标的)。

2. 资源管理器窗口的组成

资源管理器窗口除了标题栏、菜单栏、工具栏、状态栏之外,其主要特点是工作区分为左、右两栏,左边为文件夹树窗口,右边为文件窗口。

(1) 文件夹树窗口

文件夹树窗口是工作区左边的窗口,用于显示树状结构的资源列表,如驱动器、文件夹、打印机、控制面板等。单击要展开的文件夹图标前的"＋"号,表示在文件夹树窗口中展开该文件夹,显示下一级子文件夹,同时"＋"号变成"－"号。单击"－"号表示折叠,即隐藏该文件夹中的下一级子文件夹,同时"－"号恢复成"＋"号。如果文件夹图标左侧没有标记,表示该文件夹下没有子文件夹,不可进行展开或隐藏操作。在上述操作过程中,

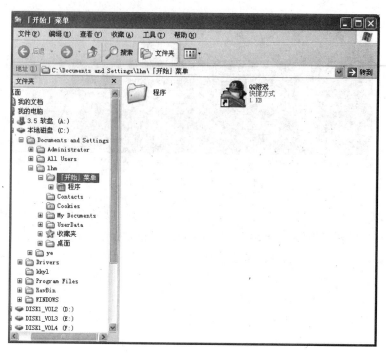

图 2-33　资源管理器窗口

右边的文件窗口中的内容保持不变，也就是说，并不表示选中任何文件夹，而只是做展开、隐藏操作。

除了用鼠标单击"＋"、"－"可以展开、隐藏文件夹中的子文件夹外，还可以对文件夹进行单击和双击操作，但结果和单击"＋"号不完全一样。

单击文件夹树窗口中的某个文件夹，表示选中该文件夹，同时在右边的文件窗口中显示该文件夹的内容，包括子文件夹和文件；但是文件夹树窗口中并不展开，"＋"号保持不变。

双击文件夹树窗口中的某个文件夹，表示既选中该文件夹，又展开该文件夹，即在右边的文件窗口显示该文件夹的内容，在左边的文件夹树窗口中展开该文件夹，"＋"号变为"－"号。

（2）文件窗口

文件窗口是工作区右边的窗口，也称作文件夹内容窗口，用来显示选中的文件夹的内容。用户也可以直接对文件窗口中显示的子文件夹双击展开，以显示下一级文件夹的内容。

（3）窗口分隔条

窗口分隔条在工作区中用来分隔左、右窗口。当鼠标置于窗口分隔条的右侧，使之显示双箭头标记时，就可以左、右移动窗口分隔条的位置，改变左、右窗口的相对大小。

（4）菜单栏

与一般窗口一样，标题栏下面就是菜单栏，主要包括"文件"、"编辑"、"查看"、"收藏"、"工具"、"帮助"几个项目。

（5）工具栏

工具栏出现在菜单栏的下一行，也可以隐藏。是显示还是隐藏，以及显示多少内容，可以由用户自己通过菜单命令"查看"→"工具栏"来设定。

（6）状态栏

状态栏位于资源管理器窗口底部，主要用来显示当前活动文件夹（即选中的文件夹）中文件的个数、文件夹的大小、可用空间大小等。如果用鼠标单击选中某个文件，可以显示该文件的大小。

在刚才的介绍中，出现了子文件夹和活动文件夹两个概念。那么，什么是子文件夹？什么是活动文件夹呢？

子文件夹是一个相对的概念，就是在资源列表的树状结构中，从属于上层文件夹的低层文件夹，称为上层文件夹的子文件夹。子文件夹也可以有自己的更低层的子文件夹。子文件夹可以在文件夹树窗口中出现，也可以作为上层文件夹的内容在文件窗口中出现。

活动文件夹就是当前被选中的文件夹。注意，选中和展开是两个概念，选中的文件夹不一定展开，展开的文件夹不一定被选中。

3. 在桌面上创建资源管理器的快捷方式

在初始状态，桌面上是没有资源管理器图标的。由于资源管理器会被经常使用，因此有必要在桌面上建立资源管理器的快捷方式。

要在桌面上创建资源管理器的快捷方式，一般过程如下：

① 通过依次单击"开始"→"所有程序"→"附件"→"资源管理器"找到资源管理器图标。

② 用鼠标指向该图标，右击，在弹出式菜单中选择"发送到"→"桌面快捷方式"，如图 2-34 所示；或者用鼠标右键拖动该图标至桌面后释放，在弹出的快捷菜单中选择"在当前位置创建快捷方式"。

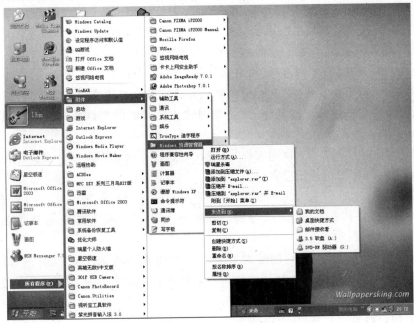

图 2-34　快捷方式发送到桌面

4. 关闭资源管理器的文件夹树窗口

只要单击工具栏的文件夹按钮,就可以关闭资源管理器左边的文件夹树窗口。这时,左侧显示"文件和文件夹任务"、"其他位置"、"详细信息"3个内容,类似前面介绍的"我的文档"窗口。再次单击就恢复文件夹树窗口。

5. 资源管理器的搜索状态

单击资源管理器窗口的"搜索"按钮,或者单击"开始"→"搜索"命令,可以打开如图2-35所示的窗口形态。

图2-35　搜索状态

在"搜索"窗口中,左侧窗格用于设置搜索条件,右侧窗格用于显示搜索的结果。

搜索本地计算机的文件或文件夹的操作步骤如下:

① 在"您要查找什么"内选择"所有文件和文件夹",如图2-36所示。

② 在"全部或部分文件名"文本框内输入要搜索的文件或文件夹名称信息。

③ 在"文件中的一个字或词组"文本框内输入要搜索的文件或文件夹内包括的文字信息。

④ 打开"在这里寻找"下拉列表框,确定在本地计算机上搜索文件或文件夹的范围。

⑤ 单击"搜索"按钮开始搜索。

在搜索过程中,文件夹或文件名中的字符可以用"＊"或"?"来代替。"＊"表示任意长度的一串字符串,"?"表示任意一个字符。如要查找以"a"开头的文件,在查找名称文本框中输入"a＊.＊"。

Windows将根据用户确定的搜索条件,对本地硬盘中的文件夹、文件进行搜索,并将搜索结果显示在资源管理器右侧的窗格内。需要终止本次搜索时,单击"停止"按钮。

还有一些高级搜索选项在"什么时候修改的"、"大小是"、"更多高级选项"中。

当然,用户也可以在图2-35中选择其他选项,如搜索图片、网络上的计算机等,这里不再一一介绍。

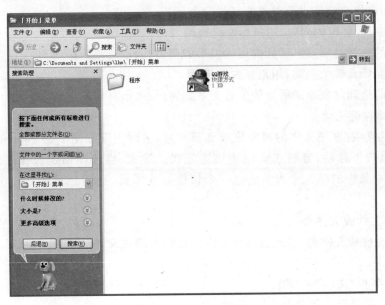

图 2-36　搜索文件和文件夹

2.3.2　Windows 文件和文件夹的使用与管理

1. 创建新的文件夹

用户可以在资源管理器中文件夹树的任意位置上建立一个新的文件夹,方法有两种:

① 选中要新建的文件夹所在的位置,然后单击"文件"→"新建"→"文件夹"命令,再输入文件夹的名字。

② 选中要新建的文件夹所在的位置,然后在空白处右击,在弹出式菜单中选择"新建"→"文件夹"命令,再输入文件夹的名字。

2. 选择文件和文件夹

选择文件和文件夹是很多其他操作的前提,在 2.2.9 小节已经作了详细的介绍。要注意的是,由于鼠标拖动在 Windows 操作中有另外的含义(如移动等,具体见下面的内容),所以不能用类似文字编辑中鼠标拖动的方式来选中一批文件和文件夹。若要用鼠标拖动的方式来选中一批文件和文件夹,正确的操作是:按住鼠标左键从对象区的左上角拖到右下角放开;但不能"点"中一个文件然后拖动。

3. 对象的移动和复制

当用户选中了对象后,就可以对该对象进行移动或者复制操作。

对象移动或复制的方法很多,在 2.2.9 小节中介绍了利用剪贴板的原理,采用菜单命令("编辑"菜单里的剪切、复制、粘贴命令)和快捷键方式(Ctrl＋X、Ctrl＋C、Ctrl＋V)完成对象的移动或复制。下面再介绍一种方法,就是利用鼠标的拖动进行对象的移动或复制。

(1) 鼠标左键的拖动

直接用鼠标左键把选中的对象拖放到目的地。如果目的地和对象原来所处的位置在同一磁盘上,则该拖放操作表示对象的移动命令;如果目的地和对象原来所处的位置在不同磁盘上,则该拖放操作表示对象的复制命令。

(2) 按住 Shift 键的同时,用鼠标左键拖动

无论目的地和对象原来所处的位置关系如何,均表示对象的移动。

(3) 按住 Ctrl 键的同时,用鼠标左键拖动

无论目的地和对象原来所处的位置关系如何,均表示对象的复制。

(4) 鼠标右键拖动

直接用鼠标右键把选中的对象拖放到目的地,这时出现如图 2-34 所示的弹出式菜单,用户可以选择移动、复制或者创建快捷方式。注意,当选择创建快捷方式时,实际上会为选中对象中的每一个成员建立一个快捷方式图标,而不是只建立一个快捷方式图标。

4. 删除文件或文件夹

要删除文件或文件夹,首先也是要选中准备删除的对象,然后选择下面方法之一删除对象:

① 选择菜单"文件"→"删除";

② 右击,在弹出式菜单中选择"删除"命令;

③ 用鼠标左键拖动对象至桌面上的"回收站"图标。

无论选择哪种方式,文件都会被删除并放置在"回收站"中(回收站已满除外)。如果用户希望直接、彻底地删除对象,可以在进行上述三种操作时按住 Shift 键,则对象不会被放入"回收站"。

5. 回收站

回收站是初始状态桌面上就有的图标之一,也是惟一不能重命名的图标。它的主要作用是暂时存放被"删除"的文件和文件夹,也就是在删除操作中没有按住 Shift 键的正常情况下,这些文件和文件夹都会被放到"回收站"中。那么,"回收站"到底有什么用呢?我们来看看它的一些主要功能。

(1) 还原文件

若要恢复被删除的文件,用户可以双击打开"回收站",将看到如图 2-37 所示的"回收站"窗口,窗口中列出了被放入"回收站"的文件名和文件夹名。用户可以在窗口中选中要恢复的文件和文件夹,然后选择"文件"→"还原"命令;或者右击鼠标,在如图 2-38 所示的弹出式菜单中选择"还原"命令;或者用鼠标左键拖动到要存放该文件和文件夹的任何位置。

另外,用户可以利用"资源管理器"或者"我的电脑"、"我的文档"等文件夹窗口的菜单"编辑"→"撤销删除",来恢复刚刚被删除的对象。

(2) 清空回收站

被删除的文件和文件夹放在"回收站"里,实际上还占据着存储空间。要彻底删除这些文件和文件夹,就要清空回收站里的内容。

① 选择"文件"→"清空回收站"命令,将所有回收站中的文件和文件夹彻底删除。

② 右击桌面上"回收站"图标,打开如图 2-39 所示的弹出式菜单,选择"清空回收站"命令,可以清空回收站里的所有内容。

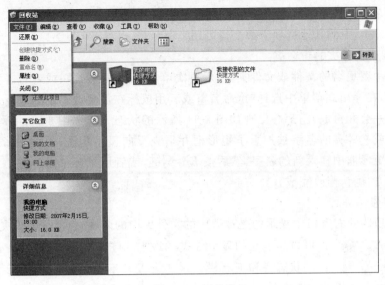

图 2-37　回收站

图 2-38　回收站中的弹出式菜单　　　　　　图 2-39　右击"回收站"弹出式菜单

③ 选中某些文件和文件夹,然后右击,在图 2-38 所示的弹出式菜单里选择"删除"命令,可以有选择地彻底删除被选中的内容。

从回收站被清除的内容是被永久性地删除,并释放存储空间。

(3) 调整"回收站"的属性设置

在回收站中的文件和文件夹也与一般的文件和文件夹一样占据存储空间,那么在回收站中到底可以存放多少文件和文件夹呢? 能否不通过回收站,将所有要删除的内容直接删除呢? 答案是肯定的。

右击桌面上"回收站"图标,在弹出式菜单中选择"属性"命令,打开如图 2-40 所示的"回收站属性"窗口。

在默认方式下,回收站的最大存储容量为每个驱动器的 10%,用户可以根据自己的需要用鼠标拖动滑块的位置来设置最大容量。如果选中了"删除时不将文件移入回收站,而是彻底删除"复选框,或者当前驱动器的最大存储容量被设置成 0%,那么即便用户在删除文件和文件夹时没有按住 Shift 键,那些文件和文件夹也将被彻底删除。此外,还

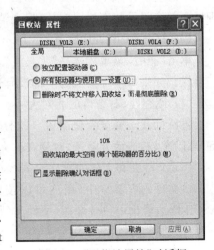

图 2-40　"回收站属性"对话框

可以通过两个单选按钮选择到底是所有驱动器都统一设置，还是每个驱动器需要单独设置（此时，图 2-40 中的其他选项卡都变得可用）。

6. 文件和文件夹的重命名

单击选中要更名的文件或文件夹，然后再次单击被选中的对象；或者右击要更名的文件或文件夹，在弹出式菜单中选择"重命名"；或者用鼠标在需要改名的对象上多按一会儿再放开，都会出现如图 2-41 所示的状态。被选中要更名的文件或文件夹的名字被加上了矩形框并呈现反向显示状态，用户可以在该矩形框中输入新的名字，然后按 Enter 键，或者用鼠标单击框外任何地方，确认修改完成。

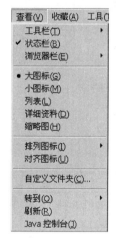

图 2-41　文件重命名

7. 调整显示环境

资源管理器的右窗格中显示的是被选中的文件夹中的内容，包括子文件夹和文件，用户可以决定它的显示方式。此外，用户可以决定是否显示资源管理器的状态栏和工具栏。这些设置基本上都在如图 2-42 所示的"查看"菜单中。

（1）调整对象的显示形式

打开"查看"菜单，选择其中的"大图标"、"小图标"、"列表"、"详细资料"四种基本显示方式之一。这四种显示方式本质上是单选按钮，只能选择其中一个，在被选中的菜单命令之前会出现黑点"●"。

当用户选中显示方式之后，右窗格中的文件和文件夹将以选中的方式显示。其中，"详细资料"表示除了显示文件名和文件夹名以外，还要显示文件大小（文件夹不显示大小）、类型及修改（建立）时间。

图 2-42　"查看"菜单

（2）打开/关闭状态栏

单击"查看"菜单后选择"状态栏"，如果该命令选项之前出现"√"标记，表示在资源管理器底部会显示状态栏；如果该标记消失，表示状态栏关闭。

（3）打开/关闭工具栏

单击"查看"菜单后选择"工具栏"，在级联子菜单的几个工具栏选项中，选择要显示的工具栏。如果每个工具栏选项都没有选中，那么资源管理器的工具栏条将消失。

（4）调整左、右窗口的相对大小

将鼠标置于资源管理器窗口的分隔条之上，当鼠标变成双箭头标记时，按住鼠标左键，可以左、右拖动分隔条，改变文件夹树窗口和文件内容窗口的相对大小。

（5）文件夹和文件的排序

在文件内容窗口中，用户可以按照一定的顺序排列文件和文件夹，如按文件名的 ASCII 码或者汉语拼音顺序、文件类型、文件存储容量大小、文件的存储日期先后进行排列等。

单击"查看"→"排列图标"命令，展开级联子菜单（如图 2-43 所示）；或者在文件夹内容窗口的空白区右击,出现如图 2-44 所示的弹出式菜单。在这些菜单中,可以选择"按名称"、"按类型"、"按大小"或者"按日期"来排列当前文件内容窗口中的图标;也可以选择"自动排列"方式。

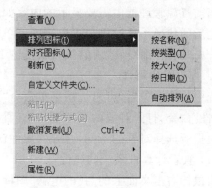

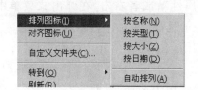

图 2-43　"查看"菜单的"排列图标"子菜单　　　图 2-44　弹出式菜单中的"排列图标"子菜单

不管选择哪种排列方式,文件夹总是排列在文件的前面。

(6) 显示/隐藏文件

Windows 操作系统中的有些文件是比较重要的,操作系统将这些文件隐藏了起来,以防止用户误删;用户也可以把自己认为比较重要的文件和文件夹隐藏起来。

如果想要显示这些文件或文件夹,可以选择"工具"→"文件夹选项"命令,然后在打开的"文件夹选项"对话框中选择"查看"选项卡,如图 2-45 所示。若选中"显示所有文件和文件夹"单选按钮,将显示所有文件,包括隐藏文件;若选中"不显示隐藏的文件和文件夹"单选按钮,将不显示隐藏的文件。

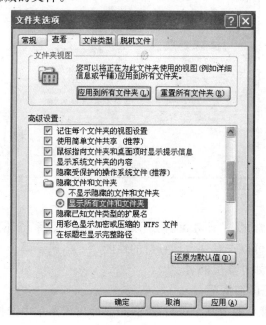

图 2-45　"文件夹选项"对话框中的"查看"选项卡

在该对话框中还可以对资源管理器中显示文件和文件夹的方式进行设置,如是否显示熟悉的文件的扩展名等。

（7）刷新操作

当前资源管理器中需要显示的内容如果被改变了,用户往往需要刷新之后才能看到改变之后的状况。这时用户可以选择菜单命令"查看"→"刷新";或者右击,并在弹出式菜单中选择"刷新"命令;或者直接按快捷键F5。

8. 查看对象属性

选中某个对象后,可以选用菜单命令"文件"→"属性";或者右击,在弹出式菜单中选择"属性"命令,打开对象的属性窗口,查看、了解对象的情况,并对它做相应的设置。

根据所选择对象的不同,打开的属性窗口也不相同。下面介绍几个属性窗口。

（1）查看计算机系统的属性

用鼠标右击桌面上的"我的电脑"图标,在弹出式菜单中选择"属性"命令;或者在资源管理器中选中"我的电脑"（既可以在左边的文件夹树窗口中选中,也可以在右边的文件内容窗口中选中）,然后选择菜单命令"文件"→"属性";也可以直接在"我的电脑"左侧的"系统任务"中选择"查看系统信息"。此时,打开如图 2-46 所示的"系统属性"窗口。

图 2-46 "系统属性"窗口

该属性窗口包括"常规"、"计算机名"、"硬件"、"高级"、"系统还原"、"自动更新"、"远程"几个选项卡。用户可以查看这台计算机的性能、名字、属于哪个工作组或域等信息,并且可以改变一些设置,如计算机的名字。

（2）查看逻辑盘的详细情况

用鼠标右击资源管理器中某个逻辑盘图标,在弹出式菜单中选择"属性"命令;或者在资源管理器中选中某个逻辑盘（既可以在左边的文件夹树窗口中选中,也可以在右边的文件内容窗口中选中),然后选择菜单命令"文件"→"属性"。此时,打开如图 2-47 所示的"磁盘驱动器"属性窗口。

在该属性窗口中可以显示当前逻辑盘的使用状况、共享情况、安全设置和一些系统工具等。例如,在"常规"选项卡中,可以显示当前逻辑盘的卷标、文件系统的格式、存储空间的使用情况等;在"工具"选项卡中,可以使用磁盘管理的三个工具,即查错、备份和碎片整理。

(3) 查看文件和文件夹的情况

用鼠标右击资源管理器中的某个文件或文件夹图标,在弹出式菜单中选择"属性"命令;或者在资源管理器中选中某个文件或文件夹(对于文件夹,既可以在左边的文件夹树窗口中选中,也可以在右边的文件内容窗口中选中),然后选择菜单命令"文件"→"属性",打开如图 2-48 所示的"文件"属性窗口或者如图 2-49 所示的"文件夹"属性窗口。两种属性窗口大体类似。

图 2-47　"磁盘驱动器"属性窗口

图 2-48　"文件"属性窗口　　　　　　图 2-49　"文件夹"属性窗口

注意:"文件"属性窗口根据文件类型的不同,会有不同的选项卡,但是都有"常规"选项卡。这里只讨论"常规"选项卡。

在"文件"或者"文件夹"属性窗口中,最常用的操作是设置属性。用户建立的文件具有默认的"存档"属性。若要将该文件设为"只读"属性,则在打开的"属性"窗口中选中复选框"只读",然后单击"确定"按钮;若要将该文件设为"隐藏"属性,则在打开的"属性"窗口中选中复选框"隐藏",然后单击"确定"按钮。

2.4 Windows 系统环境的设置

2.4.1 Windows 控制面板的打开

在 Windows 操作系统中,用户有时会需要对系统环境中的某些参数进行设置,如设置一台新买的打印机。这些功能主要集中在如图 2-50 所示的"控制面板"窗口中。在 Windows XP 中,控制面板除了以经典视图方式显示外(与以前的 Windows 版本类似),还可以以分类视图方式显示,方便用户查找。

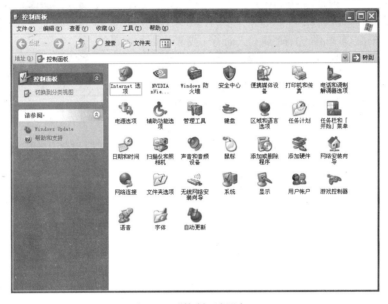

图 2-50 "控制面板"窗口

在 Windows 中,要打开"控制面板"窗口,可以选用下列几种方法之一:
① 选择菜单"开始"→"控制面板"。
② 在"资源管理器"的文件夹树窗口中,单击"控制面板"图标。
③ 在"我的电脑"等文件夹窗口左侧"其他位置"中,单击"控制面板"图标。

2.4.2 Windows 中程序的添加和删除

在"控制面板"窗口中双击"添加或删除程序",就会打开如图 2-51 所示的对话框。在该窗口中,用户可以添加新的程序,也可以更改、删除已经安装的程序,或者重新安装 Windows 操作系统的各个组件。

2.4.3 Windows 中时间和日期的调整

在"控制面板"窗口中双击"时间和日期",或者在任务栏的通知区域双击时间指示器,就可以打开如图 2-52 所示的"日期和时间属性"对话框。在此对话框中,用户可以调整当前的年、月、日、小时、分、秒等数据,或者重新设定所在的时区。

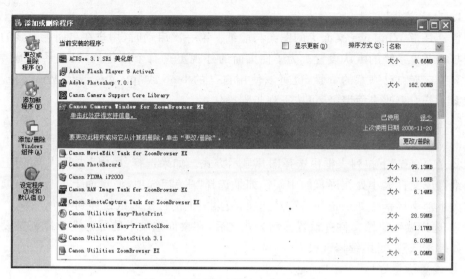

图 2-51 "添加或删除程序"对话框

2.4.4 Windows 中显示器环境的设置

在"控制面板"窗口中双击"显示"图标;或者在桌面上右击鼠标,并在弹出式菜单中选择"属性",就可以进入如图 2-53 所示的"显示属性"对话框。在此对话框中,用户可以对显示器的环境进行各种设置。

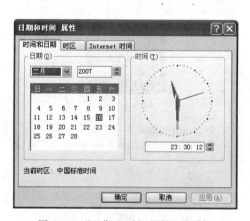

图 2-52 "日期和时间属性"对话框

图 2-53 "显示属性"对话框

由于系统桌面是计算机用户每次使用计算机时都必须见到的,因此,根据自己的喜好和需要对桌面进行个性化设置,不仅有利于增加美感,而且有利于保护用户的眼睛。Windows 的桌面自定义功能更可以使用户对桌面的定义更加轻松,更加个性化。

1. 自定义背景

背景是指 Windows 桌面上的图案与墙纸。第一次启动时,用户在桌面上看到的图案背景与墙纸是系统的默认设置。为了使桌面的外观更具有个性化,可以在系统提供的多种方案中选择自己满意的背景,也可以使用自己的 bmp 或 jpg 文件取代 Windows 的预定方案。若要更改桌面墙纸,可按下列步骤操作:

① 在"桌面"选项卡中,从"背景"列表框中选择墙纸文件;或单击"浏览"按钮,查找硬盘上的位图文件。

② 在"位置"下拉列表框中选择图片显示方式。如果选择"居中"选项,则桌面上的位图墙纸以原文件大小处在屏幕的中间。如果选择"平铺"选项,使桌面上的位图墙纸以原文件大小铺满屏幕。如果选择"拉伸"选项,使桌面上的位图墙纸拉伸到整个屏幕。

③ 选择墙纸位图文件并设置显示方式之后,在桌面选项卡的屏幕上可以浏览设置效果。如果不满意,可继续修改设置。

④ 设置满意之后,单击"确定"按钮。

用户若按照上述步骤操作,即可为 Windows 的桌面重新设置墙纸。对于有些喜欢更换新鲜墙纸的用户,还可以在"壁纸自动换"选项卡中开启壁纸自动更换功能,并设置壁纸的定时自动更换时间间隔等,如图 2-54 所示。

2. 设置屏幕保护程序

屏幕保护程序可在用户暂时不工作时屏蔽用户计算机的屏幕,这不但有利于保护计算机的屏幕和节约用电,而且可以防止用户屏幕上的数据被他人查看到。要设置屏幕保护程序,可参照下面的步骤:

① 选择"屏幕保护程序"选项卡,如图 2-55 所示。

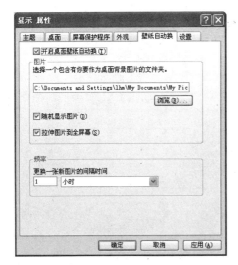

图 2-54 "壁纸自动换"选项卡

图 2-55 "屏幕保护程序"选项卡

② 在"屏幕保护程序"选项区域的下拉列表框中选择一种自己喜欢的屏幕保护程序。

③ 如果要预览屏幕保护程序的效果,单击"预览"按钮。

④ 如果要对选中的屏幕保护程序进行参数设置,单击"设置"按钮,打开屏幕保护程

序设置对话框进行设置。注意,在单击"设置"按钮对选中的屏幕保护程序进行参数设置时,随着屏幕保护程序的不同,可设定的参数选项也不相同。

⑤ 调整"等待"微调器的值,可设定在系统空闲多长时间后运行屏幕保护程序。

⑥ 如果要在屏幕保护时防止别人使用计算机,启用"在恢复时返回到欢迎屏幕"复选框。这样,在运行屏幕保护程序后,如想恢复工作状态,系统将进入登录界面,要求用户输入密码。

⑦ 设置完成之后,单击"确定"按钮。

3. 自定义外观

设置屏幕外观是指设置 Windows 在显示字体、图标和对话框时所使用的颜色与字体大小。在默认的情况下,系统使用的是称为"Windows XP"的方案。不过,Windows 允许用户选择其他颜色和字体搭配方案,并允许用户根据喜好设计自己的方案。要自定义外观,可参照下面的步骤:

① 在"显示属性"对话框中选择"外观"选项卡,如图 2-56 所示。

② 从"窗口和按钮"下拉列表框中,选择自己喜欢的预定外观方案,也可以在"主题"选项卡中选择。

③ 在"色彩方案"下拉列表框中;选择该外观方案对应的色彩方案。

④ 在"字体大小"下拉列表框中,选择该方案中所有显示字体的大小,有正常、大、超大三种。

⑤ 单击"高级"按钮,显示"高级外观"对话框,如图 2-57 所示。

图 2-56 "外观"选项卡

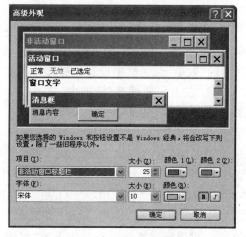

图 2-57 "高级外观"对话框

⑥ 从"项目"下拉列表框中选择桌面或窗口内的项目,例如"图标"、"标题栏"、"桌面外观"等。

⑦ 在"项目"右侧的"大小"数值框中选择项目的大小。如果该项目包含两种颜色,可在"颜色 1"与"颜色 2"下拉列表框中选择颜色类型。

⑧ 从"字体"下拉列表框中选择所选项目采用的字体。

⑨ 在"字体"右侧的"大小"数值框内设置文字的大小。用户也可以通过"颜色"下拉列表框改变文字的颜色。设置项目的字体属性时,还可以通过单击 **B** 与 *I* 按钮改变文字的显示效果。

⑩ 单击"确定"按钮,回到"外观"选项卡;再单击"确定"按钮,接受设置。

另外,如果用户要设置过渡、平滑、阴影等效果,也可以单击"外观"选项卡中的"效果"按钮做进一步设置,如图 2-58 所示。

用户如果想保存自己所做的设置,可以在"主题"选项卡中保存。

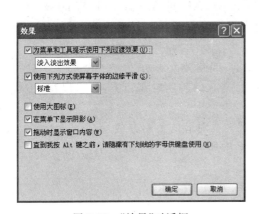

图 2-58 "效果"对话框

图 2-59 "桌面项目"对话框

4. 自定义图标

在 Windows 中,用户选择一种桌面主题之后,它所采用的图标也确定了。如果用户希望更改图标的样式(并非使用大图标,而是更改图标的图案。"使用大图标"在图 2-58 所示的"效果"对话框中设置),操作步骤如下:

① 在"显示属性"对话框中,选择"桌面"选项卡,然后单击"自定义桌面"按钮,打开如图 2-59 所示的"桌面项目"对话框。

② 选择希望更改的图标。

③ 单击"更改图标"按钮之后,打开"更改图标"对话框,如图 2-60 所示。选择所需的图标样式;或者单击"浏览"按钮,打开"更改图标"对话框,然后选择一个图标文件。单击"确定"按钮,返回"桌面项目"对话框。

④ 可以通过复选框进一步设置"我的电脑"等是否在桌面上出现,以及是否要定时或者立即清理桌面图标。

⑤ 单击"确定"按钮。

经过上述步骤的操作之后,用户即可完成对 Windows 桌面、窗口图标的设置。另外,用户可以先创建新的位图文件,再选择该位图文件作为自己的图标

图 2-60 "更改图标"对话框

样式,从而使 Windows 桌面、窗口的图标更具个性。

5. 调整颜色、分辨率和刷新频率

在 Windows 中,用户可以选择系统和屏幕同时能够支持的颜色数目。更多的颜色数目意味着在屏幕上有更多的色彩可供选择,有利于美化桌面。

屏幕分辨率是指屏幕所支持的像素的多少,例如 600×800 像素或 1024×768 像素。现在的监视器大多支持多种分辨率,使用户的选择更加方便。在屏幕大小不变的情况下,分辨率的大小将决定屏幕显示内容的多少,分辨率越大,屏幕显示的内容越多。

刷新频率是指显示器的刷新速度。刷新频率太低,会使用户有一种头晕目眩的感觉,容易使用户的眼睛疲劳,因此,用户应使用显示器支持的最高分辨率,这有利于保护用户的眼睛。

调整屏幕分辨率、颜色和刷新频率的步骤如下:

① 在"显示属性"对话框中选择"设置"选项卡,如图 2-61 所示。

② 要改变颜色,从"颜色质量"下拉列表框中选择所需要的颜色数目。

③ 拖动"屏幕分辨率"滑块可改变屏幕的分辨率。

④ 要改变屏幕的刷新频率,单击"高级"按钮,在打开的如图 2-62 所示的对话框中单击"监视器"选项卡。在"监视器设置"选项区域中,从"屏幕刷新频率"下拉列表框中选择合适的刷新频率。

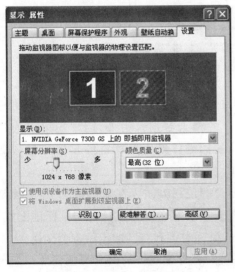

图 2-61　"设置"选项卡

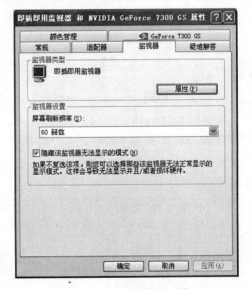

图 2-62　"监视器"选项卡

⑤ 单击"确定"按钮,返回到"设置"选项卡。

⑥ 单击"确定"按钮,保存设置。

经过以上操作之后,屏幕显示将更利于用户工作,同时有利于保护用户的眼睛。

2.4.5　Windows 中鼠标的设置

现在的计算机应用中,不管是操作系统还是应用程序,几乎都是基于视窗的用户界面,即支持鼠标操作。因此,鼠标成为广大用户使用最频繁的设备之一。用户可以根据自己的个人习惯、性格和喜好来设置鼠标,这不仅有利于用户的视觉需要,而且可帮助用户快速完成工作。

选择"开始"→"控制面板"命令,打开"控制面板"窗口,然后双击"鼠标"图标打开"鼠标属性"对话框,如图 2-63 所示。在该窗口中可以对鼠标进行各种设置。

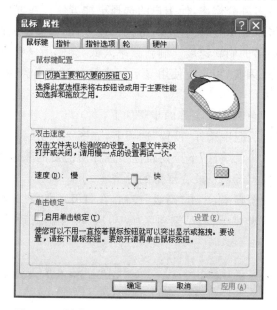

图 2-63 "鼠标属性"对话框中的"鼠标键"选项卡

1. 设置鼠标键

鼠标键是指鼠标上的左、右按键。用户可以把鼠标设置成适合于右手操纵,也可把鼠标设置成适合于左手操作,这主要取决于用户的个人习惯。另外,用户还可以通过设置来决定鼠标在拖动过程中是否一直要按着鼠标键。设置鼠标键的具体操作步骤如下:

① 在"鼠标键"选项卡中,用户可以设置鼠标键的使用方式。在默认情况下,鼠标是按右手使用的习惯来配置按键的。如果用户习惯于左手操作鼠标,可以在"鼠标键配置"选项区域中选中"切换主要和次要的按钮"复选框,鼠标左键和右键的作用将会交换。

② 在"双击速度"选项区域中,用户可设定系统对鼠标键双击的反应灵敏程度。如果用户是计算机高手,可将滑块向右拖动,增加鼠标键双击的反应灵敏程度;对于计算机初学者,应将滑块向左拖动,减小鼠标键双击的反应灵敏程度。

③ 在"单击锁定"选项区域中,如果选中该复选框,表示用户只要通过单击鼠标键一定时间,就不需要一直按着鼠标键即可实现鼠标的拖动操作,方便一些不习惯或者不方便拖动的用户使用"拖动"技能。当然,这个"一定时间"有多长,用户可以通过单击"设置"按钮进一步设定。

④ 鼠标键设置完毕后,单击"应用"按钮,使设置生效。

2. 设置鼠标指针

设置鼠标指针是指设置鼠标指针的外观显示。Windows 提供了许多指针外观方案，用户可以通过设置，使鼠标指针的外观满足自己的视觉喜好。要设置鼠标指针的外观，可参照下面的具体操作步骤：

① 在"鼠标属性"对话框中，选择"指针"选项卡，如图 2-64 所示。

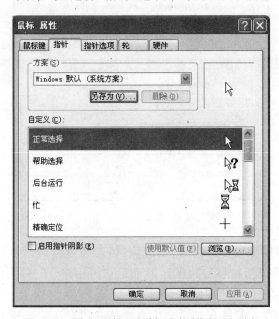

图 2-64　"鼠标属性"对话框中的"指针"选项卡

② 从"方案"下拉列表框中选择一种系统自带的指针方案，然后在"自定义"列表框中选中要选择的指针。

③ 如果用户不喜欢系统提供的指针方案，可单击"浏览"按钮，打开"浏览"对话框，为当前选中的指针操作方式指定一种新的指针外观。

④ 如果用户希望指针带阴影，可选中"启用指针阴影"复选框。

⑤ 如果用户希望新选择的指针方案或系统自带的方案以自己喜欢的名称保存，可在"方案"下拉列表框中选择该指针方案，然后单击"另存为"按钮，打开"保存方案"对话框。输入要保存方案的新名称后，单击"确定"按钮，关闭对话框。

⑥ 为了便于选择指针方案，用户可将一些不常用的鼠标指针方案删除。要删除指针方案，在"方案"下拉列表框中选择该方案，然后单击"删除"按钮即可。

⑦ 设置完毕后，单击"确定"按钮，使设置生效。

3. 设置鼠标移动方式

鼠标的移动方式是指鼠标指针的移动速度和轨迹显示，它影响到鼠标移动的灵活程度和鼠标移动时的视觉效果。在默认的情况下，当用户移动鼠标时，鼠标指针以中等速度移动，而且在移动过程中不显示轨迹。用户可根据自己的需要调整鼠标的移动速度，具体操作可参照下面的步骤：

① 在"鼠标属性"对话框中，选择"指针选项"选项卡，如图 2-65 所示。

计算机应用基础教程

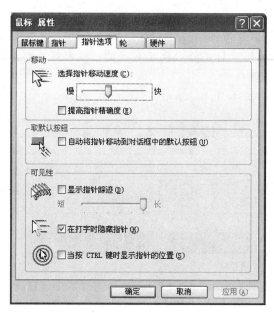

图 2-65 "鼠标属性"对话框中的"指针选项"选项卡

② 在"移动"选项区域中,用鼠标拖动滑块,可调整鼠标指针移动速度的快慢。如果是高级用户,可适当调快指针移动速度。如果是初级用户,最好将指针移动速度调慢一些。要提高指针精确度,选中相应的复选框。

③ 如果用户希望鼠标指针在对话框中自动移动到默认的按钮上,应启用"取默认按钮"选项区域中的"自动将指针移动到对话框中的默认按钮"复选框。

④ 在"可见性"选项区域中,用户可以设定是否显示鼠标移动时的轨迹、是否在打字时隐藏指针以免干扰用户视线、是否提供用户按住 Ctrl 键可以显示鼠标指针位置的方法等。

⑤ 设置完毕后,单击"应用"按钮,使设置生效。

此外,在"硬件"选项卡中,还可以设置鼠标的驱动、启用或停用鼠标这个设备;而在"轮"选项卡中,可以设置滚轮一次滚动的屏幕距离。

2.4.6 Windows 中的打印机、输入法设置

在控制面板中还有很多设置,下面简单介绍打印机和输入法的设置。

1. 打印机的设置

要进入打印机的设置窗口,有以下几种方法:

① 在"控制面板"中双击"打印机和传真"图标。

② 在"资源管理器"的文件夹树窗口中单击"打印机和传真"图标。

③ 选择菜单命令"开始"→"打印机和传真"。

在如图 2-66 所示窗口左侧的"打印机任务"中单击"添加打印机",然后按"向导"的指示一步步操作。

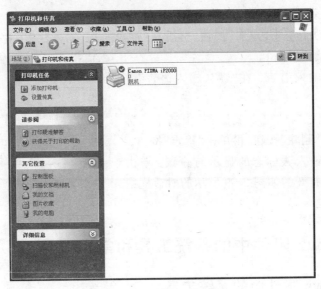

图 2-66 "打印机和传真"窗口

2. 输入法的设置

要进入输入法设置窗口,有以下两种方法:

① 在"控制面板"中双击"区域和语言选项",在"区域选项"选项卡中,可以设置时间和日期的显示格式;在"语言"选项卡中(见图 2-67),通过单击"详细信息"按钮,打开"文字服务和输入语言"对话框(见图 2-68),添加和删除输入语言,或设置默认输入语言等。

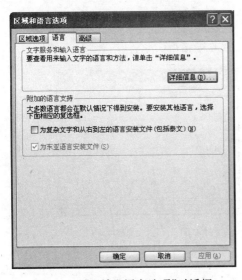

图 2-67 "区域和语言选项"对话框

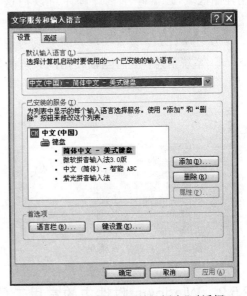

图 2-68 "文字服务和输入语言"对话框

② 在任务栏中右击输入法标志,然后选择"设置",直接进入"文字服务和输入语言"对话框。

在"文字服务和输入语言"对话框中有以下几种常见的设置。

① 添加输入法：单击"添加"按钮，然后在"键盘布局/输入法"下拉列表中选择一种输入法，再单击"确定"按钮。

② 设置默认输入语言：在"默认输入语言"下拉列表框中设定。

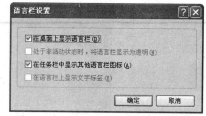

③ 删除输入法：在"已安装服务"中选中一种输入法，然后单击"删除"按钮，再单击"确定"按钮。

④ 任务栏上输入法标志的显示与隐藏：单击"语言栏"按钮，在打开的如图 2-69 所示的对话框中选中相应的复选框。

图 2-69　"语言栏设置"对话框

2.5　Windows 附件中的系统工具和常用工具

2.5.1　Windows 附件中的系统工具

在菜单命令"开始"→"所有程序"→"附件"→"系统工具"中，包含了多个维护系统的功能程序，如图 2-70 所示。例如：

① 备份：把当前系统备份，以后如果系统出错，可以用这个备份来恢复。

② 磁盘清理：清除磁盘上的一些文件（如临时文件）以释放存储空间。

③ 磁盘碎片整理程序：由于磁盘操作的反复使用，磁盘上会出现一些空间很小的可用存储区域，磁盘碎片整理程序可以把这些碎片整理成一块大的可用区域，方便用户使用。

④ 任务计划：设置一些定时完成的任务。

⑤ 系统信息：查看当前使用的系统的版本、资源等情况。

图 2-70　系统工具菜单

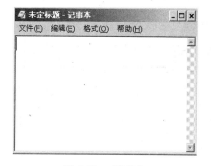

图 2-71　记事本

2.5.2　Windows 附件中的常用工具

1. 记事本

"记事本"是 Windows 中常用的一种简单的文本编辑器，用户经常用来编辑一些格式要求不高的文本文件，如图 2-71 所示。

（1）"记事本"程序的打开

单击菜单命令"开始"→"所有程序"→"附件"→"记事本"，进入记事本程序，并新建一个名为"无标题"的文档。

（2）记事本的文档说明

用记事本编辑的文件是一个纯文本文件（.txt），即只有文字及标点符号，没有格式。

（3）记事本的简单文档操作

① 新建文档：单击菜单命令"文件"→"新建"。

② 打开文档：单击菜单命令"文件"→"打开"，会出现"打开"对话框。选择要打开文档的路径（即文件保存在计算机里的位置），找到并选中此文档，然后单击"打开"按钮。

③ 保存文档：单击菜单命令"文件"→"保存"即可。如果是第一次保存，会出现"另存为"对话框。选择文档保存的路径，在"文件名"一栏中输入文档的名称，然后单击"保存"按钮。

④ 另存为：单击菜单命令"文件"→"另存为"，操作跟第一次保存操作相同。另存为操作是把原文档更换文档名称或文档路径后重新存储。

2. 写字板

"写字板"是 Windows 中一个功能比"记事本"更强的字处理程序，它不但可以对文字进行编辑处理，还可以设置文字的一些格式，如字体、段落、样式等，如图 2-72 所示。

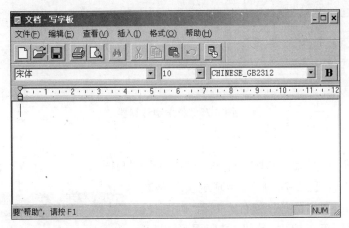

图 2-72　写字板

"写字板"与"记事本"相比，最大的不同是它的文档是有格式的，文件的默认类型为.rtf 格式。单击菜单命令"开始"→"所有程序"→"附件"→"写字板"就可以打开写字板程序。对于写字板程序中"文件"菜单的操作，与"记事本"类似。

3. 计算器

单击菜单命令"开始"→"所有程序"→"附件"→"计算器"，即可启动计算器程序。用户可以利用鼠标或键盘使用"计算器"进行科学计算，如图 2-73 所示。

计算器有两种基本类型可供选择：单击"查看"菜单（见图 2-74），选择"标准型"或是"科学型"。标准型是默认类型，运算比较简单，而且不考虑运算的优先级；"科学型"则要考虑运算的优先级，即所谓的先乘除、后加减，同时提供了一些复杂的运算按钮（如图 2-75 所示）。

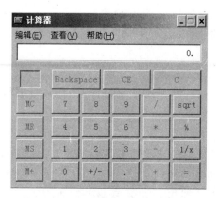

图 2-73　标准型计算器

图 2-74　计算器的"查看"菜单

图 2-75　科学型计算器

4. 画图

单击菜单命令"开始"→"所有程序"→"附件"→"画图",即可启动 Windows 自带的简

单图形处理软件,如图 2-76 所示,生成的文件是默
认扩展名为.bmp 类型的位图文件。利用"画图"软
件中的一些工具,可以建立、编辑、打印图形,也可
以和其他程序相互协作完成图形的复制、粘贴等。
下面介绍与绘图有关的简单操作。

（1）文字输入

① 单击"文字"工具（工具箱的"A"处）,用鼠标
在绘图区中拉出一个虚线文字,然后在文字框光标
位置输入汉字或西文字符。

② 利用字体工具栏设置输入的字体、大小、加
粗、倾斜、下画线、竖排等。

③ 左击颜料盒的对应颜色,以改变字的颜色。

注意：用鼠标在文字框外面单击一下,即文字

图 2-76　"画图"窗口

框消失,即结束本次文字输入过程。此时,字体大小及颜色都不能改变了。

(2) 画各种线条和图形

① 单击工具箱中的相应图标(铅笔、刷子、直线、矩形、椭圆、多边形)。

② 单击工具箱下面的选择栏,可改变线条粗细或图形形状。

③ 左击颜料盒的对应颜色,可改变图形的颜色。

④ 按下左键并拖动鼠标,使线条或图形足够大,然后松开左键。

(3) 喷枪和颜料罐

① 喷枪:用喷枪在绘图区中单击一下,该处就会出现一簇彩色细点,其大小和颜色由工具箱下面的选择栏和颜料盒设定。

② 颜料罐(用颜色填充):用颜料罐在一个封闭图形中点一下,该图形就被颜料盒设定的颜色填充。若点在不封闭图形上,整个绘图区就会被设定的颜色填充。

(4) 图形擦除

利用工具箱中的橡皮,可擦除绘图区中的图像。橡皮的大小可用鼠标在工具箱下面的选择栏中选择。橡皮擦除以后的颜色即“背景颜色”。

如果要全部擦除,可以选择菜单命令“编辑”→“全选”,然后按 Del 键;或者选择菜单命令“图像”→“清除图像”。

(5) 对图形的细微处进行修正

利用放大镜放大图像后,再用铅笔修正(擦除可将前景色设成背景颜色后再修正)。

(6) 取色

此工具可将现有图像中的某一点颜色设成前景色。

习　题

一、 选择题(只有一个正确答案)

1. 在 Windows 中,“回收站”是(　　)。

    A. 内存中的一块区域　　　　　　　B. 硬盘中的特殊文件夹

    C. 软盘上的文件夹　　　　　　　　D. 高速缓存中的一块区域

2. 在 Windows 中,多个窗口之间进行切换,可使用快捷键(　　)。

    A. Alt+Tab　　　　B. Alt+Ctrl　　　　C. Alt+Shift　　　　D. Ctrl+Tab

3. 在 Windows 中删除硬盘上的文件或文件夹时,如果用户不希望将它移至回收站而直接彻底删除,可在选中后按(　　)键和 Del 键。

    A. Ctrl　　　　　B. 空格　　　　　C. Shift　　　　　D. Alt

4. 在 Windows 中,设置计算机硬件配置的程序是(　　)。

    A. 控制面板　　　B. 资源管理器　　　C. Word　　　　D. Excel

5. 在“资源管理器”左边窗口中,若显示的文件夹图标前带有加号(+),意味着该文件夹(　　)。

    A. 含有下级文件夹　　　　　　　　B. 仅含文件

    C. 是空文件夹　　　　　　　　　　D. 不含下级文件夹

6. 在 Windows 中,如果要把 C 盘某个文件夹中的一些文件复制到 C 盘另外的一个文件夹中,若采用鼠标操作,在选中文件后(　　)至目标文件夹。

    A. 直接拖曳鼠标   B. 按住 Ctrl 键并拖曳鼠标

    C. 按住 Alt 键并拖曳鼠标   D. 单击鼠标

7. 从文件列表中同时选择多个不相邻文件的正确操作是(　　)。

    A. 按住 Alt 键,用鼠标单击每一个文件名

    B. 按住 Ctrl 键,用鼠标单击每一个文件名

    C. 按住 Ctrl＋Shift 组合键,用鼠标单击每一个文件名

    D. 按住 Shift 键,用鼠标单击每一个文件名

8. 下列有关 Windows 剪贴板的说法正确的是(　　)。

    A. 剪贴板是一个在程序或窗口之间传递信息的临时存储区

    B. 打开剪贴板的命令,是在"格式"菜单中

    C. 剪贴板是一个特殊的文件夹

    D. 剪贴板每次只可以存储一个内容

9. 下面(　　)功能组合键用于输入法之间的切换。

    A. Shift＋Alt   B. Ctrl＋Alt

    C. Alt＋Tab   D. Ctrl＋Shift

10. 在 Windows 窗口菜单命令项中,若选项呈浅淡色,意味着(　　)。

    A. 该命令项当前暂不可使用

    B. 命令选项出了差错

    C. 该命令项可以使用,变浅淡色是由于显示故障所致

    D. 该命令项实际上并不存在,以后也无法使用

11. 在 Windows 界面中,当一个窗口最小化后,其图标位于(　　)。

    A. 标题栏   B. 工具栏   C. 任务栏   D. 菜单栏

12. 在 Windows 中,设置屏幕保护最简单的方法是在桌面上单击右键,在快捷菜单中选择(　　),然后进入对话框选择"屏幕保护程序"选项卡。

    A. 属性   B. 活动桌面   C. 新建   D. 刷新

13. "画图"中,选择"编辑"→"复制"菜单命令,选中的对象将被复制到(　　)中。

    A. 我的文档   B. 桌面   C. 剪贴板   D. 其他的图画

14. 在 Windows 下,凡菜单命令名后带有"…"的表示为(　　)。

    A. 本命令有子菜单   B. 本命令将打开一个对话框

    C. 本命令可激活   D. 本命令不可激活

15. 当一个应用程序窗口被最小化后,该应用程序将(　　)。

    A. 终止运行   B. 继续运行

    C. 暂停运行   D. 以上三者都有可能

16. 在 Windows 中,控制菜单图标位于窗口的(　　)。

    A. 左上角   B. 左下角   C. 右下角   D. 右下角

17. 在 Windows 中,标题栏通常为窗口(　　)的横条。

　　A. 最底端　　　　　B. 最顶端　　　　　C. 第二条　　　　　D. 次底端

18. 在 Windows 中,如果想同时改变窗口的高度或宽度,可以通过拖放(　　)来实现。

　　A. 窗口边框　　　　B. 窗口角　　　　　C. 滚动条　　　　　D. 菜单栏

19. 在 Windows 操作环境下,将对话框画面复制到剪贴板中使用的键是(　　)。

　　A. Print Screen　　　　　　　　　　B. Alt＋PrintScreen

　　C. Alt＋F4　　　　　　　　　　　　D. Ctrl＋Space

20. 在 Windows 中,可以由用户设置的文件属性为(　　)。

　　A. 存档、系统和隐藏　　　　　　　　B. 只读、系统和隐藏

　　C. 只读、存档和隐藏　　　　　　　　D. 系统、只读和存档

21. Windows 的任务栏可用于(　　)。

　　A. 启动应用程序　　　　　　　　　　B. 切换当前应用程序

　　C. 修改程序项的属性　　　　　　　　D. 修改程序组的属性

22. 下列关于 Windows"回收站"的叙述中,错误的是(　　)。

　　A. "回收站"可以暂时或永久存放硬盘上被删除的信息

　　B. 放入"回收站"的信息可以恢复

　　C. "回收站"所占据的空间是可以调整的

　　D. "回收站"可以存放软盘上被删除的信息

23. 在 Windows 中,当一个窗口已经最大化后,下列叙述中错误的是(　　)。

　　A. 该窗口可以被关闭　　　　　　　　B. 该窗口可以移动

　　C. 该窗口可以最小化　　　　　　　　D. 该窗口可以还原

24. 在资源管理器中选中了文件或文件夹后,若要将它们移动到另一驱动器的文件夹中,其操作为(　　)。

　　A. 按下 Shift 键,拖动鼠标　　　　　B. 按下 Ctrl 键,拖动鼠标

　　C. 直接拖动鼠标　　　　　　　　　　D. 按下 Alt 键,拖动鼠标

25. 图标是 Windows 操作系统中的一个重要概念,它表示 Windows 的对象。它可以代表(　　)。

　　A. 文档或文件夹　　　　　　　　　　B. 应用程序

　　C. 设备或其他计算机　　　　　　　　D. 以上都正确

26. 在树形目录结构中,从根目录到任何数据文件,有(　　)通道。

　　A. 两条　　　　　B. 惟一一条　　　　C. 三条　　　　　　D. 不一定

27. 在 Windows"资源管理器"窗口中,左窗格显示的内容是(　　)。

　　A. 所有未打开的文件夹　　　　　　　B. 系统的树形文件夹结构

　　C. 打开的文件夹下的子文件夹及文件　D. 所有已打开的文件夹

28. 在 Windows 中有两个管理文件的程序组,它们是(　　)。

　　A. "我的电脑"和"控制面板"　　　　　B. "资源管理器"和"控制面板"

　　C. "我的电脑"和"资源管理器"　　　　D. "控制面板"和"开始"菜单

29. 操作系统为我们提供了"?"这个通配符,它表示(　　)。

    A. 一个未知字符　　　　　　　　　　B. 若干个未知字符

    C. 表示零个或若干个未知字符　　　　D. 零个或一个未知字符

30. 在 Windows 中,用户同时打开的多个窗口可以层叠式或平铺式排列。要想改变窗口的排列方式,应进行的操作是(　　)。

    A. 用鼠标右键单击"任务栏"空白处,然后在弹出的快捷菜单中选取要排列的方式

    B. 用鼠标右键单击桌面空白处,然后在弹出的快捷菜单中选取要排列的方式

    C. 先打开资源管理器窗口,选择其中的"查看"菜单下的"排列图标"选项

    D. 先打开"我的电脑"窗口,选择其中的"查看"菜单下的"排列图标"选项

31. 文件 ABC.bmp 存放在 F 盘的 T 文件夹中的 G 子文件夹下,它的完整文件标识符是(　　)。

    A. F:\T\G\ABC　　　　　　　　　　B. T:\ABC.bmp

    C. F:\T\G\ABC.bmp　　　　　　　　D. F:\T:\ABC.bmp

32. 在查找文件时,通配符 * 与 ? 的含义是(　　)。

    A. * 表示任意多个字符,? 表示任意一个字符

    B. ? 表示任意多个字符,* 表示任意一个字符

    C. * 和? 表示乘号和问号

    D. 查找 *.? 与?.* 的文件是一致的

33. 关于快捷方式的说法,正确的是(　　)。

    A. 它就是应用程序本身

    B. 它是指向并打开应用程序的一个指针

    C. 其大小与应用程序相同

    D. 如果应用程序被删除,快捷方式仍然有效

34. 在 Windows 中,在"记事本"中保存的文件,系统默认的文件扩展名是(　　)。

    A. .txt　　　　　　B. .doc　　　　　　C. .bmp　　　　　　D. .rtf

35. 下面是关于 Windows 文件名的叙述,错误的是(　　)。

    A. 文件名中允许使用汉字　　　　　　B. 文件名中允许使用多个圆点分隔符

    C. 文件名中允许使用空格　　　　　　D. 文件名中允许使用竖线("|")

36. 计算机正常启动后,我们在屏幕上首先看到的是(　　)。

    A. Windows 的桌面　　　　　　　　B. 关闭 Windows 的对话框

    C. 有关帮助的信息　　　　　　　　　D. 出错信息

37. "开始"菜单右边的三角符号表示(　　)。

    A. 选择此项将出现对话框　　　　　　B. 不能使用

    C. 选择此项将出现其子菜单　　　　　D. 正在起作用

38. 单击资源管理器的文件夹左边的"+",将出现(　　)。

    A. 仅显示该文件夹下的子文件夹　　　B. 显示该文件夹下的所有内容

    C. 收缩该文件夹　　　　　　　　　　D. 删除该文件夹

39. 在资源管理器中,复制文件命令的快捷键是(   )。

    A. Ctrl+S   B. Ctrl+Z   C. Ctrl+C   D. Ctrl+D

40. 下面关闭资源管理器的方法错误的是(   )。

    A. 双击标题

    B. 单击标题栏控制菜单图标,再单击下拉菜单中的"关闭"命令

    C. 双击标题栏上的控制菜单图标

    D. 单击标题栏上的"关闭"按钮

二、操作题

1. 在 D 盘根目录下建立"计算机基础练习"文件夹,再在此文件夹下建立"文字"、"图片"、"多媒体"3 个子文件夹。按名称排列这 3 个子文件夹。

2. 在本地机中查找 WAV 格式的波形文件和 BMP 格式的图片文件。选择查找到的两个波形文件,并将它们复制到第 1 题已建立的"多媒体"文件夹中。选择查找到的两个图片文件,将它们复制到"图片"文件夹中。查看"多媒体"文件夹的属性,以及该文件夹所包含的文件的属性,并将 BMP 格式的文件全部设为只读文件。

3. 在桌面上为 Windows 的媒体播放器"Windows Media Player"创建快捷方式。设置一个以"三维飞行物"为图案的屏幕保护程序,等待时间为 15 分钟。

4. 查看驱动器的属性,观察还有多少空间可用。尝试对用户所用盘符(如 D:)的磁盘空间进行清理。

5. 在端口 LPT1 上安装一台型号为"HP LaserJet 2000"的本地打印机,打印机名为"HP"。

6. 把桌面上的"我的文档"程序添加到"开始"菜单程序中,并设置任务栏为"隐藏"。

7. 用记事本程序建立一个名为 test.txt 的文档,内容包含中、英文字符。请用你熟悉的汉字输入法进行输入。将该文件存到第 1 题所建的"文字"文件夹下。

第 3 章

Word 2003 文字编辑

3.1　Word 概述

　　Word 是 Microsoft Office 中最为常用的组件,是文字处理和文档编排的强大工具。Word 利用了 Windows 友好的界面和集成的操作环境,加之全新的自动排版概念和技术上的创新,并采用"所见即所得"的设计方式,将文字处理功能推进到了一个崭新的境界。Word 2003 是目前普遍使用的字处理程序,它保持了 2000 版本的汉字竖排、突出显示和自动更正等特色,添加了更多的个性化功能,能更好地交流和共享信息、更方便地在线阅读和编辑文档。本章主要介绍 Word 2003 的基本概念和常用操作。

3.1.1　Word 的主要功能

　　Word 2003 具有较强的文字处理能力,其主要功能如下。

　　(1) 编辑修改功能

　　Word 2003 充分利用 Windows 提供的图形界面,大量使用菜单、对话框、快捷方式和帮助,使操作变得简单,可方便地进行复制、移动、删除、恢复、撤销、查找等基本编辑操作。使用鼠标,可以在任何位置输入文字,实现了"即点即输入"的功能。

　　(2) 格式设置功能

　　Word 2003 具有丰富的文字、段落修饰功能,可以设置文字的多种格式,如字体、字号、颜色等;还可以设置空心、阴文、阳文、加粗、加下画线等效果;还可以使用格式刷快速复制格式;可直接套用各种标题格式;系统附带多种模板和样式,用户可以通过模板及样式,直接引用自己喜欢的格式。文档排版后,在屏幕上能立即看到排版效果。"打印预览"功能能准确地显示出文档打印的效果,真正做到"所见即所得"。

　　(3) 自动化功能

　　工具菜单中的"自动更正"功能使得在输入的同时,自动检查语法和拼写错误并自动更正。自动输入功能会自动创建编号列表、项目符号表,并自动套用格式、缩进量。另外,Word 2003 提供了自动套用格式、信函向导等一套丰富的自动功能,使用户可以轻轻松松地完成日常文字处理工作。

　　(4) 表格处理功能

　　Word 2003 具有较强的表格处理功能,可以创建、编辑复杂的表格,表格中可以包含图形或其他表格;能任意地对表格的大小、位置进行调整;可以使用公式对表格数据进行简单的计算、排序,并根据数据创建图表。

（5）图文混排功能

Word 2003 提供了一套绘制图形和图片的功能，可以十分方便地创建多种效果的文本和图形。绘图功能提供了 100 多种自选图形和多种填充效果；增强了图文混排功能，使图片的拖放、插入等操作更加简单；崭新的剪贴库提供了更加丰富的图片资料。利用 Word 2003 提供的这些图文混排功能，可以编排出形式多样的文档。

（6）边框和底纹

Word 2003 提供了 100 多种边框样式（包括三维效果）用于改变文档的外观，集中了多种用于专业文档的流行样式，特别适合于制作专业化的文档。

（7）帮助功能

系统提供的 Office 助手可以为用户排忧解难。

3.1.2　Word 的启动与退出

1. Word 的启动

启动 Word 有以下两种方式：

（1）如果桌面上有 Microsoft Word 图标，则双击该图标，即进入 Word 窗口。

（2）如果桌面上没有 Microsoft Word 图标，单击"开始"→"所有程序"→Microsoft Office→Microsoft Office Word 2003 选项，即可启动 Word 2003。启动后，屏幕显示 Word 2003 的工作窗口。

用以上方法打开的 Word 应用程序窗口如图 3-1 所示。

图 3-1　Word 应用程序窗口

2. Word 的退出

在 Word 应用程序窗口的"文件"菜单中单击"退出"命令，即可退出 Word。如果在退出前文档曾修改过，但没有保存，系统会显示一个如图 3-2 所示的对话框，如果需要保存修改过的文档，单击"是"按钮；否则单击"否"按钮。如果不想退出 Word，单击"取消"按钮。

图 3-2　"关闭"提示对话框

3.1.3　Word 工作窗口的基本构成

成功地启动 Word 后,屏幕上就会出现如图 3-1 所示的窗口。在 Word 应用程序窗口中,除了有 Windows 窗口具有的标题栏和菜单栏等基本元素外,还包括常用工具栏、格式工具栏、任务窗格、标尺以及状态栏等,用户可以根据自己的爱好修改和设定它们。

（1）标题栏

标题栏位于屏幕窗口的最顶部,显示正在编辑的文档名（如"文档 1"）和应用程序名（Microsoft Word）。

（2）菜单栏

菜单栏位于标题栏的下方。菜单栏提供了 9 个菜单：文件、编辑、视图、插入、格式、工具、表格、窗口、帮助。每个菜单中包含的菜单项是 Word 可执行的命令。要执行菜单中的命令,可以用鼠标单击菜单栏上的菜单,然后在下拉菜单中单击相应的命令；也可以使用键盘选择菜单命令,即先按下 Alt 键和菜单后带下画线的字母键打开相应的菜单,然后用方向键选择菜单命令。例如,要打开文件菜单,按 Alt＋F 组合键。

（3）工具栏

工具栏是为了方便使用鼠标的用户而设计的,是执行菜单命令的快捷方式。利用鼠标单击工具栏上的小图标按钮就可以执行一条 Word 命令。Word 提供了多种工具栏,启动 Word 后,窗口中将显示"常用"工具栏和"格式"工具栏。用户可以根据不同需要同时打开多个工具栏,也可以关闭一些不常用的工具栏。

（4）标尺

标尺位于编辑区的上方（水平标尺）和左侧（垂直标尺）。利用标尺可以查看或设置页边距、表格的行高、列宽及插入点所在的段落缩进等。

（5）滚动条

滚动条分为水平滚动条和垂直滚动条。用户通过移动滚动条的滑块或单击滚动条两端的滚动箭头按钮,可以滚动查看当前屏幕上未显示出来的文档。

（6）编辑区

编辑区是输入文本和编辑文本的区域,位于工具栏的下方。编辑区中闪烁的光标叫插入点,插入点表示输入时正文出现的位置。

（7）任务窗格

任务窗格是 Office 2003 组件应用程序提供常用命令的窗口,其中有对文档内容的操作命令、对文档文件的操作命令、帮助和信息检索命令以及与邮件和 Internet 相关的操作命令等。

选择"视图"→"任务窗格"命令,可以打开任务窗格。任务窗格显示在文档窗口的右边。单击任务窗格下拉列表中的任务,可以打开对应任务的任务窗格,如图 3-3 所示。

（8）状态栏

状态栏位于 Word 窗口底部,显示当前正在编辑的 Word 文档的有关信息,如页号、节号、行号、列号等。

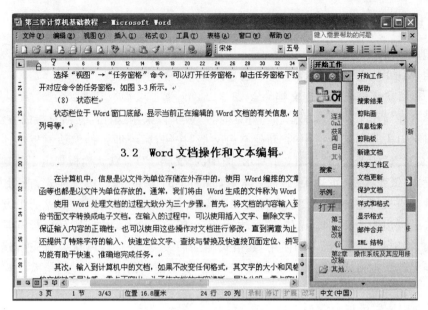

图 3-3　任务窗格

3.2　Word 文档操作和文本编辑

在计算机中,信息是以文件为单位存储在外存中的,使用 Word 编排的文章、报告、通知、信函等也都是以文件为单位存放的。通常,我们将由 Word 生成的文件称为 Word 文档,简称文档。

使用 Word 处理文档的过程大致分为三个步骤。

首先,将文档的内容输入到计算机中,即将一份书面文字转换成电子文档。在输入的过程中,可以使用插入文字、删除文字、改写文字等操作来保证输入内容的正确性,也可以使用这些操作对文档进行修改,直到满意为止。除此以外,Word 还提供了特殊字符的输入、快速定位文字、查找与替换及快速按页面定位、拼写检查等功能,这些功能有助于快速、准确地完成任务。

其次,对于输入到计算机中的文档,如果不改变任何格式,其文字大小和风格都是一样的,这样的文档缺乏层次感,重点不突出。为了使文档的内容清晰、层次分明、重点突出,要对输入的内容进行格式编排。文档中的格式编排是通过对相关文字用相应的格式命令来处理完成的,即所谓的排版。排版包含对文档中的文字、段落、页面等进行设置。只有充分了解 Word 字处理软件提供的各种排版功能,才能在使用 Word 时得心应手,编排出美观大方的文档。

文档的格式编排完成后,要将其保存在计算机中,以便今后查看。如果需要将文档通过打印机打印在纸张上作为文字资料保存或分发给其他部门,还需要进行打印设置,使打印机按照用户的要求来打印。

3.2.1 Word 文档的基本操作

1. 创建新的 Word 文档

使用 Word 建立一个新文档，可以通过以下 3 个途径来实现。

（1）利用默认模板建立新文档

初学者在尚不了解模板的概念和好处时，一般可以采用这种简便而直接的方法。

用鼠标单击常用工具栏中的"新建空白文档"按钮，系统即依据默认模板迅速建立一个名为"文档 X"的新文档，如图 3-1 所示（图中为"文档 1"）。默认模板规定了所建文档的页面设置，如纸张大小、页边距、版面要求，以及固定的文字格式、段落样式、视图方式等。原始的默认模板规定的页面大小为标准 A4 纸，即纸宽 21cm、长 29.7cm，纸张方向为纵向，且上、下页边距为 2.54cm，左、右页边距为 3.17cm。然而，由于默认模板常常被各种文件公用，特别是经过不同人的使用，其格式随之而改变，使得以默认模板先后建立的文档有可能出现基本格式不同的情况，从而影响了默认模板的统一性。这是默认模板的不足之处。

（2）利用特定模板建立新文档

在安装 Word 时，如果选择安装"模板、向导"项，则在 Word 的子目录"\TEMPLATE"下会装入许多现成的模板，供用户选择使用。在使用这些模板之前，必须先对它们有一个比较清楚的了解，然后才能选择出符合个人要求的恰当的模板。

在"文件"菜单中单击"新建"命令后，将会打开"新建文档"任务窗格，如图 3-4 所示。在任务窗格中，单击"本机上的模板"选项，打开"模板"对话框，如图 3-5 所示，然后选择所需的特定模板类型的选项卡。此时，在选项卡中就显示该类型模板中的各种模板图标。最后选中（单击）某一个模板图标，在右边的"预览"框内将显示出该模板。如果感到满意，单击"确定"按钮，系统将依据该模板帮助用户建立新文档。

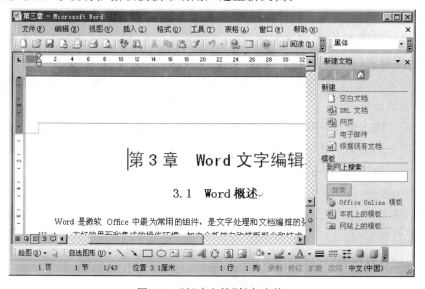

图 3-4　"新建文档"任务窗格

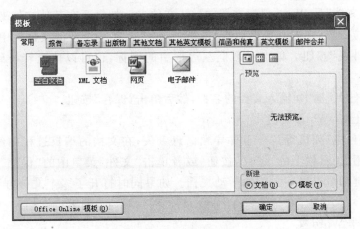

图 3-5　"模板"对话框

（3）利用专用模板建立新文档

现成的模板有时不能满足用户的需要，如撰写正式出版的书籍、论文等，用户可以创建自己的专用模板。新建文件时，在"模板"对话框中"新建"栏下单击"模板"按钮，用户新建的文件就以模板形式保存在 Word 子目录"\TEMPLATE"下。新建模板图标会显示在"模板"对话框中，以后用户就可以利用此专用模板建立新文档了。

2. 保存 Word 文档

在文档中输入内容后，要将其保存在磁盘上，便于以后查看文档或再次对文档进行编辑、打印。Word 文档的扩展名为.doc。在 Word 中可按原名保存正在编辑的活动文档，也可以用不同的名称或在不同的位置保存文档的副本。另外，还可以以其他文件格式保存文档，以便在其他应用程序中使用。

（1）保存新的、未命名的 Word 文档

① 单击"常用"工具栏上的"保存"按钮或"文件"菜单中的"保存"命令，打开"另存为"对话框，如图 3-6 所示。

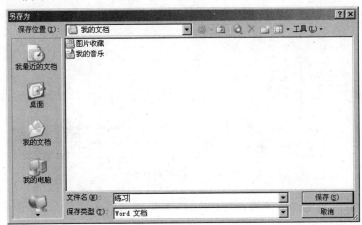

图 3-6　"另存为"对话框

②"我的文档"是 Word 保存文档的默认文件夹。如果要在其他文件夹中保存文档，请选择"保存位置"框中的其他驱动器、文件夹；如果要在一个新的文件夹中保存文档，请单击"新建文件夹"按钮。单击对话框左边框中的图标，也可以快速转换到要保存的文件夹。

③ 在"文件名"框中，输入文档的名称，然后单击"保存"按钮。

（2）保存已有 Word 文档

为了防止停电、死机等意外事件导致信息丢失，在文档的编辑过程中经常要保存文档。单击"常用"工具栏上的"保存"按钮，或者单击"文件"菜单中的"保存"命令，或者按 Ctrl＋S 快捷键都可以保存当前的活动文档。如果同时打开了多个文档方法，按下 Shift 键再单击"文件"菜单中的"全部保存"命令，将同时保存所有打开的文档。

（3）保存非 Word 文档

Word 允许将文档保存为其他文件类型，例如保存成模板类型，其步骤如下：

① 单击"文件"菜单中的"另存为"命令，打开"另存为"对话框，如图 3-6 所示。

② 选择"保存类型"框中的其他类型。

③ 在"文件名"框中，输入文档的名称。

④ 单击"保存"按钮。

3. 打开文档

编辑一篇已存在的文档，必须先打开文档。Word 提供了多种打开文档的方法，这些方法大致分为两种。一种是双击文档图标，在启动 Word 应用程序的同时打开文档。另一种是先打开 Word 应用程序，再打开文档，这时有以下几种方法打开一个文档。

① 单击"常用"工具栏上的"打开"按钮，或单击"文件"菜单中的"打开"命令，弹出如图 3-7 所示的"打开"对话框。在对话框中选择文档所在的驱动器、文件夹及文件名。

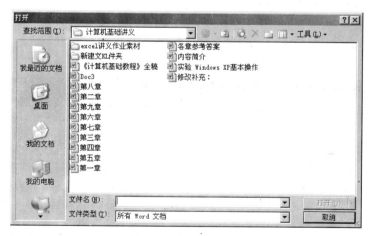

图 3-7　"打开"对话框

② 要打开最近使用过的文档，单击"文件"菜单底部的文件名。Word 在默认情况下，"文件"菜单下列出 4 个最近使用的文档。用户可以依次选择"工具"→"选项"→"常规"选项，设置列出文档的个数，最多可列出最近所用的 9 个文档。

③ 在任务窗格中选择要打开的文档。在"视图"菜单中选择"任务窗格",在显示出的任务窗格中选择"开始工作"任务窗格,在最下面的"打开"列表框中选择要打开的文档。

4. 关闭文档

在菜单栏上选择"文件"→"关闭"选项,或单击文档窗口右上角(即菜单栏右边)的"关闭窗口"按钮图标,可关闭当前文档窗口。如果当前文档在编辑后没有保存,关闭前将弹出对话框,询问是否保存对文档所作的修改,如图 3-2 所示。

3.2.2　Word 文本编辑

1. 文本的输入

启动 Word 后,就可以直接在空文档中输入文本。英文字符可直接从键盘输入,中文字符的输入方法与 Windows 中的输入方法相同。

当输入到行尾时,不要按 Enter 键,系统会自动换行。输入到段落结尾时,应按 Enter 键,表示段落结束。如果在某段落中需要强行换行,可以使用 Shift+Enter 快捷键。

（1）插入和改写

"插入"和"改写"是 Word 的两种编辑方式。插入是指将输入的文本添加到插入点所在位置,插入点以后的文本依次往后移动;改写是指输入的文本将替换插入点所在位置的文本。插入和改写两种编辑方式是可以转换的,方法是按 Insert 键或用鼠标双击状态栏上的"改写"标志。通常默认的编辑状态为"插入",状态栏上的"改写"标志为灰色。如果处于"改写"状态,状态栏上的"改写"标志为黑色。

如果要在文档中编辑,用户可以使用鼠标或键盘找到文本的修改处。若文本较长,可以先使用滚动条将要编辑的区域显示出来,然后将鼠标指针移到插入点处单击,这时插入点移到指定位置。用键盘定位插入点有时更加方便,常用的键盘定位快捷键及其功能如表 3-1 所示。

表 3-1　键盘定位快捷键及其功能

按　键	功　能	按　键	功　能
→	向右移动一个字符	Home	移动到当前行首
←	向左移动一个字符	End	移动到当前行尾
↑	向上移动一行	Page Up	移动到上一屏
↓	向下移动一行	Page Down	移动到下一屏
Ctrl+→	向右移动一个单词	Ctrl+Page Up	移动到屏幕的顶部
Ctrl+←	向左移动一个单词	Ctrl+Page Down	移动到屏幕的底部
Ctrl+↑	向上移动一个段落	Ctrl+Home	移动到文档的开头
Ctrl+↓	向下移动一个段落	Ctrl+End	移动到文档的末尾

（2）插入符号或特殊字符

用户在处理文档时可能需要输入一些特殊字符,如希腊字母、俄文字母、数字序号等。这些符号不能直接从键盘输入,用户可以使用"插入"菜单中的"符号"命令或"特殊符号"命令来完成。

使用菜单插入符号的操作步骤如下：

① 将插入点移到要插入符号的位置。

② 单击"插入"菜单中的"符号"命令，弹出"符号"对话框，如图 3-8 所示。

图 3-8　"符号"对话框

③ 单击"符号"选项卡，将出现不同的符号集。

④ 单击要插入的符号或字符，再单击"插入"按钮（或双击要插入的符号或字符）。

⑤ 单击"关闭"按钮，关闭对话框。

（3）插入磁盘文件

选择菜单命令"插入"→"文件"，在弹出的如图 3-9 所示的对话框中选择要插入的文件，然后单击"插入"按钮。

图 3-9　"插入文件"对话框

2. 文本的选中

用户如果需要对某段文本进行移动、复制、删除等操作，必须先选中它们，然后再进行相应的处理。当文本被选中后，所选文本呈反相显示。如果想要取消选择，可以将鼠标移至选中文本外的任何区域单击。选中文本的方式有以下两种：

（1）用鼠标选中文本

将鼠标指针移到要选中文本的首部，按下鼠标左键并拖曳到所选文本的末端，然后松开鼠标。所选文本可以是一个字符、一个句子、一行文字、一个段落、多行文字，甚至是整篇文档。

① 选中一个句子：先将插入点置于该句子内，按住 Ctrl 键，然后在句子的任何地方单击。

② 选中一行文字：将鼠标移动到该行的左侧，直到鼠标变成一个指向右边的箭头，然后单击。

③ 选中一个段落：将鼠标移动到该段落的左侧，直到鼠标变成一个指向右边的箭头，然后双击。

④ 整篇文档：将鼠标移动到文档任何正文的左侧，直到鼠标变成一个指向右边的箭头，然后三击。

⑤ 选中一大块文字：将插入点移至所选文本的起始处，再将鼠标移动到所选内容的结束处，然后按住 Shift 键，并单击。

⑥ 选中列块（垂直的一块文字）：按住 Alt 键后，将光标移至所选文本的起始处，按下鼠标左键并拖曳到所选文本的末端，然后松开鼠标和 Alt 键。

（2）用键盘选中文本

先将光标移到要选中的文本之前，然后用键盘组合键选择文本。常用组合键及功能如表 3-2 所示。

表 3-2　常用组合键及其功能

按　键	功　能	按　键	功　能
Shift＋→	右选取一个字符	Shift＋Page Up	选取上一屏
Shift＋←	左选取一个字符	Shift＋Page Down	选取下一屏
Shift＋↑	选取上一行	Shift＋Ctrl＋→	右选取一个字或单词
Shift＋↓	选取下一行	Shift＋Ctrl＋←	左选取一个字或单词
Shift＋Home	选取到当前行头	Shift＋Ctrl＋Home	选取到文档开头
Shift＋End	选取到当前行尾	Shift＋Ctrl＋End	选取到文档末尾

3. 删除、复制和移动

（1）删除

删除是将字符或对象从文档中去掉。删除插入点左侧的一个字符用 BackSpace 键；删除插入点右侧的一个字符用 Del 键。删除较多连续的字符或成段的文字，用 BackSpace 键和 Del 键显然很烦琐，可以用如下方法：

方法 1：选中要删除的文本块后，按 Del 键。

方法 2：选中要删除的文本块后，选择"编辑"菜单中的"剪切"命令。

方法 3：选中要删除的文本块后，单击"常用"工具栏上的"剪切"按钮。

删除和剪切操作都能将选中的文本从文档中去掉，但功能不完全相同。它们的区别是：使用剪切操作时，删除的内容会保存到"剪贴板"上；使用删除操作时，删除的内容不会保存到"剪贴板"上。

（2）复制

在编辑过程中，当文档出现重复内容或段落时，使用复制命令进行编辑是提高工作效率的有效方法。用户不仅可以在同一篇文档内，也可以在不同文档之间复制内容，甚至可以将内容复制到其他应用程序的文档中，操作步骤如下：

① 选中要复制的文本块。

② 单击"常用"工具栏上的"复制"按钮或执行"编辑"菜单中的"复制"命令，此时选中的文本块被放入剪贴板中。

③ 将插入点移到新位置，单击"常用"工具栏上的"粘贴"按钮或执行"编辑"菜单中的"粘贴"命令，此时剪贴板中的内容就复制到了新位置。

复制文本块的另一种方法是使用鼠标操作：首先选中要复制的文本块，然后按 Ctrl 键，用鼠标拖曳选中的文本块到新位置，同时放开 Ctrl 键和鼠标左键。使用这种方法，复制的文本块不被放入剪贴板中。

（3）移动

移动是将字符或对象从原来的位置删除，插入到另一个新位置。首先要把鼠标指针移到选中的文本块中，按下鼠标的左键将文本拖曳到新位置，然后放开鼠标左键。这种操作方法适合较短距离的移动，例如移动的范围在一屏之内。文本远距离地移动可以使用剪切和粘贴命令来完成，操作步骤如下：

① 选中要移动的文本。

② 单击工具栏上的"剪切"按钮或"编辑"菜单中的"剪切"命令。

③ 将插入点移到要插入的新位置。

④ 单击工具栏上的"粘贴"按钮。

也可以使用键盘快捷键来完成移动复制的操作。"剪切"命令的快捷键为 Ctrl＋X，"复制"命令的快捷键为 Ctrl＋C，"粘贴"命令的快捷键为 Ctrl＋V。

当执行"剪切"或"复制"命令后，所剪切或复制的内容会放到剪贴板中。单击任务窗格下拉列表中的"剪贴板"后，会打开剪贴板任务窗格，其中将显示所有剪切或复制的内容图标。用户可以选择任意内容并单击，将其粘贴到文档需要的位置。

4. 撤销和恢复

在编辑的过程中难免会出现误操作，Word 提供了撤销功能，用于取消最近对文档的误操作。要撤销最近的一次误操作，可以直接单击工具栏上的"撤销"按钮，或执行"编辑"菜单中的"撤销"命令。撤销多次误操作的步骤如下：

① 单击"常用"工具栏上"撤销"按钮旁边的小三角，查看最近进行的可撤销操作列表。

② 单击要撤销的操作。如果该操作不可见，可滚动列表。撤销某操作的同时，也撤销了列表中位于它之前的所有操作。

恢复功能用于恢复被撤销的操作，其操作方法与撤销操作基本类似。

5. 查找、替换和定位

Word 提供了许多自动功能,查找、替换和定位就是其中之一。查找的功能主要用于在当前文档中搜索指定的文本或特殊字符。

(1) 查找文本

① 单击"编辑"菜单中的"查找"命令,弹出"查找和替换"对话框,如图 3-10 所示。

图 3-10　"查找和替换"对话框

② 在"查找内容"框内输入要搜索的文本,例如"计算机"。

③ 单击"查找下一处"按钮,则开始在文档中查找。

此时,Word 自动从当前光标处开始向下搜索文档,查找"计算机"字符串。如果直到文档结尾都没有找到"计算机"字符串,则继续从文档开始处查找,直到当前光标处为止。查找到"计算机"字符串后,光标停在找出的文本位置,并使其置于选中状态。这时在"查找"对话框外单击鼠标,就可以对该文本进行编辑。

(2) 查找特定格式的文本

① 单击"编辑"菜单中的"查找"命令。

② 若当前是如图 3-10 所示的常规格式对话框,则单击其中的"高级"按钮,出现搜索选项。

③ 在"查找内容"框内输入要查找的文字,例如"文档"。

④ 单击"格式"按钮,在弹出菜单中选择"字体"命令,在"查找字体"对话框中设置查找文本的格式,例如"隶书,四号"。最后单击"确定"按钮。

⑤ 单击"查找下一处"按钮,则开始在文档中查找格式是"隶书,四号"的"文档"两个字。

(3) 替换文本

单击"编辑"菜单中的"替换"命令,出现如图 3-11 所示的对话框。

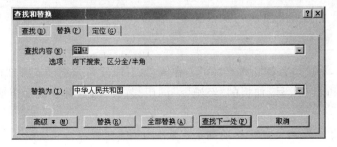

图 3-11　"替换"选项卡

① 在"查找内容"框内输入文字,例如"中国"。

② 在"替换为"框内输入要替换的文字,例如"中华人民共和国"。在文本中,按"全部替换"按钮,会将查找到的字符串全部自动替换。

但是,如果并不是将查找到的字符串全部替换,就不能使用"全部替换"功能。应先单击"查找下一处"按钮,如果查找到的字符串需要替换,单击"替换"按钮;否则,单击"查找下一处"按钮。如果"替换为"文本框为空,操作后的实际效果是将查找的内容从文档中删除。若是替换特殊格式的文本,其操作步骤与特殊格式文本的查找方法类似。

(4) 文本定位

单击"编辑"菜单中的"定位"命令,出现如图 3-12 所示的对话框。可按页码、行号等进行文本定位。

图 3-12 "定位"选项卡

例 3-1 将以下素材按要求排版。

① 打开"计算机基础"文件夹下的"练习 1 素材.DOC"文件,素材如下:

中国和平崛起有益世界

过去 20 多年的事实告诉我们,中国的崛起是和平的崛起。自改革开放以来,中国就选择了一条争取和平的国际环境来发展自己,又以自身的发展来维护世界和平的道路。这条道路的实质,就是要在同经纪全球化相联系而不是相脱离的进程中,在同国际社会实现互利共赢的进程中,独立自主地建设中国特色社会主义,在 21 世纪中叶基本实现现代化,摆脱不发达状态,达到中等发达国家水平。

我们说中国的现代化进程同经纪全球化相联系,就是积极参与经纪全球化,而不主张用暴力的手段去改变国际秩序、国际格局。

我们说独立自主地建设中国特色社会主义,就是主要依靠自己的力量解决发展的难题,而不给别人制造麻烦。20 多年来的实践表明,中国这条和平崛起的发展道路是走得通的。

---

② 在正文第一段段首插入符号"®"。在第二、三段段首分别插入特殊符号"①"、"②"。

③ 将素材里带着重号、加粗的"经纪"一词用"替换"命令替换成加下画线(波浪线)的"经济"。

④ 将正文里的第三段文字移动到第二段文字之前。

⑤ 撤销第④步操作。

⑥ 把该文档另存为"练习 1 结果.DOC"。

具体操作步骤如下：

① 单击"文件"菜单中的"打开"命令，找到"计算机基础"这个文件夹下的"练习 1 素材.DOC"文件。单击这个文件，然后单击"打开"按钮。

② 把光标移动到正文第一段段首位置，单击"插入"菜单中的"符号"命令，打开"符号"对话框。在"符号"选项卡选择字体为"拉丁文"、子集为"拉丁语-1"，然后在里面选中"®"并单击"插入"按钮。把光标移动到第二段段首位置，单击"插入"菜单中的"特殊符号"命令，再单击"特殊序号"选项卡，然后选择"①"并单击"确定"按钮。以同样的方法插入特殊符号"②"。

③ 选中素材全文，单击"编辑"菜单中的"替换"命令，打开"查找和替换"对话框。在"查找内容"中输入"经纪"，在"替换为"中输入"经济"。然后，单击"高级"按钮，选中"经纪"。单击"格式"按钮选择"字体"命令，选择字形为加粗，然后单击"着重号"下的下拉三角，打开下拉列表，选择"着重号"，再单击"确定"按钮。选中"经济"，单击"格式"按钮选择"字体"命令，然后单击"下画线"下的下拉三角，打开下拉列表，选择"波浪线"，再单击"确定"按钮。单击"全部替换"按钮，完成替换。

④ 选中第三段，按 Ctrl＋X 组合键，然后把光标移动到第二段段首，再按 Ctrl＋V 组合键。

⑤ 单击"工具栏"的"撤销"按钮两次。

⑥ 单击"文件"菜单中的"另存为"命令，在"文件名"文本框中输入"练习 1 结果.DOC"，然后单击"保存"按钮。

* 6. 插入批注和文档修订

Word 2003 提供了方便的文档审阅功能，例如可以给所选中文本内容插入批注；在审阅文档后，修改后的内容（插入或删除的内容）可以按所设置的修订格式显示。Word 2003 还可以设置拒绝或接受修改。

（1）插入批注

给所选择的文本插入批注的步骤如下：

① 选择要设置批注的文本或内容；

② 在"插入"菜单中，单击"批注"；

③ 在批注框中输入批注文字。

（2）文档修订

① 设置修订标记

在审阅文档后，对文档的修改内容可以设置标记，例如插入的内容用红色显示，删除的内容用删除线标识，格式修改的文本用蓝色显示等。设置修订标记的方法为：单击"工具"菜单下的"选项"命令，打开"修订"选项卡，如图 3-13 所示。在此对话框可以对所修改过的内容设置标记。

② 编辑时增加修订标记

当编辑文档时要对修订的内容增加标记，可以单击"工具"菜单上的"修订"命令，来启动修订功能，以后所有的修订就增加了标记，例如插入内容用红色显示。修订功能启动后，状态栏上的"修订"就会呈黑色显示。再次单击"工具"菜单上的"修订"命令，将关闭修

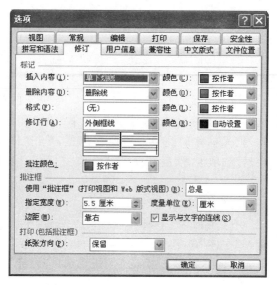

图 3-13 "修订"选项卡

订,状态栏上的"修订"标记变暗。

③ 显示修订标记和批注

要浏览文档中所有添加的修订标记和批注,单击"视图"菜单下的"标记"命令,这样所有标记和批注就会显示出来。

④"审阅"工具栏

Word 2003 提供了方便的文档"审阅"工具栏,如图 3-14 所示。

图 3-14 "审阅"工具栏

• 显示文档状态下拉列表框

原始状态:显示原始的、未更改的文档,以便用户查看拒绝所有修订后的文档。

最终状态:以便用户查看接受所有修订后的文档。

显示标记的原始状态:在批注框中显示插入的文本和格式更改,并在文档中显示删除的文字。

显示标记的最终状态:在批注框中显示删除的文字,并在文档中显示插入的文本和格式更改。

• "显示"设置

用"显示"菜单限定所显示的修订标记,例如隐藏格式更改和批注,以便专门查看插入和删除的内容。也可设置显示特定审阅者所做的批注和更改。

• "审阅"窗格

批注框中不可能总是能显示修订或批注的完整文本信息。若要查看这些项(如插入、删除的图片或文本框),单击"审阅窗格"按钮,打开"审阅"窗格。

• "审阅"工具栏

"审阅"工具栏还提供了查找标记、接受所选修订和拒绝所选修订等命令。

* 7. 自动更正

"自动更正"功能能自动检测并更正输入错误、误拼的单词、语法错误和错误的大小写。例如,如果输入"teh",接着输入一个空格,就会看到"自动更正"会将输入的文字替换为"the"。也可以创建"例外项列表",用于指定不需要"自动更正"进行的更正。

"自动更正"可使用名为"自动更正"词条的内置更正项列表,来检测并更正输入错误、误拼的单词、语法错误和常用符号。用户也可以选择"工具"菜单的"自动更正选项"命令,在弹出如图 3-15 所示的对话框中,方便地添加自己的"自动更正"词条或删除不需要的词条。

* 8. 自动图文集

使用"自动图文集"可以保存和快速插入常用的文字、图形、域、表格、书签以及其他内容。Word 2003 附带了大量不同类别的内置"自动图文集"词条。例如,如果用户正在撰写信函,可使用 Word 2003 专门用于信函的"自动图文集"词条(如称呼和结束语)。

如果需要经常使用大量相同的或复杂的内容,而不愿重复插入或重复输入,用户可自己添加"自动图文"词条。

(1) 创建自动图文集

选择要建立"自动图文集"的文本或图形,然后单击"插入"→"自动图文集"→"自动图文集"菜单命令,将弹出如图 3-16 所示对话框。输入"自动图文集"词条,然后单击"添加"按钮。

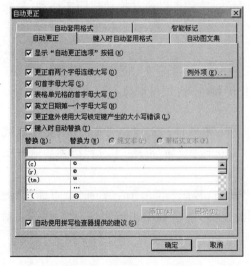

图 3-15　"自动更正"对话框

图 3-16　"自动图文集"选项卡

(2) 使用自动图文集

单击"插入"→"自动图文集"菜单命令,选择词条名,然后单击"插入"按钮。

3.3　Word 文档的排版

通过设置丰富多彩的文字、段落、页面格式,可以使文档看起来更美观、更舒适。Word 2003 的排版操作主要有字符排版、段落排版和页面设置等。

3.3.1　视图

Word 2003 提供了多种在屏幕上显示 Word 文档的方式。每一种显示方式称为一种视图。使用不同的显示方式，用户可以把注意力集中到文档的不同方面，从而高效、快捷地查看、编辑文档。Word 2003 提供的视图有：普通视图、页面视图、大纲视图、Web 版式视图和阅读版式视图。其中，普通视图和页面视图是最常用的两种方式。

（1）普通视图

在普通视图中可以输入、编辑文字，并设置文字的格式，但图形对象在"普通视图"下是不可见的。在普通视图中，所有的排版信息都会显示出来（分页符用虚线表示）。普通视图简单、方便，且在编排长文档时，可以提高处理速度，节省时间。但是当需要编辑页眉和页脚、调整页边距，以及剪切图片时，在普通视图中无法完成，这时应该使用页面视图。

（2）页面视图

页面视图是 Word 的默认视图。页面视图可以显示整个页面的分布情况和文档中的所有元素，例如正文、图形、表格、图片、页眉、页脚、脚注、页码等，并能对它们进行编辑。在页面视图方式下，显示效果反映了打印后的真实效果，即"所见即所得"功能。

（3）大纲视图

大纲视图使得查看长篇文档的结构变得很容易，并且可以通过拖动标题来移动、复制或重新组织正文。在大纲视图中，可以折叠文档，只查看主标题；或者扩展文档，以便查看整个文档。

（4）Web 版式视图

Web 版式视图优化了布局，使文档具有最佳屏幕外观，使得联机阅读更容易。

（5）阅读版式视图

阅读版式视图是 Word 2003 中新添加的功能。如果打开文档是为了阅读，阅读版式视图将优化阅读体验。阅读版式视图会隐藏除"阅读版式"和"审阅"工具栏以外的所有工具栏。

几种视图之间可以方便地相互转换，可通过执行"视图"菜单中的"普通"、"页面"、"大纲"、"Web 版式"、"阅读版式"命令来转换到其他视图方式，或单击编辑区下方水平滚动条左侧的相应按钮完成转换。

3.3.2　字符排版

字符排版是对字符的字体、字号、颜色、显示效果等格式进行设置。设置字符格式时，必须先选择操作对象。对象可以是几个字符、一句话、一段文字或整篇文章。通常使用"格式"工具栏按钮完成一般的字符排版。对于格式要求较高的文档，使用"格式"菜单来设置。

（1）用格式工具栏设置字符格式

通过格式工具栏可以设置字符的字体、字形、字号、颜色、边框、底纹等，如图 3-17 所示。

图 3-17　"格式"工具栏

① 设置字体

常用的中文字体有宋体、楷体、黑体、隶书等。首先选中要设置或改变字体的字符,然后单击"格式"工具栏的"字体"下拉三角按钮,从列表中选择所需的字体名称。

② 设置字号

汉字的大小用字号表示,字号从初号、小初号……直到八号字,对应的文字越来越小。英文的大小用"磅"的数值表示,1 磅等于 1/12 英寸。数值越小,表示的英文字符越小。要设置字号,先选中要设置或改变字号的字符,然后单击"格式"工具栏的"字号"下拉三角按钮,从列表中选择所需的字号。

③ 设置字符的其他格式

利用"格式"工具栏还可以设置字符的"加粗"、"斜体"、"下画线"、"字符底纹"、"字符边框"、"字符缩放"等格式。其中,"下画线"、"字符缩放"具有下拉列表,可以从中选择一项。

（2）用菜单命令设置字符格式

在菜单栏上选择"格式"→"字体"命令,弹出"字体"对话框。该对话框中有"字体"、"字符间距"和"文字效果"3 个选项卡,如图 3-18 所示。

图 3-18　"字体"对话框

① 在"字体"选项卡中可设置字体、字形、字号、颜色,是否加下画线、着重号和效果等,如图 3-18 所示。

② 在"字符间距"选项卡中可以设置字符间距,如图 3-19 所示。

③ 在"文字效果"选项卡中可以设置文字的动态效果,如图 3-20 所示。

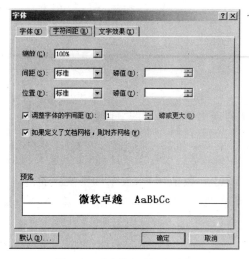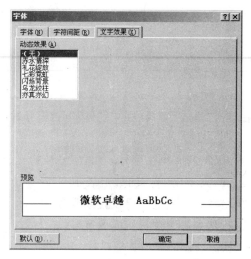

图 3-19   "字符间距"选项卡   图 3-20   "文字效果"选项卡

3.3.3   段落排版

在 Word 中,段落是文档的基本组成单位。段落是指以段落标记作为结束符的文字、图形或其他对象的集合。Word 在输入 Enter 键的地方插入一个段落标记,可以通过"常用"工具栏上的"显示/隐藏编辑标记"按钮查看段落标记。

段落格式主要包括段落对齐、段落缩进、行距、段间距、段落的修饰等。当需要对某一段落进行格式设置时,首先要选中该段落,或者将"插入点"放在该段落中。

在菜单栏上选择"格式"→"段落"命令,弹出"段落"对话框。该对话框中有"缩进和间距"、"换行和分页"和"中文版式"三个选项卡,如图 3-21 所示。

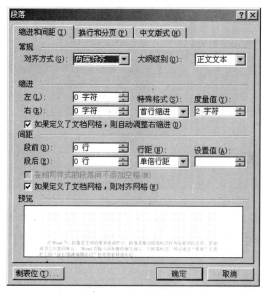

图 3-21   "段落"对话框

1. 段落的对齐

段落的对齐方式有左对齐、居中对齐、右对齐、两端对齐和分散对齐 5 种。用户可以在"段落"对话框"缩进和间距"选项卡的"对齐方式"列表框中进行选择,也可单击格式工具栏中对应的按钮来设置,如图 3-17 所示。

2. 段落的缩进

(1) 使用标尺设置

标尺是用来设置段落格式的快捷工具,如图 3-22 所示。它上面有 4 种缩进标记。

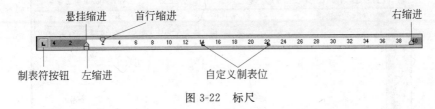

图 3-22　标尺

首行缩进就是段落的第一行的开头向内缩进,一般一段文字的第一行的开始位置空两格,就是通过首行缩进控制;悬挂缩进标记只影响段落中除第一行以外的其他行左边的开始位置,而左缩进标记影响到整个段落。左缩进和悬挂缩进两个标记是不能分开的,但是拖动不同的标记会有不同的效果。拖动左缩进标记,可以看到首行缩进标记跟着移动,也就是说,如果要把整个段的左边往右挪的话,直接拖这个左缩进标记就行了,而且这样可以保持段落的首行缩进或悬挂缩进的量不变。右缩进标记表示的是段落右边的位置,拖动这个标记,整个段落右边的位置向里缩进。

(2) 用菜单命令设置

用户可以在如图 3-21 所示的"段落"对话框中设置左缩进、右缩进、首行缩进和悬挂缩进的尺寸。

3. 段落间距

(1) 用工具栏设置段落中各行的间距

在菜单栏上选择"视图"→"工具栏"→"其他格式"选项,弹出"其他格式"工具栏,如图 3-23 所示。该工具栏中有 3 个按钮可以将行距分别调整为"单倍"、"1.5 倍"和"2 倍"行距。

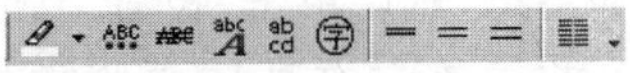

图 3-23　"其他格式"工具栏

(2) 用菜单命令设置段落与段落的间距以及段落中各行的间距

在如图 3-21 所示的"段落"对话框中,在"间距"栏中设置段前、段后以及段落中各行的间距。

4. 段落制表位

制表位的作用是使一列数据对齐。制表符类型有左对齐制表符、居中制表符、右对齐制表符、小数点对齐制表符、竖线对齐制表符,如图 3-22 所示。

(1) 使用鼠标设置制表位

① 将光标移到需要设置制表位的段落中。

② 单击水平标尺最左端的制表符按钮,直到出现所需制表符。

计算机应用基础教程

③ 将鼠标移到水平标尺上,在需要设置制表符号的位置单击。

④ 在一段中,需要设置多个制表符时,重复步骤②、③。

制表符设置好后,按下 Tab 键,光标自动移到第一列的开始位置。输入第一列文本内容,然后按 Tab 键,光标自动移到第二列的开始位置,再输入第二列文本内容,依次类推。图 3-24 所示是使用制表符进行格式排版示例。

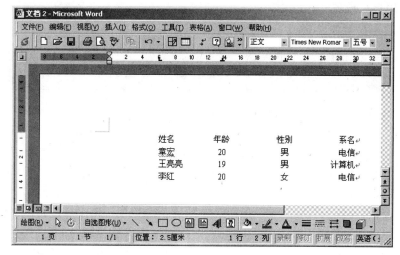

图 3-24　制表符应用示例

（2）使用"格式"菜单设置制表位

① 将光标移到需要设置制表位的段落中。

② 单击"格式"菜单中的"制表位"命令,弹出"制表位"对话框,如图 3-25 所示。

③ 在"制表位位置"文本框中输入新制表位的位置,或者选择已有的制表位。

④ 在"对齐方式"下选择制表位文本的对齐方式。

⑤ 如果需要设置前导符字符,单击"前导符"下的某个字符,然后单击"设置"按钮。

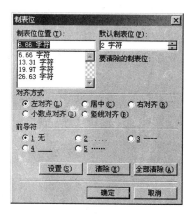

前导符字符是填充制表符所在的空白的实线、虚线或点画线。前导符字符经常用在目录中,引导读者的视线穿过章节名称和开始页的页码之间的空白。

在段落中设置了制表位后,只要按一下 Tab 键,光标就会从当前位置直接移动到制表位,使得输入的文本按列对齐。

图 3-25　"制表位"对话框

（3）删除或移动制表位的方法

① 将光标移到需要删除或移动制表位的段落中。

② 单击制表位并拖离水平标尺,即可删除该制表位。

③ 在水平标尺上左右拖动制表位标记,即可移动该制表位。

5．项目符号和编号

在段落前添加项目符号和编号可以使内容醒目，添加方式有两种。

（1）使用工具栏按钮

单击"格式"工具栏上的"项目符号或编号"按钮，可以快捷地直接添加项目符号或编号。

（2）使用菜单命令

选择"格式"菜单中的"项目符号和编号"命令，弹出如图 3-26 所示的"项目符号和编号"对话框，然后选择需要的项目符号和编号，再单击"确定"按钮。

6．首字下沉

首字下沉是指段落的第一个字下沉几行。这种排版方式在各种报纸或杂志上随处可见，它不仅丰富了页面，而且使读者一看便知文章的起始位置在哪里。

设置首字下沉的方法如下：选中一个段落，使用菜单栏中"格式"→"首字下沉"菜单命令，打开"首字下沉"对话框，如图 3-27 所示。选择"下沉"或"悬挂"选项，设置首字字体和下沉行数。设置完成后，单击"确定"按钮。

图 3-26　"项目符号和编号"对话框

图 3-27　"首字下沉"对话框

7．分栏排版

使用分栏排版可以使页面看上去更加生动、丰富。设置分栏排版的方法如下：

选中要分栏的内容，使用菜单栏中"格式"→"分栏"菜单命令打开"分栏"对话框，如图 3-28 所示。设置栏数、栏宽以及是否在两栏之间加线，然后在"应用范围"下拉列表框中选择应用范围，设置完成后单击"确定"按钮。

8．边框和底纹

Word 可以为所选择的文字、段落和全部文档加边框和底纹，方法如下：

① 选择"格式"菜单中的"边框和底纹"命令，弹出如图 3-29 所示的"边框和底纹"对话框。

②"边框"选项卡可为选中的段落或文字添加不同线型的边框。

③"底纹"选项卡可为选中的段落或文字添加底纹，如图 3-30 所示，可在对话框中设置背景的颜色和图案。

计算机应用基础教程

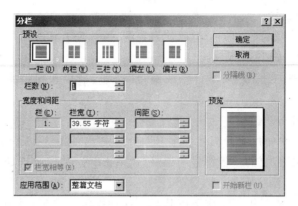

图 3-28　"分栏"对话框

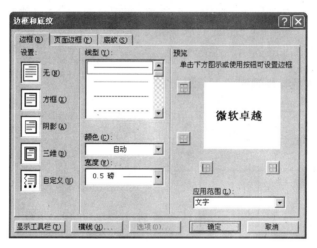

图 3-29　"边框和底纹"对话框

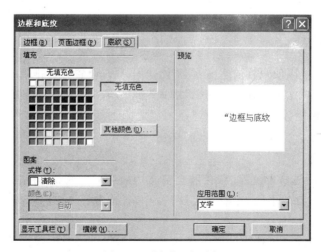

图 3-30　"底纹"选项卡

④ "页面边框"选项卡可以为所选节或全部文档添加页面边框,如图 3-31 所示。

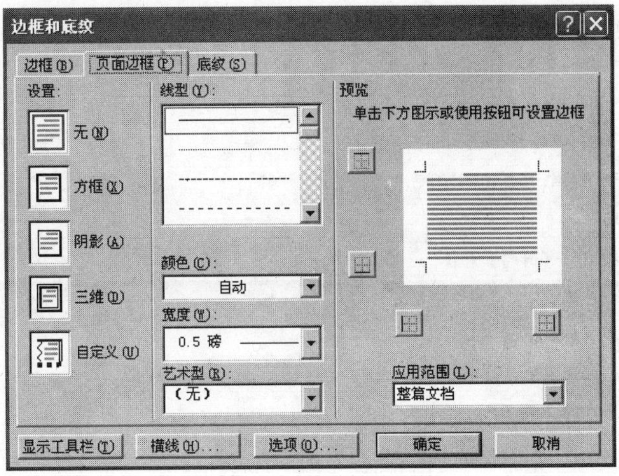

图 3-31　"页面边框"选项卡

3.3.4　Word 的模板与样式

1. 样式和样式库的建立与使用

所谓样式,就是系统或用户定义并保存的一系列排版格式,包括字体、段落的对齐方式、制表位和边距等。

重复地设置各个段落的格式不仅烦琐,而且很难保证几个段落的格式完全相同。使用样式不仅可以轻松、快捷地编排具有统一格式的段落,而且可以使文档格式严格保持一致。

样式实际上是一组排版格式指令,因此,在编写一篇文档时,可以先将文档中要用到的各种样式分别加以定义,然后应用于各个段落。Word 预定义了标准样式,如果用户有特殊要求,也可以根据需要修改标准样式或重新定制样式。

(1) 样式的应用

将光标定位在需要应用样式的段落中,在"格式"工具栏的"样式"列表框中选择相应的样式,所选段落就按样式的格式重新排版。"格式"工具栏的"样式"列表框中列出了所有标准样式和用户自定义的样式,如图 3-32 所示。

(2) 样式的创建

选择文档中希望包含样式的文本或段落,设置字体、段落的对齐方式、制表位和页边距等格式,然后单击菜单命令"格式"→"样式和格式",在文档窗口右边打开"样式和格式"任务窗格,再单击"新样式"按钮,打开如图 3-33 所示的"新建样式"对话框,输入新建样式名称等相关参数后单击"确定"按钮,一个新的样式就创建了。新样式名列入了"样式"列表框,可以将此样式应用到其他段落。

2. 模板

模板是 Word 中采用 .dot 为扩展名的特殊文档,它由多个特定的样式组合而成,能为用户提供一种预先设置好的最终文档外观框架,也允许用户加入自己的信息。将文档存

图 3-32 "样式"列表框

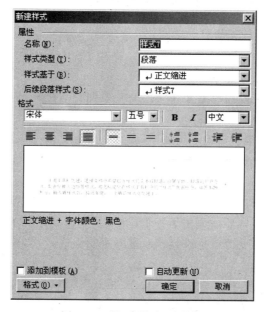

图 3-33 "新建样式"对话框

为模板文件,可以选择"文件"菜单中的"另存为"命令,在"另存为"对话框的保存类型下拉列表中选择"文档模板"。

3. 格式刷

工具栏中的格式刷是复制格式用的。在 Word 中,格式同文字一样是可以复制的,方法如下:选中这些文字,然后单击"格式刷"按钮,鼠标就变成了一个小刷子的形状,用这把刷子"刷"过的文字的格式就变得和选中的文字一样了。

也可以用格式刷直接复制整个段落的格式。把光标定位在段落中,然后单击"格式刷"按钮,鼠标变成了一个小刷子的样子;再选中另一段,该段的格式就和前一段的一模一样了。

如果有好几段的话,先设置好一个段落的格式,然后双击"格式刷"按钮,这样在复制格式时就可以连续给其他段落复制格式。单击"格式刷"按钮即可恢复正常的编辑状态。

3.3.5　页面排版

1. 页面设置

文档给人的第一印象是它的整体布局,这离不开页面的设置。页面设置包括文档的页大小、页走向、页边距、页眉、页脚等设置,甚至包括装订线、奇偶页等特殊设置。

在"文件"菜单中选择"页面设置"命令后,屏幕就显示一个专门用于页面设置的对话框,如图 3-34 所示。有关页面的设置均可以在这个对话框中完成。

（1）页边距的设置

页边距的设置实际上是版心的设置,它需要指明文本正文距离纸张的上、下、左、右边界的大小,即上边距、下边距、左边距和右边距。当文档需要装订时,最好设置装订线的位置。装订线就是为了便于文档的装订而专门留下的宽度。若不需要装订,可以不设置此项。还可以设置文字打印方向是纵向还是横向。

另外,简单的页边距设置可以通过标尺和鼠标来完成,这时必须转换到页面视图。水平标尺改变左、右页边距,垂直标尺改变上、下页边距。

（2）纸张的设置

纸张的设置包括纸张大小的设置和纸张来源的设置。在"页面设置"对话框中,激活"纸张"选项卡后,屏幕显示如图 3-35 所示。在"纸张大小"下拉列表中选择合适的纸张规格,并在"宽度"和"高度"数值框中分别设置精确的数值。

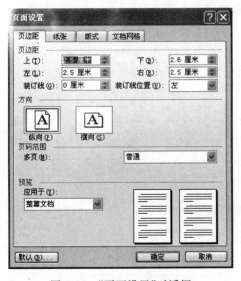

图 3-34　"页面设置"对话框

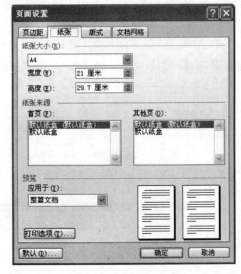

图 3-35　"纸张"选项卡

需要注意的是,在设置纸张大小的对话框中,有一个"应用于"选项,它表明当前设置的纸张大小的应用范围:整篇文档、所选取的文本,或者是插入点之后。这就使得一个文档可以由不同的纸张构成。

设置"纸张来源"的目的是为了告诉打印机以什么方式取打印纸。通常,将纸张来源设置成默认纸盒(自动选取)。

（3）版式的设置

版式是指整个文档的页面格局。它主要根据对页眉、页脚的不同要求,来形成不同的版式。通常,页眉是用文档的标题来制作的,页脚一般是当前页的页码。在"页面设置"对话框中,激活"版式"选项卡后,就可以设置版式,如图 3-36所示。在此可定义各页的页眉、页脚是否一样,奇偶页及首页的页眉、页脚是否一样,页眉、页脚距纸张边界的距离等。

（4）字符数/行数的设置

在"页面设置"对话框中,打开"文档网格"选项卡,可以设置每页的行数、每行的字数、文字排列方式、栏数及字体格式等属性。

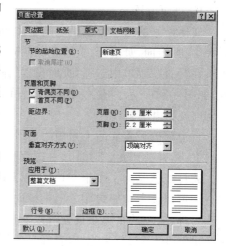

图 3-36　"版式"选项卡

2. 页眉和页脚

页眉或页脚通常包含公司徽标、书名、章节名、页码、日期等信息文字或图形,页眉打印在顶边上,页脚打印在底边上。在文档中可自始至终用同一个页眉或页脚,也可在文档的不同部分用不同的页眉和页脚。

在普通视图方式下,不显示页眉/页脚。查看或编辑页眉/页脚应在页面视图下。当选择了页眉/页脚命令后,Word 会自动转换到页面视图方式。

（1）建立和编辑页眉和页脚

单击"视图"菜单中的"页眉和页脚"命令,文档转换到页面视图方式,并显示页眉、页脚编辑区,同时显示"页眉/页脚"工具栏,如图 3-37 所示。

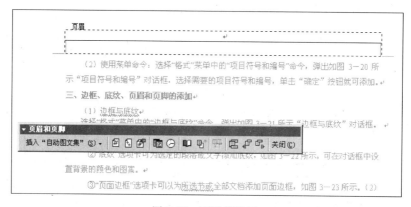

图 3-37　页眉编辑区

要创建一个页眉,可在页眉区输入文字或图形,也可单击"页眉和页脚"工具栏上的按钮插入页数、日期等。

要创建一个页脚,可单击"在页眉和页脚间切换"按钮,以便将插入点移到页脚区。

在正文区双击鼠标或单击"页眉和页脚"工具栏中的"关闭"按钮,就可以关闭"页眉和页脚"工具栏。

（2）不同页的页眉、页脚的设置

当文档的各页对页眉、页脚的要求不同时,可以在"页面设置"的"版式"选项卡中设置。

① 当版面设置为各页的页眉、页脚均相同时,只需要编排某一页的页眉、页脚,其余页的页眉、页脚随之而定。

② 当版面设置为首页不同,其余各页的页眉、页脚均相同时,先单独编排首页的页眉、页脚,再任意选择其余页中的某一页编排其页眉、页脚。

③ 当版面设置为奇、偶页的页眉、页脚不同时,先编排某一个奇数页的页眉、页脚,然后编排某一个偶数页的页眉、页脚。

④ 当版面设置为首页不同,且其余奇、偶页的页眉、页脚也不同时,先单独编排首页的页眉、页脚,然后编排某一个奇数页的页眉、页脚,最后编排某一个偶数页的页眉、页脚。

要删除页眉和页脚,可先打开页面的顶部和底部的页眉和页脚编辑区,选择内容后按 Del 键删除。

（3）页码的设置

页眉、页脚设置中重要的一项是页码的设置。页码可以按照域的形式插入到页眉、页脚的相应位置上,并随着页的增加自动增值。对于页码本身的格式,可以按照字体设置和段落设置的步骤修改和调整。而对于页码的编号方式,需要进入页码格式对话框进行设置。页码的编号方式包括页码编排和页码数字格式两个方面。

① 页码编排用来给定页码的起始编号。对一个不分节的文档而言,一般选择给定起始页码的方式,该起始页码可以是 0～32767 之间的任意数。而对于一个分了节的文档而言,最明智的选择是页码续前节编号。这样,不论前一节的页码编到多少号,本节的页码都会继续编号下去。

② 页码数字格式规定的是页码的书写形式,如阿拉伯数字 1,2,3,…,小写英文字母 a,b,c,…,大写罗马数字 Ⅰ,Ⅱ,Ⅲ,…,中文数字一、二、三等形式。

实现页码的插入和页码格式设定可用以下两种方法:

① 在"插入"菜单中选择"页码"选项,如图 3-38 所示。在对话框中选择页码的"位置"、"对齐方式",然后单击"格式"按钮,弹出如图 3-39 所示的"页码格式"对话框。在该对话框中选择合适的页码格式,然后单击"确定"按钮,返回"页码"对话框。再单击"确定"按钮,返回文档编辑区,系统就为当前节的各页在指定位置加上页码。

图 3-38　"页码"对话框

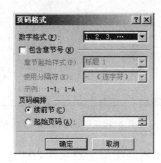

图 3-39　"页码格式"对话框

② 打开页眉/页脚编辑区,将光标定位到需要插入页码的位置上,然后用鼠标单击"页眉/页脚"工具栏上的"插入页码"按钮,即可插入页码;也可单击"页码格式"按钮设置页码的格式。

3. 文档背景

背景用于 Web 版式视图或 Web 浏览器,以便为 Web 页创建更加有趣的背景。水印用于打印的文档,可在正文文字的下面添加文字或图形。

(1) 背景

可以将过渡色、图案、图片、纯色或纹理作为背景。背景的形式多种多样,既可以是内容丰富的徽标,也可以是装饰性的纯色。将过渡色、图案、图片或纹理作为 Web 页的背景时,这些内容将与 Web 页自身的图形文件一起保存。过渡色、图案、图片和纹理将以平铺方式显示。

Word 只在 Web 版式视图中显示背景,这些背景不是为打印文档设计的。给文档添加背景的方法如下:

① 选择"格式"菜单中的"背景"命令,显示如图 3-40 所示下拉菜单。

② 单击所需的背景颜色,或单击"其他颜色"命令,查看其他可供使用的颜色;也可单击"填充效果"命令,选择特殊效果(如纹理)的背景,然后在弹出的对话框中选择所需选项。

(2) 水印

如果要在打印的文档中加水印背景,可以在"背景"菜单中选择"水印",弹出如图 3-41 所示的对话框。可以设置图片水印,也可设置文字水印,最后单击"确定"按钮。要查看水印在打印出的页面上的效果,使用页面视图或打印预览。

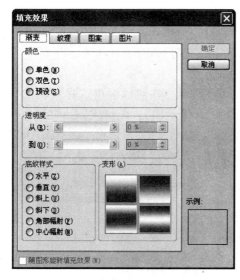

图 3-40 "填充效果"对话框

图 3-41 "水印"对话框

要删除添加上的水印,在"水印"对话框中单击选中"无水印"单选按钮。

例 3-2 将以下素材按要求排版。

样 式 概 念

　　所谓样式,就是系统或用户定义并保存的一系列排版格式,包括:字体、段落的对齐方式、制表位和边距等。

　　重复设置各个段落的格式不仅烦琐,而且很难保证几个段落的格式完全相同。使用样式不仅可轻松快捷地编排具有统一格式的段落,而且可以使文档格式严格保持一致。

　　样式实际上是一组排版格式指令,因此,在编写一篇文档时,可以先将文档中要用到的各种样式分别加以定义,然后使之应用于各个段落。Word 预定义了标准样式,如果用户有特殊要求,也可以根据自己的需要修改标准样式或重新定制样式。

　　① 将标题字体设置为"黑体",字形设置为"常规",字号设置为"四号",字符间距为"2 磅",选中"效果"为"阴影字"且居中显示。

　　② 正文第一段设置为四号宋体;左、右分别缩进 2 个字符;首行缩进 2 个字符;段后16 磅;定义此段设置的样式为"样式 1"。正文第三段设置成"样式 1"。

　　③ 在正文第二段段首添加项目符号"➢"。

　　④ 将正文第一段设置首字下沉,将其字体设置为"华文行楷",下沉行数为"2"。

　　⑤ 将正文第三段分栏,栏宽 15 字符;给第三段加淡紫色文字底纹。

　　⑥ 设置纸型为 A4、横向,左、右页边距为 3.17 厘米。

　　⑦ 插入页眉和页脚。页眉为"计算机基础练习",页脚包括第几页、共几页信息。页眉和页脚设置为小五号字、宋体、居中。

　　⑧ 添加红色阴影页面边框。

　　具体操作步骤如下:

　　① 选中标题"样式概念",然后单击"格式"菜单中的"字体"命令,打开"字体"对话框。将"中文字体"下拉框设置为"黑体","字形"选择框设置为"常规","字号"选择框设置为"四号",选中"效果"框中的"阴影"复选框,再选择"字符间距"选项卡,在间距后的磅值里输入"2 磅",最后单击"确定"按钮。在"格式"工具栏中单击"居中"按钮。

　　② 选中正文第一段文字,然后单击"格式"菜单中的"字体"命令,打开"字体"对话框。将"中文字体"下拉框设置为"宋体","字号"选择框设置为"四号",然后单击"确定"按钮。单击"格式"菜单中的"段落"命令,分别在"左、右缩进"和"首行缩进"输入框里输入"2 字符",在"段后"输入框里输入"16 磅",然后单击"确定"按钮。单击"格式"菜单中的"样式和格式"命令,在任务窗格中单击"新样式"按钮,在"名称"输入框里输入"样式 1",然后单击"确定"按钮。再次单击"确定"按钮,然后选中第三段,单击任务栏中样式下拉列表中的"样式 1"。

　　③ 选中正文第二段,然后单击"格式"菜单中的"项目符号和编号"命令,打开"项目符号和编号"对话框,将项目符号设置为"➢"。

　　④ 选中正文第一段,单击"格式"菜单中的"首字下沉"命令,打开"首字下沉"对话框。在"位置"框中选择"下沉",将字体设置为"华文行楷",下沉行数为"2",然后单击"确定"

按钮。

⑤ 选中正文第三段文字,然后单击"格式"菜单中的"分栏"命令,打开"分栏"对话框。在"预设"框中选择"两栏",在"栏宽"框中输入"15 字符",然后单击"确定"按钮。单击"格式"菜单中的"边框和底纹"命令,打开"边框和底纹"对话框,然后选择"底纹"选项卡。在"填充"选择框里选择"紫色",在"应用范围"下拉框里选择"文字",然后单击"确定"按钮。

⑥ 单击"文件"菜单中的"页面设置"命令,然后选择"纸张"选项卡。设置纸型为"A4",再选择"页边距"选项卡。左、右页边距分别输入"3.17 厘米",方向为"横向",然后单击"确定"按钮。

⑦ 单击"视图"菜单中的"页眉和页脚"命令,然后在"页眉"框里输入"计算机基础练习";再把光标移动到"页脚区",在"页眉和页脚"工具栏中的"插入自动图文集"下拉框单击"第 X 页共 Y 页"命令。分别选中"页眉"和"页脚"中的文字,在"格式"工具栏中选择"宋体","字号"为"小五"并单击"居中"按钮。

⑧ 单击"格式"菜单中的"边框和底纹"命令,然后选择"页面边框"选项卡。在颜色框下选"红色",再选择阴影边框,然后单击"确定"按钮。

3.4 表格的建立及编辑

表格是由许多行和列的单元格组成。在表格的单元格中可以随意添加文字或图形,也可以对表格中的数字数据进行排序和计算。

1. 表格的建立

创建表格的方法有以下 3 种:

(1) 使用工具栏按钮创建

将光标定位在需要插入表格的位置,然后单击常用工具栏中的"插入表格"按钮,出现如图 3-42 所示的示意图。在示意图中,向右下脚方向拖动鼠标,当出现所需插入表格的行数和列数时,释放鼠标。

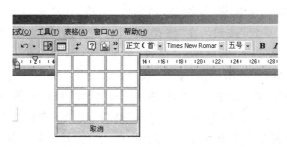

图 3-42　工具栏中的"插入表格"按钮

(2) 使用菜单命令创建

将光标定位在需要插入表格的位置,然后选择"表格"菜单的"插入"→"表格"命令,打开如图 3-43 所示的"插入表格"对话框,在此设置相应的参数,最后单击"确定"按钮。

(3) 用"表格和边框"工具栏绘制表格

在 Word 中不仅能插入表格,还可以手工绘制表格。绘制的表格中可以有直线或斜线。

绘制表格的方法如下：单击"常用"工具栏中的"表格和边框"按钮，或选择"表格"菜单的"绘制表格"命令，弹出如图 3-44 所示的"表格和边框"工具栏。单击"绘制表格"按钮，此时按住鼠标左键拖动鼠标绘制出表格外围边框及表格线。在"表格和边框"工具栏中还可以设置表格线型、粗细、颜色、框线等。

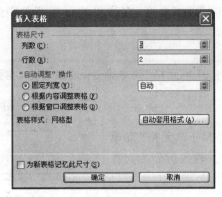

图 3-43　"插入表格"对话框

图 3-44　"表格和边框"工具栏

① 设置线型：通过选择"线型"，然后设置"线条粗细"和"边框颜色"来设置表格线型。

② 设置边框：单击"外侧框线"按钮旁边的下三角按钮，将弹出一组框线按钮，根据需要单击其中对应的按钮即可。

③ 设置单元格或表格的底纹：选中单元格，或整个表格，然后单击"底纹颜色"按钮旁边的下三角按钮，选择一种底纹颜色。

2. 在表格中输入文字

表格由单元格组成，表格中的每个框即为单元格。创建好表格后，每一个单元格中会出现一个段落标记，将插入点放在各个单元格中，然后输入文本即可。

3. 编辑表格

若用户对插入的表格不满意，可以进行编辑操作，例如插入单元格、合并单元格、拆分单元格等。

（1）选择单元格、行、列或表格

① 选中一个单元格：将鼠标放在单元格的左侧，等到鼠标图形变为指向右的箭头时，单击鼠标即可。

② 选中一行：有两种方法。一是将光标置于要选中行的任一单元格，然后单击菜单命令"表格"→"选择"→"行"。二是用鼠标指向要选中行的最左面，等到鼠标图形变为指向右的箭头时，单击鼠标即可选中这行。

③ 选中一列：有两种方法。一是将光标置于要选中列的任一单元格，然后单击菜单命令"表格"→"选择"→"列"。二是用鼠标指向要选中列的最上面，等到鼠标图形变为指向下的箭头时，单击鼠标即可选中这列。

④ 选中整个表格：有两种方法。一是将光标置于要选中表的任一单元格，然后单击

菜单命令"表格"→"选择"→"表格"。二是用鼠标指向要选中表的左上角,等到鼠标图形变为✥时,单击鼠标即可选中这个表。

（2）表格中的插入和删除操作

① 插入单元格、行、列：选择"表格"菜单的"插入"命令,在弹出的下级菜单中进行选择。

② 删除单元格、行、列：选择"表格"菜单的"删除"命令,在弹出的下级菜单中进行选择。

（3）单元格合并

选中要合并的单元格,然后单击"表格"→"合并单元格"菜单命令,或在右击,在弹出的快捷菜单中选择"合并单元格"。

（4）拆分单元格

选中要拆分的单元格,然后单击"表格"→"拆分单元格"菜单命令,打开"拆分单元格"对话框,如图 3-45 所示。输入拆分的列数和行数后,单击"确定"按钮。

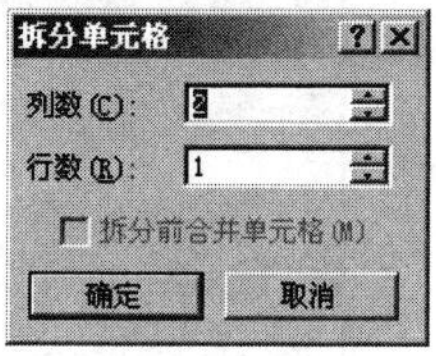

（5）自动套用格式

选择菜单"表格"→"表格自动套用格式"命令,在打开的如图 3-46 所示的对话框中选择表格自动套用的格式。

图 3-45 "拆分单元格"对话框

（6）文字对齐

要设置表格中内容的对齐方式,可先选择要对齐内容的单元格,然后右击,在弹出的快捷菜单中选择"单元格对齐方式",在下一级菜单中选择一种对齐方式。

（7）格式化表格

选中表格,然后单击菜单中的"表格"→"表格属性"命令,打开"表格属性"对话框,如图 3-47 所示。

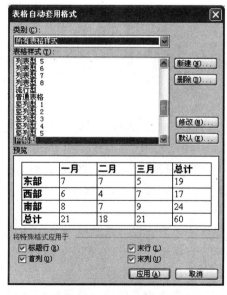

图 3-46 "表格自动套用格式"对话框

图 3-47 "表格属性"对话框

① 在"表格"选项卡中可进行表格"对齐方式"、"文字环绕"的设置。单击"边框和底纹"按钮,可以对选择的表格设置边框和底纹。

② 在"行"选项卡中可设置表格行高。

③ 在"列"选项卡中可设置表格列宽。

④ 在"单元格"选项卡中可设置单元格内容的垂直对齐格式等。

4. 转换表格和文本

(1) 表格转化成文本

将表格转化成文本,可以指定逗号、制表符、段落标记或其他字符作为转换时分隔文本的字符,具体操作如下:

① 选中要转换成文本的行或整个表格。

② 单击"表格"菜单"转换"子菜单中的"将表格转换成文字"命令,将弹出"表格转换成文本"对话框,如图 3-48 所示。

③ 单击"文本分隔符"区中所需分隔符前的单选按钮。

④ 单击"确定"按钮。

(2) 文本转换成表格

Word 用段落标记分隔各行,用所选的文字分隔符分隔各单元格内容。在 Word 中,可以将已具有某种排列规则的文本转换成表格,转换时必须指定文本中的逗号、制表符、段落标记或其他字符作为单元格文字分隔位置,有两种转化方法。

① 用"表格"→"转换"菜单命令转换

先将需要转换为表格的文本通过插入分隔符来指明在何处将文本分行、分列,如下例所示,插入段落标记表示分行,插入逗号表示分列。

姓名,计算机,语文,数学

刘强,87,98,86

张洪,87,68,59

然后,用鼠标选中要转换的文本;最后,选择"表格"→"转换"→"文字转换为表格"命令,弹出如图 3-49 所示的对话框。设置参数后,单击"确定"按钮。

图 3-48　"表格转换成文本"对话框

图 3-49　"将文字转换成表格"对话框

② 直接用工具按钮转换

用鼠标选中要转换的文本,然后单击常用工具栏中的"插入表格"按钮,可将选中文字转换成表格。

5. 表格中数据的排序与计算

（1）表格中数据的排序

表格中的数据可以按需要进行排序，方法如下：

① 将插入点放到要排序的表格中。

② 单击"表格"菜单中的"排序"命令，打开"排序"对话框，如图 3-50 所示。

③ 在"主要关键字"下拉列表选择要排序的列名。

④ 在"类型"下拉列表中选择按笔画、数字、日期或拼音排序。

⑤ 单击选中"升序"或"降序"单选按钮，最后单击"确定"按钮。

如果需要按多个关键字排序，还可以设置次要关键字和第三关键字排序参数。

（2）表格中的计算

在 Word 中，对表格中的数据可以进行求和、求平均值等数据统计，具体操作如下：

① 将插入点放在要放置计算结果的单元格。

② 单击"表格"菜单中的"公式"命令，弹出对话框，如图 3-51 所示。

图 3-50　"排序"对话框

图 3-51　"公式"对话框

如果 Word 提议的公式非用户所需，可以将其从"公式"框中删除。在"粘贴函数"框中，单击所需的公式。然后在公式的括号中输入单元格引用，就可对所引用单元格的内容进行函数计算。

可以用像 A1、A2、B1、B2 这样的形式引用表格中的单元格。其中的字母代表列，数字代表行。

若引用单独的单元格，在公式中引用单元格时，用逗号分隔单个单元格；若引用连续的单元格，选中区域的首尾单元格之间要用冒号分隔。

例如，如果要计算单元格 A1 和 B4 中数值的和，应建立公式："＝SUM(A1,B4)"。要计算第一列中前三行 A1:A3 的和，应建立公式："＝SUM(A1:A3)"。

③ 在"数字格式"框中输入数字的格式。例如，要以带小数点的百分比显示数据，请单击"0.00％"。

④ 单击"确定"按钮，就在当前单元格中显示出计算结果，这实际上是在此单元格中插入了一个计算公式，要显示此单元格中的公式，可以先单击计算结果，然后右击，在弹出

的快捷菜单中选择"切换域代码"命令。有些情况下，也可以把此公式复制到其他单元格中，然后右击，在弹出的快捷菜单中选择"更新域"命令，以自动调整公式中单元格的地址，在新单元格中显示出对应的计算结果。

例 3-3　将以下素材按要求排版。

姓名	数学	计算机
刘军	76	67
王海	86	67

①　在表格最下面插入一行，合并单元格，填入文字"平均总分"；在最右面插入一列，填入文字"总分"。

②　用公式计算每个人的总分和所有人的平均总分，填入对应单元格中；在表格最上面插入一行，填入文字"成绩单"，设置此行合并居中。

③　将表格外框线改为 1.5 磅双实线，将内框线改为 0.75 磅单实线。

④　利用鼠标绘制一个新的 3 行 3 列的表格，合并第 1、2 行的第 1 列的单元格，并在合并后的单元格中添加一条蓝色 0.5 磅单实线对角线。然后，如样张所示对表格边框进行设置（如样张格式）。

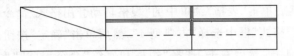

具体操作步骤如下：

①　选中表格最后一行，然后单击"表格"菜单中的"插入"框里的"行（在下方）"命令；再选中刚刚插入的一行，单击"表格"菜单中的"合并单元格"命令，然后输入文字"平均总分"。选中表格最右一列，然后单击"表格"菜单中的"插入"框里的"列（在右侧）"命令，在第一行输入文字"总分"。

②　单击"刘军"总分单元格，然后单击"表格"菜单中的"公式"命令。在"公式"对话框的"公式"框中输入"SUM(LEFT)"，然后单击"确定"按钮。用同样的方法计算其他人的总分。单击右下角单元格，然后单击"表格"菜单中的"公式"命令，在"公式"对话框的"公式"框中输入"AVERAGE(d2:d3)"，再单击"确定"按钮。选中表格第一行，然后单击"表格"菜单中的"插入"框里的"行（在上方）"命令，再选中刚刚插入的一行，单击"表格"菜单中的"合并单元格"命令，然后输入文字"成绩单"，最后单击"格式"工具栏中的"居中"按钮。

③　选中表格，然后右击，选择"边框和底纹"命令。选择"边框"选项卡，将表格外框线改为 1.5 磅双实线，内框线改为 0.75 磅单实线，然后单击"确定"按钮。

④　打开"表格和边框"工具栏，然后单击"绘制表格"按钮，用鼠标绘制 3 行 3 列的表格。选中第 1、2 行第 1 列的单元格，然后单击"合并单元格"按钮。再单击"绘制表格"按钮，分别在"表格和边框"工具栏中选中"单实线"、"0.5 磅"、"蓝色"，再用鼠标绘制一条对

角线。选中第 1、2 行第 2、3 列的单元格,然后右击,选择"边框和底纹"命令。选择"边框"选项卡,在"设置"里选择"自定义",然后分别选择实线和虚线设置对应的表格线,最后单击"确定"按钮。

例 3-4 将以下素材按要求排版。

商品代号	商品名称	商品类别	出产地	价格
999	计算机	家电类	中国	7600
020	电视机	家电类	中国	9300
997	剃须刀	生活用品类	荷兰	188

① 把该段文字转换成 4 行 5 列的表格。

② 为转化成的表格添加自动套用格式"古典型 4"。

③ 为第 4 行表格添加红色底纹。

④ 对该表格中的商品按"价格"降序排列。

具体操作步骤如下:

① 选中素材文字,然后单击"表格"→"转换"→"文字转换成表格",打开"文字转换成表格"对话框。在"列数"框中输入 5,然后单击"确定"按钮。

② 选中表格,然后单击"表格"菜单中的"表格自动套用格式"命令,打开"表格自动套用格式"对话框。在"格式"框中选择"古典型 4",然后单击"确定"按钮。

③ 选中表格第 4 行,然后右击,选择"边框和底纹"命令,打开"底纹"选项卡,在"填充"框中选择红色,然后单击"确定"按钮。

④ 选中该表格,然后单击"表格"菜单中的"排序"命令,打开"排序"对话框。在列表栏下单击选中"有标题行"单选按钮,在主要关键字栏下选择"价格",在"类型"下拉列表中选择"数字",然后单击选中"降序"单选按钮。最后,单击"确定"按钮。

3.5 自选图形、文本框、图片等对象的插入

利用 Word 提供的图文混排功能,用户可以在文档中插入图片,使文档更加赏心悦目。在 Word 中,图片可以是剪贴画、图形文件、自选图形、艺术字或文本框。

3.5.1 剪贴画

Office 提供了一个剪贴库,其中包含多个剪贴画、声音和影片等内容,统称为剪辑。可以使用"剪辑管理器"添加、分类或浏览这些媒体剪辑。

1. 插入剪贴画

选择"插入"→"图片"→"剪贴画"命令,将打开"剪贴画"任务窗格。在"搜索范围"下拉列表中选择收藏集,在"结果类型"下拉列表中选择剪贴画,在"搜索文字"框中输入与查找的剪贴画相关的关键字,然后单击"搜索"按钮,就会在搜索结果列表中列出与关键字对

应的所有剪贴画,如图 3-52 所示。单击所需的剪贴画,即将所选剪贴画插入到文档中。

2. 编辑剪贴画

选中要编辑的剪贴画,然后选择"图片"工具栏上合适的选项,可对剪贴画进行编辑。"图片"工具栏如图 3-53 所示。

① 图像控制:控制图像的色彩,有 4 个选项:自动、灰度、黑白和水印。

② 裁剪:用于裁剪图片。

③ 线型:设置图片边框的线型。

④ 文字环绕:设置图片与文字的相对位置。

⑤ 重设图片:从所选图片中删除裁剪,并返回初始设置的颜色、亮度和对比度,即撤销对图片的编辑,恢复图片原状。

⑥ 对图片进行移动操作:单击图片,当指针为"✤"时,拖动鼠标到新位置,放开鼠标即可。

⑦ 调整图片的大小:单击图片后,图片周围出现 8 个小方块。小方块称为图片的控制点。将鼠标指针移到任意一个控制点上,指针形状变为双箭头,拖动鼠标可以改变图片的大小。

图 3-52　"剪贴画"任务窗格

图 3-53　"图片"工具栏

3.5.2　插入艺术字

在 Word 中可以插入装饰性的文字,如创建带阴影的、扭曲的、旋转的和拉伸的文字,也可以按预定义的形状创建文字,这就是艺术字。插入艺术字的步骤如下:

① 将插入点定位于想插入艺术字的位置。

② 选择"插入"菜单中的"图片"子菜单,然后单击"艺术字"命令,弹出"'艺术字'库"对话框,如图 3-54 所示。

③ 用鼠标单击其中一种样式,再单击"确定"按钮,弹出"编辑'艺术字'文字"对话框,如图 3-55 所示。

④ 在"文字"框中输入内容,然后单击"确定"按钮。

3.5.3　编辑自选图形

1. 绘制自选图形

使用"绘图"工具栏中提供的绘图工具,可以绘制正方形、矩形、多边形、直线、曲线、圆、椭圆等各种图形对象。如果"绘图"工具栏不在窗口中,可在菜单"视图"→"工具栏"中选择"绘图"来设置。"绘图"工具栏如图 3-56 所示。

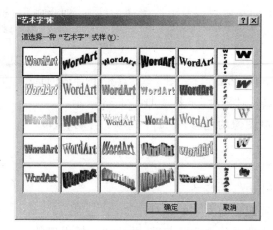

图 3-54 "'艺术字'库"对话框

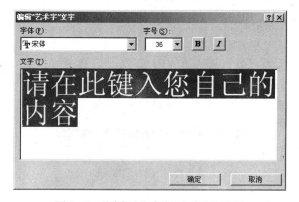

图 3-55 "编辑'艺术字'文字"对话框

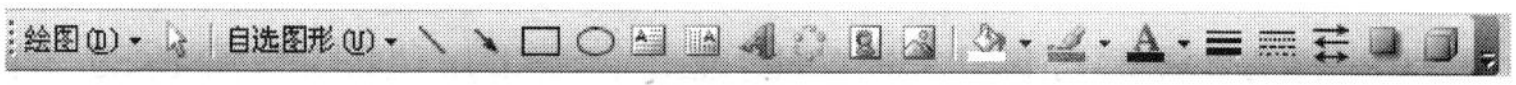

图 3-56 "绘图"工具栏

（1）绘制自选图形

在"绘图"工具栏上，用鼠标单击"自选图形"按钮，打开菜单，如图 3-57 所示。从各种样式中选择一种，然后在子菜单中单击一种图形，这时鼠标指针变成"＋"形状。在需要添加图形的位置，按下鼠标左键并拖动，就插入了一个自选图形。

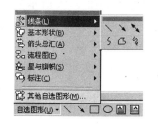

（2）在图形中添加文字

用鼠标选中图形，然后右击，在弹出的快捷菜单中选择"添加文字"。这是自选图形的一大特点，还可修饰所添加的文字。

图 3-57 "自选图形"菜单

2. 图形元素的基本操作

（1）设置图形内部填充色和边框线颜色

选中图形，然后右击，在弹出的快捷菜单中选择"设置自选图形格式"，打开如

图 3-58 所示对话框。可在此设置自选图形的颜色和线条、大小和版式等。

（2）设置阴影和三维效果：在"绘图"工具栏中选择"阴影"或"三维效果"按钮。

（3）旋转和翻转图形：单击"绘图"按钮，在弹出的菜单中选择"旋转或翻转"下的菜单命令。

（4）叠放图形对象：插入文档中的图形对象可以叠放在一起，上面的图形会挡住下面的，还可以设置图形对象的叠放次序。方法是先选择图形对象，然后右击，弹出快捷菜单，再选择叠放次序，如图 3-59 所示。

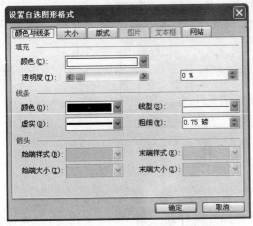

图 3-58　"设置自选图形格式"对话框

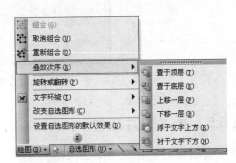

图 3-59　叠放次序菜单命令

3.5.4　文本框

文本框可以看作是特殊的图形对象，主要用来在文档中建立特殊文本，使用文本框来制作特殊的标题样式，如建立文中标题、栏间标题、边标题、局部竖排文本效果。

（1）插入文本框

选择"插入"→"文本框"菜单命令，然后在子菜单中选择"横排"或"竖排"选项，此时鼠标指针变成"＋"。在需要添加文本框的位置按下鼠标左键并拖动，就插入了一个空文本框。

（2）文本框的文本编辑

对文本框中的内容同样可以进行插入、删除、修改、剪切、复制等操作，处理方法同文本内容一样。

（3）文本框大小的调整

选中文本框，然后将鼠标移动到文本框边框的控制点，当鼠标图形变成双向箭头时，按下鼠标左键并拖动，可调整文本框的大小。

（4）文本框位置的移动

当鼠标移动到文本框边框变成✛形状时，按下鼠标拖动到目的地松开鼠标，就完成了文本框的移动。

（5）设置文本框的属性

当鼠标移动到文本框上变成✛形状时，右击，在弹出的快捷菜单中选择"设置文本框格式"命令,将弹出如图 3-60 所示对话框。通过该对话框,可以设置文本框的大小、颜色以及线条宽度等属性。

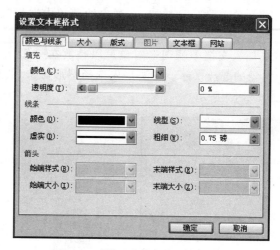

图 3-60 "设置文本框格式"对话框

3.5.5 插入图片文件

有时候需要在文档中插入图片文件。要将图片文件插入到 Word 文档中,具体操作方法如下:

① 单击"插入"菜单,在下拉菜单中选择"图片"命令,在级联菜单中选择"来自文件"。

② 在弹出的如图 3-61 所示的"插入图片"对话框中,选择要插入的图片文件,然后单击"插入"按钮,该图片将插入到文档中。

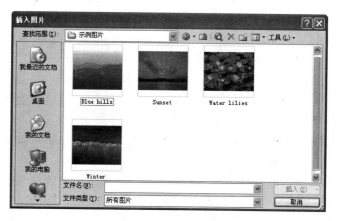

图 3-61 "插入图片"对话框

3.5.6 图文混排技术

1. 组合图形、图像对象

要把绘制的多个图形、图像对象组合在一起,以便把它们作为一个整体对象来移动和更改,可以进行图形、图像的组合。

① 组合图形、图像对象:在绘图工具栏中单击选择"对象"按钮,然后按住鼠标左键拖动,将要组合的图形、图像全部框住。对选中的对象右击,在弹出的快捷菜单中选择"组合"→"组合"菜单命令。

② 取消组合:选中组合后的图形、图像对象,然后右击,在弹出的快捷菜单中选择"组合"→"取消组合"菜单命令。

2. 设置图片的环绕方式

文字和图像是两类不同的对象,当文档中插入图形、图像对象后,可以通过设置图片的环绕方式进行图文混排,步骤如下:

① 将鼠标指向插入的图形、图像对象,然后右击,在弹出的快捷菜单中选择"设置图片格式"命令,将弹出"设置图片格式"对话框。选择"版式"选项卡,如图 3-62 所示。

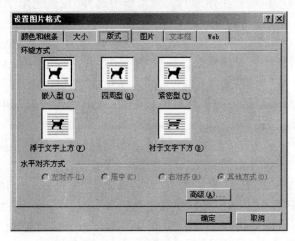

图 3-62　"设置图片格式"对话框中的"版式"选项卡

② 在"环绕方式"框中有 5 种环绕方式:嵌入型、四周型、紧密型、浮于文字上方、衬于文字下方,从中任选一种绕图方式。还可以单击"高级"按钮,选择更多的环绕方式。

③ 单击"确定"按钮。

例 3-5　将以下素材按要求排版。

排队论(Queuing Theory)是为解决上述问题而发展起来的一门学科。排队论起源于 20 世纪初,当时的美国贝尔(Bell)电话公司发明了自动电话后,满足了日益增长的电话通信的需要。但另一方面,也带来了新的问题,即如何合理配置电话线路的数量,以尽可能减少用户的呼叫次数。如今,通信系统仍然是排队论应用的主要领域。同时在运输、港口泊位设计、机器维修、库存控制等领域,排队论也获得了广泛的应用。

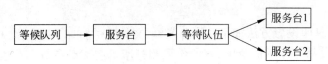

① 在正文中间插入一幅剪贴画,将环绕方式设置为"紧密型"、"右对齐"。

② 插入艺术字"排队论"作为文本标题。设定高度为 1cm,宽度为 2cm。

③ 插入如素材里所示的自选图形,并把它们组合起来。

④ 在自选组合图形下面插入横排的文本框,输入"服务台设施结构的模式",设定高度为 1cm,锁定纵横比,设定边框线为红色,水平居中。

具体操作步骤如下:

① 单击"插入"菜单,然后选择"图片"里的"剪贴画"命令,插入一幅剪贴画,并调整图片至适当位置。双击插入的剪贴画,打开"设置图片格式"对话框。选中"版式"选项卡,将环绕方式设置为"紧密型",对齐方式选择"右对齐",然后单击"确定"按钮。

② 单击"插入"菜单,然后选择"图片"中的"艺术字"命令。在艺术字库中选择一种式样后,单击"确定"按钮。在"编辑'艺术字'文字"对话框中输入"排队论",然后单击"确定"按钮。选择艺术字,右击,然后在弹出的快捷菜单中选择"设置艺术字格式",在"大小"选项卡中设置高度为 1cm,宽度为 2cm。

③ 打开"绘图"工具栏,然后单击"自选图形"菜单,选中"自选图形"中的"矩形"图形和"箭头"图形。按素材的形式排列好。选中"矩形"并右击,选择"添加文字"命令,然后按素材逐个添加文字。在"绘图"工具栏中单击"选择对象"按钮,然后按住鼠标左键拖动,将所有图形全部框住,然后对选中的图形对象右击,在弹出的快捷菜单中选择"组合"→"组合"菜单命令。

④ 单击"插入"→"文本框"→"横排"菜单命令,然后在文本框中输入"服务台设施结构的模式"。然后右击,在弹出的快捷菜单中选择"设置文本框格式"。在"设置文本框格式"对话框中选择"大小"选项卡,取消选中"锁定纵横比"复选框,然后在"高度"框中输入"1cm",在"宽度"框中输入"2cm"。选择"颜色与线条"选项卡,然后在"线条颜色"下拉列表框中选择红色,打开"版式"选项卡,选择"居中"后,单击"确定"按钮。

3.6 Word 文档的打印

1. 打印预览

在文档打印之前,可以先预览一下,以便对不满意的地方随时修改。打印预览的操作方法有两种:

① 单击"文件"菜单的"打印预览"命令。

② 单击工具栏的"打印预览"命令。

执行以上两个操作,都可以打开预览窗口,如图 3-63 所示。在打印预览窗口中,用户可以设置一次预览几页内容,以及显示比例等。

2. 打印的基本参数设置和打印输出

一篇文档编辑后,除了将其保存在磁盘上,还可以将其打印输出。在打印之前要进行相关设置。

在 Word 中,打印设置方法如下:单击菜单"文件"→"打印"命令后,弹出如图 3-64 所示对话框。在此设置打印页面范围、打印份数和打印机名称等参数。单击"确定"按钮后,打印机就开始打印文档。

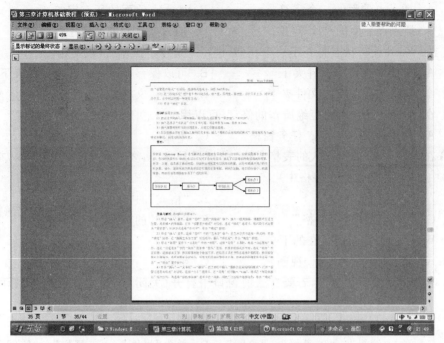

图 3-63　打印预览窗口

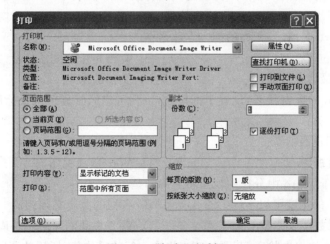

图 3-64　"打印"对话框

习　　题

一、选择题（只有一个正确答案）

1. Word 文档默认的扩展名为（　　）。

　A..txt　　　　　　B..dot　　　　　　C..doc　　　　　　D..rtf

2. 在 Word 中，按 Del 键，将删除（　　）。

A. 插入点前面的一个字符　　　　　　B. 插入点前面的所有字符

C. 插入点后面的一个字符　　　　　　D. 插入点后面的所有字符

3. 在 Word 编辑状态打开了一个文档,进行"另存为"操作后,该文档(　　　)。

A. 只能保存在原文件夹下　　　　　　B. 可以保存在已有的其他文件夹下

C. 不能保存在新建文件夹下　　　　　D. 保存后文档被关闭

4. 在 Word 文档中,要拒绝所作的修订,可以用(　　　)工具栏中的命令完成。

A. 常用　　　　　　B. 任务窗格　　　　　　C. 审阅　　　　　　D. 格式

5. 在 Word 中,如果插入的表格其内、外框线是虚线,要想将框线变成实线,在菜单(　　　)中实现(假使光标在表格中)。

A. "表格"的"虚线"　　　　　　　　　B. "格式"的"边框和底纹"

C. "表格"的"选中表格"　　　　　　　D. "格式"的"制表位"

6. Word 的查找功能所在的下拉菜单是(　　　)。

A. 插入　　　　　　B. 视图　　　　　　C. 编辑　　　　　　D. 文件

7. 在 Word 编辑状态下,若要在当前窗口中打开(关闭)绘图工具栏,可选择的操作是(　　　)命令。

A. 单击"工具"→"绘图"　　　　　　　B. 单击"视图"→"绘图"

C. 单击"编辑"→"工具栏"→"绘图"　　D. 单击"视图"→"工具栏"→"绘图"

8. 在 Word 编辑状态下,如果要设定文档背景,应该选择(　　　)。

A. "文件"菜单　　　B. "工具"菜单　　　C. "格式"菜单　　　D. "窗口"菜单

9. 打开 Word 文档后,文档的插入点总是在(　　　)。

A. 任意位置　　　　　　　　　　　　B. 文档的开始位置

C. 上次最后存盘时的位置　　　　　　D. 文档的末尾

10. 在 Word 的编辑状态,设置了标尺后,下列可以同时显示水平标尺和垂直标尺的视图方式是(　　　)。

A. 大纲视图　　　　　　　　　　　　B. 页面视图

C. 普通视图　　　　　　　　　　　　D. Web 版式视图

11. 下列关于 Word 中分栏的说法不正确的是(　　　)。

A. 各栏的宽度可以不同　　　　　　　B. 各栏的宽度必须相同

C. 分栏数可以调整　　　　　　　　　D. 各栏之间的间距不是固定的

12. 在 Word 的编辑状态,若要计算表格中一行的平均值,所用的函数应是(　　　)。

A. AVERAGE()　　　　　　　　　　　B. SUM()

C. AND()　　　　　　　　　　　　　D. INT()

13. 插入剪贴画后,如要改变图片大小而又保持长、宽比例不变,可以用鼠标拖动图片的(　　　)。

A. 中间　　　　　　B. 边缘　　　　　　C. 顶角　　　　　　D. 任意位置

14. 在 Word 文档中插入和编辑复杂的数学公式文本,执行(　　　)命令。

A. "插入"菜单中的"对象"　　　　　　B. "插入"菜单中的"数字"

C. "表格"菜单中的"公式"　　　　　　D. "格式"菜单中的"样式"

15. 在 Word 中,选中文档内容之后,单击工具栏上的"复制"按钮,是将选中的内容复制到(　　)。

　　A. 指定位置　　　B. 另一个文档中　　C. 剪贴板　　　　D. 磁盘

16. 关于 Word 保存文档的说法,错误的是(　　)。

　　A. Word 只能以".doc"的类型来保存

　　B. Word 可以将一篇文档保存在不同的位置

　　C. Word 可以将一篇文档以不同的名称保存

　　D. 若某一文档是第一次保存,Word 会打开"另存为"对话框

17. 在 Word 中要给修订内容加上标记,可以单击(　　)。

　　A. "工具"下的"修订"菜单命令　　　　　B. "视图"下的"标记"菜单命令

　　C. "插入"下的"标记"菜单命令　　　　　D. "工具"下的"选项"菜单命令

18. 设置首字下沉格式可以使段落的第一个字符下沉,首字最多可以下沉(　　)行。

　　A. 1　　　　　　　B. 8　　　　　　　　C. 16　　　　　　　D. 10

19. 在 Word 中,按(　　)组合键可以选取光标当前位置到文档末的全部文本。

　　A. Shift+Ctrl+End　　　　　　　　　B. Shift+Ctrl+Home

　　C. Ctrl+Alt+End　　　　　　　　　　D. Alt+Ctrl+Home

20. 在 Word 中,如果要选中较长的文档内容,可先将光标定位于其起始位置,再按住(　　)键,用鼠标单击其结束位置即可。

　　A. Ctrl　　　　　　B. Shift　　　　　　C. Alt　　　　　　　D. End

21. 在 Word 中,如果要在文档中选中的位置添加一些专有的符号,可使用(　　)菜单中的"符号…"命令。

　　A. 编辑　　　　　　B. 文件　　　　　　C. 插入　　　　　　D. 格式

22. 在 Word 表格中,如果将两个单元格合并,原有两个单元格的内容(　　)。

　　A. 不合并　　　　　B. 完全合并　　　　C. 部分合并　　　　D. 有条件地合并

23. 在 Word 的编辑状态,当前正编辑一个新建文档"文档 1",当执行"文件"菜单中的"保存"命令后,(　　)。

　　A. 该"文档 1"被存盘　　　　　　　　B. 弹出"另存为"对话框,供进一步操作

　　C. 自动以"文档 1"为名存盘　　　　　D. 不能以"文档 1"为名存盘

24. 要对 Word 文档进行字数统计,所选择的菜单可以是(　　)。

　　A. 编辑　　　　　　B. 插入　　　　　　C. 格式　　　　　　D. 工具

25. 若想实现图片位置的微调,可以使用(　　)的方法。

　　A. Shift 键和方向键　　　　　　　　　B. Del 键和方向键

　　C. Ctrl 键和方向键　　　　　　　　　D. Alt 键和方向键

26. 设置页眉和页脚,先选择(　　)菜单。

　　A. 编辑　　　　　　B. 视图　　　　　　C. 插入　　　　　　D. 格式

27. 下面关于 Word 中表格处理的说法,错误的是(　　)。

　　A. 可以通过标尺调整表格的行高和列宽

126

B. 可以将表格中的一个单元格拆分成几个单元格

C. Word 提供了绘制斜线表头的功能

D. 不能用鼠标调整表格的行高和列宽

28. 采用(   )做法,不能增加标题与正文之间的段间距。

    A. 增加标题的段前间距   B. 增加第一段的段前间距

    C. 增加标题的段后间距   D. 增加标题和第一段的段后间距

29. 在下列操作中,执行(   )不能选取全部文档。

    A. 执行"编辑"菜单中的"全选"命令或按 Ctrl+A 组合键

    B. 将光标移到左页边距,当光标变为左倾空心箭头时,按住 Ctrl 键,单击文档

    C. 将光标移到左页边距,当光标变为左倾空心箭头时,连续三击文档

    D. 将光标移到左页边距,当光标变为左倾空心箭头时,双击文档

30. 要对所选文字改变文字方向,应该在(   )菜单设置。

    A. 编辑   B. 视图   C. 插入   D. 格式

31. 在 Word 中,与打印机输出完全一致的显示视图称为(   )视图。

    A. 普通   B. 大纲   C. 页面   D. 主控文档

32. 下面选项中不可以打开任务窗格的是(   )。

    A. 单击"文件"菜单下的"新建"菜单命令

    B. 单击"插入"菜单下的"任务窗格"

    C. 在"视图"菜单下"工具栏"的级联菜单中设置

    D. 单击"视图"菜单下的"任务窗格"

33. 在 Word 中执行打印任务后,下列描述正确的是(   )。

    A. 打印时,可以切换到其他窗口

    B. 打印时,不能切换到其他窗口

    C. 打印结束之前,不能关闭打印窗口

    D. 当前打印未结束,不能再执行打印任务

34. 在 Word 的编辑状态,打开了 S1.doc 文档,把当前文档以 S2.doc 为名进行"另存为"操作,则(   )。

    A. 当前文档是 S1.doc   B. 当前文档是 S2.doc

    C. 当前文档是 S1.doc 与 S2.doc   D. S1.doc 与 S2.doc 全被关闭

35. 在 Word 的编辑状态,建立了 5 行 5 列的表格,除第 5 行与第 5 列相交的单元格以外的各单元格内均有数字,当插入点移到该单元格内后执行"公式"操作,则(   )。

    A. 可以计算出列或行中数字的和   B. 仅能计算出第 5 列中数字的和

    C. 仅能计算出第 5 行中数字的和   D. 不能计算数字的和

36. 要将 Word 文档中选中的文字移动到指定的位置上去,对它执行的第一步操作是(   )。

    A. 单击"编辑"菜单下的"复制"命令

    B. 单击"编辑"菜单下的"清除"命令

    C. 单击"编辑"菜单下的"剪切"命令

    D. 单击"编辑"菜单下的"粘贴"命令

37. 分栏可以在(　　)菜单下操作。

    A. 编辑　　　　　B. 视图　　　　　C. 插入　　　　　D. 格式

38. 在 Word 中,复制文本的快捷键是(　　)。

    A. Ctrl+C　　　　B. Ctrl+I　　　　C. Ctrl+A　　　　D. Ctrl+V

39. 在 Word 中,选中表格中的一列时,"常用"工具栏上的"插入表格"按钮提示将会改变为(　　)。

    A. 插入行　　　　B. 插入列　　　　C. 删除行　　　　D. 删除列

40. 在 Word 中,制表位的类型有(　　)。

    A. 左、右、居中、小数点对齐　　　　　B. 左、右、居中、竖线对齐

    C. 左、右、居中、竖线和小数对齐　　　D. 左、右、居中对齐

二、 操作题

1. 对下文按照要求完成下列操作。

款待发展面临路径选择

    近来,款待投资热日渐升温,有一种说法认为,目前中国款待热潮已经到来,如果发展符合规律,"中国有可能做到款待革命第一"。但是很多专家认为,款待接入存在瓶颈,内容提供少得可怜,仍然制约着款待的推进和发展,其真正的赢利方式以及不同运营商之间的利益分配比例,都有待于进一步的探讨和实践。

    中国出现宽带接入热潮,很大一个原因是由于以太网不像中国电信骨干网或者有线电视网那样受到控制,其接入谁都可以做,而国家目前却没有相应的法律法规来管理。房地产业的蓬勃发展、智能化小区的兴起以及互联网用户的激增,都为款待市场提供了一个难得的历史机遇。

    尽管前景良好,目前中国的款待建设却出现了一个有趣的现象,即大家都看好这是个有利可图的市场,但是,利在哪里? 应该怎样获利? 运营者还都没有明确的认识。由于款待收费与使用者的支付能力相差甚远,同时款待上没有更多可以选择的内容,款待使用率几乎为"零",设备商、运营商和提供商都难以获益。

---

    ① 将文中所有错词"款待"替换为"宽带";将标题段文字("宽带发展面临路径选择")设置为三号黑体、红色、加粗、居中并添加文字蓝色底纹,段后间距设置为16磅。

    ② 将正文各段文字("近来,……设备商、运营商和提供商都难以获益。")设置为五号仿宋_GB2312,各段落左、右各缩进 1cm,首行缩进 0.8cm,行距为 2 倍行距,段前间距为9磅。

    ③ 将正文第二段("中国出现宽带接入热潮,……一个难得的历史机遇。")分为等宽的两栏,栏宽为 7cm。

    ④ 第一段首字下沉,下沉行数为 2,距正文 0.2cm。将正文第三段("尽管前景良好,……都难以获益")分为等宽的两栏,栏宽为 7cm。

2. 建立如下表格,按照要求完成下列操作。

	英语	语文	数学
李甲	67	78	76
张乙	89	74	90
赵丙	98	97	96
孙丁	76	56	60

① 将表格中字体设置为宋体、5号,设置单元格中的文字水平居中,表格对齐方式为水平居中。

② 在表格的最后增加一列,列标题为"平均成绩",计算各考生的平均成绩并插入相应的单元格;再将表格中的内容按"数学"成绩的递减次序进行排序。

3. 如下已知文本,按照要求完成下列操作。

星期一　星期二　星期三　星期四　星期五
数学　　英语　　数学　　语文　　英语
英语　　数学　　英语　　数学　　语文
手工　　体育　　地理　　历史　　体育
语文　　常识　　语文　　英语　　数学

① 将文档所提供的5行文字转换成一个5行5列的表格,再设置表格中的文字对齐方式为底端对齐、水平对齐方式为右对齐。

② 在表格的最后增加一行,并合并单元格,其行标题为"午休";再将"午休"一行设置成红色底纹填充。

③ 将表格内边框设置成0.75磅单实线,外框设置为1.5磅双实线。

4. 将以下素材按要求排版。

　　《名利场》是英国19世纪小说家萨克雷的成名作品,也是他生平著作里最经得起时间考验的杰作。故事取材于很热闹的英国19世纪中上层社会。当时国家强盛,工商业发达,由压榨殖民地或剥削劳工而发财的富商大贾正主宰着这个社会,英法两国争权的战争也在这时响起了炮声。中上层社会各式各等人物,都忙着争权夺位,争名求利,所谓"天下熙熙,皆为利来;天下攘攘,皆为利往",名位、权势、利禄,原是相连相通的。

① 将正文设置为四号宋体;左缩进2个字符,首行缩进2个字符,行距为1.5倍行距。

② 添加红色双实线页面边框。

③ 在段首插入任意剪贴画,设置环绕方式为"四周型",居中对齐。

④ 给此文档加上页眉和页脚。页眉中的文字为"名利场",小五号字,居中;页脚中插入页码,包括"第几页,共几页"信息,居中。

⑤ 设置页面为A4;页边距上、下为2.3厘米,左、右为2厘米。

5. 对所给素材按要求排版,并自定义样式。

第一章　概述

1.1　第一节

　　电视系统的全面数字化正以超出人们预料的速度向前发展,这就要求人们不断更新知识,以便跟上技术发展的步伐。

　　电视系统的全面数字化将会引起一系列技术革新:

　　(1) 将最终形成电视、电话和计算机三网合一的综合数字业务网。原本是完全不同的媒体的电视广播、电话和计算机数据通信,在全部数字化后,都使用同样的符号"0"和"1",只不过它们的速率不同而已,人们可以把信号组合在一起,通过一个双向宽带网送到每个家庭。

　　(2) 全面数字化的第二个特点是电视制式将实现全球统一,不再会有 NTSC、PAL 和 Secam 等不同的电视制式,而将统一在 ITU-R 601 数字标准之中,因此更利于节目的交换和信息的交流。在数字系统中,标准不仅仅对设备外围的接口,而且对数字信号处理的整个流程和细节都作了详细规定。在带宽为 8~9Mbps 时,都打成 MPEG-2 传送包,可以在同一个设备中完成各种不同级别的图像业务。

---

　　① 设置章标题(第一章　概述)格式为:三号字、黑体、居中,段前后各 1.5 行;定义此段格式样式为"一级标题"。

　　② 设置节标题(1.1　第一节)格式为:四号字、楷体、左对齐,段前后各 1 行;定义此段格式样式为"二级标题"。

　　③ 设置正文(除标题外的文本)格式为:首行缩进两个汉字、五号字、隶书、左对齐;定义此段格式样式为"自定义正文"。

第 4 章

Excel 2003 电子表格

4.1 概述

Microsoft Excel 是一个非常出色的电子表格软件。所谓电子表格,是一种数据处理系统和报表制作工具软件,只要将数据输入到按规律排列的单元格中,便可依据数据所在单元格的位置,利用多种公式进行算术运算和逻辑运算,分析汇总各单元格中的数据信息,并且可以把相关数据用各种统计图的形式直观地表示出来。由于电子表格具有直观、操作简单、数据即时更新、拥有丰富的数据分析函数等特点,因此在财务、税务、统计、计划、经济分析、管理、教学、科研等许多领域都得到了广泛的应用。

Microsoft Excel 不仅具有一般电子表格所包括的处理数据、绘制图表和图形功能,还具有智能化计算和数据库管理能力。它提供了窗口、菜单、工具按钮以及操作提示等多种友好的界面特性,十分便于用户使用。本章通过 Excel 2003 版本来讲解电子表格软件的概念和基本使用方法。

4.1.1 Excel 的基本特点

Excel 主要用于管理、组织和处理各类数据,并以表格、图表、统计图形等方式提供最后的结果,深受广大用户的欢迎。归纳起来,Excel 具有以下几方面的特点。

1. 界面友好

Excel 2003 是在 Windows XP 环境下运行的系列软件之一,它继承了 Windows 应用软件的优秀风格,为用户提供了极为友好的窗口、菜单、对话框、图标、工具栏和快捷菜单等界面。鼠标和键盘可同时作为输入工具。

2. 所见即所得

Excel 主要是以"表格"方式处理数据,对于表格的建立、编辑、访问与检索等操作十分简便。用户不用纸和笔就能处理表格,不用编程就能完成数据处理。用户的每一步操作都能立即看到结果。

3. 真三维数据表格处理

Excel 处理的文档是可以由多张"工作表"组成的"工作簿",每张"工作表"又是由行、列交叉点的"单元格"组成,因此,Excel 可以直接处理工作簿中某工作表某行、某列处的单元格中的数据,即 Excel 处理的是真三维数据表格。

4. 函数与制图功能

Excel 提供了非常丰富的函数,可以进行复杂的数据分析和报表统计。Excel 还具有丰富的作图功能,使表格、图形、文字有机地结合,并且操作简单、方便。

5. 强大的数据管理功能

Excel 以数据库管理方式来管理表格中的数据,具有排序、检索、筛选、汇总、统计等功能,并具有独特的制表、作图与计算等手段。

6. 与其他软件共享资源

Excel 2003 是 Microsoft Office 2003 for Windows 中的一个软件,它可以与 Office 组件中的其他软件(如文字处理软件 Word、电子演示文稿制作软件 PowerPoint、电子邮件 E-mail、数据库 Access 等)相互交换、传送数据,并可共享资源。

4.1.2　Excel 2003 的工作环境

1. 启动 Excel 2003

在 Windows XP 操作环境下,启动 Excel 2003 程序有以下几种方法:

(1) 利用"开始"菜单启动:单击任务栏上的"开始"按钮,在"所有程序"选项的子菜单中单击 Microsoft Office 下的 Microsoft Office Excel 2003 选项。

(2) 利用电子表格文件启动:单击已存在的电子表格文件可启动 Excel 2003,同时也打开了该文件。

(3) 利用快捷方式启动:如果桌面有 Microsoft Excel 2003 快捷方式图标,双击该图标。

(4) 利用"新建 Office 文档"启动:单击任务栏上的"开始"按钮,在"所有程序"选项的子菜单中单击"新建 Office 文档"项,在弹出的对话框的"常用"选项卡中选择"空工作簿",然后单击"确定"按钮。

启动 Excel 2003 中文版后,屏幕上出现如图 4-1 所示的窗口界面。

2. Excel 窗口界面组成

Excel 主窗口由两个窗口组成:Excel 应用程序窗口和打开的工作簿文档窗口。工作簿文档窗口覆盖在应用程序窗口之上。

(1) Excel 应用程序窗口的组成

Excel 应用程序窗口主要由标题栏、菜单栏、工具栏、编辑栏、工作区、状态栏和任务窗格等组成,如图 4-1 所示。

① 标题栏:标题栏位于窗口的顶部,它显示当前正在使用的应用程序名称 "Microsoft Excel"。当工作簿文档窗口最大化后,显示为"Microsoft Excel-Book1"。标题栏的最左端是控制菜单图标;最右端是一些窗口控制按钮,如"最小化"、"最大化"(或"还原")、"关闭"按钮。

② 菜单栏:菜单栏位于标题栏的下面,共有 9 个菜单:文件、编辑、视图、插入、格式、工具、数据、窗口和帮助。随着操作环境的变化,菜单栏中的菜单个数和内容会发生相应的变化,为用户提供了所有的 Excel 操作命令。

③ 工具栏:工具栏位于菜单栏的下面。初次启动 Excel 2003 时,将只显示"常用"工具栏和"格式"工具栏。如果要显示其他工具栏,可按如下方法操作:选择"视图"菜单中的"工具栏",在弹出的子菜单中选择相应的工具栏,使其前面出现"√"。如要隐藏工具

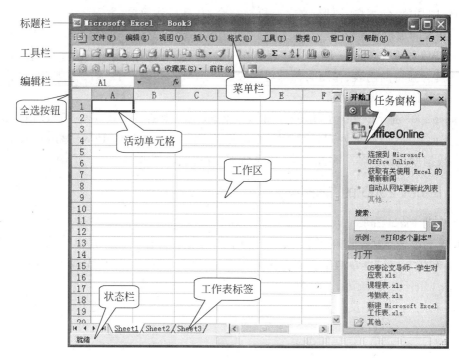

图 4-1　Excel 2003 窗口界面

栏,方法类似,只不过使其前面的"√"消失。

④ 编辑栏:编辑栏位于"格式"工具栏的下面,由名字框和编辑框两部分组成。

编辑栏的最左端为名字框。当用户选中一个单元格、区域或图形对象时,相应的名称会出现在此框中。另外,单击名字框右边的小箭头,会弹出一个名字列表。从中选择一个,将选中名字所对应的对象,所以对于一个常用但选中麻烦的对象,事先为它起个名称,使用时通过名字框来快速选中,不失为一个好方法。

编辑栏的最右端为编辑框。编辑框是用来对当前活动单元格进行编辑的工作区。当选中一个单元格时,单元格中的内容将同时显示在编辑框中。用户在单元格中输入或编辑数据时,既可以在单元格中直接完成,也可以在编辑框中完成,但如果数据较长,单元格显示不下时,在编辑框中完成比较理想。

⑤ 工作区:编辑栏下面的空白区域即为工作区,它是应用程序真正工作的地方。工作簿文档窗口就放在此区域中。

⑥ 状态栏:状态栏位于 Excel 应用程序窗口的最底部,它的左端是信息区,右端是键盘状态。它有 4 个作用:显示当前工作区的状态(如"就绪"、"输入"等);显示激活的菜单、命令及工具栏按钮的功能;显示键盘模式;显示自动计算结果。

⑦ 任务窗格:任务窗格是一个协助 Excel 操作的窗口,其顶端是一个下拉式菜单,含有"开始工作"、"帮助"、"搜索结果"、"新建工作簿"等选项。单击其中一个选项,将出现相应的窗口,特别是"帮助"窗口非常有用,用户可以随时得到相应的帮助信息。

单击任务窗格中顶端标题栏右边的"×"按钮,即可关闭任务窗格。若需要再次打开它,只要单击"视图"菜单栏下的"任务窗格"子菜单选项即可。

（2）Excel 工作簿文档窗口的组成

在 Excel 中，每打开或新建一个 Excel 文件，都会打开一个窗口，这个窗口就称为工作簿文档窗口，它主要由标题栏、工作表、工作表标签、滚动条等组成。

① 标题栏：标题栏位于工作簿文档窗口的顶部，显示当前正在使用的 Excel 文件的名称（如 Book1）。每次建立一个新文档，Excel 2003 都会为它暂命名为"Book1"、"Book2"等。在保存时，由用户为它们重新命名。

② 工作表：工作表是工作簿文档窗口的主体，也是操作的主体。Excel 中的表格、图形、图表就放在工作表中。工作表是一个由若干行和列组成的表格，每行的最左端用行号标识，顺序为数字 1,2,3,…；每列的最上端用列号标识，顺序为字母 A,B,C,…。

③ 工作表标签：工作表标签位于工作簿文档窗口的左下底部，初始有 Sheet1、Sheet2 和 Sheet3，代表工作表的名称。当前正在操作的工作表称为活动工作表。活动工作表的名称以单下画线显示，而且标签变成白色。要切换当前活动工作表，只需单击相应的工作表标签。如果工作表标签过多而在标签栏显示不下时，可以通过左端的标签滚动按钮进行查找。

④ 滚动条：滚动条有两种，即位于工作表右侧的垂直滚动条和位于工作表下面的水平滚动条。当工作表内容在文档窗口中显示不下时，可以通过滚动条查看其他内容。

3. Excel 基本操作

在 Excel 中工作时，要利用 Excel 提供的命令来完成大量操作。如何快速而方便地找到并执行 Excel 命令，成为影响工作效率的主要问题。为此，Excel 提供了多种查找并执行命令的方法，主要有以下三种：

（1）使用菜单栏

菜单栏将 Excel 中所有的命令分门别类，形成 9 个菜单。用户使用时，只需打开相应的菜单，找到相应的命令，就可以执行了。

（2）使用工具栏

工具栏上的按钮是一些最常用的命令，每个按钮的作用一目了然：按钮表面有说明其功能的图形，鼠标指向它，停顿片刻，会出现该按钮的名称。用户使用时，只需单击相应的按钮，就可以执行它所代表的命令了。对于工具栏上没有的命令，只好使用菜单栏来执行。

（3）使用快捷菜单

前面两种方法都要用户记住命令所在的位置，如果不知道位置，就必须花费时间来查找。快捷菜单却不需要，将鼠标指向要操作的对象（单元格、图形、图表等），然后右击，将弹出该对象的快捷菜单，在菜单中列出了该对象的一些常用操作命令，供用户挑选使用。

4. Excel 的退出

退出 Excel 应用程序的方法很多，常用的有：

① 在 Excel"文件"菜单中选择"退出"命令；

② 单击应用程序标题栏最右端的"关闭"按钮；

③ 双击 Excel 窗口左上角的控制菜单图标；或单击控制菜单图标，然后从下拉菜单

中选择"关闭"命令；

④ 按快捷键 Alt＋F4。

如果退出前文件已被修改,系统将弹出如图 4-2 所示的对话框,询问是否要保存当前被修改过的文件。若选择"是"按钮,则保存该文件后退出 Excel;若选择"全是"按钮,则保存所有已经打开的 Excel 文件后退出;若选择"否"按钮,则不保存该文件直接退出 Excel,在这种情况下,文件中修改的数据或新建的文件数据将会丢失;若选择"取消"按钮,则返回到 Excel 状态(即取消退出 Excel 的操作)。

图 4-2　退出 Excel 对话框

4.1.3　Excel 电子表格的结构

1. 工作簿

工作簿是 Excel 用来计算和存储数据的文件,一个工作簿就是一个 Excel 文件,其扩展名为.xls。一个工作簿由多个工作表组成,新建一个 Excel 文件时默认包含 3 张工作表(Sheet1、Sheet2、Sheet3)。在 Excel 中,工作簿与工作表的关系就像是日常的账簿和账页之间的关系一样。一个账簿可由多个账页组成,如果一个账页所反映的是某月的收支账目,那么账簿可以用来说明一年或更长时间的收支状况。用户可以将若干相关工作表组成一个工作簿,操作时不必打开多个文件,而直接在同一个文件的不同工作表中方便地切换。切换的方法是用鼠标单击工作表标签名,对应的工作表就从后面显示到屏幕上来,原来的工作表即被隐藏起来。

用户也可以根据需要增减工作表和选择工作表,一个工作簿中工作表的数目最多可达 255 个。如要更改新工作簿内的默认工作表数量,可选择"工具"菜单中的"选项"命令,然后单击"常规"选项卡,在"新工作簿内的工作表数"框中输入或选择所需的工作表数目后,单击"确定"按钮,下次建立新工作簿时就会按照修改后的数目打开工作表了。

2. 工作表

工作表是 Excel 完成一项工作的基本单位,是由 65536 行、256 列组成的一个大表格。工作表内可以包括字符串、数字、公式、图表等丰富信息,每一个工作表用一个标签来标识(如 Sheet1)。同时,工作表上还具有行号区与列号区,用来对单元格进行定位。列号从 A～Ⅳ 共计 256 列,行号从 1～65536,因此每一张工作表共有 65536×256 个单元格。虽然工作表的范围很大,但其中所放的内容取决于用户,可长可短,不一定非要将整个工作表用完。

3. 活动工作表

Excel 的工作簿中可以有多个工作表,但一般来说,只有一个工作表位于最前面。这个处于正在操作状态的电子表格称为活动工作表。例如,单击工作表标签中的"Sheet2"

标签,可将其设置为活动工作表。

4．单元格

单元格是 Excel 工作表的最小组成单位,每一个行列交叉处即为一个单元格。在单元格中可以存放各种数据,单元格的长度、宽度以及单元格中数据的大小和类型都是可变的。每个单元格用它所在的列号和行号组成的地址来命名。例如,B4 表示第 B 列第 4 行交叉处的单元格。在公式中引用单元格时就必须使用单元格的地址。

在 Excel 中,所有对工作表的操作都是建立在对单元格操作的基础上,因此对单元格的选中与数据输入及编辑是最基本的操作。下面先介绍单元格的选中。

（1）选中一个单元格

如果要选中某一个单元格,用鼠标指向它并单击,或用方向键移动到相应的单元格,就可以使该单元格成为活动单元格。活动单元格周围有粗黑的边框线,同时编辑栏名字框中也显示其名字。只有当单元格成为活动单元格时,才可以向它输入新的数据或编辑它含有的数据。

（2）选中多个连续单元格（单个区域）

相邻单元格组成的矩形称为区域。在 Excel 中,很多操作是在区域上实施的。区域名是由该区域左上角的单元格名、冒号与右下角的单元格名组成的,例如,A3：E7 表示一个从 A3 单元格开始到 E7 单元格结束的矩形区域。

① 小区域的选中:用鼠标拖动选中。先单击区域左上角的单元格,然后拖动鼠标至右下角的单元格,则所选区域反相显示,其中的活动单元格为白色背景。例如,要选中 A2：D4 区域,先选中 A2 单元格,然后按住鼠标左键向下、向右拖动,直至到达 D4 单元格,松开鼠标按键后,选中区域中的第一个单元即是活动单元格。

② 大区域的选中:用"Shift 键＋鼠标单击"选中。先单击左上角的单元格,然后按住 Shift 键并单击区域右下角的单元格。

③ 整个工作表的选中:单击工作表左上角的"全选"按钮即可。

（3）选中多个不连续单元格（多个区域）

若要同时选中几个不相邻区域,可采用如下方法:先选中第一个区域,按住 Ctrl 键,再选择其他区域。例如,先选中 A2：D4 区域,然后按住 Ctrl 键选中 C6 单元格,再拖动鼠标至 F7 单元格,这样就同时选中了 A2：D4 和 C6：F7 两个区域。

（4）选中行和列

① 选中整行:单击行号。

② 选中整列:单击列号。

③ 选中连续的行或列:沿行号或列号拖动鼠标;或者先选中区域中的第一行或列,然后按住 Shift 键再选中区域中最后一行或列。

④ 选中不连续的行或列:先选中区域中的第一行或列,然后按住 Ctrl 键再选中其他行或列。

（5）清除选中的区域

只要单击任一单元格,就可取消工作表内原选中的多个单元格或区域。同时,该单元格被选中。

4.1.4　Excel 中的数据类型和数据表示

在 Excel 的单元格中可以输入多种类型的数据。常见的数据类型有文本(字符型数据)、数值型、日期型、时间型、逻辑(布尔型)和错误值等。

1. 文本数据

Excel 文本包括汉字、英文字母、数字、空格和各种符号,输入的文本自动在单元格中靠左对齐。Excel 规定一个单元格中最多可以输入 32000 个字符,如果这个单元格不是足够宽,长的内容将扩展到其右边相邻的单元格上;若该单元格也有内容,将被截断,但编辑框中会有完整的显示。

在实际工作中,有时需要把一个数字作为文本输入,例如电话号码、卡号、准考证号等。如果要输入的字符串全部由数字组成,为了避免 Excel 把它按数值型数据处理,在输入时先输一个单引号"'"(英文符号),再输入具体的数字。例如,要在单元格中输入电话号码"64546688",先连续输入"64546688",然后按 Enter 键;也可以在输入数字前先输入一个"="号,然后将数字的两端用双引号括起来(如"="64546688"")。这样,Excel 将输入的数字当作文本,自动沿单元格左对齐。

2. 数值型数据

在 Excel 中,数值型数据包括 0~9 中的数字以及含有正号、负号、货币符号、百分号等任一种符号的数据。默认情况下,数值自动沿单元格右边对齐。在输入过程中,有以下3 种比较特殊的情况要注意。

① 负数:在数值前加一个"−"号或把数值放在括号里,都可以输入负数。例如,要在单元格中输入"−88",可以连续输入"−88"或"(88)",然后按 Enter 键,都可以在单元格中出现"−88"。

② 分数:要在单元格中输入分数形式的数据,应先在编辑框中输入"0"和一个空格,然后输入分数,否则 Excel 会把分数当作日期处理。例如,要在单元格中输入分数"5/8",在编辑框中输入"0"和一个空格,然后输入"5/8",按 Enter 键,单元格中就会出现分数"5/8"。

③ 货币型:货币型数据是在数值中包含千分位符号","(即逗号)与美元符号"$"。例如,20,000.00 与 $20,000.00 都是合法的数据。

3. 日期型数据和时间型数据

在各种信息管理表格中,经常需要录入一些日期型和时间型数据。Excel 中内置了多种日期和时间格式,当输入的数据与这些格式相匹配时,Excel 能自动识别并接受它们。

在录入过程中要注意以下几点:

① 输入日期时,年、月、日之间要用"/"号或"-"号隔开,如"2010-8-16"、"2010/8/16"。

② 输入时间时,时、分、秒之间要用冒号隔开,如"10:48:56"。如果要输入下午 4:20:30,可以采用下面的格式之一:16:20:30(24 小时制的格式为"时:分:秒")或 4:20:30 PM(12 小时制的格式为"时:分:秒 AM/PM")。

③ 若要在单元格中同时输入日期和时间,日期和时间之间应该用空格隔开。

④ 若要输入当天日期,可直接按"Ctrl＋;"组合键;若要输入当前时间,可直接按"Ctrl＋Shift＋;"组合键。

4. 逻辑数据

逻辑数据为两个特定的标识符,即 TRUE 和 FALSE,输入大小写字母均可。TRUE 代表逻辑值"真",FALSE 代表逻辑值"假"。

当向一个单元格输入一个逻辑数据 TRUE 或 FALSE 时,将按大写方式居中对齐显示。注意,如需要将 TRUE 或 FALSE 作为文本数据输入,也必须使用单引号"'"作为前缀。

5. 错误值

错误值数据是由于单元格输入或编辑数据错误,而由系统自动显示的结果,提示用户注意改正。如当错误值为"♯div/0!"时,表明此单元格的输入公式中存在除数为 0 的错误;当错误值为"♯VALUE!"时,表明此单元格的输入公式中存在数据类型错误。如何输入公式,将在以后的章节中介绍。

4.2　工作表的建立

4.2.1　工作表数据的输入

Excel 工作表中的任何单元格都可输入数据,不仅可以从键盘直接输入,还可以自动输入,输入时还可以检查正确性。单元格接受两种基本类型的数据:常数和公式。常数是指文字、数字、日期和时间等数据。这里主要介绍常数的输入。

1. 输入数据前对编辑选项的设置

选中活动单元格之后,即可输入数据,但输入数据的方式与当前系统对编辑选项的设置有关。而编辑选项的设置是可以修改的,方法是:在"工具"菜单中选择"选项"命令,将出现"选项"对话框。在该对话框中单击"编辑"选项卡,在"设置"框中将列出输入或编辑数据时所使用的设置复选框,如图 4-3 所示。

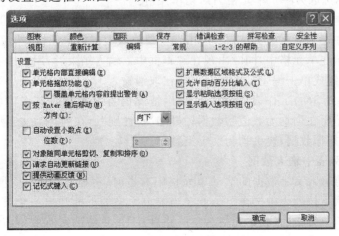

图 4-3　"编辑"选项卡的设置

其中,各主要"设置"选项的意义如下:

(1)若选中"单元格内部直接编辑"复选框,表示可以直接在单元格中输入或编辑数据,而不必在编辑栏中编辑。

(2)若选中"单元格拖放功能"复选框,表示可以直接用鼠标对单元格进行移动或复制操作。在这种情况下,应同时选中"覆盖单元格内容前提出警告"复选框,以保证在覆盖有内容的单元格时 Excel 会发出警告。

(3)若选中"按 Enter 键后移动"复选框,表示在输入完数据再按 Enter 键后不仅要锁定输入,而且活动单元格将移动一个单元格,其中移动方向可以由用户指定。如果不选中该复选框,表示仅锁定输入,但活动单元格不移动。

(4)若选中"自动设置小数点"复选框,表示无论输入什么数值,都将使它显示固定的几位小数,其中小数的位数可以由用户指定。

(5)若选中"对象随同单元格剪切、复制和排序"复选框,表示单元格中的对象能够随单元格一起复制、剪切和排序等。

(6)若选中"请求自动更新链接"复选框,表示在动态链接的数据更新前,Excel 要向用户提示,并让用户选择是否更新。

适当的选项设置可以给输入数据带来方便。例如,按 F2 键可以直接在当前单元格中输入数据,其效果与双击单元格类似。但如果用户不希望双击单元格即可输入数据,只要取消选中"单元格内部直接编辑"复选框,再单击"确定"按钮,这样就不能通过在单元格中双击来编辑单元格内容了,按 F2 键也只能在编辑栏中进行编辑。

在对活动单元格的操作(如输入或编辑数据)完成后,必须要对输入的数据或编辑操作进行确认。Excel 提供了以下几种确认的方法,用户可以从中任选一种。

(1)按 Enter 键。此时如果在编辑选项中选中了"按 Enter 键后移动"复选框,则除锁定输入数据外,还将活动单元格移动一个单元格的位置;否则将不改变活动单元格。

(2)单击编辑栏中的"√"。此时,只锁定输入而不改变活动单元格。

(3)用 ↑、↓、←、→移动键。此时,不仅锁定输入,而且将活动单元格向上、下、左、右移动一个单元格的位置。

(4)用鼠标选取另一个单元格为活动单元格。

2. 数据直接输入

在单元格中输入数据的方法是:单击选中要输入数据的单元格,然后直接输入数据,输入的内容显示在单元格中,同时出现在编辑框中。输入结束后,用上述 4 种方法之一确定输入;按 Esc 键或单击编辑框中的"×"按钮取消输入。

在如图 4-4 所示的工作表中输入了学生情况的各种数据。其中,"学号"、"数学成绩"、"外语成绩"所在列均为数值型数据;"姓名"、"性别"所在列均为文字型数据;"出生日期"所在列为日期型数据;表头均为文字型数据。

3. 从下拉列表中输入数据

当在一个待输入文字数据的活动单元格中右击时,将显示如图 4-5 所示的弹出式菜单;接着单击"从下拉列表中选择"项,就在当前单元格的下面弹出一个菜单,该菜单中列出上面同列连续单元格(直到单元格为空时止)中不重复值的所有取值,从中选择一个已知值即可作为该单元的值。如"学生情况"表中的"性别"一列的值,用此法输入比较方便。

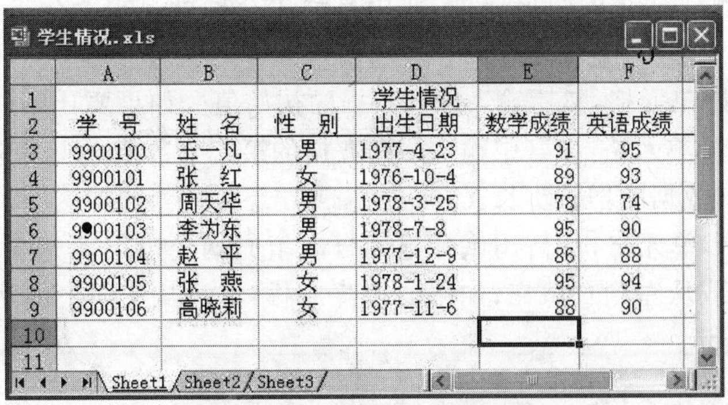

	A	B	C	D	E	F
1				学生情况		
2	学　号	姓　名	性　别	出生日期	数学成绩	英语成绩
3	9900100	王一凡	男	1977-4-23	91	95
4	9900101	张　红	女	1976-10-4	89	93
5	9900102	周天华	男	1978-3-25	78	74
6	9900103	李为东	男	1978-7-8	95	90
7	9900104	赵　平	男	1977-12-9	86	88
8	9900105	张　燕	女	1978-1-24	95	94
9	9900106	高晓莉	女	1977-11-6	88	90
10						
11						

图 4-4　具有多种数据类型的工作表

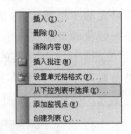

图 4-5　选择"从下拉列表
中选择"命令

4. 根据系统记忆输入数据

当向一个单元格输入文字数据时,若输入的一部分内容与系统记忆的上面同列中相邻单元格之中的某个单元格开始内容完全相同,则会把那个单元格的后续内容也显示到该单元格中。若用户认为正确,按 Tab 键或 Enter 键完成输入,否则不应理会,继续从键盘输入即可。

例如,在"学生情况"表中输入 B8 单元格的内容"张 燕"时,当输入"张 "之后,该单元格显示的内容为"张 红",后面反相显示的"红"若就是要继续输入的内容,只要按 Tab 键或 Enter 键,将光标移出该单元格即可;否则,接着输入正确的内容"燕"。

5. 数据自动输入

对于有规律的数据,输入时可以采用 Excel 提供的自动输入功能。

(1) 使用自动填充柄输入数据

如果多个连续单元格需要输入相同的数据,可以使用填充范围的方法。在一个工作表中,如果在一列或者一行单元格中均要输入"男",如图 4-6 左图所示,那么首先在其中一个单元格输入"男",然后选中该单元格,将鼠标指针移到该单元格右下角的填充控制点 上(该控制点称为自动填充柄),鼠标指针将变成实心的十字形状。按住鼠标往下拖动,直到要结束这列相同数据输入时为止,就得到了相同的一列数据,如图 4-6 左图所示。不仅向下拖动可以得到相同的一列数据,向右拖动填充也可以得到相同的一行数据。如果选择的是多行多列,同时向右和向下拖动,会同时得到多行多列的相同数据,如图 4-6 右图所示。

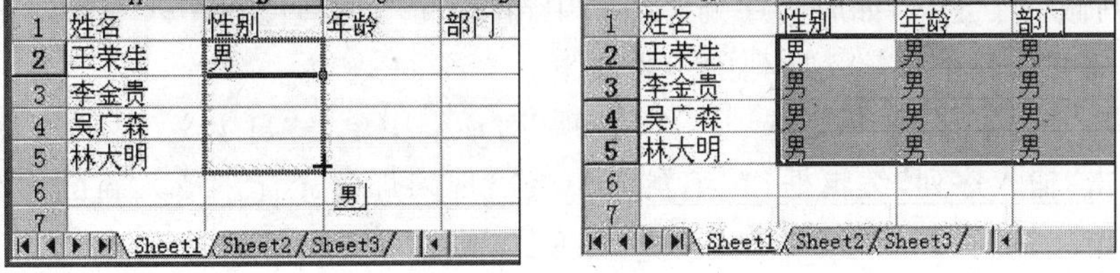

图 4-6　使用自动填充柄输入相同的数据

有时用户需要输入按一定规律变化的数据序列,使用自动填充柄就显得十分方便。输入序列数据的步骤如下:

① 选中待填充数据区的起始单元格,然后输入序列数据的初始值。如果要让序列数据按给定的步长增长,再选中下一单元格,在其中输入序列数据的第二个数值。头两个单元格中数值的差额将决定该序列数据的增长步长。

② 选中包含初始值的前两个单元格,然后用鼠标拖动自动填充柄经过待填充区域。如果要按升序排列,请从上向下或从左到右填充;如果要按降序排列,请从下向上或从右到左填充。填充结果如图 4-7 所示。

	A	B	C	D	E	F	G
1	1	2	3	4	5	6	7
2	2	4	6	8	10	12	14
3	10	20	30	40	50	60	70
4	Sun	Mon	Tue	Wed	Thu	Fri	Sat
5	Jan	Feb	Mar	Apr	May	Jun	Jul
6	星期一	星期二	星期三	星期四	星期五	星期六	星期日
7	一月	二月	三月	四月	五月	六月	七月
8	甲	乙	丙	丁	戊	己	庚
9							

图 4-7　使用自动填充柄输入序列

（2）使用"填充"命令输入数据

如果要填充更复杂的序列数据,例如等比数据、工作日等,应该使用菜单命令"填充",具体步骤为:首先选中单元格并输入初值;然后选中该单元格,再选择"编辑"菜单中的"填充",在弹出的子菜单中执行"序列"命令,屏幕上出现如图 4-8 所示的"序列"对话框,其中:

① "序列产生在":指示按行或列方向填充;

② "类型":选择序列类型。如果选"日期",还需选择"日期单位";

图 4-8　"序列"对话框

③ "步长值":可输入等差、等比序列增减、相乘的数值;

④ "终止值":可输入一个序列终值不能超过的数值。

注意：除非在产生序列前已选中了序列产生的区域,否则终值必须输入。

（3）自定义序列输入

Excel 除本身提供的预定义的序列外,还允许用户自定义序列,用户可以把经常用到的一些序列做一个定义,如时间序列"上旬,中旬,下旬"、地理位置序列"南京,北京,东京,西京"等。在 Excel 中自定义序列的步骤如下:

① 选择"工具"菜单中的"选项",在"选项"对话框中单击"自定义序列"选项卡。

② 单击"输入序列"编辑框,在编辑框中将出现闪烁的光标。填入新的序列,输入完一项,按 Enter 键,在下一行输入另一项(即项与项之间用换行来分隔)。单击"添加"按钮,即可把新序列"南京,北京,东京,西京"加入左边的自定义序列中,如图 4-9 所示。单击"确定"按钮,返回工作界面。

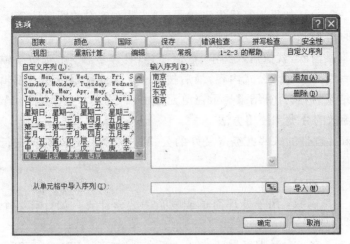

图 4-9　"选项"对话框中的"自定义序列"选项卡

③ 单击工作表中的某一个单元格,输入"南京"内容,然后向右拖动填充柄,释放鼠标即可得到自动填充的"南京,北京,东京,西京"序列内容。

4.2.2　输入公式与函数

公式是 Excel 的灵魂,它和函数是 Excel 的主要组成部分。作为电子表格软件,Excel提供了功能强大的公式和函数操作,通过在单元格中输入公式和函数,可以对工作表中的原始数据进行统计或计算,从而避免了手工计算的繁杂和易出错。另外,原始数据修改后,公式的计算结果会自动更新,这更是手工计算无法办到的。

1. 输入公式

Excel 中的公式就是对单元格中的数据进行计算的等式。利用公式可以完成数学运算、比较运算、文本运算等操作。

Excel 公式的特征是以"＝"开头,由操作数和运算符组合而成。操作数可以是单元格地址、区域地址、数值、字符、数组或函数等。

(1) 公式运算符

① 算术运算符:用于完成基本的数学运算,如加法、减法和乘法。算术运算符有＋(加)、－(减)、*(乘)、/(除)、%(百分号)和^(乘方)等。例如,"＝(A5＋B6)*C7/4"。

② 比较运算符:用于比较两个操作数并产生逻辑值 TRUE 或 FALSE。比较运算符有＝(等于)、＞(大于)、＜(小于)、＞＝(大于等于)、＜＝(小于等于)、＜＞(不等于)。例如,"＝B9＜＞1350"。

③ 文本运算符:文本运算符只有一个连接运算符"&",它可以将一个或多个文本连接为一个组合文本。例如,D4 单元格内容为"开盘价",E4 单元格内容为 12.37,要使 F4单元格中得到"开盘价为:12.37",则 F4 单元格中的公式为"＝D4&"为:"&E4"。

(2) 公式的优先级

当多个运算符同时出现在公式中时,Excel 2003 对运算符的优先级作了严格规定,由高到低各运算符的优先级为()、%、^,乘除(*、/),加减(＋、－),&,比较运算符(＝、＞、

$<$、$>$＝、$<$＝、$<$$>$)。如果运算优先级相同,则按从左到右的顺序计算。

（3）公式的输入

公式可以直接输入,就像输入文本、数值一样,具体步骤为:选中要输入公式的单元格后,先输入"＝",然后输入公式内容,最后按 Enter 键或用鼠标单击编辑栏中的"√"按钮。公式输入结束后,其计算结果显示在单元格中,而公式本身显示在编辑栏中。

2. Excel 函数的分类和使用方法

函数是 Excel 自带的一些已经定义好的公式,它们为用户对数据进行运算和分析带来了极大的方便。

（1）Excel 函数的分类

① 数学与三角函数:用于处理简单或复杂的数学计算。如计算某个区域的数值总和、对数字取整处理等。

② 统计函数:完成对数据区域的统计分析。例如,可使用 COUNTIF 函数统计出满足特定条件的数据个数。

③ 逻辑函数:使用逻辑函数进行真假值判断等。

④ 财务函数:可进行一般的财务计算。比如,用以确定贷款的支付额、投资的未来值或净现值,以及债券价值等。

⑤ 日期和时间函数:用于在公式中分析和处理日期值和时间值。例如,使用 TODAY 函数可获得基于计算机系统时钟的当前日期。

⑥ 数据库函数:使用此类函数,可完成数据清单中数值是否符合某特定条件的分析工作。比如,DCOUNT 函数用于计算某门课程考试成绩的各个分数段情况。

⑦ 查找与引用函数:如果需要在数据清单或表格中查找特定数值,可以使用这类函数。

⑧ 文本函数:利用它们可以在公式中处理文字信息。

⑨ 信息函数:用于确定存储在单元格中的数据的类型。

Excel 函数的语法形式为:函数名(参数 1,参数 2,…)。其中,函数名代表了该函数具有的;参数指定函数使用的数据。例如,函数 SUM(A1:A8)实现将区域 A1:A8 中的数值求和;函数 MAX(A1:A8)找出区域 A1:A8 中的最大数值。

不同类型的函数要求给定不同类型的参数,它们可以是数字、文本、逻辑值(真或假)、数组或单元格地址等,给定的参数必须能产生有效数值。例如,SUM(A1:A8)要求区域 A1:A8 存放的是数值数据;ROUND(8.676,2)要求指定两位数值型参数,并且第二位参数被当做整数处理,该函数根据指定小数位数,将前一位数字四舍五入,其结果值为 8.68;LEN("这句话由几个字组成?")要求参数必须是一个文本数据,其结果值为 10。

（2）函数输入的方法

通常,函数输入的方法有直接输入法和粘贴函数法两种。

① 直接输入法:若用户对所输入的函数比较了解,可直接在单元格中输入函数。例如,在图 4-10 中的 F3 单元格中直接输入"＝SUM(B3:E3)",按 Enter 键,就可完成在 F3 单元格中计算南京分公司的全年销售合计。

② 粘贴函数法:如果记不住那么多的函数名,用户可以使用粘贴函数的方法选择所

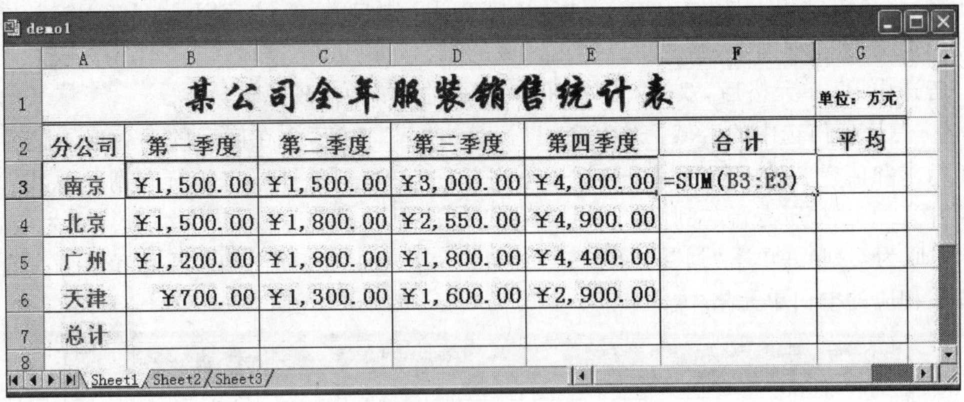

demo1
某公司全年服装销售统计表
单位：万元
分公司 第一季度 第二季度 第三季度 第四季度 合计 平均
南京 ￥1,500.00 ￥1,500.00 ￥3,000.00 ￥4,000.00 =SUM(B3:E3)
北京 ￥1,500.00 ￥1,800.00 ￥2,550.00 ￥4,900.00
广州 ￥1,200.00 ￥1,800.00 ￥1,800.00 ￥4,400.00
天津 ￥700.00 ￥1,300.00 ￥1,600.00 ￥2,900.00
总计
Sheet1 Sheet2 Sheet3

图 4-10　直接输入函数

需要的函数。

将光标定位到 F3 单元格，然后单击编辑栏左侧的“f_x”图标，或使用“插入”菜单中的“函数”命令，则弹出如图 4-11 所示“插入函数”对话框。在“选择类别”下拉列表中选择某一类函数，然后在“选择函数”区域选中一个函数名。单击图 4-11 下部的“有关该函数的帮助”，屏幕上就会显示该函数的使用说明。选择函数后，单击“确定”按钮，或双击鼠标，函数就被粘贴到编辑栏中了。接着出现如图 4-12 所示的“函数参数”对话框。单击 Number1 右端的“”图标，在工作表中选择函数参数区域，然后单击“确定”按钮，完成函数的输入。

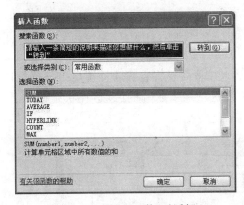

插入函数
搜索函数(S):
请输入一条简短的说明来描述您想做什么，然后单击“转到”
转到(G)
或选择类别(C): 常用函数
选择函数(N):
SUM
TODAY
AVERAGE
IF
HYPERLINK
COUNT
MAX
SUM(number1,number2,...)
计算单元格区域中所有数值的和
有关该函数的帮助
确定
取消

图 4-11　“插入函数”对话框

函数参数
SUM
Number1 B3:E3 = {1500,1500,3000,
Number2 = 数值
= 10000
计算单元格区域中所有数值的和
Number1: number1,number2,... 1 到 30 个待求和的数值。单元格中的逻辑值和文本将被忽略。但当作为参数键入时，逻辑值和文本有效
计算结果 = ￥10,000.00
有关该函数的帮助(H)
确定
取消

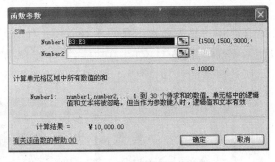

图 4-12　“函数参数”对话框

(3) 自动求和

对行和列的数据进行总计是统计运算中最常用的一种计算。因此，Excel 将总计运算函数(包括求和、平均值、计数、最大值、最小值函数)设置为“常用”工具栏上的一个工具按钮，即“自动求和”按钮(Σ)，便于用户进行数据合计。下面以求和函数为例，介绍其使用方法。

① 总计相连的行或列数据区：选中空白单元格，即可总计与它相连的行或列数据区。例如，在图 4-10 所示的工作表中，要总计 B3 到 B6 这一列数据，其步骤为：选中 B7

单元格后,单击常用工具栏中的"∑"按钮,则在 B7 中自动填入"＝SUM(B3:B6)",同时区域 B3:B6 的边框闪烁,给用户以修正区域的机会,按 Enter 键确认后,B7 中出现总计数字。若选中 B7 单元格后,双击"∑"按钮,可直接在 B7 中出现总计数字。

② 总计任何选中的区域:选中区域后,单击"∑"按钮,会在区域的下面或右侧单元格显示求和值。若选中的区域中包括一个空行和空列,则总计所有的行和列及总和。例如,在图 4-13 中,所有行与列的和与总和是通过选中区域 B3:F7(其中第 7 行原为空行,第 F 列原为空列)并单击"∑"按钮来完成统计的,其纵向和与横向和以及总和被分别自动放置在相应的空白单元格中。

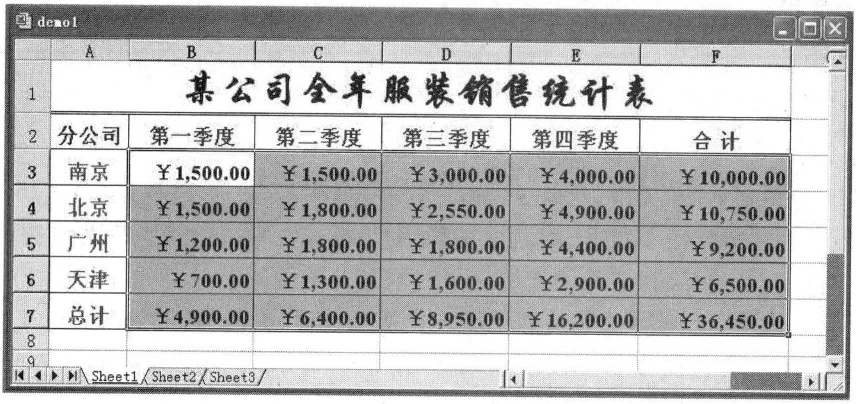

图 4-13　行、列自动求和

③ 求平均值、计数、最大值、最小值等其他常用统计函数的输入方法:单击"∑"按钮右边的下拉三角,即可实现对某个统计函数的选择。

(4) 自动计算

有时用户只需要在工作表中查看一个统计结果,并不需要将它实际计算出来,这时可以使用 Excel 提供的自动计算功能,操作步骤为:先选中需要求和的区域,在状态栏中会显示所选区域的总和,如图 4-14 下部的椭圆所示。

图 4-14　自动计算示例

如果要改变运算类型,可选中要自动计算的区域,然后右击状态栏任意位置,在如图 4-17 所示的弹出的快捷菜单中进行选择(平均值、计数、计数值、最大值、最小值),相应的结果就会显示在状态栏中。

3. 常用函数应用举例

(1) IF 函数

条件 IF 函数能够根据判断结果执行不同的操作。IF 函数的语法结构是:IF(条件,结果 1,结果 2)。

该函数的功能为:对满足条件的数据进行处理,条件满足则输出结果 1,不满足则输出结果 2。可以省略结果 1 或结果 2,但不能同时省略。

把两个表达式用关系运算符(主要有 $=$,$<>$,$>$,$<$,$>=$,$<=$ 6 个关系运算符)连接起来就构成条件表达式。需要注意的是,公式中的运算符均为西文字符。例如,在"IF(A1+B1>100,1,0)"函数式中,条件表达式是 A1+B1>100。该函数的执行过程是:先计算条件表达式 A1+B1>100,如果表达式成立,值为 TRUE,并在函数所在单元格中显示"1";如果表达式不成立,值为 FALSE,并在函数所在单元格中显示"0"。

又如,函数"IF(D3>=90,"优秀","合格")"被保存在一个单元格 E3 中,若 D3 单元格的值大于或等于 90 成立,就在 E3 单元格中显示出"优秀",否则显示出"合格"。

IF 函数还可以嵌套使用,即在 IF 函数的条件或结果中又包含了另一个 IF 函数,并且嵌套的层数不限。例如,"IF(E2>=90,"优",IF(E2>=80,"良",IF(E2>=60,"及格","不及格")))"。

上述嵌套 IF 函数的执行过程是:函数从左向右执行。首先计算"E2>=90",如果该表达式成立,则显示"优";如果不成立,继续计算"E2>=80";如果该表达式成立,则显示"良",否则继续计算"E2>=60";如果该表达式成立,则显示"及格",否则显示"不及格"。

(2) COUNT 函数

COUNT 函数用于统计选中区域中数字字段的输入项个数,需要给出统计范围。

COUNT 函数的语法格式为:COUNT(value1,value2,…),其中的参数 value1 和 value2 是包含或引用各种类型数据的参数(1～30 个),但只有数字类型的数据才被计数。

COUNT 函数在计数时,将把数字、空值、逻辑值、日期或以文字代表的数计算进去;但是错误值或其他无法转化成数字的文字则被忽略。例如,如果 A1 为 1,A5 为 3,A7 为 2,其他均为空,则 COUNT(A1:A7)等于 3,COUNT(A4:A7)等于 2,COUNT(A1:A7,2)等于 4。

(3) COUNTIF 函数

COUNTIF 函数是 COUNT 函数的延伸和拓展,用于统计符合条件的单元格数目,除了要求给出范围外,还要给出计数条件。

COUNTIF 函数的格式为:COUNTIF(区域,条件)。该函数用于计算满足特定条件的单元格的数目。其中,"区域"是指需要计数的区域;"条件"一般用一个字符串表示。例如,在 B101 单元格中输入"=COUNTIF(B1:B100,"工程师")",则 B101 中将显示一个统计值,该值表示在 B1:B100 区域中数据值为"工程师"的个数。

（4）SUMIF 函数

SUMIF 函数是 SUM 函数的延伸和拓展，用于合计所有符合条件的单元格的值。除了要求给出求和范围外，还要给出求和条件。

SUMIF 函数的格式为：SUMIF（区域，条件，求和区域）。该函数用于根据指定条件对求和区域中的数据求和。其中，"区域"是指条件所在的区域；"条件"一般是用一个字符串表示；"求和区域"是指需要求和的数据区域。例如，"＝SUMIF(B1:B10,">＝100", D1:D10)"表示对 B1:B10 区域中数据值大于等于 100 的相应的 D1:D10 区域中的值求和。

4. 公式的复制和单元格地址的引用

（1）公式的复制

公式的复制可以避免大量重复输入公式的工作，其复制的方法有多种（详见 4.2.3 小节）。当复制公式时，若在公式中使用了单元格或区域，则在复制的过程中根据不同的单元格引用可得到不同的计算结果。

（2）单元格地址的引用

引用的目的在于标识工作表上的单元格或区域，并指明公式中所使用的数据的位置。当创建一个包括引用的公式时，就将公式与被引用的单元格联系在一起，公式的值也依赖于被引用的单元格的值。如果该单元格的值发生变化，公式的值随之变化。单元格引用分为相对引用、绝对引用和混合引用 3 种。

① 相对引用：Excel 中默认的单元格引用为相对引用，如 A3、C6 等。当复制包含相对引用的公式到其他区域时，行号和列号都会发生改变，新公式中将不再是对原单元格或区域的引用。

相对引用是用单元格之间的行、列距离来描述位置的，即公式移动的行数，也就是该引用变化的行数；公式移动的列数，也就是该引用变化的列数。例如，在工作表的 A1:A3 和 B1:B3 区域中已输入如图 4-15 所示的数据，当在单元格 B5 中输入公式"＝A1＋A2"，然后将该公式复制到单元格 C6 中时，会发现 C6 中的公式自动调整为"＝B2＋B3"，这是由于公式从 B5 复制到 C6，行数、列数均增加 1，所以公式中引用的单元格也增加相应的行数和列数，即由 A1、A2 变为 B2、B3 了。

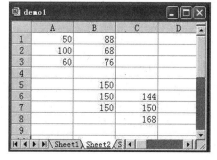

图 4-15　三种单元格地址的引用方式示例

② 绝对引用：绝对引用描述了特定单元格的绝对地址，在行号和列号前均增加"＄"符号来表示，如 ＄A＄1。在公式复制时，公式中的绝对引用将不随公式位置的变化而改变。例如，在图 4-15 所示的单元格 B6 中输入公式"＝＄A＄1＋＄A＄2"，再将公式复制到单元格 C7，会发现 C7 中的公式仍为"＝＄A＄1＋＄A＄2"。

③ 混合引用：如果单元格引用地址的一部分为绝对引用地址，另一部分为相对引用地址，例如，＄A1 或 A＄1，这类引用方式称为混合引用，这类地址称为混合地址。当公式

因为复制或插入而引起行、列变化时,公式中的相对引用部分会随位置变化,而绝对引用部分不会变化。例如,在如图 4-15 所示的单元格 B7 中输入公式"＝＄A1＋A＄2",然后将公式复制到单元格 C8,会发现 C8 中的公式变成"＝＄A2＋B＄2"。

三种引用在输入时可以互相转换。在公式中先选中要转换引用的单元格,然后反复按 F4 键,即可在三种引用地址之间不断切换。用户可以通过以上三种类型的单元格地址表示法,创建出灵活多变的公式来。

（3）创建三维公式

在实际工作中,用户常常需要把不同工作表,甚至是不同工作簿中的数据应用于同一个公式中进行计算处理,这类公式被形象地称为三维公式。三维公式的构成如下:

① 不同工作表中的数据所在单元格地址的表示:

工作表名称!单元格引用地址

② 不同工作簿中的数据所在单元格地址的表示:

[工作簿名称]工作表名称!单元格引用地址

三维公式的创建与一般公式一样,可直接在编辑栏中输入。例如,要把 Sheet3 中 C3 单元格的数据和 Sheet2 中 D2 单元格的数据相加,结果放在 Sheet1 的 A5 单元格,则在 Sheet1 的 A5 单元格中输入公式"＝Sheet3!C3＋Sheet2!D2"。

4.2.3　数据编辑

对单元格数据的编辑包括修改、删除、复制和移动、查找与替换、插入或删除单元格等操作。

1. 数据修改

在编辑状态下,修改单元格中的数据主要有插入字符、删除字符、替换字符、复制和移动字符等操作,其操作方法与 Word 相似。在 Excel 2003 中,修改数据有两种方法:一是在编辑栏中修改,二是直接在单元格中修改。具体操作如下:

方法 1:单击要编辑的单元格,然后单击编辑框中要编辑的位置。设置好插入点,然后在编辑框中编辑数据,最后单击"√"按钮或按 Enter 键确认修改,单击"×"按钮或按 Esc 键放弃修改。这种操作方法常用于编辑内容较长的单元格或包含公式的单元格。

方法 2:双击要编辑的单元格,单元格内将出现插入点。将插入点移到要编辑的位置,然后在单元格中直接编辑数据。这种操作方式常用于编辑内容较短的单元格。

2. 数据删除

Excel 中的数据删除有两个不同的概念,即有两种不同的删除方法:数据清除和数据删除。

（1）数据清除

数据清除的对象是单元格中的数据,而单元格本身仍然存在。数据清除的操作为:选中要清除的单元格或区域,然后选择"编辑"菜单中的"清除"命令,再在级联菜单中选择相应的清除命令。

①"全部"命令:清除单元格或区域中的所有特性,包括值、公式、格式、批注等。

②"格式"命令：只清除单元格或区域中的格式，将格式恢复到"常规"，其他特性仍然保留。

③"内容"命令：只清除单元格或区域中的值，而保留其他特性。

④"批注"命令：只清除单元格或区域中的批注，而保留其他特性。

清除一个单元格或区域所含内容的快速方法是：选中该单元格或区域，然后按Del 键。

（2）数据删除

数据删除的对象是单元格，删除后单元格和单元格中的数据全部消失。数据删除的操作为：选中要删除的单元格或区域，然后选择"编辑"菜单中的"删除"命令，则弹出如图 4-16 所示的对话框。用户在其中选择所需的选项：

①"右侧单元格左移"和"下方单元格上移"：将右侧或下方的单元格移动到被删除的单元格或区域的位置上，以填补留下的空白。

②"整行"和"整列"：删除选中单元格或区域所在的整行或整列，下方或右侧的单元格将自动填补留下的空白。

图 4-16　"删除"对话框

如果要删除整行或整列，可以直接选中相应的行号或列号，然后选择"编辑"菜单中的"删除"命令，则将直接删除该行或该列，而不会出现"删除"对话框。

3. 数据复制和移动

（1）数据复制、移动

① 鼠标拖放操作：如果要在小范围内执行复制或移动操作，例如，在同一工作表内进行复制或移动，采用此方法比较方便。操作方法如下：选中需要复制或移动的单元格或区域，然后将鼠标指针指向选中区域的边框。当鼠标光标由空心十字形变成指向左上角的箭头时，执行下列操作中的一种。

- 移动：将选中区域拖动到粘贴区域，然后释放鼠标。Excel 将以选中区域替换粘贴区域中的现有数据。
- 复制：先按住 Ctrl 键，再拖动鼠标，其他同移动操作。

② 利用剪贴板：如果要在工作表或工作簿之间进行复制或移动，利用剪贴板来操作很方便。操作方法如下：选中要复制或移动的单元格或区域，然后单击"常用"工具栏上的"复制"按钮（进行复制操作）或"剪切"按钮（进行移动操作）。执行后，选中区域的周围将出现闪烁的虚线。切换到其他工作表或工作簿，选中粘贴区域（与原区域大小相同），或选中粘贴区域的左上角单元格，单击"常用"工具栏上的"粘贴"按钮。执行后，选中区域的数据替换成粘贴区域中的数据。

操作后，只要闪烁虚线不消失，粘贴操作可以重复进行；如果闪烁虚线消失，粘贴就无法再进行了。

（2）选择性粘贴

一个单元格含有多种特性，如内容、格式、批注等。另外，它还可能是一个公式，含有效性规则等，数据复制时只需复制它的部分特性。为此，Excel 提供了一个选择性粘贴功能,可以有选择地复制单元格中的数据,同时可以进行算术运算、行列转置等。

选择性粘贴操作步骤如下:

① 选中需要复制的单元格或区域,然后单击"常用"工具栏上的"复制"按钮,将选中的数据复制到剪贴板。

② 选中粘贴区域的左上角单元格,然后选择"编辑"菜单中的"选择性粘贴"命令,弹出如图 4-17 所示的对话框。

③ 在对话框中选择下列相应选项,然后单击"确定"按钮。

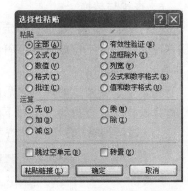

图 4-17　"选择性粘贴"对话框

- "粘贴"区:选择选中区域的公式、数值、格式、批注、有效数据等属性粘贴到粘贴区域。

- "运算"区:使用指定的运算符来组合选中和粘贴区,即用选中区中的数据与粘贴区中的数据进行计算,结果存放在粘贴区。

- "跳过空单元"复选框:选中此复选框,可避免选中区域的空白单元格取代粘贴区域中已有的数值,即选中区域中空白单元格不被粘贴。

- "转置"复选框:选中此复选框,可以将选中区域中的数据进行行、列交换后复制到粘贴区域。

4. 单元格、行、列的插入和删除

在操作过程中若需要更多的空间,可通过 Excel 的"插入"操作来进行单元格、行和列的插入。

插入单元格是在选中单元格的上面或左面插入,插入行是在选中行的上面插入,插入列是在选中列的左面插入,插入的数目与选中的数目相符。例如,要在 B 列的左面插入两个空列,可以先选中 B、C 两列,然后从"插入"菜单中选择"列"命令。同理,使用"插入"菜单中的"行"命令,可在选中行上面插入所需的空行。

图 4-18　"插入"对话框

下面以插入单元格为例介绍操作步骤:

① 在需要插入单元格处选中相应的单元格区域。注意,选中的单元格数量应与待插入单元格的数目相同。

② 选择"插入"菜单下的"单元格"命令,弹出如图 4-18 所示的对话框。

③ 在对话框中选择相应选项,然后单击"确定"按钮。

单元格、行、列的删除在"数据删除"部分已作介绍,这里不再重复。

5. 撤销和恢复编辑操作

在编辑操作过程中,如果执行了一些误操作,可对其撤销。Excel 提供的"多步撤销"功能允许用户撤销最近所做的多达 16 步编辑操作。同样,也可恢复被撤销的操作。

如果只撤销上一步操作,可单击"常用"工具栏上的"撤销"按钮;如果要撤销多步操作,可以单击"撤销"按钮右边的下拉三角按钮,在打开的下拉列表中选择要撤销的操作步

数；如果要恢复已撤销的操作，可单击"常用"工具栏上的"恢复"按钮。

6. 查找与替换

"查找"与"替换"是指在指定范围内找到用户所指定的单个字符或一组字符串，并将其替换成另一个字符或一组字符串。

（1）数据查找

在选中了要查找的区域之后（如果不选中查找区域，默认是指整个工作表），就可以执行查找操作了。查找的方法如下：

① 选择"编辑"菜单中的"查找"命令，弹出"查找和替换"对话框，如图 4-19 所示。

图 4-19　"查找和替换"对话框中的"查找"选项卡

② 在"查找内容"文本框中，输入所要查找的内容，然后单击"查找下一个"按钮，就可以在选项区域中查找。当找到确定的内容后，该单元格变为活动单元格。如果想要一次查找出所有匹配的单元格，可在"查找和替换"对话框中单击"查找全部"按钮。所查找到的单元格位置和值都将在"查找和替换"对话框的下部显示出来。

③ 在查找过程中还可以使用模糊匹配的方法。例如，要查找 4000～4999 范围内的单元格内容，可在"查找内容"文本框中输入"4???"，然后单击"查找下一个"或"查找全部"按钮。

④ 如果要进行高级查找，可在"查找和替换"对话框中单击"选项"按钮，出现如图 4-20 所示的窗口。在该窗口中可设置查找的范围或匹配的格式。例如，要在工作簿的所有工作表中查找，可在"范围"下拉列表中选择"工作簿"选项；在"搜索"下拉列表中选择"按行"或"按列"搜索方式；在"查找范围"下拉列表中有"公式"、"值"和"批注"3 个选项，另外还有"区分大小写"、"区分全/半角"等复选条件，可以根据需要来设置。

图 4-20　高级查找对话框

⑤ 单击"格式"按钮，将出现一个如图 4-20 所示的下拉菜单。选择"格式"菜单项，可以对要查找的单元格的格式进行设置；选择"从单元格选择格式"菜单项，则可以提取单元

格的格式。

⑥ 单击"关闭"按钮,将关闭"查找和替换"对话框,并且光标会移动到工作表中最后一个符合查找条件的位置。

（2）数据替换

替换就是将查找到的信息替换为用户指定的信息。替换的方法如下：

① 选中要替换的范围。如果不选中范围,Excel 将在整个工作表中进行替换。

② 选择"编辑"菜单中的"替换"命令,打开"查找和替换"对话框,如图 4-21 所示。

③ 在"查找内容"文本框中输入要替换的内容,在"替换为"文本框中输入替换后的内容。

④ 单击"查找下一个"按钮开始搜索。当找到第一个内容匹配的单元格后,该单元格就变为活动单元格,这时可以单击"替换"按钮进行替换,也可以单击"查找下一个"按钮跳过此次查找的内容并继续搜索。

⑤ 如果要一次替换所有匹配的单元格内容,单击"查找全部"按钮,然后单击"全部替换"按钮,可以把所有与"查找内容"相符的单元格内容替换成新内容,并弹出如图 4-22 所示的系统提示对话框。单击"确定"按钮完成操作。

图 4-21　"查找和替换"对话框中的"替换"选项卡

图 4-22　系统提示对话框

7. 给单元格加批注

批注是为某个数据项设置提示性的信息或做些解释,像提醒用户别忘记做某件事等。添加批注的方法是：选中要添加批注的单元格,然后打开"插入"菜单,单击"批注"命令,将出现一个类似文本框的输入框。在这里输入提示的信息,然后单击工作表中的任意位置,这个单元格中将出现一个红色箭头。把鼠标移动到该单元格上,就能看到批注提示框,如图 4-23 所示。

插入的批注也可以修改。在单元格中右击,从弹出的快捷菜单中选择"编辑批注"命令,即出现批注输入框,可对其进行修改。删除批注也很简单,在单元格中右击,然后单击菜单中的"删除批注"命令即可,如图 4-24 所示。

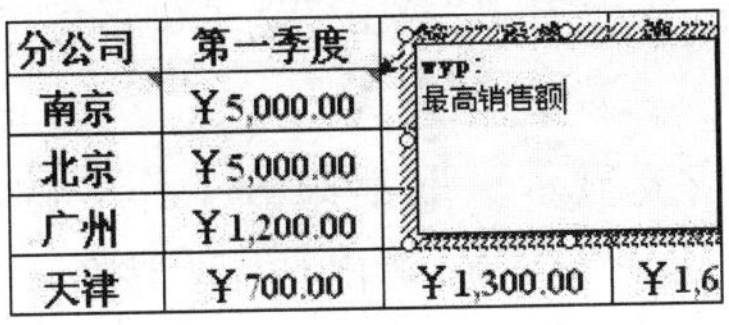

图 4-23　给单元格添加批注

图 4-24　编辑或删除批注

4.3　工作表的编辑和格式化

4.3.1　工作表的编辑

1. 工作表的选中

在对工作表进行操作前,必须先选中要操作的工作表。Excel 中提供了多种选中活动工作表的方法:

① 选中一个工作表:首先通过标签滚动按钮找到所需的工作表标签,然后单击工作表标签。

② 同时选中多个连续的工作表:单击要选中的第一个工作表标签,然后按住 Shift 键不放,单击所要选中的最后一个工作表标签。

③ 同时选中多个不连续的工作表:单击要选中的第一个工作表标签,然后按住 Ctrl 键不放,依次单击所要选中的其他工作表标签。

④ 取消选中:单击未被选中的工作表标签,在选中此工作表的同时清除以前的选中。

2. 工作表的删除、插入、更名和隐藏

(1) 工作表的删除

如果想删除一个或多个工作表,只要选中要删除工作表的标签,再选择"编辑"菜单中的"删除工作表"命令即可。执行工作表删除操作后,被选中的工作表被删除,且相应的标签也从标签栏中消失。

注意:工作表被删除后,不可用"常用"工具栏上的"撤销"按钮恢复。

(2) 工作表的插入

如果想在某个工作表前插入一个或多个空白工作表,只需先选中相应的工作表标签,然后选择"插入"菜单中的"工作表"命令,就可在选中的工作表之前插入与选中数目相同的空白新工作表。

(3) 工作表的更名

Excel 自动为每一个工作表命名为 Sheet1,Sheet2,Sheet3,…有时需要为某些工作表起个"顾名思义"的名字,以便识别,此时需要使用 Excel 提供的更名功能。方法为:先双击要更名的工作表标签,标签出现反相显示,然后输入新名称覆盖原有名称,最后按 Enter 键确认。

(4) 工作表的隐藏和恢复

有时候用户可能不希望别人查看某些工作表,此时可以使用 Excel 的隐藏功能将工作表隐藏起来。当一个工作表被隐藏时,它所对应的标签同时被隐藏起来。

如果要隐藏工作表,先选中需要隐藏的工作表,然后单击"格式"菜单中的"工作表"子菜单中的"隐藏"命令。

工作表隐藏后,如果要使用它们,可以将它们恢复显示。取消隐藏工作表的操作为:单击"格式"菜单中的"工作表"子菜单中的"取消隐藏"命令,在弹出的"取消隐藏"对话框中选择要恢复的工作表,然后单击"确定"按钮。

3. 工作表的复制和移动

在实际使用中，为了更好地共享和组织数据，经常需要复制或移动工作表。复制和移动操作既可以在同一工作簿内进行，也可以在不同工作簿之间进行；操作时既可以使用菜单命令，也可以使用鼠标拖动方法。

(1) 使用菜单命令

此方法适合在不同工作簿之间复制或移动工作表。例如，将 Book1.xls 中的 Sheet1
复制到 Book2.xls 中的 Sheet3 之前，操作步骤为：

① 分别打开源工作簿文件 Book1.xls 和目标工作簿文件 Book2.xls。

② 切换到源工作簿文件 Book1.xls，选中要操作的工作表 Sheet1。

③ 选择"编辑"菜单中的"移动或复制工作表"命令，弹出如图 4-25 所示的对话框。

④ 在"工作簿"下拉列表框中选择目标工作簿文件 Book2，在"下列选定工作表之前"列表框中选择复制的位置 Sheet3，再选中"建立副本"复选框。

图 4-25　"移动或复制工作表"对话框

⑤ 单击"确定"按钮，完成操作。

(2) 使用鼠标拖动方法

如果要在同一个工作簿内复制或移动工作表，使用鼠标拖动的方法更为快捷、方便。例如，在 Book1.xls 文件中，将 Sheet1 移动到 Sheet3 之前的操作步骤为：

① 打开或切换到 Book1.xls 工作簿文件。

② 鼠标指向要移动的工作表标签，然后按住鼠标左键拖动，此时鼠标指针变成一张小白纸，同时有一个小三角，用于指出工作表的移动位置。

③ 拖动小三角到 Sheet2 和 Sheet3 之间，释放鼠标按键即可完成工作表的移动。

如要复制工作表，操作步骤同上，只不过在按住鼠标左键拖动之前，先按住 Ctrl 键；在拖动过程中，鼠标指针将变成一张带加号的小白纸。

4. 工作表标签颜色的改变

同一工作簿中的工作表标签可以具有不同的颜色，使工作表之间的区别更加明显。设置工作表标签颜色的方法是：右击要设置的表标签，从打开的快捷菜单中单击"工作表标签颜色"选项，或者在选择表标签后单击"格式"菜单下的"工作表"子菜单中的"工作表标签颜色"菜单项，打开一个如图 4-26 所示的"设置工作表标签颜色"对话框。默认的工作表标签颜色为"无颜色"，用户可以从颜色列表中选择任一颜色作为工作表标签的颜色。

图 4-26　"设置工作表标签颜色"对话框

5. 工作表窗口的拆分与冻结

如果数据很多，一个文件窗口不能将工作表数据全部显示出来，需要滚动屏幕查看工作表的其余部分。这时，工作表的行标题或列标题可能会滚动到窗口区域以外看不见了。如果希望在滚动工作表数据的同时，仍然能够看到行或列的标题，可以将工作表拆分为几个区域，从而在一个区域滚动工作表，而在另一个区域显示标题。操作方法为：执行“窗口”菜单中的“拆分”命令，将当前窗口一分为四，每个窗口都可以显示同一表格的任意部分。用鼠标拖动分割线，可改变分割尺寸。分割后的窗口如图 4-27 所示。

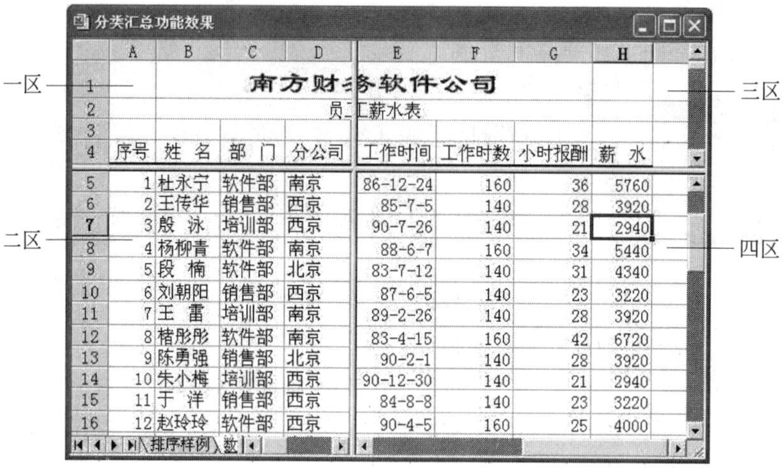

序号	姓 名	部 门	分公司	工作时间	工作时数	小时报酬	薪 水
1	杜永宁	软件部	南京	86-12-24	160	36	5760
2	王传华	销售部	西京	85-7-5	140	28	3920
3	殷 泳	培训部	西京	90-7-26	140	21	2940
4	杨柳青	软件部	南京	88-6-7	160	34	5440
5	段 楠	软件部	北京	83-7-12	140	31	4340
6	刘朝阳	销售部	西京	87-6-5	140	23	3220
7	王 雷	培训部	南京	89-2-26	140	28	3920
8	楮彤彤	软件部	南京	83-4-15	160	42	6720
9	陈勇强	销售部	北京	90-2-1	140	28	3920
10	朱小梅	培训部	西京	90-12-30	140	21	2940
11	于 洋	销售部	西京	84-8-8	140	23	3220
12	赵玲玲	软件部	西京	90-4-5	160	25	4000

图 4-27 拆分后的窗口

窗口拆分后，可以用二、三区分别显示行、列标题，而把四区主要作为数据观察区。例如在四区中上、下滚动数据，就可以对照三区中的列标题观看数据。

如果不希望某个窗口滚动，如要固定二区、三区中的标题不动，可先选择一个要冻结的窗口，然后执行“窗口”菜单项中的“冻结窗格”命令。

利用“窗口”菜单中的“取消窗口冻结”命令，可取消窗口的冻结；同理，利用“窗口”菜单中的“取消拆分”命令，可取消窗口的拆分。

4.3.2 工作表的格式化

工作表建立和编辑后，根据需要可对工作表进行格式化，使工作表的外观更漂亮，排列更整齐，重点更突出。工作表格式化主要有六方面的内容：数字格式、对齐方式、字体、边框线、图案和列宽行高的设置等。工作表的格式化设置可以由用户自定义格式，也可通过 Excel 提供的自动格式化功能来实现。

1. 自定义格式

自定义格式通常有两种方法来实现：一是使用“格式”工具栏；二是使用“格式”菜单中的“单元格”命令，通过“单元格格式”对话框来设置。

对于常用格式，以及仅对某些数据的格式做一些比较简单的设置，可以直接使用“格式”工具栏上的快捷按钮来实现；对于用“格式”工具栏无法完成的格式化工作，则需要使用“单元格”命令来设置。

注意：对单元格格式化并不改变其中原有的数据或公式，只是改变它们的显示方式。

(1) 设置数字格式

数字格式是指对工作表中数字的表示形式进行格式化。Excel 内部共设置了 11 种数字格式,分别是常规、数值、货币、会计专用、日期、时间、百分比、科学记数、文本和特殊。如果需要,用户还可以自己定义数字格式。

① 利用"格式"工具栏设置:格式工具栏上有 5 个按钮用于数字格式化,如图 4-28 所示。

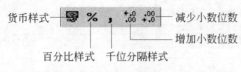

货币样式 —— 减少小数位数

增加小数位数

百分比样式　　千位分隔样式

图 4-28　"格式"工具栏上的数字格式工具按钮

- "货币样式":对选中区域的数值型数据前面加上人民币符号,并对数据四舍五入取整。
- "百分比样式":将选中区域的数值型数据乘以 100 后再加百分号,成为百分比形式。
- "千位分隔样式":对选中区域中的数值型数据加上千分号。
- "增加小数位数":使选中区域的数据的小数位数加 1。例如,234.5 变为 234.50。
- "减少小数位数":使选中区域的数据的小数位数减 1。

② 利用"数字"选项卡设置:在"单元格格式"对话框中选择"数字"选项卡后,对话框中将出现"分类"列表框,如图 4-29 所示。首先在"分类"列表框中选择数据的类别,此时在对话框右部将显示本类别中可用的各种显示格式以及示例,然后在其中直观地选择具体的显示格式,最后单击"确定"按钮。

例如,在图 4-29 中,将表格中的所有数字都加上千分号及货币符号,操作方法如下:选中 B3:G7 区域,然后选择"格式"菜单中的"单元格"命令,打开"单元格格式"对话框;在"数字"选项卡上选择"数值"类型,然后选中"使用千位分隔符"复选框,并将"小数位数"设置为 2,单击"确定"按钮完成设置;再单击"格式"工具栏上的"货币样式"按钮即可。

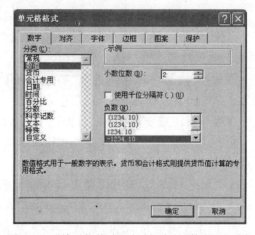

图 4-29　"单元格格式"对话框中的"数字"选项卡

(2) 设置字体格式

字体格式用来设置单元格中数据的字体、字形、字号、颜色和效果,它可以对整个单元格中的数据进行设置,只需选中相应的单元格即可;也可以对单元格中的部分数据进行设置,但事先必须在编辑框中选中要设置的部分数据。

Excel 的"格式"工具栏上的"字体"格式按钮和"单元格格式"对话框中的"字体"选项卡与 Word 中的"格式"工具栏及"字体"对话框基本相似,在此不作详细介绍。

图 4-30 中的标题"某公司全年服装销售统计表"就是按华文行楷、粉红色、加粗、26 磅设置而成的。

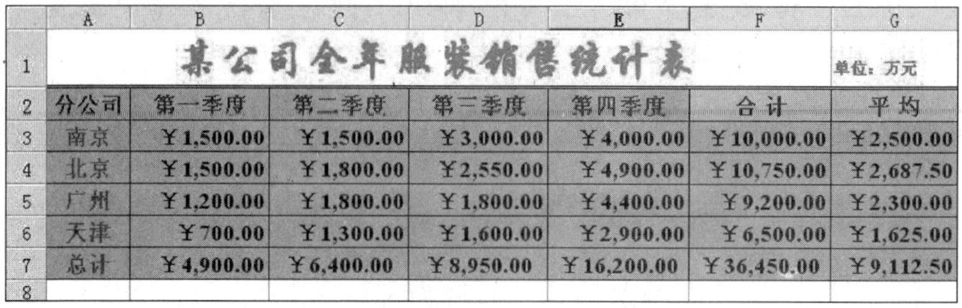

	A	B	C	D	E	F	G
1	某公司全年服装销售统计表						单位：万元
2	分公司	第一季度	第二季度	第三季度	第四季度	合计	平均
3	南京	¥1,500.00	¥1,500.00	¥3,000.00	¥4,000.00	¥10,000.00	¥2,500.00
4	北京	¥1,500.00	¥1,800.00	¥2,550.00	¥4,900.00	¥10,750.00	¥2,687.50
5	广州	¥1,200.00	¥1,800.00	¥1,800.00	¥4,400.00	¥9,200.00	¥2,300.00
6	天津	¥700.00	¥1,300.00	¥1,600.00	¥2,900.00	¥6,500.00	¥1,625.00
7	总计	¥4,900.00	¥6,400.00	¥8,950.00	¥16,200.00	¥36,450.00	¥9,112.50
8							

图 4-30　自定义格式工作表示例

(3) 设置对齐格式

默认情况下，Excel 将输入的数字自动右对齐，输入的文字自动左对齐。但有时，为满足一些表格处理的特殊要求或整个版面的布局美观，希望某些数据按照某种方式对齐，这时可通过“格式”工具栏或“对齐”选项卡来设置。

① 利用“格式”工具栏设置：“格式”工具栏上有 4 个“对齐”格式按钮用于快速设置对齐格式，它们分别是：

- “左对齐”、“右对齐”、“居中”：使用这些按钮，将使所选单元格、区域、文字框或图表文字中的内容向左对齐、向右对齐和居中对齐。
- “合并及居中”：将选中的由多个连续单元格组成的单元格区域合并成一个“大”的单元格，合并后的单元格只保留选中区域左上端单元格中的数据，并居中对齐。此项功能尤其适用于表标题。

例如，要将图 4-30 中的标题“某公司全年服装销售统计表”设置成跨列居中，操作方法为：首先选中区域 A1:F1，然后单击“合并及居中”按钮，即可将标题置于区域的中间部位。在操作时注意要将居中的数据置于此区域的最左上的一个单元格中。

② 利用“对齐”选项卡设置：单击“单元格格式”对话框中的“对齐”选项卡，如图 4-31 所示。用户可以进行以下设置。

- “水平对齐”：该下拉列表框可设置单元格数据水平方向上的对齐方式，包括常规、靠左(缩进)、居中、靠右、填充、两端对齐、跨列居中、分散对齐。Excel 默认的水平对齐格式为“常规”，即文字左对齐，数字右对齐，逻辑值和错误值居中对齐。
- “垂直对齐”：该下拉列表框可设置单元格数据垂直方向上的对齐方式，包括靠上、居中、靠下，两端对齐、分散对齐。Excel 默认的垂直对齐格式为“靠下”，即数据靠下垂直对齐。
- “文本控制”：用来解决单元格中文字较长，被“截断”的情况。
  - ✓ “自动换行”复选框：对输入的文本根据单元格列宽自动换行，行数的多少取决于列的宽度和文本的长度。
  - ✓ “缩小字体填充”复选框：缩减单元格中字符的大小，使数据调整到与列宽一致。
  - ✓ “合并单元格”复选框：将多个单元格合并为一个单元格。

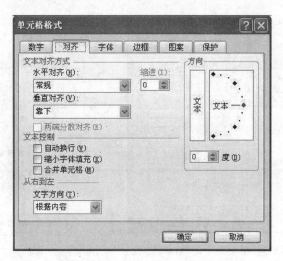

图 4-31　"单元格格式"对话框中的"对齐"选项卡

- 从右到左：在"文字方向"框中选择选项，以指定阅读顺序和对齐方式。
- "方向"：用来改变单元格中数据的旋转角度，角度范围为 $-90°\sim90°$。

（4）设置边框线

在工作表中为单元格添加边框线可突出显示工作表数据，使工作表更加清晰、明了。边框线可以增添在单元格的上、下或左、右，也可以增添在四周。

① 利用"格式"工具栏设置：用"格式"工具栏上的"边框"列表按钮可使边框的添置操作较为简便。当单击"边框"按钮上的向下箭头时，可弹出边框列表。在这个列表中含有 12 种不同的边框线设置，供用户选择。

② 利用"边框"选项卡：利用"单元格格式"对话框中的"边框"选项卡（如图 4-32 所示），可对选中的单元格区域进行边框线位置、样式和颜色的选择。设置方法如下：首先在"样式"框中选择框线的式样，如点虚线、实线、双线等；然后在"颜色"框中选择框线的颜色；最后通过单击相应的按钮设置边框线。"预置"区的"无"按钮表示删除所有选中单元格的边框线，"外边框"按钮表示仅在选中区域的外部添加边框线，"内部"按钮表示为所选区域添加内部网格线。"边框"区有 8 个按钮，可分别为选中区域添加四条边、两条网格线和两条斜线。

（5）设置单元格或单元格区域图案

图案是指单元格区域的颜色和阴影。设置合适的图案可以使工作表显得更为生动活泼，使其既醒目又美观。

图案可以使用"格式"工具栏上的"填充色"按钮来设置，步骤为：单击该按钮的左边部分，将当前颜色作为填充色；单击该按钮右边的向下箭头，将弹出颜色列表，在这个列表中选择一种填充色作为选中单元格区域的背景色。

还可以通过"单元格格式"对话框中的"图案"选项卡来设置，步骤为：填充色在"颜色"区选择；然后打开"图案"列表，上面 3 行用于设置图案的形状，下面 7 行用于设置图案的颜色，如图 4-33 所示。

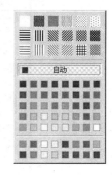

图 4-32　"单元格格式"对话框中的"边框"选项卡　　　　图 4-33　选择填充图案

（6）设置行高和列宽

当用户建立工作表时，所有单元格具有相同的宽度和高度。但如果在单元格中输入的文本过长，而且右边相邻的单元格中又有内容时，超长的文本将被截去；如果输入的数字过长而无法显示，则用"＃＃＃＃＃＃"表示。当然，完整的数据还在单元格中，只是没有显示出来。因此，有必要调整单元格的行高和列宽，以便数据能够完整地显示出来。

① 改变列宽：用鼠标与菜单命令都可以调整列宽。

- 用鼠标改变列宽：将鼠标指针移到某列号的右分隔线上，指针变为一个双向箭头。这时双击此分隔线，列宽将自动调整，以适合列中的最宽数据；如果用鼠标拖动此分隔线，可调整列宽（拖动时，列宽会显示在编辑栏的名字框中）。当列宽为·0时，可隐藏一列数据。要取消隐藏，只要把指针移到隐藏处，指针变为双线双箭头后双击即可。

- 用菜单命令改变列宽：选择要设置的列，选择"格式"→"列"→"列宽"或"最适合的列宽"命令，可调整选中列的列宽；选择"格式"→"列"→"隐藏"命令可隐藏选中列；选择"取消隐藏"命令可恢复显示原隐藏的列。

② 改变行高：使用鼠标拖动或使用"格式"→"行"→"行高"或"最适合的行高"等命令，可以调整行高，以适合该行中最大号字体高度或隐藏选中的行等。它们的操作方法与改变列宽的方法相似。

（7）设置条件格式

利用 Excel 提供的"条件格式"功能，可以根据单元格中的数值是否超出指定范围或在限定范围之内的不同情况，为单元格套用不同的字体格式、图案和边框。例如，在一个成绩单中，对于高于 90 分的成绩，在此单元格加上绿色背景色；对于低于 80 分的成绩，为此单元格加上红色背景色。

图 4-34 所示是一个应用了条件格式后的工作表，其设置条件格式的操作步骤如下：

① 选中 B3 到 F7 单元格。

② 单击"格式"菜单中的"条件格式"命令，弹出"条件格式"对话框。

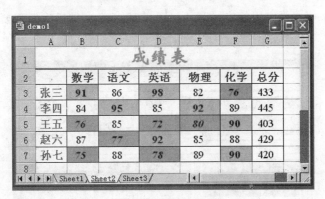

图 4-34　设置条件格式示例

③ 选中"条件 1"框中的"单元格数值"选项,然后在"运算符"下拉列表框中选择"介于"选项,再在右边的文本框中分别输入"90"和"100"。

④ 单击"格式"按钮,将弹出"单元格格式"对话框。设置字形为"加粗",用"图案"选项卡将背景色设置为绿色,然后单击"确定"按钮,返回"条件格式"对话框。

⑤ 单击"添加"按钮,为条件格式添加一个新的条件。

⑥ 在"条件 2"框中的"运算符"下拉列表框中选择"介于"选项,然后在右边的文本框中分别输入"60"和"80"。

⑦ 单击"格式"按钮,将弹出"单元格格式"对话框。设置字形为"加粗倾斜",背景色设置为红色,然后单击"确定"按钮,返回"条件格式"对话框,如图 4-35 所示。

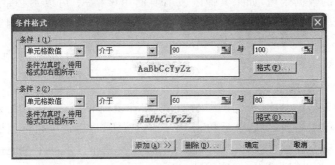

图 4-35　具有两个条件的"条件格式"对话框

⑧ 单击"条件格式"对话框中的"确定"按钮。

注意:在一个条件格式的设置中,最多只可设定 3 个条件。

2. 自动格式化

Excel 为用户提供了多种工作表格式,用户可以使用 Excel 的"自动套用格式"功能为自己的工作表套用已有的格式。这样既可美化工作表,又可节省大量的时间。

利用"自动套用格式"功能对工作表进行格式化的操作步骤如下:

① 选择要自动套用格式的区域,然后选择"格式"菜单中的"自动套用格式"命令,弹出相应的对话框。

② 选择所需格式。如果想套用格式中的部分内容,可单击"选项"按钮,此时在对话

计算机应用基础教程

框的底部扩展出一个"要应用的格式"框(如图 4-36 所示),然后根据需要设置或取消某个格式复选框。

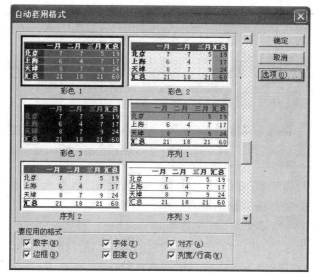

图 4-36 "自动套用格式"对话框

③ 设置完毕后,单击"确定"按钮,即完成了格式化工作。

3. 格式的复制和删除

对已格式化的数据区域,如果其他区域也要使用该格式,可以不必重新设置,只需使用工具按钮或菜单命令进行格式复制,即可快速完成。另外,用户可以用菜单命令将不满意的格式删除。

(1) 格式复制

① 使用工具按钮复制格式

使用"常用"工具栏上的"格式刷"按钮可以快速复制格式,操作方法如下:先选中含有要复制格式的单元格或区域,然后单击"格式刷"按钮,最后选中目标区域。如果要将选中的格式复制到多个区域,则双击"格式刷"按钮,在这几个区域一个个地进行复制。完成复制格式后,再次单击"格式刷"按钮使其失效。

② 利用菜单命令复制格式

利用"编辑"菜单中的"复制"及"选择性粘贴"命令,也可将格式复制到其他区域,操作方法如下:先选中含有要复制格式的单元格或区域,然后从"编辑"菜单中执行"复制"命令,再选中要复制格式的目标区域,从"编辑"菜单中执行"选择性粘贴"命令,在弹出的对话框中选择"格式"单选按钮,最后单击"确定"按钮。

(2) 格式删除

如果要删除单元格或区域的格式,可利用"编辑"菜单中的"清除"命令,操作方法为:先选中单元格或区域,然后在"编辑"菜单中选择"清除"子菜单中的"格式"命令。

格式清除后,单元格中的数据将以通用格式来表示,即文字左对齐,数字右对齐。

4.3.3　Excel 中的数据保护

随着技术的进步,网上办公已成为现实,随之而来的数据安全问题日益突出。Excel 2003 提供了多种方法来保护计算机中的重要资料,以防止用户的误操作和他人对重要数据的恶意修改和删除。下面简单介绍如何在 Excel 中对数据进行保护。

1. 数据的修订

Excel 的网络应用为用户带来了很大的方便,共享的工作簿可以提高工作效率,但共享的工作簿很有可能被一些别有用心的人修改。为了避免这种情况的发生,用户可跟踪和审阅对工作簿的修订。

(1) 跟踪修订

如果没有对工作簿设置跟踪修订,则他人可以随意修改工作簿中的数据,且修改之后不容易查出该数据是否被修改过。如果要想清楚地了解数据的修改情况,可选择“工具”菜单栏下的“修订”→“突出显示修订”菜单命令,将弹出如图 4-37 所示的“突出显示修订”对话框。选中“编辑时跟踪修订信息,同时共享工作簿”复选框,然后单击“确定”按钮。当系统提示“此操作将导致保存文档。是否继续?”时,单击“确定”按钮,然后对图 4-10 所示的工作表中的 B3 单元格进行修改。当鼠标指回该单元格时,可以看到淡黄色提示框中出现修改此数据的用户名,以及修改的时间、原值和修改后的值(如图 4-38 所示)。

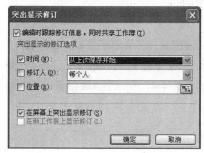

图 4-37　“突出显示修订”对话框　　　　图 4-38　跟踪修订示例

(2) 审阅修订

如果用户要审阅数据的修改,以便决定是否保存,可选择“工具”菜单栏下的“修订”→“接受或拒绝修订”菜单命令,将弹出如图 4-39 左图所示的“接受或拒绝修订”对话框。采用默认设置,单击“确定”按钮后,Excel 会将该工作簿中的修改之处依次显示出来,如图 4-39 右图所示,由用户决定是否保留。若要保留,则单击“接受”按钮;否则单击“拒绝”按钮。单击“全部接受”按钮将保留所有的修订;单击“全部拒绝”按钮将放弃所有的修订操作。

2. 数据的隐藏

共享工作簿中通常会有一些保密的数据,不仅不希望别人修改,甚至不希望别人看到,此时可利用 Excel 的数据隐藏功能进行设置。Excel 中可以隐藏某些单元格,或者行和列,甚至是整个工作表或工作簿。

(1) 隐藏单元格

具体方法如下:

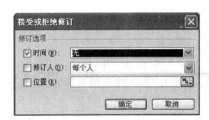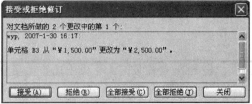

图 4-39　"接受或拒绝修订"对话框

① 选中需要隐藏内容的单元格,然后选择"格式"菜单栏下的"单元格"菜单命令。

② 在弹出的"单元格格式"对话框的"数字"选项卡的"分类"列表框中选择"自定义"选项,在"类型"文本框中输入 3 个分号";;;"。

③ 单击"确定"按钮后,所选单元格的内容就被隐藏了,如图 4-40 所示。

④ 单击"常用"工具栏中的"保存"按钮,保存所作的改动。

如果要显示已经被隐藏的单元格内容,可选择"编辑"菜单栏下的"撤销单元格格式"命令,或者在"单元格格式"对话框的"数字"选项卡中选择"常规",然后单击"确定"按钮。

(2) 隐藏工作表中的行或列

如果要在工作表中一次隐藏一列数据,可单击该列中任意单元格,然后选择"格式"菜单栏下的"列"→"隐藏"命令;如果要显示出隐藏的列,可选择"格式"菜单栏下的"列"→"取消隐藏"命令。同样的方法可以隐藏或显示工作表中的行。

(3) 隐藏工作表

如果要隐藏工作表,首先将其设为活动工作表,然后选择"格式"菜单栏下的"工作表"→"隐藏"命令,则选中的工作表被隐藏起来了。如果要显示已经被隐藏的工作表,可选择"格式"菜单栏下的"工作表"→"取消隐藏"命令,屏幕将弹出如图 4-41 所示的"取消隐藏"对话框。选择要显示的工作表,然后单击"确定"按钮,隐藏了的工作表就会重新显示出来。

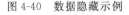

图 4-40　数据隐藏示例　　　　　　　　　　图 4-41　"取消隐藏"对话框

(4) 隐藏工作簿

如果要把整个工作簿隐藏起来,可选择"窗口"菜单栏下的"隐藏"命令,整个工作簿就被隐藏起来了。如果要显示已经被隐藏的工作簿,可选择"窗口"菜单栏下的"取消隐藏"命令,屏幕将弹出"取消隐藏"对话框。选择要显示的工作簿,然后单击"确定"按钮,即可将隐藏的工作簿显示出来。

3. 数据的保护

使用数据隐藏的方法可以对数据起到一定的保护作用,但对于精通 Excel 的人来说,这种保护形同虚设。Excel 提供了对数据进行保护的功能,以防止工作表中的数据被非授权存取或意外修改。

（1）保护工作表

选择“工具”菜单栏下的“保护”→“保护工作表”命令,将弹出“保护工作表”对话框,在“允许此工作表的所有用户进行”列表框中来设置,如图 4-42 所示,使得某些功能仍然可以使用;在“取消工作表保护时使用的密码”文本框中可以输入密码,然后单击“确定”按钮。如果用户想执行允许范围之外的操作,Excel 就会拒绝操作,并弹出如图 4-43 所示的提示对话框。单击“确定”按钮。

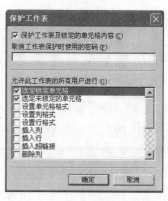

图 4-42　“保护工作表”对话框

图 4-43　提示对话框

如果想要取消工作表的保护状态,只要选择“工具”菜单栏下的“保护”→“撤销工作表保护”命令即可。若在如图 4-42 所示的保护工作表操作中设置了密码,则在撤销工作表保护的操作中必须输入正确的密码,才能撤销对工作表的保护。

（2）保护工作簿

保护工作簿是为了防止改变工作簿的显示和排列格式。选择“工具”菜单栏下的“保护”→“保护工作簿”命令,将弹出如图 4-44 所示的“保护工作簿”对话框。在该对话框中,选中“结构”复选框,可防止对工作簿结构的修改,其中的工作表就不能被删除、移动、隐藏,也不能插入新工作表;若选中“窗口”复选框,可保护工作簿的窗口不被移动、缩放、隐藏、取消隐藏和关闭。在“密码”文本框中还允许用户设置口令（此项可选）。为避免用户输入错误,造成工作簿被锁定,Excel 会提示用户再次输入密码确认,如图 4-45 所示。在“重新输入密码”文本框中输入密码,然后单击“确定”按钮。

图 4-44　“保护工作簿”对话框

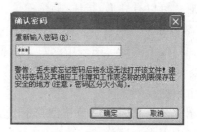

图 4-45　“确认密码”对话框

4.4 数据图表化

4.4.1 图表的基本概念

图表的作用是将表格中的数字数据图形化，以此来改善工作表的视觉效果，更直观、更形象地表现出工作表中数字之间的关系和变化趋势。

图表的创建是基于一个已经存在的数据工作表的，所创建的图表可以同源数据表格共处一张工作表上，也可以单独放置在一张新的工作表上，所以图表可分为两种类型：一种图表位于单独的工作表中，也就是与源数据不在同一个工作表中，这种工作表称为图表工作表。图表工作表是工作簿中只包含图表的工作表。另一种图表与源数据在同一工作表中，作为该工作表的一个对象，称为嵌入式图表。

1. 图表的组成元素

图表的组成元素较多，名称也很多，不过只要将鼠标指针指向图表的不同图表项，Excel 就会显示该图表项的名称。这里以柱形图表为例，先介绍图表的各个组成部分，如图 4-46 所示（源数据取自图 4-14 中的 A2:E6 区域）。

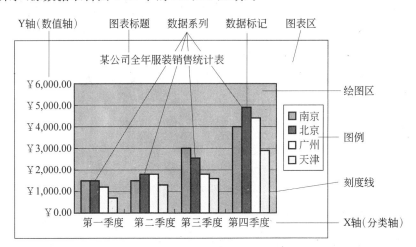

图 4-46　图表及其各种组成元素

① 数据标记：一个数据标记对应于工作表中一个单元格中的具体数值，它在图表中的表现形式可以有柱形、折线、扇形等。

② 数据系列：数据系列是指绘制在图表中的一组相关数据标记，来源于工作表中的一行或一列数值数据。图表中的每一数据系列的图形用特定的颜色和图案表示。可以增加数据标志，以方便查看。通常，在一个图表中可以绘制多个数据系列，但是在饼图中只能有一个数据系列。

③ 坐标轴：坐标轴是位于图形区边缘的直线，为图表提供计量和比较的参照框架。坐标轴通常由类型轴（X 轴）和数值轴（Y 轴）构成。可以通过增加网格线（刻度），使查看数据更容易。

④ 图例：图例是一个方框，用于区分图表中各数据系列或分类所指定的图案或颜色。每个数据系列的名字都将出现在图例区域中，成为图例中的一个标题内容。只有通过图表中的图例和类别名称，才能正确识别数据标记对应的数值数据所在的单元格位置。

⑤ 标题：有图表标题和坐标轴标题（如分类轴标题、数值轴标题等），是分别为图表、坐标轴增加的说明性文字。

⑥ 绘图区：绘图区是绘制数据图形的区域，包括坐标轴、网格线和数据系列。

⑦ 图表区：图表区是图表工作的区域，它含有构成图表的全部对象，可理解为一块画布。

2. 图表类型

Excel 提供了 14 种标准图表类型（柱形图、条形图、折线图、饼图、XY 散点图、面积图、圆环图、雷达图、曲面图、气泡图、股市图、圆锥图、圆柱图和棱锥图）、20 种系统内部图表类型和自定义图表类型，有二维图表和三维立体图表，每种类型又有若干种子类型，如图 4-47 所示。

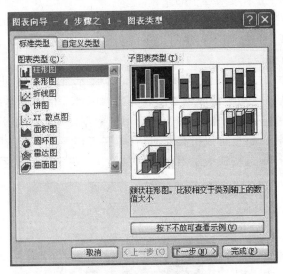

图 4-47　"图表类型"对话框

其中，较常用到的图表类型有柱形图、折线图和饼图，它们的特点分述如下：

柱形图又称直方图，用来显示一段时期内数据的变化或者描述各项之间的比较。它能有效地显示随时间变化的数量关系，从左到右的顺序表示时间的变化。柱形图的高度表示每个时期内的数值的大小。

折线图以等间隔显示数据的变化趋势。通过连接数据点，折线图可用于显示随着时间变化的趋势。

饼图是将某个数据系列视为一个整体（圆），其中每一项数据标记用扇形图表示该数值占整个系列数值总和的比例关系，从而简单、有效地显示出整体与局部的比例关系。它一般只显示一个数据系列，在需要突出某个重要数据项时十分有用。

4.4.2　创建图表

1. 利用"图表向导"创建图表

利用图表向导插入图表分为以下几个步骤：

（1）选中用于创建图表的数据区域

使用向导插入图表之前，先要选择作为图表数据源的数据区域。在工作簿中，可以用鼠标选取连续的区域；也可以配合键盘上的 Ctrl 键，选取不连续的区域。但在选取区域时，最好包括那些表明图中数据系列名和类名的标题。例如，在图 4-14 中选中 A2:E6 区域。

（2）启动"图表向导"

单击"常用"工具栏上的"图表向导"按钮，或者选择"插入"菜单中的"图表"命令，都会打开"图表类型"对话框，如图 4-47 所示。

（3）选择图表类型

在"图表类型"对话框中选择"标准类型"或"自定义类型"，再在右边的"子图表类型"列表框中选择一个合适的子图表类型。本例选择"柱形图"及第一个子图。并可使用"按下不放可查看示例"按钮来观察选中的结果。

如果单击"取消"按钮，则结束当前的制图过程；如果单击"下一步"按钮，则进入下一步骤；如果单击"完成"按钮，则不再执行以下的步骤，直接按系统默认的参数建立图表。

（4）确定图表数据源

如果在上一步中单击了"下一步"按钮，则屏幕显示"图表源数据"对话框，如图 4-48 所示。"数据区域"选项卡用于修改创建图表的数据区域并指定数据系列的显示方式。在"数据区域"文本框中显示的是在第（1）步中选中的数据区域。如果不正确，可以直接在该框中输入正确的数据区域；也可以折叠起对话框，在工作表中重新选中。"列"单选按钮表示数据系列在列；"行"单选按钮表示数据系列在行。本例选择数据系列在行。

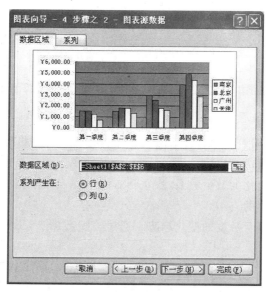

图 4-48　"图表源数据"对话框

"系列"选项卡用于修改数据系列的名称、数值和分类轴标志。若在数据源区域不选中文字,默认的数据系列名称为"系列 1,系列 2,…",分类轴标志为"1,2,…"。用户可以在"系列"选项卡中添加所需的名称和标志。

（5）确定图表选项

在上一步骤中单击"下一步"按钮后,屏幕就显示"图表选项"对话框,如图 4-49 所示。在该对话框中可以对图表添加说明性的文字或线条。用户可以根据需要分别在标题、坐标轴、网格线、图例、数据标志和数据表选项卡中设置相应的选项。本例中,在"标题"选项卡的"图表标题"文本框输入"某公司全年服装销售统计表"。

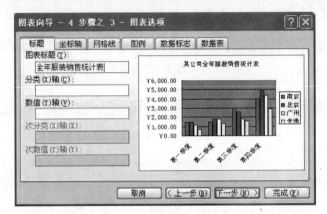

图 4-49　"图表选项"对话框

（6）确定图表位置

在上一步骤中单击"下一步"按钮后,屏幕显示"图表位置"对话框,如图 4-50 所示。

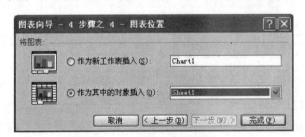

图 4-50　"图表位置"对话框

此对话框确定图表的位置,即建立的图表是嵌入式图表还是独立图表。其中,"作为新工作表插入"单选钮选中,表示建立独立图表,否则为嵌入式图表。本例选择"作为其中的对象插入"。单击"完成"按钮,即完成嵌入式图表的创建,结果如图 4-51 所示。

若要将创建好的嵌入式图表转换成独立图表,或者将独立图表转换成嵌入式图表,只需单击选中图表,再选择"图表"菜单中的"位置"命令,或右击图表,在弹出的快捷菜单中选择"位置"命令,则屏幕弹出如图 4-50 所示的对话框,在其中重新选择。

本例选择"作为新工作表插入"后,结果如图 4-52 所示。

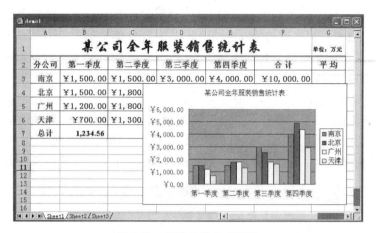

图 4-51　创建的嵌入式图表

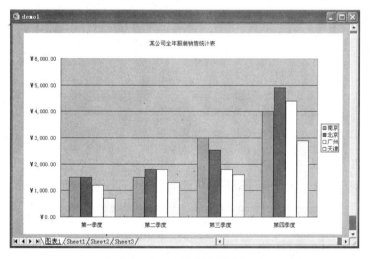

图 4-52　转换成独立图表

2. 快速创建图表

如果要快速创建简易图表,先选中要创建图表的数据区域,然后使用以下两种方法来创建。

方法 1:使用"图表"工具栏上的"图表类型"按钮 📊▾ 。如果单击该按钮左边部分,将用当前图表类型(见按钮表面的图形)创建嵌入式图表;如果单击该按钮右边的下三角按钮,将弹出图表列表,从中单击选择一种图表类型,则用这种图表类型创建嵌入式图表。

方法 2:按 F11 键,直接创建图表类型为"柱形图"的独立图表。

4.4.3　图表的编辑

图表编辑是指对已创建好的图表进行修改,它可以对整个图表进行,例如移动、复制、缩放等;也可以对图表中的各个对象(图表项)进行,例如数据系列的增加、删除,图表类型的更改等。图表编辑也遵循"先选中,后操作"的原则。

1. 图表对象的选中

一个图表由多个图表项(即图表对象)组成。在 Excel 中,对象名的显示与选中有以下两种方法。

方法 1:单击图表的图表区域选中图表,然后利用"图表"工具栏上"图表对象"下拉三角按钮,在其图表对象列表中单击某对象名,则图表中的该对象被选中。

方法 2:将鼠标指针指向某个图表对象,此时会显示相应的对象名,单击即可选中。例如,在一个数据系列上单击,便选中了该数据系列,再次单击则选中一个数据项。选中的图表与图表对象以黑矩形方块标识。

选中图表与图表对象后,菜单栏中的"数据"菜单自动改为"图表","插入"菜单、"格式"菜单中的命令也自动作相应的变化,使用这些菜单就可以对图表进行编辑。除此之外,还可以使用快捷菜单来编辑:右击某图表对象,会弹出该对象的快捷菜单。

2. 图表的移动、复制、缩放和删除

对选中图表的移动、复制、缩放和删除操作与任何图形操作相同,即拖动图表进行移动;按 Ctrl 键并拖动鼠标对图表进行复制;拖动 8 个黑矩形方块之一对图表进行缩放;按 Del 键删除图表。不同工作表间的移动、复制可通过"编辑"菜单中的"复制"、"剪切"和"粘贴"命令来完成。

3. 图表类型的改变

Excel 提供了丰富的图表类型,对已创建的图表,可根据需要改变图表的类型。具体操作步骤如下:

① 单击需要修改的图表,然后选择"图表"菜单中的"图表类型"命令;或右击图表,从快捷菜单中选择"图表类型"命令,弹出如图 4-47 所示的"图表类型"对话框。

② 选择所需的图表类型和子类型,然后单击"确定"按钮,完成图表类型的改变。

另外,也可用"图表"工具栏上的"图表类型"按钮来方便地改变图表类型,但不能选择子类型。

* 4. 图表中数据的编辑

图表创建之后,图表和工作表的数据区域之间就建立了联系。当工作表中的数据发生变化时,图表中的对应数据将自动更新。

(1)删除数据系列

要删除图表中的数据系列,应先单击选中相应的数据系列,然后按 Del 键删除。注意:删除图表中的数据系列,并不影响工作表中的相应数据。

(2)向图表中添加数据系列

若要给嵌入式图表增加数据系列,只要把数据拖动到图表上即可,具体操作为:先在工作表上选中要增加到图表上的数据系列,然后将数据拖动到图表上并释放鼠标,图表中将添加一个数据系列并同时在屏幕上显示。

若要给独立图表添加数据系列,操作步骤为:单击独立图表标签以选中图表,然后选择"图表"菜单中的"添加数据"命令,将出现"添加数据"对话框,如图 4-53 所示;单击包含添加数据的工作表标签,从中选中欲添加的数据区域后,单击"确定"按钮。

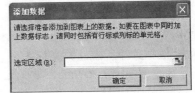

图 4-53　"添加数据"对话框

（3）图表中数据系列次序的调整

为了突出数据系列之间的差异或相似，可以对图表中的数据系列重新排列。例如，要使数据之间差异最小化，可以把数据从低到高或从高到低平缓排列。改变数据系列次序的操作如下：

① 选中需改动的图表，并选中一个数据系列。

② 从"格式"菜单中选中"数据系列"命令，打开"数据系列格式"对话框。在对话框中单击"系列次序"选项卡，显示如图 4-54 所示的对话框。

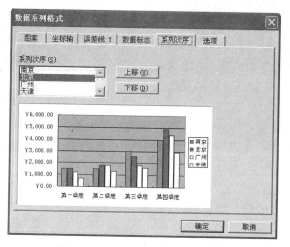

图 4-54　"数据系列格式"对话框

③ 在"系列次序"列表框中选中要改变次序的数据系列名称，然后单击"上移"或"下移"按钮，调整数据系列。

5. 图表中文字的编辑

文字编辑是指在图表中增加、修改和删除说明性文字，以便更好地说明图表的有关内容。

（1）增加图表标题和坐标轴标题

若要给图表或坐标轴增加标题，先选中图表，然后选择"图表"菜单中的"图表选项"命令，在弹出的对话框中单击"标题"选项卡（如图 4-49 所示），最后根据需要输入图表标题、分类轴标题、数值轴标题等内容。

（2）增加数据标志

为了增加图表的可读性，可以给图表中的数据系列增加说明性文字，即数据标志。不同类型的图表，其数据标志形式有所不同。

如果要为图表中所有的数据系列增加标志，先单击选中要加数据标志的图表，然后选择"图表"菜单中的"图表选项"命令，在弹出的对话框中选中"数据标志"选项卡，在"数据标志"框中选择所需的数据标志。

如果要为图表中的某个数据系列增加标志，先单击选中要增加标志的数据系列，然后从"格式"菜单中选择"数据系列"命令；或直接双击要增加标志的数据系列。在弹出的对话框中选择"数据标志"选项卡，在"数据标志"框中选择所需的数据标志。

＊（3）突出指定数据

对于图表中的某一个主要数据，若要予以重点说明，可利用"绘图"工具栏增加一些说明文字和线条。

例如，要对图 4-55 中的图表"最高销售额"处添加如图所示的说明文字，可执行如下操作：

① 单击"绘图"工具栏的"自选图形"按钮，然后在"标注"菜单中选择"圆角矩形标注"，此时指针变为"＋"状，再在图表"最高销售额"处拖动到合适的大小。

② 选中圆角矩形框并右击，然后在快捷菜单中选择"编辑文字"命令，并输入"最高销售额"。

③ 选中圆角矩形框右击，然后在快捷菜单中选择"设置自选图形格式"，在对话框中选择"颜色和线条"选项卡，并加浅黄色填充色。

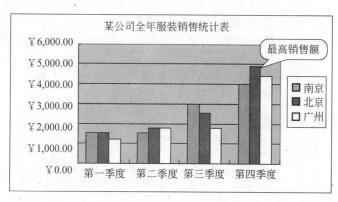

图 4-55　突出指定数据示例

6. 图表显示效果的设置

图表显示效果的设置是指针对图表中的对象，根据需要进行设置，包括图例、网格线、三维图表视角的改变等。

（1）图例

图表中的图例用于解释图表中的数据系列，使图表更具有可读性。

如要在图表中添加图例，应先单击选中图表，然后选择"图表"菜单中的"图表选项"命令，在弹出的对话框中选择"图例"选项卡，如图 4-56 所示。选中"显示图例"复选框将添加图例，取消选中将删除图例。在"位置"框中可以选择图例的显示位置。

如要删除图例，只需单击选中图例，然后直接按 Del 键。

如要移动图例，最方便的方法是按住鼠标左键，将图例直接拖动到所需的位置，也可以通过图 4-56 中的"位置"选项进行设置。不过，如果用鼠标移动图例，绘图区不会自动调整大小；如果使用"位置"选项进行设置，绘图区会自动调整大小。

（2）网格线

在图表中加进网格线可以清楚地显示和计算数据。绝大多数图表都可加网格线（除饼图和气泡图外），图表中不同的坐标轴也可加网格线。

如果要在图表中显示或隐藏网格线，操作步骤为：单击选中需要添加网络线的图表，

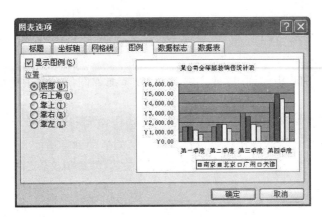

图 4-56　设置图例

然后选择"图表"菜单中的"图表选项"命令，在弹出的对话框中选择"网格线"选项卡，如图 4-57 所示。将相应的复选框选中，为显示网格线；取消选中，为隐藏网格线。

图 4-57　设置网格线

*（3）三维图表视角的改变

对于三维图表来说，观察的角度不同，效果是不同的。选中图表绘图区，然后选择快捷菜单中的"设置三维视图格式"命令，或选择"图表"菜单的"设置三维视图格式"命令，显示如图 4-58 所示的对话框，在其中可以精确地设置三维图像的上下仰角和左右转角。但如果只是进行粗略的设置，用鼠标直接拖曳绘图区的 4 个角即可。

*7. 给图表添加趋势线和数据表

（1）添加趋势线

趋势线应用于预测分析，也称回归分析。利用回归分析，可以在图表中添加趋势线。根据实际数据向前或向后模拟数据的走势，还可以生成移动平均值，以消除数据的波动等。

可以为二维图表添加趋势线，方法如下：

① 单击选中要添加趋势线或移动平均数据系列，选择"图表"菜单中的"添加趋势线"命令，弹出如图 4-59 所示的对话框。

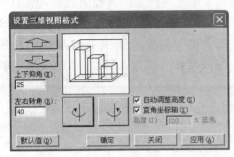

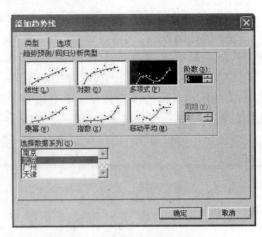

图 4-58　"设置三维视图格式"对话框　　　　图 4-59　"添加趋势线"对话框

② 在"类型"选项卡中选择所需的回归趋势线类型或移动平均线。如果选择了"多项式"类型，则可在"阶数"框中输入自变量的最高乘幂；如果选择了"移动平均"类型，则可在"周期"框中输入用于计算移动平均的周期数目。

"选择数据系列"列表框中列出了当前图表中所有支持趋势线的数据系列。若要为另一个数据系列添加趋势线，请在列表框中单击其名称，再选择所需的选项。

③ 选择"选项"选项卡，可以对趋势线名称、趋势预测周期等选项进行设置。

④ 设置完毕，单击"确定"按钮退出。若要删除已有的趋势线，只要在选中之后，直接按 Del 键即可。

（2）添加数据表

数据表是在图表中增加的表格，其中包含用于创建图表所需的数据，表格的每一行都代表一个数据系列。数据表和图表同时显示，可以让用户同时看到所需的数值型数据和数据的变化趋势，而不受其他数据的影响，以便于分析，如图 4-60 的示例。

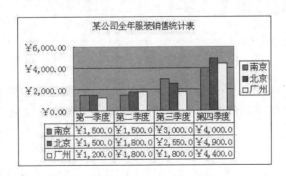

图 4-60　添加数据表示例

在图表中添加数据表格的操作方法如下：

① 单击选中需要添加数据表格的图表。

② 选择"图表"菜单中的"图表选项"命令，然后在弹出的对话框中单击"数据表"选项卡，再选中"显示数据表"复选框。

③ 单击"确定"按钮,完成添加数据表的操作。

*8. 组合图表

实际应用中,如果图表中有两组数据值相差很大,则数值较小的数据组在图表中就显示得不明显,甚至显示不出来;或者为了在同一幅图中表示两种不同类型的数据,例如,将图 4-61 所示的数据表中总分在 345 分以上的同学的高等数学、普通物理、外语、计算机这四门单科成绩以及总分显示在同一幅图中,若用图表向导可生成如图 4-62 所示的柱形图。从该图中可以看出:四门单科成绩和总分两类数值相差很大,图形显示的效果不够理想。

学生成绩一览表							
学号	姓名	高等数学	普通物理	外语	计算机	总分	平均分
960006	卢利利	96.00	88.00	99.00	87.00	370.00	92.50
960006	卢明	90.00	87.00	86.00	97.50	360.50	90.13
960009	英平	98.00	87.00	81.50	90.00	356.50	89.13
960005	田华	78.00	96.00	89.00	91.00	354.00	88.50
960004	马立涛	79.50	88.50	90.50	93.50	352.00	88.00
960001	王小萌	78.00	88.00	90.00	91.00	347.00	86.75
960008	赵炎	96.00	76.00	81.00	92.50	345.50	86.38
960005	田佳利	69.50	76.50	98.00	95.00	339.00	84.75
960002	张力华	66.00	89.00	97.00	74.00	326.00	81.50
960007	胡龙	64.50	76.50	88.50	83.00	312.50	78.13
960003	冯红	56.50	73.00	81.00	92.00	302.50	75.63
960010	郝苇	59.50	60.50	70.50	71.50	262.00	65.50

图 4-61　在学生成绩表中选择总分在 345 分以上的数据

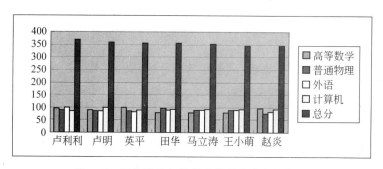

图 4-62　两类数值相差很大数据生成的柱形图

在这种情况下,可以在一个图表中使用两个坐标,并使用两种图表类型,使图表中数值相差很大的两组数据都能清楚地显示出来,并能加以区别。这种图表称为组合图表。具体做法是:为总分数据系列设置一个次坐标轴(在右侧),图表类型使用折线图,操作步骤如下:

① 选中如图 4-61 所示的数据区域,用图表向导可生成如图 4-62 所示的柱形图。

② 在图表工具栏的图表对象下拉菜单中选中系列"总分"这个对象,然后单击图表工具栏中的"数据系列格式"按钮,显示"数据系列格式"对话框。在该对话框中单击"坐标轴"标签。在该对话框中选择"次坐标轴"后,单击"确定"按钮。

③ 在"图表"工具栏的"图表类型"下拉菜单中选择"折线图"。对左侧的主坐标轴和右侧的次坐标轴的刻度值进行适当调整后,生成的组合图表如图 4-63 所示。

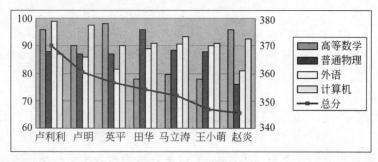

图 4-63　组合图表示例

4.4.4　图表格式化

建立和编辑图表后,用户可对图表进行格式化处理,即自行对图中各种对象进行格式化,这将使图表显得丰富多彩。

Excel 的图表是由数据标志、数据系列、图例、标题、文字框、图表区、绘图区、网格线、分类标记、坐标轴和背景墙等对象组成的,它们均为独立对象。用户可以针对这些独立的对象进行各种不同的格式化处理。

要对图表对象进行格式化,有 3 种方法:

(1) 在图表中直接双击要编辑的对象,打开相应的对话框进行设置。

(2) 选中图表对象后,使用"格式"菜单中相应的命令进行设置。

(3) 用鼠标指向图表对象,然后右击,在弹出的快捷菜单中选择相应的格式命令进行设置。

由于不同对象的格式化内容不同,所以对话框的组成也不相同。有些对话框中可能有多个选项卡,单击某标签便可选择该页。通过改变各表中的设定值,便可改变图表的外观。下面介绍其中的几项修饰工作。

1. 修饰字体

如果希望改变整个图表区域内的文字外观,可以用鼠标指向图表区域的空白处,然后双击鼠标左键,就可以看到"图表区格式"对话框。

单击"字体"选项卡标签,在"字体"选项下可以重新设定整个图表区域的字体、大小、颜色等方面的信息,最后单击"确定"按钮。

如果希望改变某对象的字体,应该用鼠标指向该对象(如"图例"),然后双击鼠标左键,在对话框中改变有关设置即可。

2. 填充与图案

如果要为某区域加边框,或者改变该区域的颜色,需要在相应的格式对话框中选择"图案"选项卡进行设置。

在"图案"选项卡中,左边"边框线"区域用于选择边框线的样式、颜色和粗细,也可以为该区域设定一个特殊的加阴影的效果。右边的"区域"选择区实现在中间的调色板中选中一个来填充颜色。完成设定之后,单击"确定"按钮关闭该对话框。

3. 对齐方式

对于包含文字内容的对象,其"格式"对话框中(如"坐标轴格式"对话框)一般会包括"字体"和"对齐"设置。在"对齐"选项下可以控制文字的对齐方式,以实现坐标轴上标注文字的各种样式。

4. 数字格式

用户也可以对图表中的数字进行格式化。例如,用鼠标指向 Y 轴上的数字,然后双击鼠标,会显示"坐标轴格式"对话框。在其中单击"数字"选项卡标签,然后在左边的"分类"列表中选择希望的格式类别(如"货币"类),在右边的列表中选择所需要的格式(如负数表示),最后单击"确定"按钮。

5. 图案

在 Excel 环境中生成图表中的数据对比都是以不同颜色区分的,但最终需要将图表用打印机输出。如果用户拥有彩色打印机,就可以在纸面得到和计算机显示相近的结果。如果是用黑白打印机,那么在输出图表时,原有的色彩将按黑白灰度输出,有可能使原有的不同色彩的数据表示在纸面上而区分不明显。解决这一问题的方法是为各个数据序列重新设定颜色和填充图案,具体方法是:用鼠标双击某一个数据序列,显示出"数据系列格式"对话框,然后选择"图案"选项卡,在此进行设置。

6. 图形化图表

图表使数值数据图形化,用户可使用 Excel 自带的绘图工具,在图表上绘制图形对象,使图表更加生动、直观。如在图 4-64 中插入了起说明作用的自选图形。

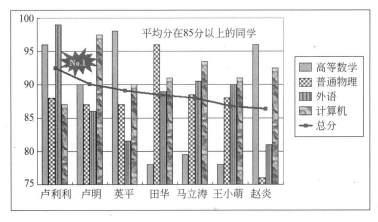

图 4-64　插入自选图形后的图表示例

4.5　Excel 的数据管理

Excel 除了上面介绍的若干功能以外,在数据管理方面也有强大的功能。在 Excel 中,不但可以使用多种格式的数据,而且可以对不同类型的数据进行各种处理,包括筛选、排序、分类汇总等。

4.5.1　数据清单的概念

在 Excel 中，数据清单是包含相似数据组的带标题的一组工作表数据行，它与一张二维数据表非常类似，所以也可以将“数据清单”看做是“数据库表”。其中，行作为数据库表中的记录，列对应数据库表中的字段，列标题作为数据库表中的字段名称。借助数据清单，Excel 就能实现数据库表中的数据管理功能——筛选、排序以及一些分析操作，将它们应用到数据清单中的数据上。

图 4-65 所示是一个数据清单的例子，这个数据清单包含 1 行列标题和若干行数据，其中每行数据由 8 列组成。所以数据清单也称关系表，表中的数据是按某种关系组织起来的。要使用 Excel 的数据管理功能，首先必须将表格创建为数据清单。数据清单是一种特殊的表格，其特殊性在于：此类表格至少由两个必备部分构成——表结构和纯数据(如图 4-65 所示)。

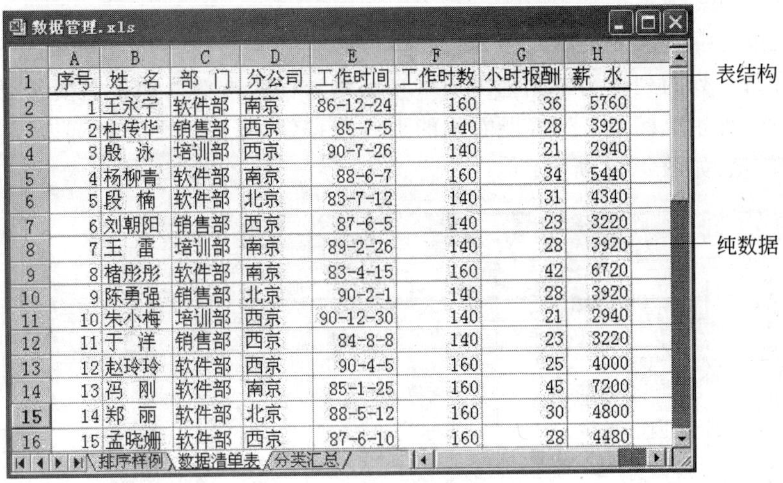

	A	B	C	D	E	F	G	H
1	序号	姓 名	部 门	分公司	工作时间	工作时数	小时报酬	薪 水
2	1	王永宁	软件部	南京	86-12-24	160	36	5760
3	2	杜传华	销售部	西京	85-7-5	140	28	3920
4	3	殷 泳	培训部	西京	90-7-26	140	21	2940
5	4	杨柳青	软件部	南京	88-6-7	160	34	5440
6	5	段 楠	软件部	北京	83-7-12	140	31	4340
7	6	刘朝阳	销售部	西京	87-6-5	140	23	3220
8	7	王 雷	培训部	南京	89-2-26	140	28	3920
9	8	楮彤彤	软件部	南京	83-4-15	160	42	6720
10	9	陈勇强	销售部	北京	90-2-1	140	28	3920
11	10	朱小梅	培训部	西京	90-12-30	140	21	2940
12	11	于 洋	销售部	西京	84-8-8	140	23	3220
13	12	赵玲玲	软件部	西京	90-4-5	160	25	4000
14	13	冯 刚	软件部	南京	85-1-25	160	45	7200
15	14	郑 丽	软件部	北京	88-5-12	160	30	4800
16	15	孟晓姗	软件部	西京	87-6-10	160	28	4480

图 4-65　数据清单示例

表结构为数据清单中的第一行列标题，Excel 将利用这些标题名对数据进行查找、排序以及筛选等。纯数据部分是 Excel 实施管理功能的对象，该部分不允许有非法数据内容出现。所以，要正确创建和使用数据清单，用户应注意以下几个问题：

① 避免在一张工作表中建立多个数据清单。如果在工作表中还有其他数据，要与数据清单之间至少留出一个空行和空列。

② 避免在数据表格的各条记录或各个字段之间放置空行和空列。

③ 在数据清单的第一行里创建列标题(列名)，列标题使用的字体、对齐方式等格式最好与数据表中的其他数据相区别。

④ 列标题名惟一，且同列数据的数据类型和格式应完全相同。

⑤ 单元格中，数据的对齐方式可用“格式”工具栏上的“对齐方式”按钮来设置，不要用输入空格的方法调整。

数据清单的创建同普通表格的创建完全相同。首先，根据数据清单内容创建表结构

（第一行列标题），然后移到表结构下的第一个空行并输入信息，就可把内容添加到数据清单中，完成创建工作。

4.5.2　数据筛选

筛选数据的目的是在数据清单中提取出满足条件的记录。Excel 的筛选功能能实现在数据清单中提炼出满足筛选条件的数据；不满足条件的数据只是暂时被隐藏起来（并未真正被删除），一旦筛选条件被撤走，这些数据将重新出现。Excel 提供了两种筛选数据的方法：一是自动筛选，按选中内容筛选，它适用于简单条件；二是高级筛选，适用于复杂条件。

1. 自动筛选

"自动筛选"功能使用户能够快速地在数据清单的大量数据中提取有用的数据，将不满足条件的数据暂时隐藏起来，将满足条件的数据显示在工作表上。自动筛选的步骤如下：

① 在工作表中任选一个单元格，然后选择"数据"→"筛选"→"自动筛选"命令，这时可以看到，在每一列的列标题右侧都出现了自动筛选箭头按钮。如果需要按照某列的指定值进行筛选，可用鼠标单击列标题右侧的下三角按钮，弹出一个下拉列表，列出该列中出现的所有信息，如图 4-66 所示。

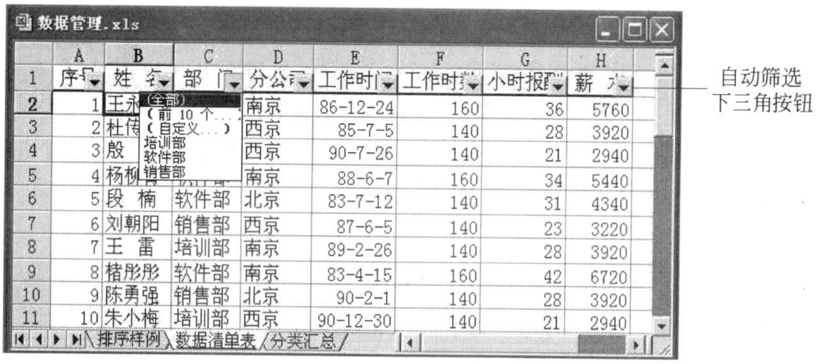

图 4-66　选择"自动筛选"命令后的数据清单

② 在下拉列表框中按需要选择一个值，就只显示含有该值的数据，而将其他值隐藏起来。在其中可以同时对多列信息设定筛选标准，这些筛选标准之间是"逻辑与"的关系。例如，在图 4-66 中，首先在"分公司"列的下拉列表中选择"南京"，然后在"部门"列的下拉列表中选择"销售部"，那么筛选后显示出来的记录就只是显示有关南京分公司销售部门的员工信息，如图 4-67 所示。注意，筛选后数据表呈现的不连续行号。

如果要取消某个筛选条件，只需重新单击对应的下拉列表，然后单击其中的"全部"选项。

在使用"自动筛选"功能对数据进行筛选时，对于某些特殊的条件，可以用自定义自动筛选来完成。例如，要在图 4-66 所示的数据清单中找出小时报酬在 30～35 元的软件开发人员，操作的方法是：首先用"部门"列标题右侧的下三角按钮打开下拉列表，选择"软

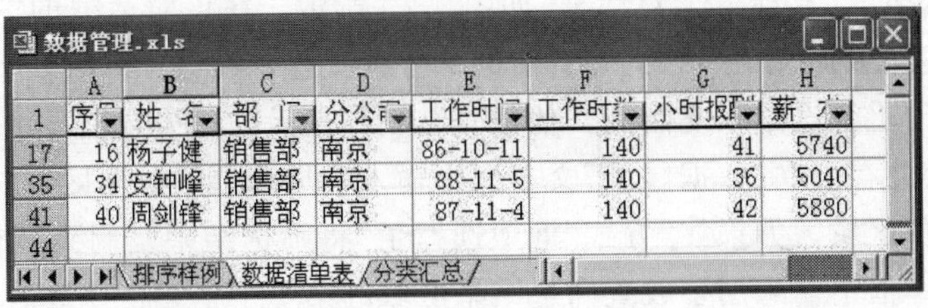

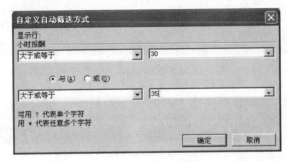

图 4-67　仅显示南京分公司销售部门的员工信息

件部”，然后单击“小时报酬”列标题右侧的下三角按钮打开下拉列表，从中选择“自定义”，屏幕上将出现“自定义自动筛选方式”对话框（如图 4-68 所示）。在该对话框中可以设定两个筛选条件，并确定它们的与、或关系。例如，图 4-68 中是筛选出小时报酬在 30～35 元的员工信息的条件设置。

图 4-68　“自定义自动筛选方式”对话框

① 通配符“＊”代表与“＊”位置相同的任意多个字符，包括空字符。

② 通配符“?”代表与“?”位置相同的任意一个字符。

如果要筛选出所有姓王和姓张的员工记录，可在“姓名”列的“自定义自动筛选”对话框中输入条件“＝王＊　OR ＝张＊”。

2．高级筛选

高级筛选是指根据复合条件或计算条件来筛选数据，并允许把满足条件的记录复制到工作表中的另一区域中，而原数据区域保持不变。

为了进行高级筛选，首先要在工作表的任意空白处建立一个筛选条件区域，该区域用来指定筛选出的数据必须满足的条件。筛选条件区域类似于一个只包含条件的数据清单，由两部分构成：条件列标题和具体筛选条件。其中，首行包含的列标题必须拼写正确，与数据清单中的对应列标题一模一样，具体条件区域中至少要有一行筛选条件。条件区域中“列”与“列”是“与”的关系（即“并且”的关系），“行”与“行”是“或”的关系（即“或者”的关系）。例如，在图 4-69 中，工作表右方的一个区域 H1:I3 就是建立的条件区，第 1 行为条件名，第 2、3 行为条件行。该条件区设置的条件为“找出南京分公司销售部或东京分公司培训部员工的记录”。注意，由于筛选条件区域和数据清单共处同一个工作表中，所以它们之间至少要由一个空行或空列隔开。

下一步操作是选中数据区中的任意一个单元格，然后选择“数据”→“筛选”→“高级筛选”命令，屏幕显示“高级筛选”对话框，如图 4-70 所示。在该对话框的“方式”框中，若选择“在原有区域显示筛选结果”，则筛选后的部分数据显示在原工作表位置处，原工作表不再显示；若选择“将筛选结果复制到其他位置”，则筛选后的部分数据显示在另外指定的区域，与原工作表并存。在“数据区域”文本框中输入参加筛选的数据区域；在“条件区域”文本框中输入条件区域。如果在“方式”框中选择了“将筛选结果复制到其他位置”，则还要在“复制到”文本框中输入用于放置筛选结果区域的第一个单元格地址。

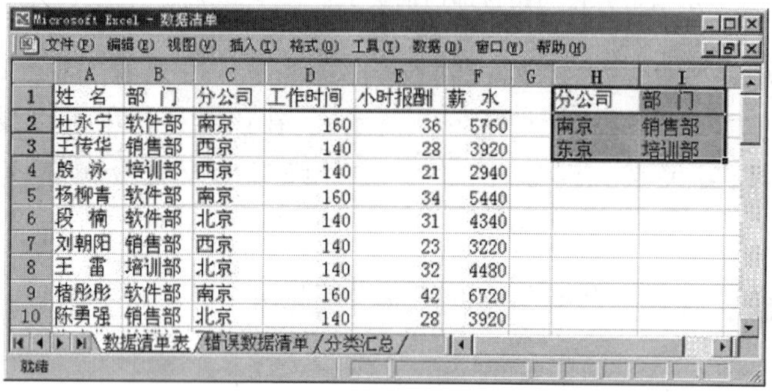

	A	B	C	D	E	F	G	H	I
1	姓 名	部 门	分公司	工作时间	小时报酬	薪 水		分公司	部 门
2	杜永宁	软件部	南京	160	36	5760		南京	销售部
3	王传华	销售部	西京	140	28	3920		东京	培训部
4	殷 泳	培训部	西京	140	21	2940			
5	杨柳青	软件部	南京	160	34	5440			
6	段 楠	软件部	北京	140	31	4340			
7	刘朝阳	销售部	西京	140	23	3220			
8	王 雷	培训部	北京	140	32	4480			
9	楮彤彤	软件部	南京	160	42	6720			
10	陈勇强	销售部	北京	140	28	3920			

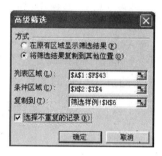

图 4-69 建立了条件区的工作表

图 4-70 “高级筛选”对话框

最后，单击“确定”按钮执行筛选。图 4-71 所示是经过高级筛选后的结果。

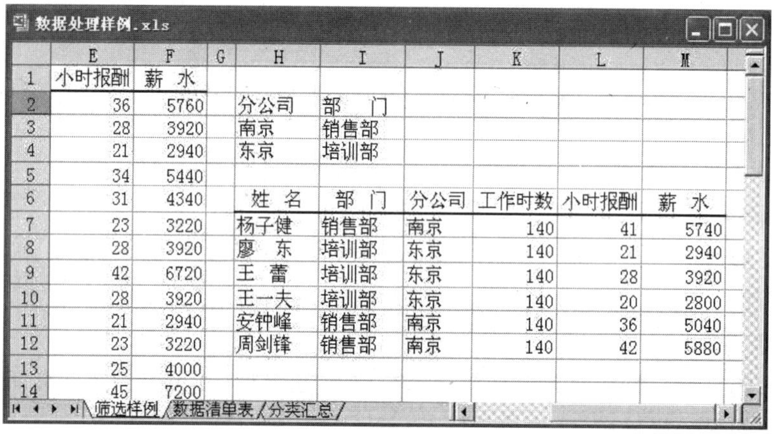

	E	F	G	H	I	J	K	L	M
1	小时报酬	薪 水							
2	36	5760		分公司	部 门				
3	28	3920		南京	销售部				
4	21	2940		东京	培训部				
5	34	5440							
6	31	4340		姓 名	部 门	分公司	工作时数	小时报酬	薪 水
7	23	3220		杨子健	销售部	南京	140	41	5740
8	28	3920		廖 东	培训部	东京	140	21	2940
9	42	6720		王 蕾	培训部	东京	140	28	3920
10	28	3920		王一夫	培训部	东京	140	20	2800
11	21	2940		安钟峰	销售部	南京	140	36	5040
12	23	3220		周剑锋	销售部	南京	140	42	5880
13	25	4000							
14	45	7200							

图 4-71 经过高级筛选后的工作表

4.5.3 数据排序

排序也是数据组织的一种手段。通过排序管理操作，可将表格中的数据按字母顺序、数值大小以及时间顺序进行排序。Excel 在默认情况下是根据单元格中的数据排序的。在按升序排序时，Excel 使用如下顺序：

① 数值从最小的负数到最大的正数排序。

② 文本和数字的文本按从 0～9、a～z、A～Z 的顺序排列。

③ 逻辑值 FALSE 排在 TRUE 之前。

④ 所有错误值的优先级相同。

⑤ 空格排在最后。

排序可以对数据清单中所有的记录进行(选中数据列表中的任一单元格即可),也可以对其中的部分记录进行(选中要排序的记录部分即可)。

1. 利用工具栏中的排序按钮进行简单排序

当仅仅需要按数据清单中的某一列数据排序时,只需要单击此列中的任一单元格,再单击"常用"工具栏中的"升序"按钮或"降序"按钮,即可按指定列的指定方式进行排序。

2. 利用菜单进行复杂排序

按照一列数据进行排序,有时会遇到列中某些数据完全相同的情况。这时,可根据多列数据进行排序。在需要排序的数据清单中单击任一单元格,然后选择"数据"菜单中的"排序"命令,弹出如图 4-72 所示的"排序"对话框。在此对话框中最多可以设定 3 个层次的排序标准:主要关键字、次要关键字和第三关键字。通过"主要关键字"、"次要关键字"和"第三关键字"右边的下三角打开下拉列表,从中选择排序列,并在旁边通过单选按钮选择"升序"或"降序",然后单击"确定"按钮完成排序。从排序的结果中发现,在主要关键字相同的情况下,会自动按次要关键字排序;如果次要关键字也相同,则按第三关键字排序。

如果想按自定义次序排序数据,或排列字母数据时想区分大小写,可在"排序"对话框中单击"选项"按钮,出现如图 4-73 所示的"排序选项"对话框。在"自定义排序次序"下拉列表框中可选择自定义次序。例如,在图 4-65 所示的数据清单中采用自定义方式排序,使公司名称总是以总部(南京)、分部(北京、东京和西京)的顺序出现,而不是按照字母顺序排序(例如,升序方式为:北京、东京、南京和西京;降序方式为:西京、南京、东京和北京)。如果在图 4-73 中选择"区分大小写"复选框,则大写字母将位于小写字母之前。

图 4-72　"排序"对话框

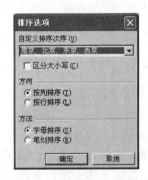

图 4-73　"排序选项"对话框

在图 4-72 中设置了两个排序约束条件,即首先按主要关键字"分公司"进行升序排序;如果同属于一个分公司,其先后顺序就由次要关键字"部门"按具体内容降序排序;对于部门也相同的员工,则按原始顺序来确定先后次序,如图 4-74 中的第 2 行到第 4 行数据,第 5 行到第 10 行数据。

4.5.4　分类汇总

"分类汇总"是首先将数据分类(排序),再按类进行汇总分析与处理。它是在利用基

图 4-74　排序结果

本的数据管理功能将数据清单中的大量数据明确化和条理化的基础上,利用 Excel 提供的函数进行数据汇总。

1. 创建简单的分类汇总

以图 4-65 所示的数据清单为例,若要创建每个分公司人工费用的总支出的分类汇总,操作步骤为:

① 进行数据分类,即按"分公司"列对员工信息进行排序。

② 选择"数据"→"分类汇总"命令,弹出如图 4-75 所示的"分类汇总"对话框。

③ 单击"分类字段"下拉列表,从中选中"分公司"。该下拉列表框用以设定数据是按哪一列标题进行排序分类的。

④ 单击"汇总方式"下拉列表,从中选中要执行的汇总计算函数。这里选中"求和"函数。用以计算整个分公司的人工费用支出。

图 4-75　"分类汇总"对话框

⑤ 单击"选中汇总项"列表框中对应数据项的复选框,指定分类汇总的计算对象。例如,如果需要计算出每个分公司的人工费用的总支出,则选中"薪水"。

⑥ 如果需要替换任何现存的分类汇总,选中"替换当前分类汇总"复选框;如果需要在每组分类之前插入分页符,则选中"每组数据分页"复选框;若选中"汇总结果显示在数据下方"复选框,则在数据组末端显示分类汇总结果,否则汇总结果将显示在数据组之前。

⑦ 设定完毕后,单击"确定"按钮,观察执行结果,如图 4-76 所示。Excel 为每个分类插入了汇总行,在汇总行前加入了适当标志(如图 4-76 中第 15 行数据),并在选中列上执行设定的计算(如图 4-76 中第 15 行数据第 H 列汇总结果),同时在该数据清单尾部加入了总和行。

注意:要使用分类汇总,数据清单中必须包含带有标题的列,且数据清单必须在要进行分类汇总的列上排序。

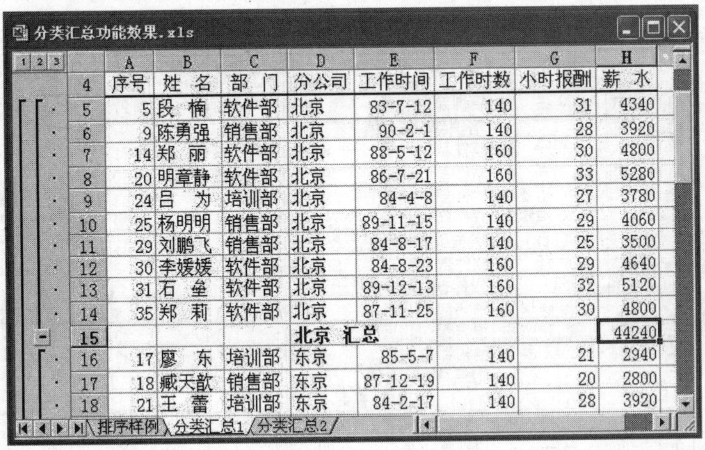

分类汇总功能效果.xls

	A	B	C	D	E	F	G	H
4	序号	姓 名	部 门	分公司	工作时间	工作时数	小时报酬	薪 水
5	5	段 楠	软件部	北京	83-7-12	140	31	4340
6	9	陈勇强	销售部	北京	90-2-1	140	28	3920
7	14	郑 丽	软件部	北京	88-5-12	160	30	4800
8	20	明章静	软件部	北京	86-7-21	160	33	5280
9	24	吕 为	培训部	北京	84-4-8	140	27	3780
10	25	杨明明	销售部	北京	89-11-15	140	29	4060
11	29	刘鹏飞	销售部	北京	84-8-17	140	25	3500
12	30	李媛媛	软件部	北京	84-8-23	160	29	4640
13	31	石 垒	软件部	北京	89-12-13	160	32	5120
14	35	郑 莉	软件部	北京	87-11-25	160	30	4800
15				北京 汇总				44240
16	17	廖 东	培训部	东京	85-5-7	140	21	2940
17	18	臧天歆	销售部	东京	87-12-19	140	20	2800
18	21	王 蕾	培训部	东京	84-2-17	140	28	3920

图 4-76　分类汇总结果

2. 创建嵌套分类汇总

如果要在每组分类中附加新的分类汇总，可创建两层分类汇总(嵌套汇总)。例如，用户不仅要查看每一分公司的人工费用支出情况，而且想细分到每一个部门的具体支出情况。如查看每一部门中最高薪水额，可以进一步使用“分类汇总”命令。嵌套分类汇总命令的使用是在数据已按两个以上关键字排序的前提下进行的，操作步骤为：

① 针对两列或多列数据对数据清单排序。例如，主要关键字为“分公司”列，按升序排列；次要关键字为“部门”列，同样按升序排列。

② 在要分类汇总的数据清单中，单击任一单元格，选中该数据清单，然后使用“数据”→“分类汇总”菜单命令。

③ 在“分类字段”下拉列表框中，单击需要用来分类汇总的数据列，插入自动分类汇总。这一列应该是对数据清单排序时在“主要关键字”下拉列表框中指定的列，例如“分公司”数据列。

④ 显示出对第 1 列的自动分类汇总后，对下一列(如“部门”重复步骤②和步骤③)。

⑤ 取消选中“替换当前分类汇总”复选框，接着单击“确定”按钮。两层分类汇总结果如图 4-77 所示。

3. 分级显示数据

从图 4-77 所示的例子可以看到，在数据清单的左侧，有“显示明细数据符号(＋)”和“隐藏明细数据符号(－)”。“＋”号表示该层明细数据没有展开。单击“＋”号可显示出明细数据，同时“＋”号变为“－”号；单击“－”号可隐藏由该行层级所指定的明细数据，同时“－”号变为“＋”号。这样，可以将十分复杂的清单转变成为可展开不同层次的汇总表格。

分级显示可以具有至多 8 个级别的细节数据，其中的每个内部级别为前面的外部级别提供细节数据。用户可以单击分级显示符号来显示或隐藏细节行。由图 4-77 可以看出，在分类汇总表的左上角有 4 个小按钮，称为概要标记按钮，每个按钮的下方有对应的“显示/隐藏明细数据符号(＋/－)”。如果单击概要标记按钮 1，则只显示数据表格中的列标题和全部数据的汇总结果，其他数据被屏蔽；如果单击概要标记按钮 2，则只显示分

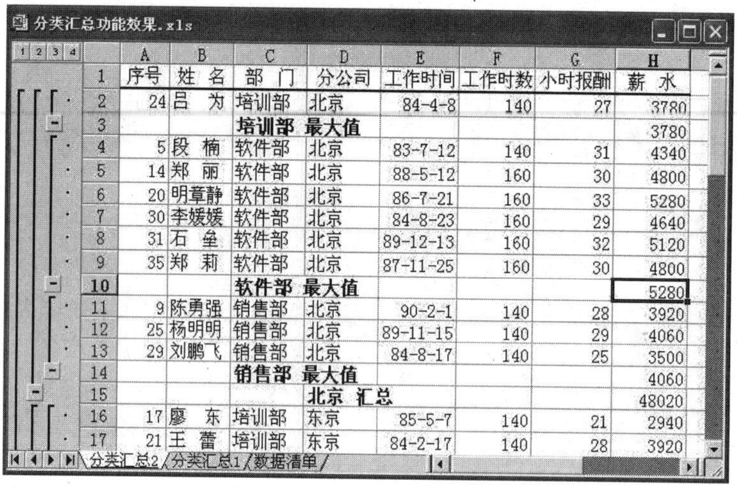

	A	B	C	D	E	F	G	H
1	序号	姓 名	部 门	分公司	工作时间	工作时数	小时报酬	薪 水
2	24	吕 为	培训部	北京	84-4-8	140	27	3780
3			培训部	最大值				3780
4	5	段 楠	软件部	北京	83-7-12	140	31	4340
5	14	郑 丽	软件部	北京	88-5-12	160	30	4800
6	20	明章静	软件部	北京	86-7-21	160	33	5280
7	30	李媛媛	软件部	北京	84-8-23	160	29	4640
8	31	石 垒	软件部	北京	89-12-13	160	32	5120
9	35	郑 莉	软件部	北京	87-11-25	160	30	4800
10			软件部	最大值				5280
11	9	陈勇强	销售部	北京	90-2-1	140	28	3920
12	25	杨明明	销售部	北京	89-11-15	140	29	4060
13	29	刘鹏飞	销售部	北京	84-8-17	140	25	3500
14			销售部	最大值				4060
15				北京 汇总				48020
16	17	廖 东	培训部	东京	85-5-7	140	21	2940
17	21	王 蕾	培训部	东京	84-2-17	140	28	3920

图 4-77　嵌套分类汇总结果

类汇总结果(即二级数据)与全部数据的汇总结果,其他数据被屏蔽;如果单击概要标记按钮 3,则只显示子分类汇总结果(即三级数据)与全部数据的汇总结果,其他数据被屏蔽;如果单击概要标记按钮 4,则显示所有的详细数据。

4. 清除分类汇总

如果要恢复工作表的原貌,只要在数据菜单中再次选择“分类汇总”命令,然后在“分类汇总”对话框中单击“全部删除”按钮即可。

4.6 页面设置和打印

工作表创建后,经过编辑、公式运算、格式化和数据图表化后,常常需要把结果打印出来。在 Excel 中打印工作簿、工作表或图表的步骤一般是:先选中打印对象,然后进行分页设置、页面设置和打印预览,最后执行打印命令输出结果。

4.6.1 设置打印区域和分页

1. 设置打印区域

默认状态下,对于打印区域,Excel 会自动选择有数据区域的最大行或列。但如果想打印其中的一部分数据,可以将这部分数据设置成打印区域,然后进行打印。

设置打印区域的方法为:先选中要设为打印区域的单元格,然后从“文件”菜单的“打印区域”中选择“设置打印区域”命令。选中区域的边框用虚线表示,如图 4-78 所示的 B3:G11 区域。

打印区域设置好后,打印时,只有被选中的区域中的数据被打印。而且工作表被保存后,将来再打开时,设置的打印区域仍然有效。

如果要删除打印区域的设置,可选择“文件”→“打印区域”→“取消打印区域”命令。设置的打印区域取消后,可根据需要重新设置。

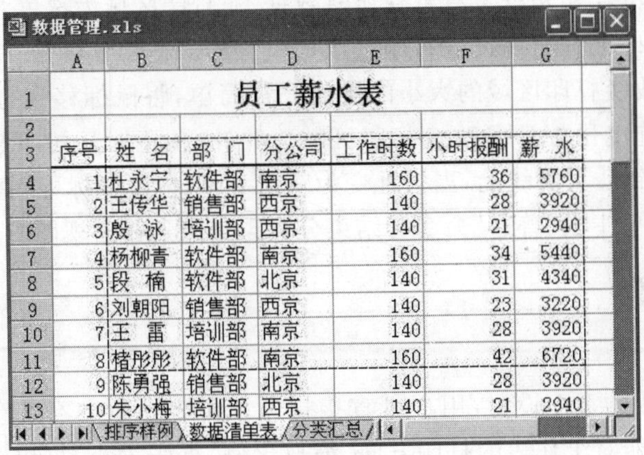

图 4-78　设置打印区域示例

另外,设置的打印区域也可通过分页预览直接修改,具体操作参见"分页预览"一节。

2. 分页

如果需要打印的工作表的内容不止一页,Excel 会根据用户所选的打印纸张大小自动将工作表分成多页,即自动分页。但如果自动分页不能满足用户的打印要求,可以使用插入人工分页符的方法将文件强制分页,即人工分页。

（1）插入分页符

利用"插入"菜单中的"分页符"命令可插入手工分页符。分页符包括水平分页符和垂直分页符。水平分页符将工作表分成上、下两页,插入时是在选中单元格或行的上面插入;垂直分页符将工作表分成左、右两页,插入时是在选中单元格或列的左面插入。

例如在图 4-78 中,要单独插入水平分页线,先选中第 11 行,然后从"插入"菜单中选择"分页符"命令;要单独插入垂直分页线,先选中 E 列,然后执行上述命令;如要同时插入水平和垂直分页线,先选中 E11 单元格,然后执行上述命令。

（2）删除分页符

当不再需要插入的人工分页符时,可以将其删除。如要删除所有的人工分页符,先选中整个工作表,然后选择"插入"菜单→"重置所有的分页符"命令;如要删除某一个分页符,方法同插入分页符,只不过菜单命令改为"删除分页符"。

3. 分页预览

利用 Excel 提供的分页预览功能,可直接在窗口中查看工作表分页的情况。它的优越性还体现在分页预览时,仍可以像平时一样编辑工作表,可以直接改变设置的打印区域大小,还可以方便地调整分页符位置。

分页后,选择"视图"菜单中的"分页预览"命令,即进入如图 4-79 所示的分页预览视图。视图中的粗实线表示了分页情况,每页区域中都有暗淡的页码显示。如果事先设置了打印

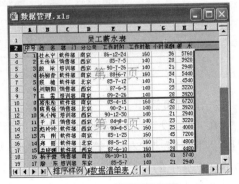

图 4-79　分页预览视图

区域,可以看到,最外层粗边框没有框住所有数据,非打印区域为深色背景,打印区域为浅色背景。分页预览时同样可以设置打印区域,并且插入、删除分页符。

分页预览时,改变打印区域的大小的操作非常简单,将鼠标移到打印区域的边界上,指针变为双箭头,拖曳鼠标即可改变打印区域。此外,预览时还可直接调整分页符的位置:将鼠标指针移到分页实线上,当指针变为双箭头时,拖曳鼠标可调整分页符的位置。

选择"视图"菜单中的"普通"命令可结束分页预览回到普通视图中。

4.6.2 页面设置

1. 设置页面

Excel 具有默认的页面设置,用户可直接打印工作表。如果不满意,可以使用 Excel 提供的页面设置功能对工作表的打印方向、缩放比例、纸张大小、页边距、页眉、页脚等进行设置。选择"文件"菜单中的"页面设置"命令,将出现如图 4-80 所示的"页面设置"对话框,该对话框包含 4 个选项卡。"页面"选项卡如图 4-80 所示。其中:

①"方向"框和"纸张大小"框同 Word 页面设置。

②"缩放"框用于放大或缩小打印工作表,"缩放比例"允许在 10～400 之间,100％为正常大小。"调整为"表示把工作表拆分为几部分打印,如调整为 4 页宽,3 页高,表示打印时 Excel 自动调整缩放比例,将水平方向分成 4 页,将垂直方向分成 3 页,共 12 页。

③"打印质量"框用于设置打印的质量。质量好坏是通过打印页上每英寸的点数(即分辨率)来衡量的。分辨率越高,打印质量越好。当然,打印机得支持所指定的分辨率。

④"起始页码"框用于决定打印时的首页页码,以后的页码以它开始计数。"自动"选项表示 Excel 将根据实际情况决定首页页码。

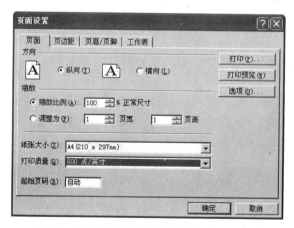

图 4-80　"页面设置"对话框中的"页面"选项卡

2. 设置页边距

在"页面设置"对话框中单击"页边距"选项卡,出现如图 4-81 所示的对话框,其中"上"、"下"、"左"、"右"框等的使用方法与 Word 基本相同。"居中方式"区用来设置打印内容在纸张上的位置,默认是在纸张的左上位置。当选中"水平居中"选项时,打印内容出现在纸张水平方向的中央位置;当选中"垂直居中"选项时,打印内容出现在纸张垂直方向的正中位置；若两项都选中，工作表将会被打印在纸张的正中央。对话框中间的页面用于显示设置效果。

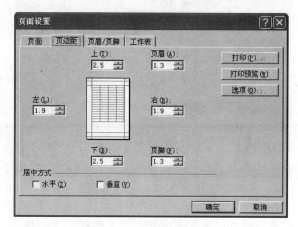

图 4-81 "页边距"选项卡

3. 设置页眉/页脚

在"页面设置"对话框中单击"页眉/页脚"选项卡，出现如图 4-82 所示的对话框。在这个选项卡的样本框中显示当前的页眉和页脚。

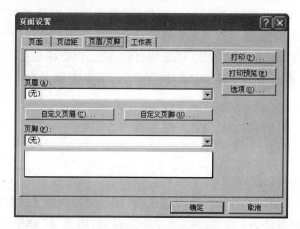

图 4-82 "页眉/页脚"选项卡

单击"页眉"或"页脚"下拉列表框的下三角按钮，就可以在下拉列表框中选择一种页眉或页脚的格式；选择"无"，表示删除页眉或页脚。也可以单击"自定义页眉"或"自定义页脚"按钮创建一个新的页眉或页脚的格式。格式设置好后，可以在上面的框中查看效果。

4. 设置工作表

在"页面设置"对话框中单击"工作表"选项卡，出现如图 4-83 所示的对话框，各选项作用如下。

① "打印区域"框：该框用于选择要打印的工作表区域，可在该文本框中直接输入工作表区域，或单击对话框折叠按钮（位于文本框的右侧），直接用鼠标拖动来选择工作表区

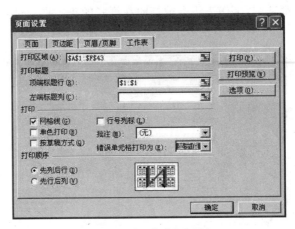

图 4-83 "工作表"选项卡

域。如果该区域空白,表示将打印工作表中所有含有数据的单元格。

②"打印标题"框:如果工作表数据较多,打印时会分成几页,除第一页有标题外,其他页都没有标题,只有数据。如果希望特定的一行作为每页水平标题,则可在"顶端标题行"框中输入或选择相应的区域或行;如果希望特定的一列作为每页垂直标题,则可在"左端标题列"框中输入或选择相应的区域或列。

③"打印"框:用于设置打印选项。"网格线"复选框决定是否打印水平或垂直的单元格网格线;"行号列标"复选框决定是否打印行号和列标;"单色打印"复选框决定是采用黑白打印还是彩色打印;"按草稿方式"可加快打印速度,但会降低打印质量。

④"打印顺序"框:在多页打印时,用于决定打印次序是"先列后行"还是"先行后列"。

4.6.3 打印预览和打印

1. 打印预览

完成页面设置和打印机设置后,可以用打印预览来模拟显示打印效果,观察各种设置是否恰当,若不满意再予以修改。一旦设置正确,即可在打印机正式打印输出。

进行打印预览的方法为:在"文件"菜单中选择"打印预览"命令,或直接单击"常用"工具栏上的"打印预览"按钮,弹出如图 4-84 所示的窗口。

在"打印预览"窗口中,任务栏上显示当前页码和总页码,上面有一排按钮用于查看和调整打印效果,主要有:

①"下一页"和"上一页"按钮:显示下一页或上一页,如果没有可显示的上、下页,按钮表面的文字将变成灰色。

②"缩放"按钮:单击该按钮,可以使工作表在全页视图(缩小)和放大视图(放大)之间切换;也可以单击打印预览窗口中工作表上的任何区域,使工作表在全页视图和放大视图之间切换。"缩放"功能并不影响实际打印时的大小。

③"打印"按钮:单击此按钮,将弹出如图 4-85 所示的"打印内容"对话框直接打印,而不用退出"打印预览"窗口。

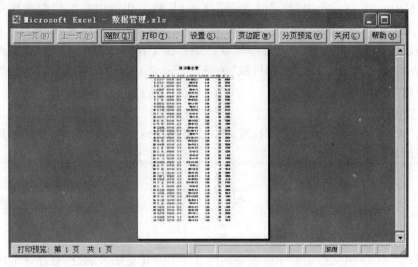

图 4-84　打印预览窗口

④ "设置"按钮：单击此按钮，将进入"页面设置"对话框，可以对打印预览中不满意的参数进行修改。

⑤ "页边距"按钮：单击此按钮使预览视图出现虚线，以表示页边距和页眉、页脚位置，拖曳鼠标可直接改变它们的位置，比页面设置改变页边距直观得多。

⑥ "分页预览"按钮：单击该按钮，可以在分页预览视图或普通视图之间切换。

⑦ "关闭"按钮：用于关闭打印预览窗口，并返回活动工作表的以前显示状态。

2. 打印工作表

打印预览满意后，工作表就可正式打印输出了。打印的方法有两种：

(1) 使用"打印"命令

从"文件"菜单中选择"打印"命令，或在"页面设置"对话框、"打印预览"窗口中单击"打印"按钮，弹出如图 4-85 所示的"打印内容"对话框。其中：

① "打印机"、"打印范围"、"份数"与 Word 的打印设置基本相似，在此不再赘述。

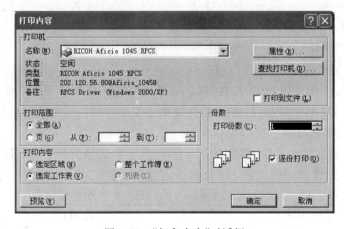

图 4-85　"打印内容"对话框

② "打印内容"区：选中"整个工作簿"选项，是将工作簿中各工作表按顺序打印输出；选中"选定工作表"选项，将只打印当前活动工作表，此为默认设置；如果在工作表中定义了打印区域，Excel 将只打印该打印区域。如果在工作表中选中了要打印的单元格区域，而且在"打印"框中选择了"选定区域"选项，Excel 将只打印选中区域而忽略工作表中事先选中的打印区域。

(2) 使用"常用"工具栏

单击"常用"工具栏上的"打印"按钮，Excel 将不出现"打印"对话框，直接采用默认打印设置开始打印。

习　　题

一、选择题（只有一个正确答案）

1. Excel 2003 中文版能够完成表格制作、(　　)、建立图表、数据管理等工作。

　　A. 杀病毒　　　　　B. 多媒体制作　　　　C. 复杂的运算　　　　D. 文件管理

2. Excel 2003 的工作界面不包括(　　)。

　　A. 标题栏、菜单栏　　　　　　　　B. 工具栏、编辑栏、滚动条

　　C. 更改字形、字号栏　　　　　　　D. 状态栏

3. 在 Excel 2003 中，一次选取多张相邻的工作表，需按(　　)键。

　　A. Ctrl　　　　　B. Esc　　　　　C. Shift　　　　　D. Alt

4. 若需选择连续区域，可单击欲选择区域的任意一角单元格，然后将鼠标指针移至对角格，按住(　　)键再单击该单元格。

　　A. Shift　　　　　B. Ctrl　　　　　C. Alt　　　　　D. Esc

5. 在 Excel 2003 工作表的某单元格内输入数字字符串"456"，正确的输入方式是(　　)。

　　A. 456　　　　　B. '456　　　　　C. ＝456　　　　　D. "456"

6. 若需选择整个工作表，可按(　　)组合键。

　　A. Ctrl＋A　　　　　B. Ctrl＋Q　　　　　C. Shift＋A　　　　　D. Shift＋Q

7. 在 Excel 中，选取整个工作表的方法是(　　)。

　　A. 单击"编辑"菜单的"全选"命令

　　B. 单击工作表中的"全选"按钮

　　C. 单击 A1 单元格，然后按住 Shift 键单击当前屏幕的右下角单元格

　　D. 单击 A1 单元格，然后按住 Ctrl 键单击工作表的右下角单元格

8. 活动单元格地址显示在(　　)内。

　　A. 工具栏　　　　　B. 菜单栏　　　　　C. 公式栏　　　　　D. 状态栏

9. 在 Excel 工作表中可以输入两类数据，它们是(　　)。

　　A. 常量和公式　　　　　　　　　　B. 文字和数字

　　C. 数字、文字和图形　　　　　　　D. 文字和图片

10. 在 Excel 2003 中，数据的排序要求设置(　　)。

A. 排序方式　　　　　　　　　　B. 排序关键字

C. 排序方式和排序关键字　　　　D. 排序次序

11. 图表是与生成它的工作表数据相链接的,因此当工作表中的数据发生变化时,图表会(　　)。

A. 自动更新　　　　B. 断开链接　　　　C. 保持不变　　　　D. 随机变化

12. 如果某单元格中的公式为"＝＄A＄20",将该公式复制到别的单元格,复制出来的公式(　　)。

A. 一定改变　　　　　　　　　　B. 不会改变

C. 变为"＝＄A20"　　　　　　　D. 变为"＝A＄20"

13. 如果某单元格显示为"# DIV/0!",这表示(　　)。

A. 格式错误　　　　B. 公式错误　　　　C. 行高不够　　　　D. 列宽不够

14. 在 Excel 2003 中,一个工作表最多可含有的行数是(　　)。

A. 255　　　　　　B. 256　　　　　　C. 65536　　　　　D. 任意多

15. 在 Excel 2003 工作表中,日期型数据"2001 年 12 月 21 日"的正确输入形式是(　　)。

A. 2001-12-21　　B. 21.12. 2001　　C. 21,12,2001　　D. 2001\12\21

16. 在 Excel 2003 工作表中,选中某单元格,然后单击"编辑"菜单下的"删除"选项,不可能完成的操作是(　　)。

A. 删除该行　　　　　　　　　　B. 右侧单元格左移

C. 删除该列　　　　　　　　　　D. 左侧单元格右移

17. 在 Excel 2003 中,关于工作表及为其建立的嵌入式图表的说法,正确的是(　　)。

A. 删除工作表中的数据,图表中的数据系列不会删除

B. 增加工作表中的数据,图表中的数据系列不会增加

C. 修改工作表中的数据,图表中的数据系列不会修改

D. 以上三项均不正确

18. 在 Excel 2003 工作表中,在某单元格的编辑区输入 "(8)",单元格内将显示(　　)。

A. −8　　　　　　B. (8)　　　　　　C. 8　　　　　　　D. ＋8

19. 在 Excel 2003 工作表中,可按需拆分窗口。一张工作表最多拆分为(　　)。

A. 3 个窗口　　　　　　　　　　B. 4 个窗口

C. 5 个窗口　　　　　　　　　　D. 任意多个窗口

20. 在 Excel 2003 工作簿中,对工作表不可以进行的打印设置是(　　)。

A. 打印区域　　　　B. 打印标题　　　　C. 打印讲义　　　　D. 打印顺序

21. 在 Excel 2003 工作表中,使用"高级筛选"命令对数据清单进行筛选时,在条件区不同行中输入两个条件,表示(　　)。

A. "非"的关系　　　　　　　　　B. "与"的关系

C. "或"的关系　　　　　　　　　D. "异或"的关系

22. 下列操作中,不能在 Excel 工作表的选中单元格中输入公式的是( )。

    A. 单击工具栏中的"粘贴函数"按钮

    B. 单击"插入"菜单中的"函数"命令

    C. 单击"编辑"菜单中的"对象"命令

    D. 单击"编辑公式"按钮,再从左端的函数列表中选择所需函数

23. 在 Excel 中,要在同一工作簿中把工作表 Sheet3 移动到 Sheet1 前面,应( )。

    A. 单击工作表 Sheet3 标签,并沿着标签行拖动到 Sheet1 前

    B. 单击工作表 Sheet3 标签,并按住 Ctrl 键沿着标签行拖动到 Sheet1 前

    C. 单击工作表 Sheet3 标签,并选择"编辑"菜单的"复制"命令,然后单击工作表 Sheet1 标签,再选择"编辑"菜单的"粘贴"命令

    D. 单击工作表 Sheet3 标签,并选择"编辑"菜单的"剪切"命令,然后单击工作表 Sheet1 标签,再选择"编辑"菜单的"粘贴"命令

24. 在 Excel 工作表单元格中,输入表达式( )是错误的。

    A. $=(15-A1)/3$ B. $=A2/C1$

    C. SUM(A2:A4)/2   D. $=A2+A3+D4$

25. 当向 Excel 工作表单元格输入公式时,使用单元格地址 D$2 引用 D 列 2 行单元格。该单元格的引用称为( )。

    A. 交叉地址引用   B. 混合地址引用

    C. 相对地址引用   D. 绝对地址引用

26. 在 Excel 2003 工作表中,若要计算表格中某列数值的总和,可使用的统计函数是( )。

    A. TOTAL()   B. SUM()   C. COUNT()   D. AVERAGE()

27. 删除单元格是指( )。

    A. 将选中的单元格从工作表中移去   B. 将单元格中的内容从工作表中移去

    C. 将单元格的格式清除   D. 将单元格的列标清除

28. Excel 编辑栏提供以下功能( )。

    A. 显示当前工作表名   B. 显示工作簿文件名

    C. 显示当前活动单元格的内容   D. 显示当前活动单元格的计算结果

29. Excel 工具栏提供一些快速执行的命令,可以通过 Excel"视图"菜单中的"工具栏"命令( )和隐藏某类工具。

    A. 显示   B. 复制   C. 添加   D. 删除

30. 在 Excel 2003 工作表中,单击某写有数据的单元格,当鼠标为向左上方空心箭头时,仅拖动鼠标可完成的操作是( )。

    A. 复制单元格内数据   B. 删除单元格内数据

    C. 移动单元格内数据   D. 不能完成任何操作

31. 在 Excel 中,关于不同数据类型在单元格中的默认位置,下列叙述中不正确的是( )。

　　A. 数值右对齐　　B. 文本左对齐　　　C. 日期左对齐　　　D. 货币右对齐

　　32. 在 Excel 中,利用单元格数据格式化功能,可以对数据的许多方面进行设置,但不能对(　　)进行设置。

　　　　A. 数据的显示格式　　　　　　　　B. 数据的排序方式

　　　　C. 单元格的边框　　　　　　　　　D. 数据的对齐方式

　　33. 在 Excel 中,某一工作簿中有 Sheet1、Sheet2、Sheet3、Sheet4 共 4 张工作表,现在需要在 Sheet1 表的某一单元格中输入从 Sheet2 表的 B2 至 D2 各单元格中的数值之和,正确的公式写法是(　　)。

　　　　A. ＝SUM(Sheet2！B2＋C2＋D2)　　　B. ＝SUM(Sheet2. B2:D2)

　　　　C. ＝SUM(Sheet2/B2:D2)　　　　　　D. ＝SUM(Sheet2！B2:D2)

　　34. 在 Excel 中,对于上、下相邻的两个含有数值的单元格,用拖曳法向下做自动填充,默认的填充规则是(　　)。

　　　　A. 等比序列　　　B. 等差序列　　　C. 自定义序列　　　D. 日期序列

　　35. 在 Excel 工作表中,当前单元格只能是(　　)。

　　　　A. 单元格指针选中的一个　　　　　B. 选中的一行

　　　　C. 选中的一列　　　　　　　　　　D. 选中的区域

　　36. Excel 中对单元格的引用有(　　)、绝对地址和混合地址。

　　　　A. 存储地址　　　B. 活动地址　　　C. 相对地址　　　D. 循环地址

　　37. 在 Excel 中,关于数据表排序,下列叙述中(　　)是不正确的。

　　　　A. 对于汉字数据,可以按拼音升序排序

　　　　B. 对于汉字数据,可以按笔画降序排序

　　　　C. 对于日期数据,可以按日期降序排序

　　　　D. 对于整个数据表,不可以按列排序

　　38. 在 Excel 中,并不是所有命令执行以后都可以撤销。下列(　　)操作一旦执行后可以撤销。

　　　　A. 插入工作表　　　B. 复制工作表　　　C. 删除工作表　　　D. 清除单元格

　　39. 在 Excel 单元格中出现了"＃＃＃＃＃!",意味着(　　)。

　　　　A. 输入到单元格中的数值太长,在单元格中显示不下

　　　　B. 除零错误

　　　　C. 使用了不正确的数字

　　　　D. 引用了非法单元格

　　40. 在进行自动分类汇总之前,必须对数据清单进行(　　)。

　　　　A. 筛选　　　　　B. 排序　　　　　C. 建立数据库　　　D. 有效计算

二、操作题

　　1. 按下列表格样式在 Sheet1 中输入数据,并按样张设置表格格式。然后进行以下操作:

期末考试各科成绩及总分							
学号	语文	数学	英语	物理	化学	计算机	总分
9633109	89.5	94	99	91	96	80	
9633107	88	93	98.5	90	95	81	
9633105	87	92	97	89	94.5	82.5	
9633103	86	91	96	88.5	93	83	
9633101	85	90.5	95	87	92	84	
9633108	84	89.5	94	86	91	85	
9633106	83	88	93	85.5	90	86	
9633104	82	87	92	84	89.5	87.5	
9633102	81	86	91.5	83	88	88	
9633100	80.5	85	90	82	87	89	

（1）使用公式计算上述表格总分，并按总分成绩降序排列。

（2）在上述表格下方插入 3 行（平均分、最高分、最低分），并加入如下统计数据，必须使用公式计算。

学号	语文	数学	英语	物理	化学	计算机	总分
平均分	84.60	89.60	94.60	86.60	91.60	84.60	531.60
最高分	89.50	94.00	99.00	91.00	96.00	89.00	549.50
最低分	80.50	85.00	90.00	82.00	87.00	80.00	513.50

（3）将 Sheet1 内容复制到 Sheet2，然后删除最高分和最低分两行，用自动筛选方法筛选出语文成绩比平均分高的学生信息。

2. 新建一个工作表 Sheet4。在 Sheet4 中，按如下样式创建第 1 题 Sheet1 数据的图表，并设置图表格式与样张基本一样，见下图。

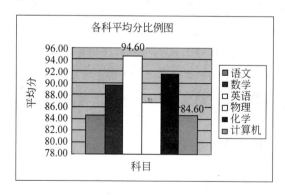

3. 新建一个工作表 Sheet5，并且改名为"Coin"，然后填入下表中的数据，见下页图所示。然后进行如下操作：

（1）使用如下换算公式计算上述表格中每类物品相应的人民币和英镑的数值：

$$1\$ = 8.27 ¥; 1£ = 1.84\$$$

物品货币换算表

物品	美元	人民币	英镑
T-shirt	$5.00		
牛仔裤	$10.00		
运动鞋	$20.00		

（2）在"牛仔裤"一行和"运动鞋"一行之间，插入"太阳眼镜"、"＄5.00"一行，并且使用公式计算相应的人民币和英镑的数值。

（3）将"太阳眼镜"一行移动到 T-shirt 一行之前。

（4）删除"英镑"一列。

4. 新建一个工作表 Sheet6，并且改名为"Salary"，按下列表格样式输入数据并编辑表格，如下图所示。然后进行如下操作：

员工薪水表

序号	姓名	部门	分公司	工作时间	工作时数	小时报酬	薪水
1	令狐冲	软件部	上海	1980-7-1	140	￥25.00	
2	任盈盈	销售部	广州	1982-7-2	150	￥26.00	
3	风清扬	培训部	北京	1984-7-3	160	￥27.00	
4	向问天	人事部	杭州	1986-7-4	170	￥28.00	
5	谢逊	培训部	上海	1988-7-5	140	￥29.00	
6	赵敏	人事部	广州	1980-7-6	150	￥30.00	
7	张三丰	培训部	上海	1982-7-7	160	￥25.00	
8	周芷若	销售部	广州	1984-7-8	170	￥26.00	
9	张无忌	软件部	北京	1983-7-9	140	￥27.00	
10	余斐然	销售部	杭州	1981-7-10	150	￥28.00	
11	杨过	软件部	北京	1989-7-11	160	￥29.00	
12	郭襄	销售部	广州	1987-7-12	170	￥30.00	
13	郭靖	软件部	上海	1985-7-13	140	￥25.00	
14	黄蓉	人事部	杭州	1983-7-14	150	￥26.00	
15	洪七公	培训部	北京	1981-7-15	160	￥27.00	

（1）使用公式计算薪水。

（2）按"分公司"分类汇总薪水的最大值。

第5章

PowerPoint 2003 电子演示文稿

5.1 PowerPoint 概述

Microsoft PowerPoint 是办公自动化软件 Microsoft Office 家族中的一员,是一个功能很强的演示文稿制作与播放的工具,是 Office 软件包中最重要的套件之一。PowerPoint 主要用于幻灯片的制作和演示,使人们利用计算机可以方便地进行学术交流、产品演示、工作汇报和情况介绍,是信息社会中人们进行信息发布、学术探讨、产品介绍等交流的有效工具。

PowerPoint 幻灯片页面中允许包含的元素有文字、表格、图片、图形、动画、声音、影片 Flash 动画和动作按钮等,这些元素是组成幻灯片内容或情节的基础。PowerPoint 中的每个元素均可以任意进行选择、组合、添加、删除、复制、移动、设置动画效果和动作设置等编辑操作。此外,PowerPoint 还提供了多种不同的放映方式,用户可根据需要自行设置幻灯片放映方式,选择或设置相关放映方式。

利用 PowerPoint 不仅可以制作出包含文字、图形、声音和各种视频图像的多媒体演示文稿,还可以创建高度交互式的演示文稿,并可以通过计算机网络进行演示。本章以 PowerPoint 2003 版本为例介绍电子演示文稿的制作。

5.1.1 PowerPoint 的术语概念

PowerPoint 中有一些该软件特有的概念术语,对这些术语概念的掌握,可以帮助用户者更好地理解和学习 PowerPoint。

① 演示文稿:一个演示文稿就是一个文档,其默认扩展名为.ppt。一个演示文稿是由若干张"幻灯片"组成。制作一个演示文稿的过程就是依次制作每一张幻灯片的过程。

② 幻灯片:是指视觉形象页。幻灯片是演示文稿的一个个单独的部分。每张幻灯片就是一个单独的屏幕显示。制作一张幻灯片的过程就是在幻灯片中添加和排放每一个被指定对象的过程。

③ 对象:是可以在幻灯片中出现的各种元素,可以是文字、图形、表格、图表、声音、影像等。

④ 版式:是各种不同占位符在幻灯片中的"布局"。版式包含了要在幻灯片上显示的全部内容的格式设置、位置和占位符。

⑤ 占位符:是带有虚线或影线标记边框的框。它是绝大多数幻灯片版式的组成部分。这些框容纳标题和正文,以及图表、表格和图片等。

⑥ 幻灯片母版：是指幻灯片的外观设计方案。它存储了有关幻灯片的主题和幻灯片版式的所有信息，包括背景、颜色、字体、效果、占位符大小和位置，也包括为幻灯片特定添加的对象。

⑦ 模板：是指一个演示文稿整体上的外观设计方案。它包含每一张幻灯片预定义的文字格式、颜色，以及幻灯片背景图案等。

5.1.2　PowerPoint 的启动

PowerPoint 2003 软件的运行有两种常用方法。

① 在桌面的"开始"菜单中单击"程序"命令，然后在"程序"菜单中单击 Microsoft PowerPoint 2003 菜单命令（或在"程序"菜单中单击 Microsoft Office 命令，再在下一层菜单中单击 Microsoft PowerPoint 2003 菜单命令）。

② 如果桌面上建有 PowerPoint 2003 的快捷方式，则双击快捷方式。

用以上两种方式启动 PowerPoint 2003 后，系统将打开 PowerPoint 应用程序窗口，并自动创建一个默认设计模板的 PPT 电子演示文稿文件。

5.1.3　PowerPoint 的退出

退出 PowerPoint 2003 有以下三种方法。

① 在"文件"菜单中选择"退出"命令。

② 双击 PowerPoint 2003 窗口左上角的控制菜单框（标题栏中最左边的小图标）或单击控制菜单框，然后从下拉菜单中选择"关闭"命令。

③ 单击 PowerPoint 2003 窗口标题栏最右边的关闭按钮。

如果在退出 PowerPoint 2003 时尚有已修改过的文件未保存，则在实际退出之前会显示如图 5-1 所示的对话框，询问是否要保存当前被修改过的文件。若选择"是"，则保存该文件后退出 PowerPoint 2003；若选择"否"，则不保存该文件直接退出 PowerPoint 2003，在这种情况下，文件中修改的数

图 5-1　退出 PowerPoint

据或新建的文件数据将会丢失；若选择"取消"，则返回到 PowerPoint 2003 窗口（即取消"退出 PowerPoint 2003"操作）。

5.1.4　PowerPoint 的应用程序窗口

PowerPoint 2003 的应用程序窗口如图 5-2 所示，由标题栏、菜单栏、工具栏、浏览区、工作区、备注页窗格、任务窗格等组成。

① 菜单栏位于界面的顶部区域，包含文件、编辑、视图、幻灯片放映等菜单，通过菜单可以执行 PowerPoint 2003 中的大多数操作和功能。

② 工具栏在默认情况下位于菜单栏之下，与 Office 系统中其他组件的工具栏的操作完全一致。

③ 浏览区位于界面的左侧，是信息浏览区。它有两个选项卡：幻灯片选项卡和大纲

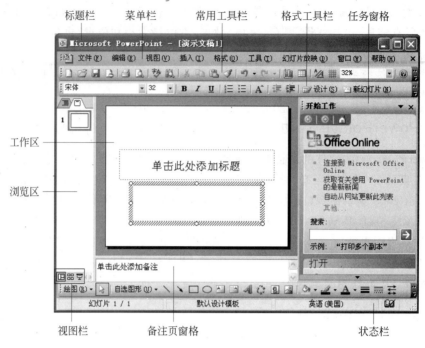

图 5-2　PowerPoint 窗口

选项卡。默认方式为幻灯片选项卡，用于显示浏览"幻灯片"页面内容。

④ 工作区位于界面的中间区域，显示的是正在进行编辑、修改的幻灯片页面内容。

⑤ 任务窗格位于界面的右侧区域。在任务窗格的最上面有一个下拉菜单，主要提供建立文稿和设置文稿格式的常用菜单命令，更加方便用户进行演示文稿的操作。

⑥ 状态栏位于界面的最下方，主要用于提供系统的状态信息，其内容随操作的不同而有所不同。在图 5-2 中，"状态栏"的左边显示了当前幻灯片的序号以及总幻灯片数，右边显示了当前幻灯片所使用的模板。

⑦ 备注页窗格显示当前幻灯片页的备注内容。

5.2　演示文稿的创建

5.2.1　创建演示文稿

启动 PowerPoint 2003 后，单击"任务窗格"的下拉菜单，再单击其中的"新建演示文稿"命令，或单击"文件"菜单中的"新建"命令，都会打开"新建演示文稿"任务窗格，如图 5-3 所示。PowerPoint 2003 提供了以下 3 种创建新演示文稿的方法。

（1）使用"空白演示文稿"创建演示文稿

单击"新建演示文稿"任务窗格中的"空演示文稿"。这个操作将启动"幻灯片版式"任务窗格，如图 5-4 所示。其中列出了幻灯片的四类版式：文字版式、内容版式、文字和内容版式以及其他版式。用户可以根据需要从中选取一种版式。

图 5-3 "新建演示文稿"任务窗格

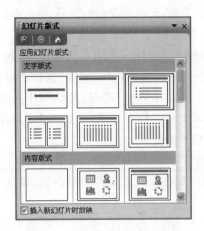

图 5-4 "幻灯片版式"任务窗格

幻灯片版式的设计是幻灯片制作中最重要的环节。对于不同的演示文稿内容,合理地安排幻灯片中各种对象(如标题、图表等)的位置,能起到良好的演示效果。"幻灯片版式"任务窗格中所列出的每一种自动版式就是一种幻灯片的布局。

当鼠标指向"幻灯片版式"任务窗格中某一版式后,在该版式的右边会出现一个下拉菜单按钮,单击该按钮将出现一个菜单。菜单中有 3 个命令,分别是:应用于选中幻灯片、重新应用于样式和插入新幻灯片。选择相应的命令,然后单击鼠标,就可以将版式应用于幻灯片上或插入一张指定版式的幻灯片。

(2) 使用"内容提示向导"创建演示文稿

"内容提示向导"的功能就是让用户根据所建幻灯片的内容,选择一个接近主题的演示文稿类型,一步步设置,最终建立一个幻灯片文件。具体步骤如下:

① 启动 PowerPoint 后,单击"文件"菜单,然后选择"新建"命令。在弹出的"新建演示文稿"任务窗格中,单击"根据内容提示向导"命令,启动"内容提示向导"对话框,如图 5-5 所示。在该对话框中,提供一个关于要进行工作的简短说明,内容提示向导将提供演示文稿的主题和版式结构,协助用户迅速开始创建工作。

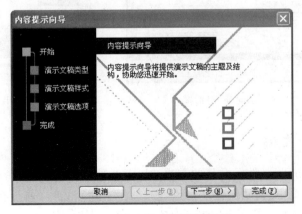

图 5-5 "内容提示向导"对话框

② 单击"下一步"按钮,对话框中显示用户需要选择创建的演示文稿类型。对话框中为用户提供了"全部"、"常规"、"企业"、"项目"、"销售/市场"、"成功指南"、"出版物"等不同类型的选项按钮。单击各选项按钮,则右侧的显示框中将显示不同的项目,如图 5-6 所示。此外,通过"添加"和"删除"按钮还可以为不同的类型添加项目。

③ 单击"下一步"按钮,对话框中将显示新创建演示文稿的样式。这里总共提供了 5 种演示文稿的输出方式,分别为:屏幕演示文稿、Web 演示文稿、黑白投影机、彩色投影机、35 毫米幻灯片。

④ 单击"下一步"按钮,对话框中显示演示文稿选项的设置。用户可以输入演示文稿标题和出现在每张幻灯片中的内容,以及选择"上次更新日期"和"印幻灯片编号"两个复选框。

⑤ 单击"下一步"按钮,在对话框中单击"完成"按钮,即完成利用向导创建演示文稿的过程。

对于"内容提示向导"生成的演示文稿,PowerPoint 2003 对每张幻灯片中包含的内容提供了建议。尽管主题是自动为用户选中的,但可以通过单击"格式"菜单或者"任务窗格"的下拉菜单下的"幻灯片设计"命令对其进行修改。

(3) 利用"设计模板"创建演示文稿

利用"设计模板"创建演示文稿,即允许用户从开始就为演示文稿选择主题和配色方案。

单击"新建演示文稿"任务窗格中的"根据设计模板"命令,打开"幻灯片设计"任务窗格,如图 5-7 所示。此时,用户可以单击选择自己所需的幻灯片应用设计模板。

图 5-6 "内容提示向导"对话框

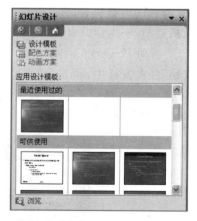

图 5-7 "幻灯片设计"任务窗格

5.2.2 保存演示文稿

保存当前 PowerPoint 演示文稿的方法有以下 3 种。

① 在"文件"菜单中选择"保存"(快捷键 Ctrl+S)命令,将当前正在编辑和修改的演示文稿以原文件名存盘。系统默认演示文稿文件的扩展名为.ppt。

② 单击工具栏中的"保存"按钮,将当前正在编辑和修改的演示文稿文件以原文件名

存盘。

③ 在"文件"菜单中选择"另存为"命令,将弹出一个"另存为"对话框。在"文件名"文本框中输入文件名,然后在"保存位置"列表框中为文件选择适当的文件夹,再从"保存类型"下拉列表中选择一种文件格式,最后单击"保存"按钮,即可将当前的演示文稿以新的文件名保存在相应的文件夹中。

PowerPoint 2003 演示文稿文件存储的默认格式是.ppt。除.ppt 格式之外,还可以保存为其他格式。常用文件格式如表 5-1 所示。

表 5-1 演示文稿的文件格式

保存类型	扩展名	用 于 保 存
演示文稿	.ppt	默认值,典型的 Microsoft PowerPoint 演示文稿。可以使用 PowerPoint 97 或更高版本打开此格式的演示文稿
单个文件网页	.mht; .html	作为单一文件的网页,其中包含一个 .htm 文件和所有支持文件,例如图像、声音文件、级联样式表、脚本和更多内容。适用于通过电子邮件发送的演示文稿
网页	.ht; .html	作为文件夹的网页,其中包含一个 .htm 文件和所有支持文件,例如图像、声音文件、级联样式表、脚本和更多内容。适合发布到网站上或者使用 FrontPage 或其他 HTML 编辑器进行编辑
PowerPoint 95	.ppt	在 PowerPoint 2003 中创建的一种演示文稿,保留与 PowerPoint 95 的兼容
PowerPoint 97-2003 & 95 演示文稿	.ppt	在 PowerPoint 2003 中创建的一种演示文稿,保留与 PowerPoint 95、PowerPoint 97 和更高版本的兼容(在 PowerPoint 97 和 PowerPoint 的更高版本中,图形是经过压缩的;在 PowerPoint 95 中不压缩,该格式同时支持这两种版本,导致文件较大)
设计模板	.pot	作为模板的演示文稿,可用于对将来的演示文稿进行格式设置
PowerPoint 放映	.pps	始终在"幻灯片放映"视图(而不是"普通"视图)中打开的演示文稿
PowerPoint 加载宏	.ppa; .pwz	存储自定义命令、Visual Basic for Applications(VBA)代码和指定的功能(如加载宏)
GIF(图形交换格式)	.gif	作为用于网页的图形的幻灯片。GIF 文件格式最多支持 256 色,因此更适合扫描图像而不是彩色照片。GIF 也适用于直线图形、黑白图像。GIF 支持动画
JPEG(文件交换格式)	.jpg	用作图形的幻灯片(在网页上使用)。JPEG 文件格式支持 1600 万种颜色,最适于照片和复杂图像
PNG(可移植网络图形格式)	.png	用作图形的幻灯片(在网页上使用)。PNG 已获得 WWW 联合会(W3C)批准,作为一种替代 GIF 的标准。用户可以保存、还原和重新保存 PNG 图像,这不会降低其质量。PNG 不像 GIF 那样支持动画——某些旧版本的浏览器不支持此文件格式
TIFF(Tag 图像文件格式)	.tif	用作图形的幻灯片(在网页上使用)。TIFF 是受到最广泛支持的、在个人计算机上存储位映射图像的文件格式。TIFF 图像可以采用任何分辨率,可以是黑白、灰度或彩色的
大纲/RTF	.rtf	用作纯文本文档的演示文稿大纲。不包括备注区域的文本

演示文稿存储时,不但要注意保存类型的选择,同时要注意 PowerPoint 版本之间的

差别。一般情况下,保存 PowerPoint 文件时以当前使用的版本为默认的.ppt 文件类型,当要将 PowerPoint 文件存放到其他版本的文件时,要遵循较高版本 PowerPoint 软件向下兼容较低版本的 PowerPoint 文件的原则,反之则较低版本的 PowerPoint 软件不能打开或不兼容较高版本的 PowerPoint 文件。

5.3　演示文稿的编辑

5.3.1　幻灯片的视图

为了在不同的情况下建立、编辑、浏览、放映幻灯片,PowerPoint 提供了多种不同的视图。幻灯片的不同视图模式可以通过 PowerPoint 主画面左下方"视图栏"中的 3 个按钮互相切换,也可以通过"视图"菜单中相应的命令来切换。

(1) 普通视图

普通视图是主要的编辑视图,可用于撰写或设计演示文稿。该视图有 3 个工作区域,左侧为可在幻灯片文本大纲("大纲"选项卡)和幻灯片缩略图("幻灯片"选项卡)之间切换的选项卡;右侧上部为幻灯片窗格;右侧下部为备注窗格(备注窗格是指在普通视图中输入幻灯片备注的窗格。可将这些备注打印为备注页,或在将演示文稿保存为网页时显示它们),如图 5-8 所示。可以在普通视图中通过拖动窗格边框调整不同窗格的大小。

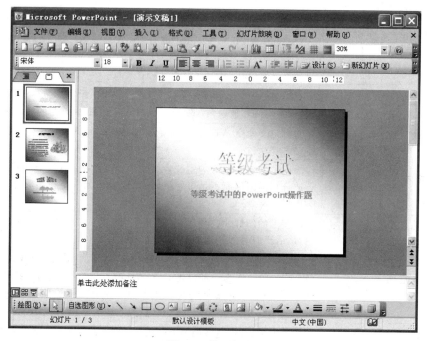

图 5-8　普通视图

(2) 幻灯片浏览视图

在 PowerPoint"视图栏"中单击"幻灯片浏览视图"按钮,或者在"视图"菜单中选择"幻灯片浏览"命令,即进入幻灯片浏览视图模式。在这种模式下,是以缩略图形式显示幻灯片,可以同时显示多张幻灯片。通过移动垂直滚动条,可以浏览到演示文稿中的所有幻灯片。在此模式下,可以方便地对幻灯片进行重新排列、添加、复制、移动、删除幻灯片以及预览切换和动画效果,如图 5-9 所示。

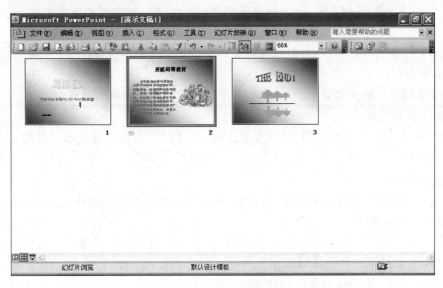

图 5-9　幻灯片浏览视图

（3）幻灯片放映视图

在“视图栏”中单击“幻灯片放映视图”按钮,或者在“视图”菜单中选择“幻灯片放映”命令,即进入幻灯片放映视图模式。幻灯片放映是以最大化方式显示文稿中的每张幻灯片,如图 5-10 所示。进入幻灯片放映视图后,每张幻灯片均占据整个屏幕。在这种全屏幕视图模式中,可以看到文字、图形、影片、动画元素以及将在实际放映中看到的切换效果。在放映时,每单击一次,即依次放映下一张幻灯片,按 Esc 键将退出演示状态,也可右击,在快捷菜单中选择菜单命令“结束放映”。

图 5-10　幻灯片放映视图

5.3.2　幻灯片文本的编辑

普通视图是编辑演示文稿最直观的视图模式,也是最常用的一种模式。在普通视图中,某一幻灯片中的任何文字、图片信息等都和幻灯片最后放映时的效果类似,只是在幻灯片的大小上与最终的播放效果有所差别。

演示文稿虽然有各种版式,但在各种版式中与文本有关的主要有以下 3 种格式。

(1)标题框

在每张幻灯片的顶部有一个矩形框,用于输入幻灯片的标题和副标题。

(2)正文项目框

该区域内一般用于输入幻灯片所要表达的正文信息,在每一条文本信息的前面都有一个项目符号。

(3)文本框

这是在幻灯片上另外添加的文本区域。通常在需要输入除标题和正文以外的文本信息时,由用户另外添加。

新建一张幻灯片时,首先要在"幻灯片版式"窗口中选择幻灯片版式。选择好幻灯片的版式后,PowerPoint 将为该幻灯片中的各对象区域给出一个虚框,提示用户在该位置输入相应的内容。这些虚框称为"占位符"。

1. 文字的录入

在幻灯片中,若要输入文字信息,只要单击占位符,将光标置入占位符,就可以输入文字了。文字输入完成后,单击占位符虚框外的任何位置,即退出对该对象的编辑,如图 5-11所示。

如果文字输入太多,PowerPoint 2003 会自动调整字号。如果自动匹配不能完成,可以用鼠标拖动边框线,改变文本框尺寸。

除了在固定的占位符中输入文字以外,有时用户希望在幻灯片的任意位置插入文字,这时可以利用文本框来解决。单击"插入"菜单,选择"文本框"选项,可在弹出的子菜单中选择"水平"和"垂直"两种编排方式;或者使用"绘

图 5-11　文字的录入

图"工具栏上的"文本框"和"竖排文本框"按钮。此时鼠标成为一个不规则的十字形状,在指定位置按下鼠标左键拖动鼠标,则可以创建一个文本框。这时,光标已经置入文本框,可以输入文字了。

用户可以根据需要来改变系统默认的文本框格式,以达到更好的表达效果,方法有两个:在文本框上右击,然后在弹出的菜单中选择"设置文本框格式"选项,PowerPoint 2003 会显示"设置文本框格式"对话框;或者在选中文本框后,单击"格式"菜单的"文本框"选项,也可达到同样的效果。

还可以用绘图工具栏插入"自选图形",在其中添加文字。

2. 文字的格式化

文字的基本格式设置包括设置文字的属性和对齐方式。其中，文字的基本属性有设置字体、字形、字号、效果等。可以通过"格式"菜单中的"字体"命令，打开"字体"对话框进行设置(前提是先选中要设置的文字)，如图 5-12 所示。文字的对齐方式分为以下两种。

① 段落对齐：用来实现设置文字在幻灯片中的相对位置。单击"格式"菜单中的"对齐方式"子菜单中的"左对齐"、"右对齐"、"居中"、"分散对齐"、"两端对齐"命令来设置段落的对齐格式。

② 字体对齐：用来实现同一行中各个文字的对齐方式，单击"格式"菜单中的"字体对齐方式"子菜单中的"顶端对齐"、"居中"、"罗马方式对齐"、"底端对齐"命令之一即可完成。

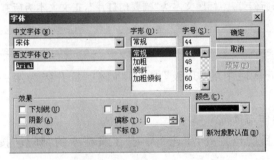

图 5-12　"字体"对话框

图 5-13　"行距"对话框

3. 段落的格式化

通过对段落级别和行距的设置，可以使文本内容更加层次化、条理化。选中需要调整段落间距的文本框或文本框中的某一段落，然后在"格式"菜单中单击"行距"命令，打开"行距"对话框，如图 5-13 所示。在"行距"数值框中输入行距，段前、段后是指段与段之间的距离，设置方式与行距一样；也可以利用工具栏中"增加或减少上下行距按钮"来改变行距数值。

幻灯片主体文本的段落是有层次的，PowerPoint 2003 的每个段落可以有 5 个级别，每个级别有不同的项目符号，字形大小也不相同，使层次感增强。对段落的级别设置，可以使用"大纲"工具栏。

单击"视图"菜单，选择"工具栏"→"大纲"命令，则显示"大纲"工具栏。利用"大纲"工具栏中的各按钮可以对演示文稿中的标题或正文进行升级、降级、移动、折叠、展开等编排处理。表 5-2 给出了"大纲"工具栏中各按钮的功能说明。

下面以"标题和文本"幻灯片版式为例，介绍幻灯片段落级别的设置。

① 在标题区输入"第 5 章 电子演示文稿制作软件"。

② 单击文本区，光标所在项目之前有一个项目符号。

③ 输入第一级文本"PowerPoint 概述"。

④ 按 Enter 键，光标移至第 2 条项目的位置处。单击"大纲"工具栏中的"降级"按钮("格式"工具栏中也有该按钮)，将该项目降级为第二级文本。

⑤ 输入第二级文本"PowerPoint 的启动"，按 Enter 键后继续输入第二级文本"PowerPoint 的退出"。

表 5-2　"大纲"工具栏按钮功能说明

按钮名称	功 能 说 明
升级	将选中的文本行上升一级
降级	将选中的文本行降至下一级
上移	将选中的文本行(包括其中折叠的所有文本)上移至上一行文本的前面
下移	将选中的文本行(包括其中折叠的所有文本)下移至下一行文本的后面
折叠	仅显示当前选中的幻灯片的标题,其余各级正文文本全部隐藏
展开	将当前选中的幻灯片的标题以及所有各级正文文本全部展开显示
全部折叠	仅显示整个演示文稿的第一张幻灯片的标题,其余各级正文文本全部隐藏
全部展开	将整个演示文稿的每一张幻灯片中的标题以及所有各级正文文本全部展开显示
摘要幻灯片	在当前幻灯片的前面创建一张新幻灯片,标题文本为"摘要幻灯片",正文文本为所有当前选取文本的幻灯片的标题
显示格式	显示或隐藏文本字符的格式

⑥ 按 Enter 键,然后单击"大纲"工具栏中的"升级"按钮,将该项目升级为第一级文本。

⑦ 输入第一级文本"演示文稿的制作与播放"。

⑧ 按 Enter 键,光标移至下一条项目的位置处,单击"大纲"工具栏中的"降级"按钮将该项目降级为第二级文本。

⑨ 输入第二级文本"创建演示文稿",按 Enter 键后继续输入第二级文本"保存演示文稿"。按 Enter 键后,光标移至下一条项目的位置处。

⑩ 单击"大纲"工具栏中的"降级"按钮,将该项目降级为第三级文本,输入三级文本"文件的格式"。

输入上述标题和文本后,幻灯片如图 5-14 所示。

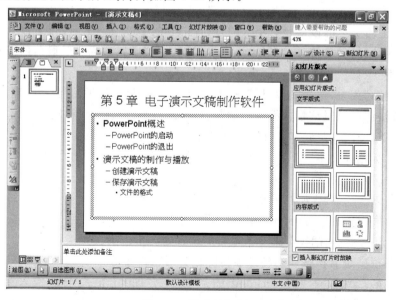

图 5-14　段落的级别

4. 项目符号和编号

PowerPoint 中的项目符号和编号操作与 Word 此项操作方法相同。当选中操作文本后,单击"格式"菜单中的"项目符号和编号"命令,在出现的"项目符号和编号"对话框中打开"项目符号"或"编号"选项卡,然后选择希望使用的格式,最后单击"确定"按钮,如图 5-15 所示。

每次确定一个项目或编号后,按 Enter 键,下一段将自动插入项目符号或编号。此外,可以通过"项目符号和编号"对话框中的"大小"和"颜色"两个选项来改变项目符号的大小和颜色。

可以设置自定义图形项目符号或自定义项目符号。设置自定义图形项目符号的步骤如下:

① 打开图 5-15 所示的"项目符号"选项卡,然后单击"图片"按钮,打开"图片项目符号"对话框,如图 5-16 所示。

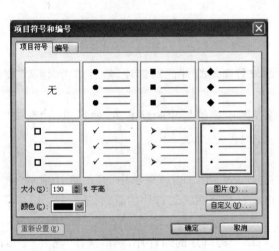

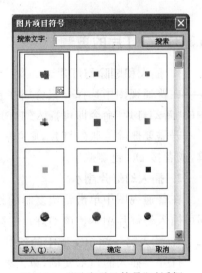

图 5-15　"项目符号和编号"对话框　　　　图 5-16　"图片项目符号"对话框

② 单击希望使用的图片,然后单击"确定"按钮。

如果想使用自己创建的图片作为项目符号,可以单击图 5-16 中的"导入"按钮,将自己的图片导入 PowerPoint 2003 的图片库中,再重复上述步骤即可。

设置自定义图形项目符号的操作步骤如下:

① 打开图 5-15 所示的"项目符号"选项卡,然后单击"自定义"按钮,打开"符号"对话框,如图 5-17 所示。

② 单击希望使用的字符,符号将以反相显示,然后单击"确定"按钮。

取消项目符号和编号一般有以下两种方法。

① 在"项目符号和编号"对话框的"项目符号"或"编号"选项卡中选择"无"项目符号,使之成为空白状态。

② 在选中对象后,直接单击"格式"工具栏中的"项目符号"或"编号"按钮。

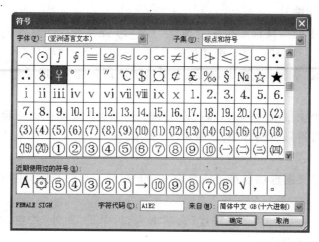

图 5-17　"符号"对话框

5.3.3　幻灯片的剪辑

1. 插入和删除幻灯片

在普通视图中选择一张希望在其后面放置新幻灯片的幻灯片,然后单击"插入"菜单中的"新幻灯片"命令即可插入幻灯片。

若需要删除一张幻灯片,则单击普通视图中该幻灯片的缩略图,然后单击"编辑"菜单,或者按 Del 键删除。

2. 插入幻灯片副本

在普通视图中单击希望复制的幻灯片,然后单击"插入"菜单中的"幻灯片副本"命令即可插入幻灯片副本。该幻灯片的副本出现在被复制的幻灯片的后面。

3. 插入另一演示文稿中的幻灯片

打开要插入的演示文稿,单击要在其后添加幻灯片的幻灯片,然后选择"插入"菜单的"幻灯片(从文件)"命令,弹出"幻灯片搜索器"对话框,如图 5-18 所示。选择欲取出幻灯

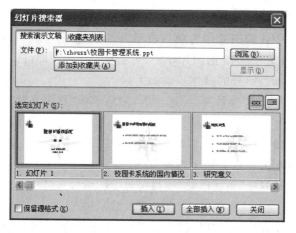

图 5-18　"幻灯片搜索器"对话框

片的演示文稿文件,然后在"选中幻灯片"选项组中选择待插入的幻灯片,再单击"插入"按钮,即可将选择的幻灯片插入。

4. 复制和移动幻灯片

在幻灯片浏览视图中,可以更方便地移动、复制幻灯片;可以使用编辑菜单下"剪切"、"复制"和"粘贴"命令将幻灯片从演示文稿的一个位置复制和移动到另一个位置;还可以选择幻灯片,然后按住鼠标左键将其拖到适当的位置后释放鼠标,将其移到该位置。如果按住 Ctrl 键再拖动幻灯片,会将其复制到拖动到的位置。

5.4　演示文稿的修饰

为了使演示文稿在播放时更能吸引观众,可以针对不同的演示内容、不同的观众对象,设置不同风格的幻灯片外观。PowerPoint 提供了多种可以控制演示文稿外观的途径,例如可以设置背景、母版、配色方案和应用设计模板。

5.4.1　幻灯片背景设置

进入普通视图模式,选中需要调整背景颜色的幻灯片。在"格式"菜单中选择"背景"命令,将显示"背景"对话框,如图 5-19 所示。

（1）单击出现的下拉列表,可以选择单一颜色进行背景填充。

（2）单击"其他颜色",打开"颜色"对话框,进行更多颜色的选择。

（3）单击"填充效果",可打开"填充效果"对话框。可在四个选项卡中选择任何一种背景效果进行设置。

图 5-19　"背景"对话框

① 渐变:以多种方式将一种或两种颜色合并到一种颜色中。用户可通过单击"单色"或"双色"选项,选择自己的配色方案;或单击"预设"选项,在"预设颜色"中选择系统已经设置好的预设方案。

② 纹理:无论是需要大理石、木材纹理,还是水纹,都可以在"纹理"选项卡中找到需要的纹理背景。

③ 图案:打开该选项卡,可以看到各种线条、点以及所选两种颜色为基础的图案组合。单击下面的"前景"和"背景选项",用户可以按照需要改变所选图案的点、线颜色。

④ 图片:用户可以通过在这个选项卡上单击"选择图片"选项,浏览到适当的图像文件,然后插入它作为背景。

（4）在设置好背景,回到"背景"对话框后,单击"全部应用"按钮,将把该背景设置应用在所有的幻灯片中;若只想应用在当前幻灯片中,单击"应用"按钮。

5.4.2　幻灯片配色方案设置

配色方案是由幻灯片设计中使用的 8 种颜色组成的。这 8 种颜色分别应用于背景、文本和线条等8个对象。配色方案可以应用于一张幻灯片或全部幻灯片。

（1）使用标准的配色方案

单击"格式"菜单下的"幻灯片设计"命令，将弹出"幻灯片设计"任务窗口。选择"配色方案"选项后，选择要用的方案即可。

应注意的是，如果在制作幻灯片时，已经为某些对象设置了颜色，那么使用新的配色方案，这些对象的颜色将发生改变。

（2）创建新的配色方案

打开一个已有的演示文稿，再打开"幻灯片设计"中的"配色方案"任务窗格，然后选中一个方案。单击任务窗格下方的"编辑配色方案"，会弹出"编辑配色方案"对话框，如图5-20所示。

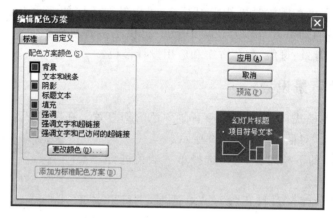

图 5-20 "编辑配色方案"对话框

可以通过单击"更改颜色"按钮，更改"配色方案"中某一项的颜色。

5.4.3 幻灯片母版设置

幻灯片母版是存储关于模板信息的一个元素，这些模板信息包括字形、占位符大小和位置、背景设计和配色方案。幻灯片的母版类型包括幻灯片母版、讲义母版和备注母版。对应于幻灯片母版的类型有三种视图：幻灯片母版视图、讲义母版视图和备注母版视图。

如果想修改幻灯片的"母版"，必须切换到"幻灯片母版"视图。即对母版所做的任何修改，将应用于所有使用此母版的幻灯片上；要是想只改变单个幻灯片的版面，只要在普通视图中对该幻灯片做修改就可以了。

（1）幻灯片母版

最常用的母版就是幻灯片母版，因为幻灯片母版控制的是除标题幻灯片以外的所有幻灯片的格式。选择"视图"菜单下的"母版"选项的"幻灯片母版"命令，或者按住Shift键的同时单击"普通视图"按钮，可以进入"幻灯片母版"视图，如图5-21所示。

要在母版中设置字符格式、段落格式等，可通过设置幻灯片母版中占位符的字符格式和段落格式来实现。每一个占位符代表了一个区域的内容，如果删除了幻灯片母版上的占位符，幻灯片上的相应区域就会失去该预留格式的控制。

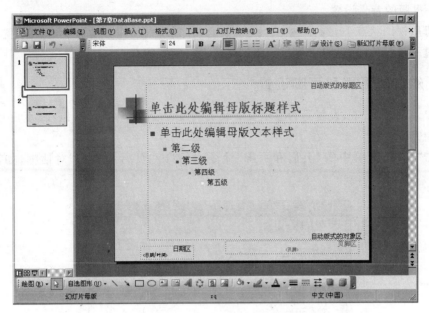

图 5-21　幻灯片母版视图

选择"格式"菜单下的"背景"命令，为母版设置背景。通过对母版的设置，可以使每一张幻灯片具有相同的背景。要使每一张幻灯片都出现某个对象，可以向母版插入该对象。例如，在母版上放入一张图片，那么所有的幻灯片都将显示这张图片。要注意的是，通过幻灯片母版插入的对象，不能在幻灯片状态下编辑。在幻灯片母版中还可以设置页脚、时间和日期，以及幻灯片编号的格式及占位符位置。

在一套幻灯片中，标题幻灯片的样式常常和其幻灯片的不同，因此 PowerPoint 提供了标题母版的设置。打开"幻灯片母版"视图时，左边浏览窗格中会显示"标题母版"缩略图，单击就可以在工作区设置格式，以后凡是在幻灯片中使用"标题幻灯片"版式，其格式都将受到标题母版的控制。

（2）备注母版

备注母版主要供演讲者备注使用的空间以及设置备注幻灯片的格式。单击"视图"菜单下"母版"项的"备注母版"，系统便会进入"备注母版"视图。

备注母版上有 6 个占位符，这 6 个占位符都可以参照幻灯片母版的修改方法进行修改，其中的"备注文本区"可以添加项目编号，并且添加的项目只有在备注页视图或在打印幻灯片备注页时才会出现。

（3）讲义母版

用户可以按讲义的格式打印演示文稿，讲义的设置是在讲义母版中进行的。选择"视图"菜单下"母版"项的"讲义母版"命令，就可以进入"讲义母版"视图；或者按住 Shift 键的同时单击"幻灯片浏览视图"按钮进入"讲义母版"视图。

在讲义母版中有 4 个占位符和 6 个代表小幻灯片的虚框。4 个占位符分别用于显示页眉、页脚、日期和页码，6 个虚框分别摆放 6 张幻灯片的内容。单击"视图"菜单的"页眉和页脚"选项，在弹出的"页眉和页脚"对话框中可以设置页眉和页脚内容。

（4）母版的背景设置

在母版视图状态下，选择"格式"菜单下的"背景"命令，可以为任何母版设置背景颜色。通过对母版的设置，可以使每一张幻灯片具有相同的背景。

5.4.4 幻灯片页眉和页脚设置

在 PowerPoint 中，设置是否显示页眉和页脚及设置其中内容，可以在"页眉和页脚"对话框中完成。

单击"视图"菜单中的"页眉和页脚"命令，将弹出"页眉和页脚"对话框，如图 5-22 所示。

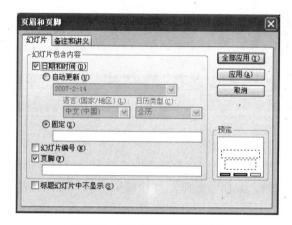

图 5-22 "页眉和页脚"对话框

在"幻灯片"选项卡中，选中"日期和时间"选项，表示在"日期区"显示的时间生效；选中"自动更新"，则时间域的时间随制作日期和时间的变化而变化；选中"固定"，则用户可自己输入一个日期或时间；选中"幻灯片编号"，则在"数字区"自动加上一个幻灯片数字编码；选中"页脚"，可在"页脚区"输入内容，作为每页的注释；如果不想在标题幻灯片上见到页脚内容，可以选中"标题幻灯片不显示"。在这里设置页眉页脚是不能对它们的外观（大小、位置、文字格式等）进行修改的，若要调整和修改其外观，可以在幻灯片母版中完成。

5.4.5 幻灯片设计模板设置

控制演示文稿的外观，快捷的方法是应用设计模板。一般来说，在创建一个新的演示文稿时，应先为演示文稿选择一种模板，以便幻灯片有一个完整、专业的外观。当然，也可以在演示文稿建立后，为该演示文稿重新更换设计模板。

在模板中不仅包含了幻灯片母版和标题母版，还包括字体样式以及配色方案。

选择"格式"菜单下的"幻灯片设计"命令，将启动"幻灯片设计"任务窗格，包含所有可以使用的设计模板。单击所要选择的设计模板旁的下三角按钮，然后在菜单中选择"应用于所有幻灯片"命令或者"应用于选中幻灯片"命令，可以看到新的设计方案取代了原来的设计。

也可将一个建立好的幻灯片文件保存为应用设计模板，供以后用来建立同样风格的幻灯片。方法是单击"文件"菜单中的"另存为"命令,在弹出的"另存为"对话框中选择"保存类型"为"演示文稿设计模板",保存该模板即可。

5.5　演示文稿的多媒体制作

5.5.1　多媒体剪辑库简介

在 Office 软件盘中附有大量的多媒体文件,通常称为剪辑。为了方便用户对剪辑对象的使用和管理,Office 还提供了剪辑库管理软件,用户可以很方便地将剪辑库中的多媒体剪辑对象插入到文档中,也可以将新收集到的多媒体文件按不同类别添加到剪辑库中。

1. 剪贴画

剪贴画是一种矢量图像。矢量图像可以通过数学方式对位置、方向和形状进行几何描述。矢量图像最大的优点是对图像放大或缩小时,不会影响图像的显示质量。在 Office 提供的剪辑库中共有 39 类剪贴画对象。

2. 声音

声音是通过录音设备录制或由声音合成器形成的 MIDI 音乐。播放声音时,通常需要有声卡和音响设备。Office 在基本剪辑库中提供了很少的声音剪辑,因此,如果要利用 Office 软件提供的声音剪辑,必须单独安装剪辑库中的附加声音剪辑,或者在使用前将 Office 光盘插入光驱。

3. 影片

影片是视频图像文件,它既包含声音,又包含动画图像。在播放影片时,为了能听到声音,需要有声卡和音响设备。同样,Office 软件在基本剪辑库中提供了少量的动画。因此,如果要利用 Office 软件提供的影片对象,必须单独安装剪辑库中的附加影片对象,或者在使用前将 Office 光盘插入光驱。

5.5.2　插入图片

幻灯片中插入的图片来源有 5 种:剪贴图、计算机中已有的图片文件、来自扫描仪或照相机、自选图形和用户自制图形。

单击"绘图"工具栏上的"插入剪贴画"按钮,或者执行"插入"菜单中的"图片"选项下的"剪贴画"命令,可打开"剪贴画"任务窗格。通过该窗格右侧的垂直滚动条可以浏览列表框中的内容,单击选择的剪贴画可插入到幻灯片中。

单击"插入"菜单中的"图片"选项下的"来自文件"命令,然后单击"绘图"工具栏上的"插入图片"按钮,可打开"插入图片"对话框。浏览需要的图片,双击即可将其插入幻灯片。

单击"插入"菜单中"图片"选项下的"来自扫描仪或照相机"命令,可从与计算机相连接的扫描仪或照相机中获取需要的图片。

单击"插入"菜单中"图片"选项下的"自选图形"命令,在弹出的"自选图形"工具栏中,可选择 Office 软件已经制作好的各种图形,单击即可将其插入幻灯片。

使用"绘图"工具栏中的命令按钮可在幻灯片上绘制各种图形,其绘制方法及格式设置与 Word 操作相同。

图片插入以后,若要修改图片、图形的外观(线条、颜色、明暗等),可选中该图片或图形对象,然后单击"格式"菜单中的"图片"或"自选图形"命令,打开"设置图片格式"对话框或"设置自选图形格式"对话框来进行设置;也可以单击"视图"菜单中"工具栏"选项下的"图片"命令,打开"图片"工具栏进行设置。

5.5.3 插入声音和影片

1. 插入声音

PowerPoint 2003 提供了在幻灯片放映时播放声音和影片的功能。在幻灯片中插入声音的方法是:

① 在普通视图中,选择要添加声音的幻灯片。

② 选择"插入"菜单中的"影片和声音"命令,打开相应的级联菜单。

如果使用"剪辑库"中的声音,可以从级联菜单中选择"剪辑管理器中的声音"命令,打开"剪贴画"任务窗格,从声音文件列表框中选取所需要的声音文件,或者在"搜索文件"文本框中输入声音文件的类型,以快速找到某一类别的声音文件,缩小查找文件的范围。

如果要使用声音文件中的声音,可以从级联菜单中选择"文件中的声音"命令,在"插入声音"对话框中选择所需的声音文件。

如果要录制自己的声音,可以从级联菜单中选择"录制声音"命令。

如果要在幻灯片中添加 CD 乐曲,可先把 CD 插到 CD-ROM 驱动器中,再从级联菜单中选择"播放 CD 乐曲"命令。

图 5-23 插入声音询问对话框

③ 当选择了声音后,会出现如图 5-23 所示对话框,询问是否在幻灯片放映时自动播放,还是在单击声音图标时播放,选择相应的按钮即可。当插入声音后,幻灯片中会出现一个"喇叭"声音图标。如果在幻灯片中添加 CD 乐曲,将出现一个"小光盘"图标。

2. 插入影片

在幻灯片中插入影片的方法是:

① 在普通视图中,选择要插入影片的幻灯片。

② 选择"插入"菜单中的"影片和声音"命令,打开相应的级联菜单。

③ 如果使用"剪辑库"中的影片,选择"剪辑管理器中的影片"命令,打开"剪贴画"任务窗格,从该窗格的列表框中选取所需要的视频文件;如果要使用文件中的影片,选择"文件中的影片"命令,在"插入影片"对话框中选择所需的影片文件。做出选择后,幻灯片中会出现影片的第一帧画面。

在插入一个影片到当前幻灯片中时,会弹出一个 PowerPoint 2003 消息框,让用户选择影片在幻灯片放映时如何开始播放影片。如果选择"自动"按钮,在播放幻灯片的同时,将播放影片。如果选择"单击鼠标"按钮,那么幻灯片播放以后,必须单击鼠标,影片才会播放。

右击插入的影片,在弹出的快捷菜单中选择"编辑影片对象"命令,将弹出"影片选项"对话框,如图 5-24 所示。在该对话框中可以设置影片是否循环播放、播放影片时声音的大小以及播放时是否全屏播放和是否不播放时隐藏。

3. 插入 Flash 动画

① 在普通视图下选择要插入 Flash 动画的幻灯片,然后选择"视图"菜单"工具栏"选项下的"控件工具箱"命令,打开"控件工具箱"工具栏。

② 在"控件工具箱"工具栏中单击"其他控件"按钮,打开系统安装的 ActiveX 控件清单列表,从中选择"Shockwave Flash Object"选项。此时,鼠标指针成十字形指针。用鼠标在幻灯片上拖出一个任意大小矩形区域,Flash 动画将在所绘制的区域中播放。

图 5-24　"影片选项"
对话框

③ 在所拖出的区域中,右击打开快捷菜单,从中选择"属性"命令,会弹出"属性"对话框,如图 5-25 所示。

④ 在"属性"对话框中选择"自定义"选项并单击它右侧的按钮,打开"属性页"对话框,如图 5-26 所示。在"影片 URL"文本框内输入 Flash 动画文件所在的路径名称,其中 Flash 动画文件名称后面必须填写扩展名.swf,最后单击"确定"按钮关闭该对话框。

图 5-25　"属性"对话框

图 5-26　"属性页"对话框

⑤ 单击"幻灯片放映"视图按钮,观看 Flash 动画的演示效果。

5.5.4　插入艺术字

在幻灯片中插入艺术字的方法是:

① 在普通视图中,选择要插入艺术字的幻灯片。

② 单击"绘图"工具栏上的"插入艺术字"按钮,或者执行"插入"菜单中"图片"选项下的"艺术字"命令,可打开"艺术字库"对话框,如图 5-27 所示。

计算机应用基础教程

图 5-27　"艺术字库"对话框

③ 选择需要的"艺术字"样式,然后单击"确定"按钮,将显示"编辑'艺术字'文字"对话框,如图 5-28 所示。在该对话框中输入文字内容(图中为"上海交通大学"),并可设置文字字体、字号和字形。

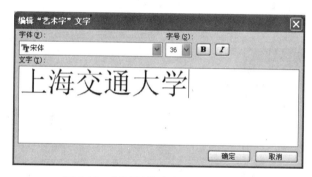

图 5-28　"编辑'艺术字'文字"对话框

④ 单击"确定"按钮,就在当前幻灯片中插入了艺术字对象。

插入艺术字后,若要改变它的形状、格式和位置等,可选中该艺术字对象,然后单击"格式"菜单中的"艺术字"命令,打开"设置艺术字格式"对话框来设置其格式;或者单击"视图"菜单中"工具栏"选项下的"艺术字"命令,打开"艺术字"工具栏进行设置。

5.5.5　插入组织结构图

组织结构图是由一组具有层次关系的图框组成的,用于描述企业内部机构组织及学科分支情况等。在幻灯片中建立组织结构图的方法是:

① 在普通视图中,选择要插入组织结构图的幻灯片。

② 单击"插入"菜单中的"图示"菜单命令,在弹出的"图示库"对话框中选择第一个图示类型;或者执行"插入"菜单中"图片"选项下的"组织结构图"命令,将会在幻灯片中出现两级组织结构图,其中预先提供了 4 个图框,如图 5-29 所示,同时将出现一个"组织结构图"工具栏。

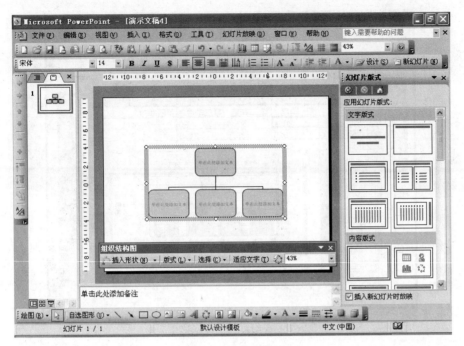

图 5-29　组织结构图

③ 在图框中输入文字信息。根据需要,使用"组织结构图"工具栏来修改组织结构图的层级。使用工具栏中的按钮命令可以设置组织结构图的形状、版式、式样等。

若要变更组织结构图的格式,可先选中该组织结构图对象,然后单击"格式"菜单中的"组织结构图"命令,打开"设置组织结构图格式"对话框来设置。

5.5.6　插入表格

在 PowerPoint 中插入表格通常有以下两种方法。

① 选择"插入"菜单中的"表格"命令,打开"插入表格"对话框,在其中设置表格的"行数"和"列数"。

② 在幻灯片版式中选择一种带有表格占位符的版式,然后双击占位符中的"插入表格"图标,打开"插入表格"对话框。

对于表格格式的设置,可以在选中表格后,单击"格式"菜单中的"设置表格格式"命令。

5.5.7　插入图表

由于 PowerPoint 是 Office 的一族,因此,在幻灯片中插入数据图表以及编辑图表的操作与在 Excel 中的操作很类似,许多窗口与对话框基本相同。

① 选择"插入"菜单中的"图表"命令,在幻灯片上将出现一个图表及一个"数据表"对话框,如图 5-30 所示。可以在对话框的单元格中输入和修改数据;或者在幻灯片版式中选择一种带有图表占位符的版式,然后单击占位符中的"插入图表"图标。

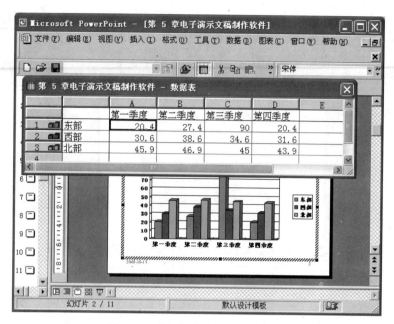

图 5-30　在幻灯片中插入数据图表

② 选择数据图表中的对象,然后单击"格式"菜单。选择第一个菜单命令,或者右击该对象,在弹出的快捷菜单中选择相应的格式设置菜单项,都将打开该对象的格式设置对话框,对数据图表中的文字和数据的格式进行必要的编辑与调整。若要改变图表的类型,设置图标选项,单击"图表"菜单,然后选择相应的命令即可。

③ 图表设置结束,单击图表以外的区域则完成插入。以后需要修改时,只要双击图表对象即可。

若在操作中关闭了"数据表"对话框,可单击"视图"菜单中的"数据工作表"命令将其重新打开。

5.6　演示文稿的动画设置

5.6.1　幻灯片动画效果的设置

所谓幻灯片的动画效果,是指在播放一张幻灯片时,幻灯片中的不同对象(文本、图片、声音和图像等)的动态显示效果、各对象显示的先后顺序以及对象出现时的声音效果等。在幻灯片中设置对象的动画效果有两种方法:"动画方案"设置和"自定义动画"设置。

1. 动画方案

"动画方案"是 PowerPoint 2003 预先定义好的动画效果。设置使用动画方案为幻灯片添加动画效果的方法是:

① 选择要设置动画效果的某张幻灯片中的对象。

② 单击"幻灯片放映"菜单中的"动画方案"命令,会弹出"幻灯片设计——动画方案"

任务窗格。

③ 在"应用于所选幻灯片"列表框中选择一种动画方案，如图 5-31 所示，该动画方案就应用到此对象上，同时在"自定义动画"任务窗格中出现该动画的动画行。

若要取消动画效果，则选择幻灯片中要取消动画效果的对象，然后在"幻灯片设计——动画方案"任务窗格的"应用于所选幻灯片"列表框中选择"无动画"选项即可。

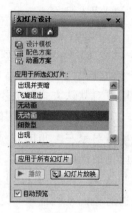

图 5-31　"幻灯片设计——动画方案"任务窗格

2. 自定义动画

对于有些幻灯片，如果只使用动画方案中提供的效果，可能达不到实际的需要。这时，用户就需要自定义幻灯片的动画效果。PowerPoint 2003 提供了制作"进入"、"强调"和"退出"这几类动画效果的功能，还提供了通过制作动作路径来制作动画效果的功能。

"进入"式动画效果：是指幻灯片中的对象出现在屏幕上的动画形式，让要显示的对象逐渐显现出来，产生一种动态的效果。

"强调"式动画效果：用于改变幻灯片中对象的形状。可以为幻灯片中要重点强调的对象应用这种效果，达到引人注意的目的。

"退出"式动画效果是指幻灯片中的对象在显示之后，当用户介绍完这一对象，不需要在之后的时间中继续出现在当前幻灯片中时，或者对于那些要在放映幻灯片时一闪而过的对象，可以为其应用"退出"式动画效果。

（1）自定义动画效果

由于"进入"、"强调"和"退出"这三种动画效果的制作方法以及操作过程非常类似，因此本节仅以"进入"式动画效果制作为例，介绍其操作过程。设置自定义动画效果的方法是：

① 选择幻灯片中要设置动画效果的对象。

图 5-32　"自定义动画"任务窗格

② 使用"幻灯片放映"菜单下的"自定义动画"命令，打开"自定义动画"任务窗格，如图 5-32 所示。

③ 单击"添加效果"按钮，在弹出的列表中选择"进入"命令，在"进入"的子菜单中选择相应的动画。如果对当前的动画不满意，可选择"其他效果"命令，然后在弹出的"添加进入效果"对话框中选择其他动画，设置选中对象。

（2）更改动画效果

在为幻灯片中的对象应用了动画效果以后，如果对这个效果不满意，可以根据需要重新设置成自己想要的效果，具体操作如下：

① 使用"幻灯片放映"菜单下的"自定义动画"命令，打开"自定义动画"任务窗格。此时，幻灯片中设置了动画的对象的左上角会显示一个蓝底纹的编号。

② 在"自定义动画"任务窗格的动画列表中选择需要更改的

动画；或者单击对象左上角的编号。此时，"自定义动画"任务窗格中的"添加效果"按钮变成"更改"按钮。

③ 单击"更改"按钮，其余操作与"进入"式动画效果制作的操作一样。

（3）调整动画的播放方式

动画在设置好以后，该动画的效果将按照 PowerPoint 2003 默认的方式播放。但是，当用户对默认方式播放不满意时，需要对其进行调整，具体操作如下：

① 在"自定义动画"任务窗格的动画列表中，选择需要修改动画播放方式的动画；或者单击对象左上角的编号，在"自定义动画"任务窗格的"修改"选项组中就会显示该对象所应用的动画播放方式。

② 在"开始"下拉列表框中有三个选项。"单击时"表示在幻灯片上单击鼠标时开始所选对象的动画播放；"之前"表示与幻灯片中前一个设置了动画效果的对象同时进行动画播放；"之后"表示在播放了前一个设置了动画效果的对象以后，不停顿地继续播放所选对象的动画。

③ 在"方向"下拉列表框中可以设置动画的开始方向。

④ 在"速度"下拉列表框中设置动画的播放速度，速度可由非常慢到非常快。

⑤ 当"自定义动画"列表框中有多个动画对象时，可以使用"自定义动画"任务窗格中的"重新排序"上、下按钮来调整动画出现的顺序；也可以直接用鼠标拖动动画行来改变动画排列的先后顺序。

⑥ 要删除动画效果，可以选择欲删除的动画效果行，再单击"删除"按钮，或选择图 5-33 所示的"动画设置"快捷菜单中的"删除"命令。

单击"播放"按钮，可以预览幻灯片中的动画。单击"幻灯片放映"按钮，可以看到完整的幻灯片放映效果。

图 5-33　"动画设置"
快捷菜单

3. 利用动作路径制作动画

（1）自带动作路径

PowerPoint 2003 本身自带基本、直线和曲线、特殊三类64 种"动作路径"，用户可以直接使用这些"动作路径"。具体操作如下：

① 在幻灯片中插入一个对象（文本、艺术字、剪贴画、自选图形等）。使用"幻灯片放映"菜单下的"自定义动画"命令，或者在添加的对象上右击，然后在弹出的右键菜单上选择"自定义动画"命令，打开"自定义动画"任务窗格。

② 保持对象的选中状态，然后在"自定义动画"对话框中选择"添加效果→动作路径→其他动作路径"选项，将弹出"添加动作路径"对话框，如图 5-34 所示。其中共有三大类 64 种设定好的动作路径，用户可以根据需要选择合适的"动作路径"。

③ 此时，"自定义动画"任务窗格有"开始"、"路径"和"速度"三个参数可以进行设置，或者通过用鼠标单击"自定义动画"列表框中动画项后的按钮或右击该动画项，打开下拉

菜单进行更详细的设置,如图 5-35 所示。这些设置与自定义动画中其他效果的设置都是相同的,在这里就不作详细的说明了。

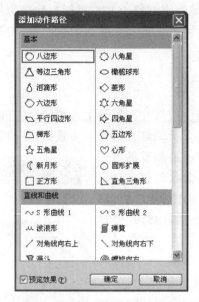

图 5-34　"添加动作路径"对话框

图 5-35　动画设置

(2) 自定义动作路径

用户也可以自己画"动作路径"。

① 使用"幻灯片放映"菜单下的"自定义动画"命令,打开"自定义动画"任务窗格。

② 在"自定义动画"任务窗格中选择"添加效果→动作路径→绘制自定义路径"选项。共有直线(绘出直线,单击并拖动到终点放开)、曲线(绘出曲线,单击拖动需要弯曲时放开,继续拖动,需要顶点时单击一次,结束时连击两次)、任意多边形(绘制一个封闭的曲线,若不封闭,可直接双击,效果同任意曲线)、任意曲线(单击并拖动到终点放开,绘出任意曲线)四个子选项。如果选择了前三个子选项,鼠标放在幻灯片上将显示为十字形状;而如果选择最后一个子选项,鼠标放在幻灯片上将显示为铅笔形状。

③ 当画完动作路径后选择所画路径,可以设置路径的各个顶点(鼠标单击选中动作路径,可以对动作路径进行移动、旋转以及纵向和横向的缩放)。绿色三角表示起点,红色三角表示终点。

(3) 修改动作路径

除了添加动作路径外,还可以替换动作路径(用新的动作路径替代旧的动作路径),甚至修改动作路径中的个别节点。在修改动作路径时,要求幻灯片处于"普通视图"状态。

① 第一种情况:替换动作路径

在幻灯片中选中旧的动作路径,此时"自定义动画"对话框中的"添加效果"按钮显示为"更改"按钮。单击"更改"按钮,在弹出菜单中选择"动作路径"子菜单,然后在弹出的诸多选项中做相应的选择。

② 第二种情况：调整动作路径中的节点

在幻灯片上，右击动作路径，将弹出右键菜单。选择右键菜单中的"编辑顶点"选项，然后将鼠标放在需要调整的个别节点（也可以是起点和终点）上，鼠标指针变为带有箭头的十字，此时按住鼠标可将节点移动到新的位置。在非节点的动作路径上，按下鼠标拖动，可以增加新的节点，并移动到新的位置。

5.6.2 幻灯片切换效果的设置

幻灯片的切换效果是指演示文稿播放过程中幻灯片在屏幕上出现的形式，即前一张幻灯片的消失方式和下一张幻灯片出现的方式。给幻灯片添加切换效果，可动感有趣地提醒观众新的幻灯片开始播放了，同时给单调的播放现场增添趣味。PowerPoint 提供了多种切换效果，包括盒状收缩、溶解、随机水平线、中部向上下展开等。在演示文稿制作过程中，可以为指定的一张幻灯片设计切换效果，也可以为一组幻灯片设计相同的切换效果。

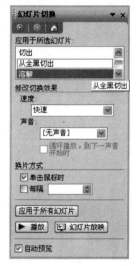

图 5-36 "幻灯片切换"
任务窗格

设置幻灯片切换效果的方法是：

① 在幻灯片浏览视图下，首先选中一张或若干张幻灯片，然后单击"幻灯片放映"菜单下的"幻灯片切换"命令，打开"幻灯片切换"任务窗格，如图 5-36 所示。

② 在"应用于所选幻灯片"列表框中选择一种切换效果后，单击"播放"按钮，可以预览选择的切换效果。或者单击该对话框下的"幻灯片放映"按钮，全屏幕预览切换效果。

在"幻灯片切换"任务窗格中，不仅可以选择切换效果，还可以设置切换速度、音效和进入下一张幻灯片的"换片方式"。"换片方式"有两个选项，通过鼠标单击，或者间隔一段时间自动切换到下一张。默认选项是"单击鼠标时"，切换到下一张幻灯片。

如果想让幻灯片自动切换，取消选中"单击鼠标时"复选框，并选中"每隔"复选框，然后在输入框中输入间隔的时间，单位为秒。例如，输入"2"，则该张幻灯片在播放 2 秒之后，将自动切换到下一张。如果"换片方式"中的两个复选框都不选，则无论是单击鼠标，还是不断等待，幻灯片之间都不会切换。

如果单击"应用于所有幻灯片"按钮，则对演示文稿中的所有幻灯片都增加了所选择的切换效果。

5.6.3 幻灯片的动作设置

演示文稿在播放时，默认方式是按幻灯片的正常次序进行放映，但有时用户需要使用非正常的顺序播放幻灯片。PowerPoint 为幻灯片设计了一种动作设置方式：当单击幻灯片中的某对象时，能跳转到预先设定的任意一张幻灯片、其他演示文稿、Word 文档，甚至是运行某个程序。

设置幻灯片动作设置的方法是：

① 选择幻灯片中要设置动作的对象。

② 单击"幻灯片放映"菜单下的"动作设置"命令，或者右击幻灯片上的对象，然后在快
捷菜单中选择"动作设置"命令，打开如图 5-37
所示的"动作设置"对话框。可以通过"单击鼠
标"或"鼠标移过"选项卡上的选项设置或修改
单击鼠标或鼠标移动时该对象发生的动作，其
中可以设置超链接动作、运行程序动作和播放
声音等。

③ 完成设置，单击"确定"按钮。

除了可以为幻灯片的对象设置动作以外，
PowerPoint 还提供了一组代表一定含义的"动
作按钮"。将其中的某个动作按钮插入到幻灯
片中，可以像其他对象一样为它设置动作。

在幻灯片中插入"动作按钮"的方法是：

① 单击"幻灯片放映"菜单下"动作按钮"

图 5-37　"动作设置"对话框

命令项下的任意一个按钮，此时鼠标变为"＋"字形。

② 在幻灯片上拖动鼠标绘制该按钮。释放鼠标时，弹出如图 5-37 所示的对话框，可
以为该按钮设置动作。

若要修改动作设置，可以按照设置幻灯片动作的方法打开"动作设置"对话框进行
修改。

5.6.4　幻灯片的超链接设置

幻灯片的超链接是为了实现在幻灯片中不按照默认的幻灯片播放顺序切换，而是按
照用户自己的想法在不破坏原有幻灯片顺序的情况下设置幻灯片浏览顺序的一种动作
方式。

设置幻灯片动作设置的方法是：

① 选择幻灯片中要设置超链接的对象。

② 选择"插入"菜单中的"超链接"命令，或右击，然后在弹出的快捷菜单中单击"超链
接"命令，或者单击"常用工具栏"上的"插入超链接"按钮，打开如图 5-38 所示的对话框。
在对话框中选择超链接的目标，目标可以是幻灯片以外的文件，也可以是演示文稿内的幻
灯片。

若要修改或删除超链接，可以将鼠标指向已设置超链接的对象，然后右击，在弹出的
快捷菜单中选择"编辑超链接"或"删除超链接"命令。

如果是为文本设置了超链接，则在设置有超链接的文本上会自动添加下画线，并且其
颜色为配色方案中指定的颜色。从超链接跳转到其他位置后，其颜色会改变。因此，可以
通过颜色来分辨访问过的超链接。

图 5-38　"插入超链接"对话框

5.7　演示文稿的放映

对于制作完成的演示文稿，最终目的是要播放给观众看。通过幻灯片的放映，用户可以将精心创建的演示文稿展示在观众面前，将自己想要说明的问题更好地表达出来。

5.7.1　演示文稿放映方式的设置

PowerPoint 演示文稿既可以在本地计算机上播放，也可以另存为"网页"类型的文件，通过 Internet 传播。PowerPoint 软件提供了 3 种不同的本机放映方式，用户可以根据需要来选择。设置幻灯片放映方式的方法是：

① 打开要设置放映方式的演示文稿。

② 单击"幻灯片放映"菜单中的"设置放映方式"命令，打开"设置放映方式"对话框，如图 5-39 所示。

③ 在对话框的"放映类型"选项组中，可以设置 3 种不同的放映方式。

- 演讲者放映（全屏幕）：这是常规的全屏幕放映方式。可以用手工方式控制幻灯片和动画，也可以使用快捷菜单或 Page Up、Page Down 键显示不同的幻灯片，还可以使用绘图笔。

- 观众自行浏览（窗口）：以窗口形式显示演示文稿，窗口中包含自定义菜单和命令，在显示时可以使用滚动条或"浏览"菜单浏览演示文稿。

- 在展台浏览（全屏幕）：以全屏幕方式显示幻灯片。在这种方式下，PowerPoint 会自动选中"循环放映，按 Esc 键终止"复选框，鼠标只能用来单击超链接和动作按钮。要终止放映，只能使用 Esc 键，其他功能全部无效。

④ 在"放映幻灯片"选项组中，选择所放映的幻灯片的范围，包括全部、部分（从…到…）和自定义幻灯片。其中的自定义幻灯片实际上是在下拉列表框中显示若干个自定义放映名称，每个放映名称要通过执行"幻灯片放映/自定义放映"菜单命令，然后在出现的对话

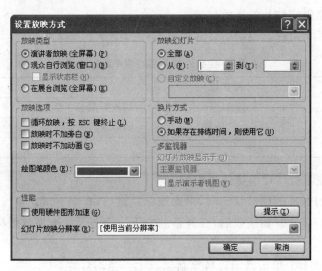

图 5-39　"设置放映方式"对话框

框中选择要播放的幻灯片来确定,并且要确定播放的顺序,这里的顺序不一定是创建时的顺序。

⑤ 在"放映选项"选项组中,可以选择幻灯片放映时是否循环放映、是否不加旁白和是否不加动画。

⑥ 在"换片方式"选项组中,通过单选按钮确定是手动换片还是按照排练时间自动换片。

⑦ 设置完成后,单击"确定"按钮,演示文稿将会按照用户所作的设置进行播放。

5.7.2　演示文稿的放映

1. 播放演示文稿

要播放一个演示文稿,首先应打开该演示文稿。播放一个已经打开的演示文稿,通常有以下 5 种方法。

① 在"幻灯片放映"菜单中选择"观看放映"命令,PowerPoint 将整屏幕显示当前演示文稿中的第一张幻灯片。

② 在"视图"菜单中选择"幻灯片放映"命令,PowerPoint 将整屏幕显示当前演示文稿中的第一张幻灯片。

③ 按 F5 键从头开始放映幻灯片。

④ 直接单击 PowerPoint 主画面视图栏中的"从当前幻灯片开始幻灯片放映"按钮,PowerPoint 2003 将整屏幕显示当前演示文稿中的当前幻灯片。

⑤ 按 Shift+F5 快捷键从当前幻灯片开始放映。

由此可以看出,前三种方法的播放效果完全相同,都是从第一张幻灯片开始播放;后两种方法的播放效果一样,都是从当前幻灯片开始播放。

2. 演示文稿的播放控制

当一个演示文稿正在播放时,可以用键盘或鼠标来控制幻灯片的播放。

（1）用键盘控制幻灯片的播放过程

表 5-3 列出了利用键盘控制幻灯片播放顺序的操作。

表 5-3　控制幻灯片播放顺序的操作键

动　作	操作键	动　作	操作键
切换到下一张	↓ → Page Down 空格键	切换到最后一张	End 键
切换到上一张	↑ ← Page Up 键	结束放映	Esc 键
切换到第一张	Home 键		

（2）用鼠标控制幻灯片的播放过程

当屏幕处于幻灯片的播放状态时，单击鼠标左键（或者向下滚动鼠标的滑轮），将播放下一张幻灯片。幻灯片开始播放后，在屏幕的左下方会显示 4 个播放图标，这 4 个图标从左到右分别是：

① “上一张”图标：单击该图标将重新播放上一张幻灯片。

② “指针选项”图标：单击该图标将弹出一个菜单。该菜单为用户提供了不同的书写笔、颜色和擦除等功能，用户在播放幻灯片时，通过选择菜单中的命令，可以在幻灯片上写字、画图形等，从而使用户可以对幻灯片中的某些内容向观众作重点说明和强调。

③ “幻灯片操作”图标：单击该图标将弹出一个快捷菜单。该菜单为用户提供了对幻灯片进行操作的功能，用户在播放幻灯片时，通过选择菜单中的命令，对幻灯片进行翻页、定位、自定义放映、暂停、结束放映等操作。如果在幻灯片播放时右击，也可以弹出这个快捷菜单。

④ “下一张”图标：单击该图标将播放下一张幻灯片。

5.7.3　隐藏幻灯片

有时在播放演示文稿时，其中的一些幻灯片不想被放映出来，可以将演示文稿中的一些幻灯片隐藏起来。设置为隐藏的幻灯片不会被放映出来。

设置隐藏幻灯片的方法是：

① 打开演示文稿。

② 单击“视图栏”中的“幻灯片浏览视图”按钮，如图 5-40 所示。在该视图中，可以同时看见多张幻灯片，根据显示比例的大小，可以改变一次所能看到幻灯片的个数。在每张幻灯片的下面有一个幻灯片编号，如果编号仅是一个数字，则该幻灯片处于显示状态，也就是在幻灯片放映时，将会放映它。

③ 选中要隐藏的幻灯片，然后单击“幻灯片浏览”工具栏上的“隐藏”按钮；或者单击“幻灯片放映”菜单中的“隐藏幻灯片”命令，此时幻灯片下面的编号被灰色的方框围了起来，中间还有一条斜线。

播放演示文稿，可以发现在放映的过程中不会显示该幻灯片。

5.7.4　自定义放映

有时在使用 PPT 文档的时候，用户可能只需要使用该文档中的一些幻灯片，并且这

图 5-40　幻灯片浏览视图

些幻灯片的播放顺序不是原有文档中的顺序。这时，可能将它们一个一个地复制出来，重新生成一个新的 PPT 文档。Office 软件为此类问题另外提供了一种解决的方案，就是自定义放映。

选择"幻灯片放映"菜单下的"自定义放映"命令，打开"自定义放映"对话框，如图 5-41 所示。在"自定义放映"对话框中单击"新建"按钮，打开"定义自定义放映"对话框，如图 5-42 所示。首先在"幻灯片放映名称"文本框中输入该自定义放映的名称，以便在放映的时候找到它；然后选择"在演示文稿中的幻灯片"内容框中的内容，通过单击"添加"按钮，将选择的内容添加到"在自定放映中的幻灯片"内容框中；也可以通过"删除"按钮，将选择的内容从"在自定放映中的幻灯片"内容框中去掉。在设置完成后，单击"确定"按钮，返回"自定义放映"对话框，再单击"放映"按钮查看自定义方式的放映。

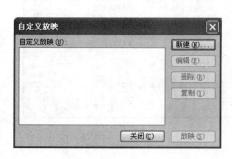

图 5-41　"自定义放映"对话框

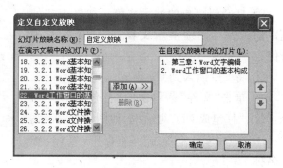

图 5-42　"定义自定义放映"对话框

如果要放映已经设置好的自定义放映，需要首先进行幻灯片放映设置。单击"幻灯片放映"菜单中的"设置放映方式"命令，打开"设置放映方式"对话框，如图 5-39 所示。在该对话框的"放映幻灯片"中选择"自定义放映"，在其下拉列表框中，根据自定义放映的名称选择需要的放映，然后单击"确定"按钮，按 F5 键开始播放。

5.7.5　计时放映

有时用户希望 PPT 文档在播放时每一张幻灯片按照指定的时间自动播放，而不要用户手动去操作。PowerPoint 2003 中的"排练计时"提供了这一功能。

单击选择"幻灯片放映"菜单下的"排练计时"命令，则演示文档开始从头播放，同时计时开始。在播放的同时，页面的左上角会出现"预演"工具栏，工具栏中显示每页停留显示的时间，根据这个时间来决定何时播放下一页，如图 5-43 所示。当文档演示播放结束后，程序会弹出一个保存提示对话框，让用户决定是否保存计时，如图 5-44 所示。

图 5-43　"预演"对话框　　　　　　　　　　　图 5-44　计时保留提示

5.8　演示文稿的打包与打印

5.8.1　演示文稿的打包

PowerPoint 中的"打包成 CD"功能可将一个或多个演示文稿随同支持文件复制到 CD 中。默认情况下，PowerPoint 播放器包含在其中。这样就可在其他计算机上运行打包的演示文稿，即使未安装 PowerPoint 的计算机上也可运行。

也可以通过单击"复制到文件夹"按钮将一个或多个演示文稿打包到计算机或某个网络位置上的文件夹中，而不是在 CD 上，然后提供文件夹信息。

将演示文稿打包成 CD 的方法是：

① 打开要打包的演示文稿。如果正在处理以前未保存的新演示文稿，建议先对其进行保存。

② 将 CD 插入到 CD 驱动器中。

③ 单击"文件"菜单中的"打包成 CD"命令，弹出"打包成 CD"对话框，如图 5-45 所示。

④ 在"将 CD 命名为"文本框中，为 CD 输入名称。

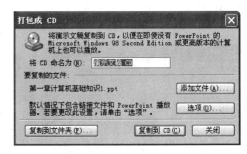

图 5-45　"打包成 CD"对话框

⑤ 若要指定要包括的演示文稿和播放顺序，按照下面的方式来操作：

- 若要添加其他演示文稿或其他不能自动包括的文件，请单击"添加文件"按钮。选择要添加的文件，然后单击"添加"按钮。

- 默认情况下，演示文稿被设置为按照"要复制的文件"列表中排列的顺序自动运行。若要更改播放顺序，请选择一个演示文稿，然后单击向上键或向下键，将其移动到列表中的新位置。默认情况下，当前打开的演示文稿已经出现在"要复制的文件"列表中。链接到演示文稿的文件(例如图形文件)会自动包括在内,而不出现在"要复制的文件"列表中。此外,Microsoft Office PowerPoint Viewer 是默认包括在 CD 内的,以便在未安装 Microsoft PowerPoint 的计算机上运行打包的演示文稿。

- 若要删除演示文稿,请选中它,然后单击"删除"。

⑥ 若要更改默认设置,请单击"选项"按钮,然后按照下面的方式进行操作:

- 若要排除播放器,请清除"PowerPoint 播放器"复选框。
- 若要禁止演示文稿自动播放,或指定其他自动播放选项,请从"选择演示文稿在播放器中的播放方式"列表中选择。
- 若要包括 TrueType 字体,请选中"嵌入的 TrueType 字体"复选框。
- 若需要打开或编辑打包的演示文稿的密码,请在"帮助保护 PowerPoint 文件"下面输入要使用的密码。
- 若要关闭"选项"对话框,请单击"确定"按钮。

⑦ 完成设置后,单击"复制到文件夹"按钮,将文件复制到指定的文件夹;或单击"复制到 CD"按钮,将文件复制到 CD 中。

如果在使用了"打包"向导后又修改了演示文稿,应再次运行向导以更新程序包。

5.8.2　演示文稿的打印

当一份演示文稿制作完成后,有时需要将演示文稿打印出来。PowerPoint 允许用户选择以彩色或黑白方式来打印演示文稿的幻灯片、观众讲义、大纲或备注页。PowerPoint 文件打印前要先进行页面设置。页面设置是演示文稿显示、打印的基础。

(1) 页面设置

单击"文件"菜单下的"页面设置"命令,弹出如图 5-46 所示的"页面设置"对话框。

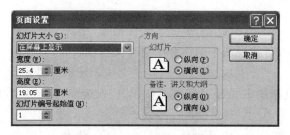

图 5-46　"页面设置"对话框

在"幻灯片大小"下拉列表框中选择幻灯片的标准尺寸,也可以在"宽度"和"高度"数值框中重新设置幻灯片的尺寸。

在"幻灯片编号起始值"数值框中可以设置幻灯片的编号的起始值。

在"方向"选项区中,可以设置"幻灯片"、"备注页、讲义和大纲"的显示和打印方向,可以设置成"纵向"或"横向"。演示文稿中的所有幻灯片必须维持同一方向。

(2) 打印预览与打印

单击"文件"菜单下的"打印预览"命令,进入打印预览模式。根据需要选择"打印内容"下拉列表框内的选项,可以分别以幻灯片、讲义、备注页及大纲视图的效果进行预览。

在预览状态下可直接单击"打印预览"工具栏上的"打印"按钮,实现打印;也可以在关闭预览模式后,单击"文件"菜单下的"打印"命令,弹出如图 5-37 所示的"打印"对话框。

在"打印机"选项区设置默认打印机,也可以选择已安装的其他打印机。

在"打印范围"选项区设置打印范围,可以选择"全部",也可以选择只打印"当前幻灯片",还可以选择演示文稿中的某几张幻灯片进行打印。

在"打印内容"选项中选择幻灯片、讲义、大纲、备注等不同内容。如果选择"讲义"选项,还可以在"讲义"选项区中选择每张幻灯片打印的数量及顺序等。一般情况下,一张 A4 纸最多可以打印 9 页幻灯片,但以打印 2~4 页较为合适。

对话框底部还有些设置,如是否打印灰度幻灯片、黑白幻灯片等。设置完成后,单击"确定"按钮,则按要求开始打印。

习　　题

一、选择题（只有一个正确答案）

1. 在 PowerPoint 中,新建演示文稿已选中"古瓶荷花"应用设计模板。在文稿中插入一个新幻灯片时,新幻灯片的模板将（　　）。

    A. 采用默认型设计模板　　　　　　　B. 采用已选中设计模板

    C. 随机选择任意设计模板　　　　　　D. 用户指定另外的设计模板

2. PowerPoint 文件菜单中的"新建"命令是建立（　　）。

    A. 一个新的模板文件　　　　　　　　B. 一个新的演示文稿

    C. 一张新的幻灯片　　　　　　　　　D. 一个新的备注文件

3. 在演示文稿中,将某张幻灯片版式更改为"垂直排列文本",应选择的菜单是（　　）。

    A. 编辑　　　　　　B. 视图　　　　　　C. 格式　　　　　　D. 插入

4. 在演示文稿中,备注视图中的注释信息在文稿放映时（　　）。

    A. 会显示　　　　　B. 不会显示　　　　C. 显示一部分　　　D. 显示标题

5. 在幻灯片浏览视图中要选中多张幻灯片时,先按住（　　）键,再逐个单击要选中的幻灯片。

    A. Ctrl　　　　　　B. Enter　　　　　　C. Shift　　　　　　D. Alt

6. 插入的幻灯片总是插在当前幻灯片（　　）。

    A. 备注中　　　　　B. 之前　　　　　　C. 标题栏中　　　　D. 之后

7. 在 PowerPoint 提供的各种视图模式中,全屏幕显示幻灯片的是（　　）。

    A. 大纲视图　　　　　　　　　　　　B. 幻灯片浏览视图

    C. 幻灯片视图　　　　　　　　　　　D. 幻灯片放映视图

8. 为了使一份演示文稿的所有幻灯片中具有公共的对象,应使用（　　）。

    A. 自动版式　　　　B. 母版　　　　　　C. 备注幻灯片　　　D. 大纲视图

9. 打上隐藏符号的幻灯片,（　　）。

　　A. 播放时肯定不显示　　　　　　　　　B. 可以在任何视图方式下编辑

　　C. 播放时可能会显示　　　　　　　　　D. 不能编辑

　　10. 在 PowerPoint 的大纲视图中,选择"大纲"工具栏中的按钮(　　　)表示将选中的段落下移一个段落。

　　A. ⬅　　　　　　　　B. ➡　　　　　　　　C. ⬆　　　　　　　D. ⬇

　　11. 对于演示文稿中不准备放映的幻灯片,可以用(　　　)下拉菜单中的"隐藏幻灯片"命令隐藏。

　　A. 工具　　　　　　B. 幻灯片放映　　　　C. 视图　　　　　　D. 编辑

　　12. 若想设置打印讲义稿中的每页幻灯片数,可更改(　　　)。

　　A. 幻灯片母版　　　　　　　　　　　　B. 讲义母版

　　C. 标题母版　　　　　　　　　　　　　D. 打印幻灯片对话框中的参数

　　13. 在 PowerPoint 中,在(　　　)视图中,用户可以看到画面变成上、下两半,上面是幻灯片,下面是文本框,用于记录演讲者讲演时的一些提示重点。

　　A. 备注页视图　　　B. 浏览视图　　　　　C. 放映视图　　　　D. 黑白视图

　　14. 如果要终止幻灯片的放映,可以直接按(　　　)键。

　　A. Alt+F4　　　　　B. Ctrl+X　　　　　C. Esc　　　　　　D. End

　　15. 如果要设置从一张幻灯片"水平百叶窗"切换到下一张幻灯片,应使用"幻灯片放映"菜单中的(　　　)命令。

　　A. 动作设置　　　　B. 预设动画　　　　　C. 幻灯片切换　　D. 自定义动画

　　16. 在 PowerPoint 2003 中,有关幻灯片母版中的页眉/页脚,下列说法错误的是(　　　)。

　　A. 页眉或页脚是加在演示文稿中的注释性内容

　　B. 典型的页眉/页脚内容是日期、时间以及幻灯片编号

　　C. 在打印演示文稿的幻灯片时,页眉/页脚的内容也可打印出来

　　D. 不能设置页眉和页脚的文本格式及调整位置

　　17. 在交易会上进行广告演示文稿的放映时,应该选择(　　　)放映方式。

　　A. 演讲者放映　　　B. 观众自行放映　　　C. 循环放映　　　　D. 在展台浏览

　　18. 在设置幻灯片自动切换之前,应该事先进行演示文稿(　　　)设置。

　　A. 自动播放　　　　B. 排练计时　　　　　C. 打印输出　　　　D. 打包

　　19. 在 PowerPoint 中,演示文稿可以使用"文件"菜单中的(　　　)命令,使其转移到其他未安装 PowerPoint 2003 的计算机上放映。

　　A. 发送　　　　　　B. 另存为　　　　　　C. 打包　　　　　　D. 保存

　　20. 在 PowerPoint 中,在浏览视图下,按住 Ctrl 键并拖动某幻灯片,可以完成(　　　)操作。

　　A. 移动幻灯片　　　B. 复制幻灯片　　　　C. 删除幻灯片　　　D. 选中幻灯片

　　21. 若想对幻灯片设置不同的颜色、阴影、图案或纹理的背景,可使用(　　　)菜单中的"背景"命令。

　　A. 视图　　　　　　B. 格式　　　　　　　C. 幻灯片放映　　　D. 工具

22. 在 PowerPoint 中,通过执行"格式"菜单中的(　　　)命令可以改变幻灯片的布局。

    A. 字体　　　　　　　　　　　　　　　B. 幻灯片版式

    C. 幻灯片配色方案　　　　　　　　　　D. 背景

23. 在 PowerPoint 中,若要对插入的表格的格式进行设置,应选择(　　　)菜单中的"设置表格格式"命令。

    A. 编辑　　　　　B. 工具　　　　　C. 格式　　　　　D. 视图

24. 在 PowerPoint 中,下列说法错误的是(　　　)。

    A. 可以利用自动版式建立带剪贴画的幻灯片,用来插入剪贴画

    B. 可以向已存在的幻灯片中插入剪贴画

    C. 可以设置剪贴画的格式

    D. 不可以旋转插入剪贴画

25. 在 PowerPoint 2003 的幻灯片浏览视图下,不能完成的操作是(　　　)。

    A. 调整个别幻灯片位置　　　　　　　　B. 删除个别幻灯片

    C. 编辑个别幻灯片中填入的内容　　　　D. 复制个别幻灯片

26. 在 PowerPoint 2003 中,若为幻灯片中的对象设置放映时的动画效果为"飞入",应选择的菜单选项是(　　　)。

    A. 自定义动画　　　B. 幻灯片版式　　　C. 自定义放映　　　D. 幻灯片放映

27. 关于自定义动画,说法正确的是(　　　)。

    A. 可以调整顺序　　　　　　　　　　　B. 可以设置动画效果

    C. 可以调整速度　　　　　　　　　　　D. 以上都对

28. 下列关于在 PowerPoint 中编辑影片的说法,正确的是(　　　)。

    A. 在 PowerPoint 中播放的影片文件,只能播放完毕后才能停止

    B. 插入影片用"格式"菜单下命令

    C. 插入 PowerPoint 中的视频文件不能播出声音

    D. 只有在播放幻灯片时,才能看到影片效果

29. 页眉和页脚中的日期除设为"固定"外,还可设为(　　　)方式。

    A. 自动更新　　　　B. 人工更新　　　　C. 自定义　　　　D. 随机

30. 在 PowerPoint 中不可以设置图形元素的(　　　)。

    A. 叠放层次　　　　B. 三维效果　　　　C. 阴影设置　　　　D. 样式与格式

31. 在 PowerPoint 中,插入图表后,图表的菜单和工具栏取代了 PowerPoint 原有的菜单和工具栏,并弹出一个(　　　)窗口。

    A. 数据　　　　　B. 数据图　　　　C. 图表　　　　D. 数据表

32. 在 PowerPoint 里,在(　　　)中,可以轻松地按顺序组织幻灯片,进行插入、删除、移动等操作。

    A. 备注页视图　　　　　　　　　　　　B. 浏览视图

    C. 幻灯片放映视图　　　　　　　　　　D. 黑白视图

33. 下面不属于幻灯片的视图的是(　　　)。

　　A. 普通视图　　　　　　　　　　B. 幻灯片视图

　　C. 大纲视图　　　　　　　　　　D. 幻灯片发布视图

34. 在 PowerPoint 中,若要选用应用设计模板来美化演示文稿,应先选择(　　)菜单。

　　A. 视图　　　　　B. 工具　　　　　C. 格式　　　　　D. 插入

35. 幻灯片中声音素材的来源不包括(　　)。

　　A. 卡拉 OK 伴奏　　　　　　　　B. 插入声音文件

　　C. 播放 CD 乐曲　　　　　　　　D. 录制旁白

36. 在 PowerPoint 中,创建模板的方法是(　　)。

　　A. 启动 PowerPoint 时,选择设计模板选项

　　B. 保存 PowerPoint 文稿时选择文件类型为"演示文稿"

　　C. 保存 PowerPoint 文稿时选择目录为"Templates"

　　D. 保存 PowerPoint 文稿时选择文件类型为"演示文稿设计模板"

37. 下列关于配色方案的说法中,错误的是(　　)。

　　A. 幻灯片配色方案是指在 PowerPoint 中,各种颜色设定了其特定用途

　　B. 一组幻灯片中可以采用多种配色方案

　　C. 用户可以自定义或更改某种配色方案

　　D. 配色方案是模板中自带的,用户不能更改

38. 若在幻灯片中需要插入数学公式,要添加(　　)软件工具。

　　A. 对象包　　　　　　　　　　　B. Microsoft Equation 3.0

　　C. Microsoft Excel 图表　　　　　D. Calendar Control 8.0

39. 在幻灯片中,以下(　　)不是合法的"打印内容"选项。

　　A. 幻灯片　　　　B. 备注页　　　　C. 讲义　　　　D. 幻灯片浏览

40. 演示文稿类型的扩展名为(　　)。

　　A. .htm　　　　　B. .ppt　　　　　C. .pps　　　　　D. .pot

二、 操作题

1. 按下列要求完成演示文稿的建立。

(1) 写一篇讲演稿,有 5 张幻灯片,题目是"我和计算机"

① 第一张是标题片,自己设计体现个人理解主题的标题版面。落款如下:

单 位:所在学院、所在班级　　　主讲人:自己的姓名

② 第二张是提纲片,叙述要点。

③ 其他片子是主题内容。

④ 在第三张幻灯片中插入一个图片或剪贴画。

(2) 定义幻灯片母版

① 标题用 36 号字,幼圆字体,居中,红色。

② 一级正文用 28 号字,宋体、左对齐、深蓝色。

③ 二级及以下正文用 24 号字,宋体、左对齐、深蓝色。

在底部中央设置 3 个动作按钮,用于前翻一页、后翻一页和结束放映;底部右下角显

示页编号,页编号格式为 14 号字,宋体、绿色。

（3）动画设置

① 第二张片子的文本要求"自定义动画",文本进入方式是"飞入"。单击鼠标启动,方向是"自左侧",速度为"慢速"。

② 其他片子中的文本要求设置"动画方案"为"椭圆动作"。

③ 所有幻灯片切换方式设置为"垂直百叶窗",速度为"中速",声音为"风铃",切换方式为"每隔 3 秒"。

（4）格式要求

① 设置页眉/页脚,标题片不显示。

② 页脚格式设置为"主讲人:自己的姓名"。

2. 按下列要求完成演示文稿的建立。

（1）建立页面一:版式为"标题幻灯片",选择应用设计模板中的第五个版式;标题内容为"信息技术与教育信息化"并设置为黑体、44、深蓝色,副标题内容为

"1. 什么是信息技术

2. 什么是教育信息化"

并设置为楷体 36、橙色;左下角插入一个动作按钮,并在按钮上添加文本"下一页",单击时链接到下一页幻灯片。

（2）建立页面二:版式为"只有标题",标题内容为"信息技术实际上就是能够扩展人类信息器官功能的技术,也是人类处理信息的技术",并设置为楷体、蓝色、居中;插入剪贴画"科技—Earth";左下角插入两个动作按钮,并在按钮上添加文本"上一页"和"下一页",单击时分别链接到上一页幻灯片和下一页幻灯片。

（3）建立页面三:版式为"只有标题",标题内容为"教育信息化,就是将信息技术应用到教育决策、管理、研究、过程等教育的各方面",并设置为楷体、36、蓝色、居中;插入艺术字"面向教育",样式为艺术字库中的第 16 个,字号为 80,艺术字形状为"倒 V 形";插入三个动作按钮并在按钮上添加文本"首页"、"上一页"和"结束",单击时分别链接到首页幻灯片、上一页幻灯片和结束放映。

（4）将所有幻灯片插入页脚,内容为"信息技术与教育信息化"。

（5）将页面设置成"A4"型纸。

（6）将所有幻灯片插入幻灯片编号。

（7）将该演示稿以"信息技术"为文件名保存在 D 盘"考生"目录下。

3. 按下列要求完成演示文稿的建立。

（1）利用"根据内容提示向导"建立一套有 5 张幻灯片的演示文稿文件,最后一张幻灯片向前移动,作为演示文稿的第一张幻灯片,改为"标题幻灯片"版式,并在副标题处输入文字"中学生英语演讲比赛";字体设置成宋体、加粗、倾斜、44 磅。将最后一张幻灯片的版式更换为"垂直排列标题与文本"。

（2）用"balance. pot"演示文稿设计模板修饰全文;全文幻灯片切换效果设置为"从左下抽出";第二张幻灯片的文本部分动画设置为"扇形展开"。

（3）隐藏第 4 张幻灯片。

4. 按下列要求完成演示文稿的建立。

(1) 在幻灯片的标题区中输入"中国的 DXF100 地效飞机",字体设置为红色(注意:请用自定义标签中的红色 255,绿色 0,蓝色 0)、黑体、加粗、54 磅。将幻灯片标题文字设置动画效果为"自右侧飞入"。插入一张图片(在剪贴画中寻找有飞机图案的),放在中间。

(2) 插入一张版式为"标题和文本"的新幻灯片,作为第二张幻灯片。

(3) 输入第二张幻灯片的标题内容:"DXF100 主要技术参数"。

(4) 输入第二张幻灯片的文本内容:

"可载乘客 15 人

装有两台 300 马力航空发动机"

(5) 第二张幻灯片的背景效果设为"白色大理石"。将演示文稿的全部幻灯片切换效果设置为"中央向左右扩展",且幻灯片切换间隔 3 秒。

5. 按下列要求完成演示文稿的建立。

(1) 在演示文稿开始处插入一张标题幻灯片,作为演示文稿的第一张幻灯片,输入主标题为:"Nokia 推出新机型"。

(2) 第二张幻灯片的标题为"3 种新机型",在内容中插入 3 张图片(随意选择 3 张剪贴画)。

(3) 将 3 个图形元素尺寸设置成长度为 4、宽度为 6,并上二下一,居中排列。

(4) 将 3 个图形元素组合,并设置为"自左下部快速飞入"的动画效果。

(5) 在第三张幻灯片上插入艺术字"谢谢!",使用字库中的第二行第三个样式,字体为隶书,字号 72,添加"阴影样式 10"。

6. 按下列要求完成演示文稿的建立。

(1) 建立如样文 5-1 所示的两张幻灯片,标题采用仿宋体,54 号字体,居中;其他所有文本采用楷体、32 号字体,左对齐;剪贴画采用 Microsoft 剪辑库中的任一图片。

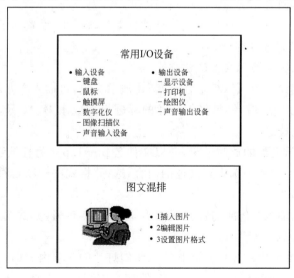

样文 5-1

（2）第一张幻灯片：标题预设为"自左上部飞入"动画方式，左下方文本框预设为"向内溶解"动画方式，右下方文本框预设为"飞旋"动画方式，幻灯片的切换效果为"中速盒状收缩"。

（3）第二张幻灯片：标题预设为"投掷"动画方式，左下方剪贴画为"飞入"动画方式，右下方文本框为"滑翔"动画方式。所有幻灯片的背景为"鱼类化石"。

7．按下列要求完成演示文稿的建立。

（1）打开第 6 题中建立的演示文稿文件，交换演示文稿中两张幻灯片的顺序，并在中间插入一张如样文 5-2 所示的幻灯片。

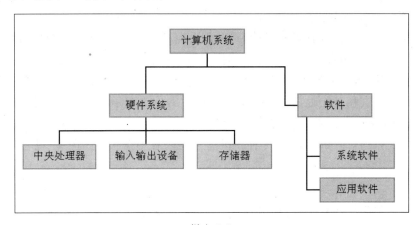

样文 5-2

（2）为新幻灯片设置切换方式："盒状收缩"、"慢速"及"打字机"声。

（3）采用应用设计模板 Watermark.pot 统一演示文稿的外观。

（4）采用修改幻灯片母版的方式，在每张幻灯片底部显示日期（格式为 YYYY 年 MM 月 DD 日）和幻灯片编号（即 1、2、3）。

（5）为幻灯片设置排练时间，每隔 5 秒钟自动放映一张；设置演示文稿的放映方式为"循环放映"，换片方式选择"排练时间"。

8．按下列要求完成演示文稿的建立。

（1）使用"根据设计模板"（模板任选）新建演示文稿，再插入 4 张幻灯片。

（2）设置幻灯片母版。将每张幻灯片的标题设置成隶书、44 号，其他文本设置成楷体、32 号，字符颜色自定。

（3）观察该演示文稿的放映效果，并以文件名 ptex1.ppt 另存演示文稿。

（4）在第三张幻灯片中选中正文框的内容，选择"格式"→"项目符号"菜单命令，为正文应用项目符号"◆"。

（5）给演示文稿中的全部幻灯片设置片间的切换动画，方式自选，切换速度为"快速"，换页方式为"单击鼠标"。

（6）建立演示文稿中的超链接。将第二张幻灯片的三项内容（自由添加）分别链接到第三张、第四张、第五张幻灯片。在第三张、第四张幻灯片的下部设置"返回"动作按钮，使得单击这些按钮时可跳转回第二张幻灯片。

（7）将演示文稿的放映方式设置为"观众自行浏览"。

9. 按下列要求完成演示文稿的建立。

（1）建立第一张幻灯片，如样文 5-3 所示，版式为"只有标题"。要求：标题设置成楷体、倾斜、48 磅。

样文 5-3

（2）设置幻灯片的动画效果：剪贴画是"自左侧缓慢移入"，标题为"自右下部飞入"，动画文本"按字母"发送。动画顺序为先剪贴画后标题。

（3）插入一张版式为"只有标题"的幻灯片，作为第二张幻灯片，标题输入"生命在于运动"，设置为宋体、48 磅、加粗。

（4）使用演示文稿设计模板来修饰全文，模板采用"Fireworks 型"。

（5）修改第一张幻灯片的配色方案，为背景色选择一种浅蓝颜色。

（6）全部幻灯片的切换效果设置为"向上插入"。

10. 按下列要求完成演示文稿的建立，幻灯片版式根据填写内容设置。

（1）第一张幻灯片：插入艺术字"电子政务"，设置成黑体，60 磅，艺术字填充色为蓝色；三维效果选择三维样式 2，三维颜色为黄色，深度 20 磅，居中放置；切换方式设为"盒状展开"，声音为"鼓掌"；标题和文本出现的动画设为"进入"的"螺旋飞入"，声音设为"打字机"。

（2）第二张幻灯片：内容为"信息化是改革的一个重要方面，政府行政管理信息网络化是一场深刻革命，势在必行。——朱镕基总理"；插入一张图片，放在适当位置；切换方式设为"垂直百叶窗"，声音为"风铃"；文本出现的动画方案设置为"回旋"；图片的出现方式设为"飞入"，声音设为"收款机"。

（3）第三张幻灯片：根据以下资料，制作我国上网用户人数（万人）的增长情况图表。

年月	上网用户
1999.1	210
2000.1	890
2001.1	2250
2002.1	3370

（4）换页方式为每隔 2 秒自动换页。

（5）给该演示文稿应用"Globe"设计模板。

第6章

计算机网络基础

6.1 计算机网络概述

6.1.1 计算机网络的概念

"网络"顾名思义就是一张"网",纵横交错,各节点间相互连接。"网络"这个名字现在应用非常广泛,除计算机领域外,还应用于其他许多方面,如我们常说的关系网、公路网、人才网、通信网、电话网等。"计算机网络"有它的特殊性,主要体现在网络的连接和通信方式方面,它是由两台或两台以上计算机通过传输介质、网络设备及软件相互连接在一起,利用一定的通信协议进行通信的计算机集合体。计算机网络中各计算机之间的交接点称为"节点",各计算机就是通过这样的节点来彼此通信的。因此,所谓计算机网络,就是以相互共享资源(软件、硬件和数据等)方式而连接起来的、各自具备独立功能的计算机系统的集合。在计算机网络中,若干台计算机通过通信系统连接起来,以互相沟通信息。

计算机或计算机网络设备是整个计算机网络的最小单元,通常也称为"节点",这里的计算机类型不重要,可以是 PC 机、苹果机,也可以是大型机和微型机,最重要的是所有的这些互联设备有一个共同的语言,那就是网络通信协议。通信协议是一系列规则和约定,它控制网络中设备之间的信息交换方式。

最开始的计算机网络只是少数几台独立的计算机的相互连接,此时的计算机网络是独立的计算机单元的集合。随着计算机网络应用不断深入,计算机网络的规模越来越大,有的网络还包括许多小的计算机子网,如局域网、广域网或城域网。例如,应用最广泛的因特网,它将全球许多独立的计算机和计算机网络连接在一起,形成了目前最大的计算机互联网络。

计算机网络就是利用通信线路和通信设备,用一定的连接方法,将分布在不同地点的具有独立功能的多台计算机系统或网络相互连接起来,在网络软件的支持下进行数据通信,实现资源共享的系统。

6.1.2 计算机网络的形成与发展

计算机网络目前主要分为"有线"和"无线"两类,所以在此主要针对这两种计算机网络类型进行介绍。

(1) 有线计算机网络的发展历史

任何一种新技术的出现都必须具备两个条件,一是强烈的社会需求;二是前期技术的成熟。计算机网络技术的形成与发展也遵循这样一个技术发展轨迹。1946 年,世界上第一台计算机(ENIAC)在美国的宾夕法尼亚大学问世,当时计算机的主要应用就是进行科学计算。随着计算机应用规模以及用户需求的不断增大,单机处理已经很难胜任,于是出现了计算机网络的应用。它是计算机技术、通信技术与自动控制技术相结合的产物,其发展经历了从简单应用到复杂应用的四个阶段。

第一阶段:以一台主机为中心的远程联机系统

这是最早的计算机网络系统,只有一台主机,其余终端都不具备自主处理功能,所以这个阶段的计算机网络又称为"面向终端的计算机网络"。例如,20 世纪 60 年代初,美国航空公司与 IBM 联合开发的飞机订票系统,就是由一台主机和全美范围内 2000 多个终端组成的,它的终端只包括 CRT 监视器和键盘,无 CPU 和内存。

第二阶段:多台主机互联的通信系统

它兴起于 20 世纪 60 年代后期,利用网络将分散各地的主机经通信线路连接起来,形成一个以众多主机组成的资源子网,网上用户可以共享资源子网内的所有软硬件资源,故又称"面向资源子网的计算机网络"。这个时期的典型代表是美国国防部高级研究计划局协助开发的 ARPANET。20 世纪 70~80 年代,这类网络得到较快的发展。

第三阶段:国际标准化的计算机网络

这个阶段解决了计算机网络间互联标准化的问题,要求各个网络具有统一的网络体系结构并遵循国际开放式标准,以实现"网与网相连,异型网相连"。国际标准化组织 ISO 在 1981 年颁布了"开放式系统互连参考模型(OSI/RM)",成为全球网络体系的工业标准,极大地促进了计算机网络技术的发展。20 世纪 80 年代后,局域网技术十分成熟,随着计算机技术、网络互联技术和通信技术的高速发展,出现了 TCP/IP 协议支持的全球互联网(Internet),在世界范围内获得广泛应用,并朝着更高速、更智能的方向发展。

第四阶段:以下一代互联网络(NGN)为中心的新一代网络

计算机网络经过三个阶段的发展,在给人类社会带来巨大进步的同时,也暴露了一些先天缺陷,导致 NGN 成为新的技术热点。规划中的下一代网络规范了网络的部署,采用分层、分面和开放接口的方式,为新业务的不断生成、部署和管理提供了基础。目前基于 IP 的 IPv6(Internet Protocol Version 6)技术的发展使人们坚信,发展 IPv6 技术将成为构建高性能、可扩展、可运营、可管理、安全的下一代电信网络的基础性工作。

(2) 无线计算机网络的发展历史

无线局域网络(WLAN)起步于 1997 年。当年的 6 月,第一个无线局域网标准 IEEE 802.11 正式颁布实施,为无线局域网技术提供了统一标准,但当时的传输速率只有 1~2Mbps。随后,IEEE 委员会开始了新的 WLAN 标准的制定,分别取名为 IEEE 802.11a 和 IEEE 802.11b。这两个标准分别工作在不同的频率上,IEEE 802.11a 工作在商用的 5GHz 频段,IEEE 802.11b 要求工作在免费的 2.4GHz 频段。IEEE 802.11b 标准于 1999 年 9 月正式颁布其速率为 11Mbps;在 2001 年年底正式颁布的 IEEE 802.11a 标准,它的传输速率可达到 54Mbps(bps 是 bits per second 的简称,指每秒传输的位数)。尽管如此,WLAN 的应用并未真正开始,因为整个 WLAN 应用环境并不成熟。在当时,人们普遍认为 WLAN 主要应用于商务人士移动办公,还没有想到现在会在家庭和企业中得到广泛应用。

WLAN 的真正发展是从 2003 年 3 月 Intel 第一次推出带有 WLAN 无线网卡芯片模块的迅驰处理器开始的,在其新型节能的迅驰笔记本计算机处理器中集成这样一个支持 IEEE 802.11b 标准的无线网卡芯片。尽管当时的无线网络环境还非常不成熟,但是由于 Intel 的捆绑销售,加上迅驰芯片高性能、低功耗等非常明显的优点,使得许多无线网络服务商看到了商机,同时 11Mbps 的接入速率在一般的小型局域网也可进行一些日常应用,于是各国的无线网络服务商开始在公共场所(如机场、宾馆、咖啡厅等)提供访问"热点",实际上就是布置一些无线访问点(Access Point,AP),方便移动商务人士无线上网。

在 2003 年 6 月,经过两年多的开发和多次改进,一种兼容原来的 IEEE 802.11b 标准,同时可提供 54Mbps 接入速率的新标准 IEEE 802.11g 在 IEEE 委员会的努力下正式发布了,因为工作于免费的 2.4GHz 频段,所以很快被许多无线网络设备厂商采用。

同时,一些技术实力雄厚的无线网络设备厂商对 IEEE 802.11a 和 IEEE 802.11g 标准进行改进,纷纷推出了其增强版,它们的接入速率可以达到 108Mbps。

6.1.3　计算机网络的功能

计算机网络之所以得到如此迅速的发展和普及,归根到底是因为它具有非常明显和强大的作用,主要表现在以下三个方面。

(1) 实现资源共享(包括硬件资源和软件资源的共享)

计算机网络最具吸引力的地方就是进入计算机网络的用户可以共享网络中的各种硬件和软件资源,使网络中各地区的资源互通有无、分工协作,从而提高系统资源的利用率。

(2) 用户之间交换信息和数据传输

数据传输是计算机网络的基本功能之一,用以实现计算机与终端或计算机与计算机之间的各种信息传送。计算机网络不仅使分散在网络各处的计算机能共享网上的所有资源,还能为用户提供强有力的通信手段和尽可能完善的服务,从而极大地方便用户。

(3) 分布式数据处理

由于计算机价格下降速度很快,使得在获得数据和需进行数据处理的地方分别设置计算机成为可能。对于较复杂的综合性问题,可以通过一定的算法,把数据处理的功能交给不同的计算机,达到均衡使用网络资源、实现分布处理的目的。

6.1.4　计算机网络的分类

虽然网络类型的划分标准各种各样,但是从地理范围划分是一种大家都认可的通用网络划分标准。按这种标准,可以把各种网络类型划分为局域网、城域网、广域网和互联网 4 种。局域网一般来说只是一个特定的较小区域的网络,城域网、广域网乃至互联网都是不同地区的网络互联。不过要说明的一点是,这里的"不同地区"没有严格意义上地理范围的区分,只是一个定性的概念。下面简要介绍这几种计算机网络。

(1) 局域网(Local Area Network,LAN)

我们通常所说的 LAN 就是指局域网,这是最常见、应用最广的一种网络。现在局域网随着整个计算机网络技术的发展和提高得到了充分应用和普及,几乎每个单位都有自己的局域网,甚至在有些家庭中都有自己的小型局域网。

所谓局域网,就是在局部地区范围内的网络,它所覆盖的地区范围较小,如一个公司、一个家庭等。局域网在计算机数量配置上没有太多的限制,少的可以只有两台,多的可达几百台甚至上千台。局域网所涉及的地理范围一般来说可以是几米至 10 千米以内,不存在寻径问题,不包括网络层的应用。单纯的局域网是没有路由器和防火墙设备的,因为这两个常见设备主要应用在不同网络之间。这种没有路由器和防火墙的情况在中小企业网络中比较普遍。

局域网是所有网络的基础,以下所介绍的城域网、广域网及互联网都是由许多局域网和单机相互连接组成的。

局域网的连接范围窄、用户数少、配置容易、连接速率高。目前最快速率的局域网就是万兆位以太网,它的传输速率达 10Gbps,而且这种以太网可以是全双工工作的,相对以前的以太网标准在性能上有了非常大的提高。

IEEE 802 标准委员会定义了多种主要的 LAN 网:以太网(Ethernet)、令牌环网(Token Ring)、光纤分布式数据接口网络(FDDI)、异步传送模式网(ATM),以及最新的无线局域网(WLAN)。

(2) 城域网(Metropolitan Area Network,MAN)

城域网的地理覆盖范围一般在一个城市,它主要应用于政府机构和商业网络。这种网络的连接距离可以是 10～100 千米。城域网采用的是 IEEE 802.6 标准。MAN 比 LAN 扩展的距离更长,连接的计算机数量更多,在地理范围上是 LAN 网络的延伸。在一个大型城市或都市地区,一个 MAN 网络通常连接着多个 LAN 网,如连接政府机构的 LAN、医院的 LAN、电信的 LAN、公司企业的 LAN 等。由于光纤连接的引入,使 MAN 中高速的 LAN 互联成为可能。

城域网多采用 ATM 技术作为骨干网。ATM 是一个用于数据、语音、视频及多媒体应用程序的高速网络传输方法。ATM 包括一个接口和一个协议,该协议能够在一条常规的传输信道上,在比特率不变及变化的通信量之间进行切换。ATM 也包括硬件、软件及与 ATM 协议标准一致的介质。ATM 提供一个可伸缩的主干基础设施,以便适应不同规模、速度及寻址技术的网络。ATM 的最大缺点就是成本太高,所以一般用在政府城域网中,如邮政、银行及医院等。

(3) 广域网(Wide Area Network,WAN)

广域网的覆盖范围比城域网更广,它一般用于不同城市之间的 LAN 或者 MAN 网络互联,地理范围可从几百千米到几千千米。其实,后面要介绍的"互联网"也属于广域网,只不过它所覆盖的范围最大,是全球。因为所连接的距离较远,信息衰减比较严重,所以广域网一般要租用专线构成网状结构的主体。

广域网与局域网的一个主要区别是需要向外界的广域网服务商申请广域网服务,使用通信设备的数据链路连入广域网,如 ISDN(综合业务数字网)、DDN(数字数据网)和帧中继(Frame Relay,FR)等。广域网技术主要体现在 OSI 参考模型的下三层:物理层、数据链路层和网络层。

因为广域网所连接的用户多,总出口带宽有限,所以用户的终端连接速率一般较低,通常为 9.6Kbps～45Mbps,如 CHINANET、CHINAPAC 和 CHINADDN 网。不过现在这些网络的出口带宽都得到了相应调整,比原来有了较大幅度的提高。

（4）因特网（Internet,万维网）

一般所说的互联网就是因特网。在因特网应用高速发展的今天,它已是我们每天都要与之打交道的一种网络,因为它的应用已经非常普遍,几乎涉及人们工作、生活、休闲娱乐的各个方面。

无论从地理范围,还是从网络规模来讲,因特网都是目前最大的一种网络。从地理范围来说,它可以是全球计算机的互联。这种网络的最大特点就是不定性,整个网络所连接的计算机和网络每时每刻都在不停地变化。连在互联网上的时候,用户的计算机成为互联网的一部分,一旦断开与互联网的连接,用户的计算机就不属于互联网了。它的优点也非常明显,就是信息量大、传播广,无论身处何地,只要连上互联网,就可以对任何可以联网的用户发出信函和广告。

互联网的接入也要专门申请接入服务,如我们平时上网就要先向 ISP（互联网服务提供商）申请接入账号,还需安装特定的接入设备,如现在的主流互联网接入方式中的MODEM、ADSL MODEM、Cable Modem 等。当然,这只是用户端设备,在 ISP 端还需许多专用设备,俗称"局端设备"。

6.1.5 计算机局域网

计算机局域网（LAN）技术是当前计算机网络研究和应用的一个热点,也是目前技术发展最快的领域之一。局域网作为一种重要的基础网络,在企业、机关和学校等各种单位都得到广泛的应用。局域网也是建立互联网络的基础。

1. 局域网的定义

局域网是 20 世纪 70 年代以后随着微型计算机、分布式处理及控制技术和通信设备的发展,而迅速发展起来的一个网络领域。局域网是指将小区域内的各种通信设备互联的通信网络,这里所说的数据通信设备包括计算机、终端、各种外围设备等,区域可以是一个建筑物内、一个校园或者几十公里直径的一个区域。

2. 局域网的特点

局域网的典型特点如下:

① 局域网覆盖有限的地理范围,它适用于公司、机关、校园、工厂等有限范围内的计算机终端与各类信息处理设备联网的需求。

② 局域网一般提供高数据传输速率（10Mbps 以上）、低误码率的高质量数据传输环境。支持传输介质种类较多。

③ 局域网一般属于一个单位,易于建立、维护与扩展,可靠性、安全性高。

④ 决定局域网特性的主要技术因素有:拓扑结构、传输形式（基带、宽带）、介质访问控制方法。

⑤ 从介质访问控制方法的角度,局域网可分为共享式局域网和交换式局域网两类。

3. 局域网的构成

计算机网络包括网络硬件和网络软件两大部分。在网络系统中,硬件的选择对网络起着决定性作用,网络软件则是挖掘网络潜力的工具。

(1) 网络硬件

网络硬件是计算机网络系统的物质基础。要构成一个计算机网络系统,首先要将计算机及其附属硬件设备与网络中的其他计算机系统物理连接起来。不同的计算机网络系统,在硬件方面是有差别的。随着计算机技术和网络技术的发展,网络硬件日趋多样化,且功能更强、更复杂。常见的网络硬件有网络服务器、网络工作站、网络接口卡、网间连接器、终端及传输介质等。

① 网络服务器是局域网的核心部件。网络操作系统是在网络服务器上运行的,网络服务器的效率直接影响整个网络的效率。因此,一般要用高档微机或专用服务器计算机作为网络服务器,它要求配置高速 CPU,大的内存容量(128MB,512MB,2MB 或更大),大容量硬盘(40GB,120GB 或更大),有时还需要配置用于信息备份的磁带机等。

网络服务器主要有以下 4 个作用:运行网络操作系统,控制和协调网络中各微机之间的工作;存储和管理网络中的共享资源,如数据库、文件、应用程序、磁盘空间、打印机、绘图仪等;为各工作站的应用程序服务,如采用客户机/服务器(client/server)结构,使网络服务器不仅担当网络服务器,而且担当应用程序服务器;对网络活动进行监督及控制,了解和调整系统运行状态,关闭或启动某些资源等。

② 网络工作站是通过网卡连接到网络上的一台个人计算机,它仍保持原有计算机的功能。工作站作为独立的个人计算机为用户服务,同时可以按照被授予的一定权限访问服务器。工作站之间可以通信,以共享网络的其他资源。

③ 网络接口卡。要把工作站、服务器等智能设备连入一个网络中,需要在设备上插入一块网络接口板,称为网卡。网卡通过总线与微机 CPU 相连接,再通过电缆接口与网络传输介质相连接。网卡上的电路提供通信协议的产生和检测,用以支持所对应的网络类型。网卡要与网络软件兼容。

④ 网间连接器可以将两个局域网互联,形成更大规模、更高性能的网络系统。常用的网间连接设备有以下 3 个:中继器(repeater),当网络线路长度超过所用电缆段规定的长度时,可使用中继器来延长,也可以用中继器改变网络拓扑结构;网桥(bridge),用于连接两个同类型的局域网(运行相同网络操作系统的 LAN);网关(gateway),当不同类型的局域网(运行不同的网络操作系统的 LAN)互联时,或 LAN 与某主机系统(如 IBM,DEC 等主机)相连,或 LAN 要与另一个广域网相连时,在网间必须配置网关。网关不仅具有路由器的功能,而且能处理因不同网络操作系统而引起的不同协议间的转换问题。

⑤ 终端设备是用户进行网络操作所使用的设备,它的种类很多,可以是具有键盘及显示功能的一般终端,也可以是一台计算机。

⑥ 传输介质是网络中发送方与接收方之间的物理通路,是传送信号的载体,它对网络数据通信的质量有很大的影响。它们可以支持不同的网络种类,具有不同的传输速率和传输距离。常用的网络传输介质有以下 4 种。

- 双绞线:是指普通电话线,它具有一定的传输频率和抗干扰能力,线路简单,价格低廉,传送信息速度低于 106bps,通信距离为几百米。
- 同轴电缆:同轴电缆由于其导线外面包有屏蔽层,抗干扰能力强,连接较简单,信息传送速度可达每秒几百兆位,因此,被中、高档局域网广泛采用。同轴电缆又分为基带方式和宽带方式两种。采用基带方式时,数字信号直接加到电缆上,连接简单,传送速率低于10Mbps,距离可达几公里。采用宽带方式时,信号要调制到高频载波上,传输速度可达每秒几百兆位,还可以进行视频信号传送。在需要传送图像、声音、数字等多种信息的局域网中,往往采用宽带同轴电缆。

- 光缆(光导纤维):光缆不受外界电磁场的影响,它可以实现每秒几十兆位的传送,其尺寸小,重量轻,数据可传送几百公里,是一种十分理想的传输介质,但目前它的价格比较昂贵。

- 无线通信:主要用于广域网的通信,包括微波通信和卫星通信。微波通信中使用的微波是指频率高于300MHz的电磁波。由于它只能直线传播,因此,在长距离传送时,需要在中途设立一些中继站,构成微波中继系统。卫星通信是微波通信的一种特定通信形式,中继站设在地球赤道上面的同步卫星。在赤道上空,每隔120°设置一个同步通信卫星,就可以实现全球卫星通信,进而实现远程通信。

(2) 网络软件

在网络系统中,因为网络中的每个用户都可以享用系统中的各种资源,为了协调系统资源,系统需要通过软件工具对网络资源进行全面的管理、合理的调度和分配,并采取一系列保密安全措施,防止对数据和信息进行不合理的访问,也防止数据和信息的破坏和丢失。

网络软件是实现网络功能所不可缺少的软环境。网络系统软件主要由服务器平台(网络操作系统)、网络服务软件、工作站重定向软件、网络协议软件组成。其中,网络操作系统的水平决定着整个网络的水平,可以说,它是计算机软件加网络协议的集合,正是它使所有网络用户都能透明、有效地利用计算机网络的功能和资源。

4. 网络拓扑结构

因为计算机网络是由许多计算机或网络相互连接在一起组成的,这就涉及整个网络的连接方式,也就是网络结构的问题,这种连接方式被称为"拓扑结构"。常见的拓扑结构有以下几种。

(1) 星状结构

星状结构是目前在局域网中应用得最为普遍的一种,在企业网络中几乎都采用这一方式。星状网络几乎属于Ethernet(以太网)专用,因为网络中的各工作站节点设备通过一个网络集中设备(如集线器或者交换机)连接在一起,各节点直接连接集中设备的各个接口,因呈星状分布而得名。这类网络目前用得最多的传输介质是双绞线。星状结构的典型连接如图6-1所示。星状拓扑结构网络的基本特点主要有如下几点。

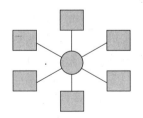

图 6-1 星状结构

① 容易实现:采用的传输介质一般都是通用的双绞线(也有采用光纤的),这种传输介质相对来说比较便宜。这种拓扑结构主要应用于IEEE 8022、IEEE 8023标准的以太局域网中。

② 节点扩展、移动方便:在这种星状网络中,节点在扩展时只需要从集线器或交换

机等集中设备中拉一条线即可。

③ 维护容易：星状网络中，一个节点出现故障不会影响其他节点的连接，可任意拆走故障节点。正因如此，星状网络受到普遍欢迎，成为应用最广的一种拓扑结构类型。但如果集线设备出现了故障，也会导致整个网络瘫痪。

④ 网络传输数据快：因为整个网络呈星状连接，网络的上行通道不是共享的，所以每个节点的数据传输对其他节点的数据传输影响非常小，这样就加快了网络数据的传输速度。不同于下面将要介绍的环状网络，该网络中，所有节点的上、下行通道都共享一条传输介质，而同一时刻只允许一个方向的数据传输。其他节点要进行数据传输，只有等到现有数据传输完毕后才可以。

⑤ 采用广播信息传送方式：任何一个节点发送的信息在整个网中的节点都可以收到，这在网络安全方面存在一定的隐患，也可算是星状网络结构的不足之处，但对在局域网中使用影响不大。

（2）环状结构

环状结构的网络形式主要用于令牌环网。在这种网络结构中，各设备是直接通过电缆串接，最后形成一个闭环。整个网络发送的信息就是在这个环中传递，通常把这类网络称为"令牌环网"。这种拓扑结构的网络示意图如图 6-2 所示。从图中可以看出，其实这种网络结构的外在形状也是放射状的星状，但它共享一条介质进行数据传输。一般仅适用于 IEEE 802.5 的令牌环网（Token Ring Network）。在这种环状网络中，"令牌"是在环状连接中依次传递的，网络所用的传输介质一般是同轴电缆。环状结构的网络主要有如下几个特点：

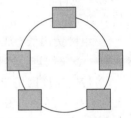

图 6-2　环状结构

① 网络实现非常简单，投资最小：组成这个网络除了各工作站就是传输介质，以及一些连接器材，没有价格昂贵的节点集中设备，如集线器和交换机。但也正因为这样，这种网络所能实现的功能最简单，仅能进行一般的文件传输服务。

② 传输速度较快：在令牌环网中允许有 16Mbps 的传输速度，比以前普通的10Mbps 以太网快许多。

③ 传输性能差：因为这种环状网络共享一条传输介质，每发送一个令牌数据都要在整个环状网络中从头走到尾，哪怕是已有节点接收了数据，也只是复制令牌数据，令牌还将继续传递，看还有无其他节点需要同样一份数据，直到回到发送数据的节点为止。因此，效率非常低，只适用于小型简单的网络。

④ 维护困难：整个网络的各节点间是直接串联的，任何一个节点出了故障都会造成整个网络的中断和瘫痪，维护起来非常不便。同时，因为同轴电缆所采用的是插针式的接触方式，容易造成接触不良、网络中断，查找断点也非常困难。

⑤ 扩展性能差：如果要新添加或移动节点，必须中断整个网络，在环的两端做好连接器才能连接。

（3）总线结构

这种网络拓扑结构中的所有设备都直接连接到一个线性的传输介质上，这种线性的传输介质通常被称为"中继线"、"总线"或"母线"。总线的末端都必须连接到一个终端电阻上,这个终端电阻被称为"终接器",它能吸收抵达的电信号,使得这些电信号不会在总线上产生往返或者往返波动而被重复接收。

总线网络所采用的传输介质一般也是同轴电缆(包括粗缆和细缆),不过现在也有采用光缆作为总线状传输介质的,例如,ATM 网、Cable Modem 所采用的网络就属于总线网络结构。它的结构示意图如图 6-3 所示。

当一个源节点需要发送数据到某目的节点时,首先把数据发送到传输介质上,信号到达介质后即开始向两个方向传播,以使局域网上的所有节点都可以接收到这些信号。当数据到达某节点时,节点设备会自动检查数据包中所携带的目的 MAC(介质访问控制)地址和目的 IP 地址信息,经过与自己的地址比较,不符合的将忽略所经过的数据;如果目的地址与自己节点地址相符,则复制所经过的数据,并把数据发送到 OSI 参考模型的数据链路层和网络层。

在总线拓扑结构中,如果在同一时刻有多于一个节点试图发送数据,将会产生冲突。当发生冲突时,各个设备发送的数据将叠加,导致从双方设备发送到总线上的数据遭到破坏。为了使得在某个时刻只有一个节点发送数据,必须使用冲突检测技术。总线网络结构具有以下几个方面的特点。

① 组网费用低:从图 6-3 可以看出,这样的结构根本不需要另外的互联设备,而是直接通过一条总线进行连接,所以组网费用较低。

② 传输速度因用户的增多而下降:因为各节点是共用总线带宽的,所以在传输速度上会随着接入网络的用户的增多而下降。

③ 网络用户扩展较灵活:需要扩展用户时,只需要添加一个接线器即可,但所能连接的用户数量有限。

④ 维护较容易:单个节点的失效不影响整个网络的正常通信。但是如果总线一断,整个网络或者相应的主干网段就断了。

⑤ 传输效率低:这种网络拓扑结构的缺点是一次仅能一个端用户发送数据,其他端用户必须等待到获得发送权。

(4) 树形拓扑结构

树形拓扑由总线拓扑演变而来,其结构图看上去像一棵倒挂的树,如图 6-4 所示。树最上端的节点叫根节点,一个节点发送信息时,根节点接收该信息并向全树广播。树形拓扑易于扩展与故障隔离,但对根节点依赖性太大。该结构采用分层管理方式,各层之间通信较少,因此其最大缺点在于资源共享性不好。

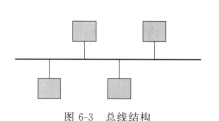

图 6-3　总线结构　　　　　　　　图 6-4　树形拓扑结构

（5）网状拓扑结构

网状拓扑结构又称为无规则型。在网状拓扑结构中，节点之间的连接是任意的，没有规律，见图 6-5。网状拓扑的主要特点是系统可靠性高，但是结构复杂。Internet 网络就采用网状拓扑结构。

5. 共享资源的设置

局域网很便利的一个特色就是资源共享（如文件共享、打印机共享等），特别对于 100MB 以上的大型文件，在没有刻录机或者有些机器没有光驱的情况下，通过局域网进行文件的共享可以极大地节省时间、提高工作效率。Windows XP 设置网络上共享文件夹的步骤如下：

① 选择要共享的文件夹，然后右击文件夹，在弹出的菜单中选择"共享和安全"，显示文件夹属性对话框，再选择"共享"选项卡，如图 6-6 所示。

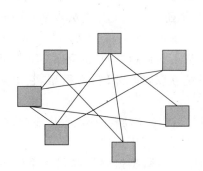

图 6-5　网状拓扑结构

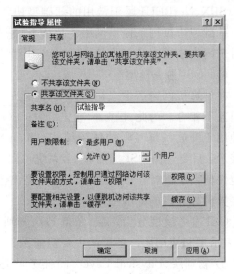

图 6-6　设置共享文件夹

② 选择单选按钮"共享该文件夹"。

③ 如需修改文件夹的网络共享名称，请在"共享名"文本框中为文件夹输入一个新的名称。

④ 要更改共享的权限，单击"权限"按钮，可对用户访问文件夹的权限进行详细设置。

⑤ 单击"确定"按钮完成设置。文件夹设置为共享后，其图标会显示为一个小手托着的文件夹。

要取消文件夹共享，步骤与设置文件夹共享的操作类似，但在步骤②时应选择单选按钮"取消该文件夹的共享"。

值得注意的是：对文件夹的共享只能在使用 NTFS 文件系统进行格式化的驱动器上设置；如需修改某种权限，用户必须是相应文件或文件夹的所有者，或者拥有由文件或文件夹所有者授予的管理权限。

6.1.6　网络协议的基本概念

网络协议即计算机网络中传递、管理信息的一些规范。如同人与人之间相互交流需要遵循一定的语言规范一样(如汉语、英语),计算机之间的相互通信需要共同遵守一定的规则,这些规则就称为网络协议。网络协议不是一套单独的软件,它通常融合在其他软件系统中。网络协议遍及 OSI 通信模型的各个层次,例如,我们非常熟悉的 TCP/IP、HTTP、FTP 协议等。

网络协议所起的主要作用和所适用的应用环境各不相同,有的是专用的,如 IPX/SPX 就专用于 Novell 公司的 Netware 操作系统,NetBEUI 协议专用于 Microsoft 公司的 Windows 系统;有的则是通用的,如 TCP/IP 协议适用于几乎所有的系统和应用环境。

在所有常用的网络协议中,又分常用的基础型协议和常用的应用型协议。TCP/IP、IPX/SPX、NetBEUI 属于常用的基础型协议,而 HTTP、PPP、FTP 属于常用的应用型协议。基础型协议用来提供网络连接服务,它在网络连接和通信活动中必不可少;应用型协议对于网络来说不是必需的,在具体应用到网络服务时才需要。

(1) OSI 参考模型

在计算机网络产生之初,每个计算机厂商都有一套自己的网络体系结构的概念,它们之间互不相容。为此,国际标准化组织(ISO)在 1979 年建立了一个分委员会来专门研究一种用于开放系统互联的体系结构(Open Systems Interconnection,OSI)。"开放"这个词表示:只要遵循 OSI 标准,一个系统可以和位于世界上任何地方的、也遵循 OSI 标准的其他任何系统进行连接。这个分委员提出了开放系统互联,即 OSI 参考模型,它定义了连接异种计算机的标准框架。

OSI 参考模型分为 7 层,从低到高分别是物理层、数据链路层、网络层、传输层、会话层、表示层和应用层。各层的主要功能及其相应的数据单位如下所述。

① 物理层(Physical Layer)的任务就是为它的上一层数据链路层提供一个物理连接,定义物理链路的机械、电气、功能和过程特性。如规定使用电缆和接头的类型,传送信号的电压等。在这一层,数据还没有被组织,仅作为原始的位流或电气电压处理,单位是比特。

② 数据链路层(Data Link Layer)负责在两个相邻节点间的线路上,无差错地传送以帧为单位的数据。每一帧包括一定数量的数据和一些必要的控制信息。在传送数据时,如果接收点检测到所传数据中有差错,就要通知发送方重发这一帧。

③ 网络层(Network Layer)。在计算机网络中通信的两台计算机之间可能会经过很多条数据链路,可能还要经过很多通信子网。网络层的任务就是选择合适的网间路由和交换节点,确保数据送到正确的目的地。网络层将数据链路层提供的帧组成数据包,包中封装有网络层包头,其中含有逻辑地址信息——源站点和目的站点地址的网络地址。

④ 传输层(Transport Layer)的任务是为两个端系统(也就是源站和目的站)的会话层之间提供建立、维护和取消传输连接的功能,负责可靠地传输数据。在这一层,信息的传送单位是报文。

⑤ 会话层(Session Layer)不参与具体的传输,它提供两个会话进程的通信,如服务

器验证用户登录便是由会话层完成的。

⑥ 表示层(Presentation Layer)主要解决用户信息的语法表示问题,提供格式化的表示和转换数据服务。数据的压缩和解压缩,以及加密和解密等工作都由表示层负责。

⑦ 应用层(Application Layer)提供进程之间的通信,以满足用户需要,以及提供网络与用户应用软件之间的接口服务。

(2) 常见的网络协议

① TCP/IP(Transmission Control Protocol/Internet Protocol,传输控制协议/网际协议)是 Internet 采用的主要协议。TCP/IP 协议集确立了 Internet 的技术基础,其核心功能是寻址和路由选择(网络层的 IP/IPv6)以及传输控制(传输层的 TCP、UDP)。

② HTTP(HyperText Transfer Protocol,超文本传输协议)是 Internet 上进行信息传输时使用最为广泛的一种通信协议,所有的 WWW 程序都必须遵循这个协议标准。它的主要作用就是对某个资源服务器的文件进行访问,包括对该服务器上指定文件的浏览、下载、运行等,也就是说,通过 HTTP,用户可以访问 Internet 上的 WWW 的资源。

③ FTP(File Transfer Protocol,文件传输协议)是从 Internet 上获取文件的方法之一,它是用来让用户与文件服务器之间进行相互传输文件的。通过该协议,用户可以很方便地连接到远程服务器上,查看远程服务器上的文件内容,同时把所需要的内容复制到自己使用的计算机上;另外,如果文件服务器授权允许用户可以对该服务器上的文件进行管理,用户就可以把本地计算机上的内容上传到文件服务器,让其他用户共享,而且能自由地对上面的文件进行编辑操作,例如,对文件进行删除、移动、复制、更名等。

④ Telnet(远程登录协议)允许用户把自己的计算机当作远程主机上的一个终端。通过该协议,用户可以登录到远程服务器,使用基于文本界面的命令连接并控制远程计算机,而无须 WWW 中的图形界面的功能。用户一旦用 Telnet 与远程服务器建立联系后,该用户的计算机就享受与远程计算机本地终端同样的权力,可以与本地终端同样使用服务器的 CPU、硬盘及其他系统资源。

⑤ SMTP(Simple Mail Transfer Protocol,简单邮件传输协议)是用来发送电子邮件的 TCP/IP 协议,其内容由 IETF 的 RFC 821 定义。另外一个和 SMTP 具有相同功能的协议是 X.400。SMTP 的一个重要特点是它能够在传送中接力传送邮件,传送服务提供了进程间通信环境(IPCE),此环境可以包括一个网络,几个网络或一个网络的子网。邮件可以通过连接在不同 IPCE 上的进程跨网络进行邮件传送。更特别的是,邮件可以通过不同网络上的主机接力式传送。

⑥ POP3(Post Office Protocol Version 3,邮局协议-版本 3)是一个关于接收电子邮件的客户/服务器协议。电子邮件由服务器接收并保存,在一定时间之后,由客户电子邮件接收程序检查邮箱并下载邮件。POP3 内置于 IE 和 Netscape 浏览器中。另一个替代协议是交互邮件访问协议(IMAP)。使用 IMAP,用户可以将服务器上的邮件视为本地客户机上的邮件,在本地机上删除的邮件还可以从服务器上找到;E-mail 可以被保存在服务器上,并且可以从服务器上找回。

6.1.7 广域网的概念

（1）广域网的概念

广域网（WAN）是一种跨地区的数据通信网络。常常使用电信运营商提供的设备作为信息传输平台。例如，通过公用网连接到广域网，也可以通过专线或卫星连接。

广域网一般最多只包含 OSI 参考模型的下三层。广域网是基于报文交换或分组交换技术的（传统的公用电话交换网除外）。广域网中的交换机先将发送给它的数据包完整接收下来；然后经过路径选择找出一条输出线路；最后，交换机将接收到的数据包发送到该线路上去；以此类推，直到将数据包发送到目的节点。广域网可以提供面向连接和无连接两种服务模式。对应于两种服务模式，广域网有两种组网方式：虚电路方式和数据报方式。

通常，广域网的数据传输速率比局域网低。除了使用卫星的广域网外，几乎所有的广域网都采用存储转发方式。

（2）广域网的组成

广域网通常由两个以上的局域网构成，这些局域网间的连接可以穿越较长的距离。大型的广域网可以由各大洲的许多局域网和城域网组成。最广为人知的就是 Internet，它由全球成千上万的局域网和广域网组成。

广域网是由许多交换机组成的，交换机之间采用点到点的线路连接，几乎所有的点到点通信方式都可以用来建立广域网。广域网中的交换机（一般称为路由器）实际上就是一台计算机，由处理器和各种接口进行数据包的收发处理。

6.2　Internet 基本知识

因特网（Internet）是目前世界上最大的计算机网络，几乎覆盖了整个世界。该网络组建的最初目的是为研究部门和大学服务，便于研究人员及学者探讨学术方面的问题，因此有科研教育网（或国际学术网）之称。进入 20 世纪 90 年代，因特网向社会开放，利用该网络开展商贸活动成为热门话题。大量的人力和财力的投入，使得因特网得到迅速的发展，成为企业生产、制造、销售、服务、人们日常工作、学习、娱乐等生活中不可缺少的一部分。

6.2.1　Internet 概述

Internet 在字面上讲就是互联网的意思。通俗地讲，成千上万台计算机相互连接到一起，并相互进行通信与资源共享的集合体就是 Internet。

从通信的角度来看，Internet 是一个理想的信息交流媒介，利用 Internet 的 E-mail 能够快捷、安全和高效地传递文字、声音及图像等各种信息。通过 Internet 还可以打国际长途电话及召开在线视频会议等。

从获得信息的角度来看，Internet 是一个庞大的信息资源库，网络上有遍布全球的几千家图书馆，上万种杂志和期刊，还有政府、学校和公司企业等机构的详细信息等。

从娱乐休闲的角度来看，Internet 是一个花样众多的娱乐厅，网络上有很多专门的电影站点和广播站点,并且遍览全球各地的风景名胜和风土人情。

从商业的角度看,Internet 是一个既能省钱又能赚钱的场所。利用 Internet,足不出户,就可以得到各种免费的经济信息;通过网络还可以图、声、文并茂地召开订货会、新产品发布会,以及做广告推销等。

6.2.2　Internet 的发展

(1) Internet 的诞生

在 20 世纪 60 年代,美国军方为寻求将其所属各军方网络互联的方法,由国防部下属的高级计划研究署(ARPA)出资赞助大学的研究人员开展网络互联技术的研究。研究人员最初在 4 所大学之间组建了一个实验性的网络,叫做 ARPANET。随后,深入的研究导致了 TCP/IP 协议的出现与发展。为了推广 TCP/IP 协议,在美国军方的赞助下,加州大学伯克利分校将 TCP/IP 协议嵌入到当时很多大学使用的网络操作系统 BSDUNIX 中,促成了 TCP/IP 协议的研究开发与推广应用。1983 年初,美国军方正式将其所有军事基地的各子网都联到了 ARPANET 上,并全部采用 TCP/IP 协议。这标志着 Internet 正式诞生。

(2) Internet 的初步发展

20 世纪 80 年代,美国国家科学基金会(简称 NSF)认识到,为使美国在未来的竞争中继续领先,必须将网络扩充到每一位科学家和工程人员。最初 NSF 想利用已有的 ARPANET 来达到这一目的,但发现与军方打交道是一件令人头疼的事。于是 NSF 游说美国国会,获得资金组建了一个从开始就使用 TCP/IP 协议的网络 NSFNET。NSFNET 取代 ARPANET,于 1988 年正式成为 Internet 的主干网。NSFNET 采取的是一种层次结构,分为主干网、地区网与校园网。各主机联入校园网,校园网联入地区网,地区网联入主干网。NSFNET 扩大了网络的容量,入网者主要是大学和科研机构。

(3) Internet 的迅猛发展

20 世纪 90 年代,每年加入 Internet 的计算机成指数式增长,NSFNET 在完成的同时就出现了网络负荷过重的问题。因为认识到美国政府无力承担组建一个新的更大容量的网络的全部费用,NSF 鼓励 MERIT、MCI 与 IBM 三家商业公司接管了 NSFNET。这三家公司组建了一个非营利性的公司 ANS,并在 1990 年接管了 NSFNET。到 1991 年年底,NSFNET 的全部主干网都与 ANS 提供的新的主干网连通,构成了 ANSNET。与此同时,很多商业机构也开始运行它们的商业网络并连接到主干网上。Internet 的商业化,发掘了其在通信、资料检索、客户服务等方面的巨大潜力,导致了 Internet 新的飞跃,并最终走向全球。

(4) 下一代互联网的研究与发展

美国不仅是第一代互联网全球化进程的推动者和受益者,在下一代互联网的发展中仍然扮演着领跑角色。1996 年,美国政府发起下一代互联网 NGI 行动计划,建立了下一代互联网主干网 vBNS;1998 年,美国下一代互联网研究的大学联盟 UCAID 成立,启动了 Internet2 计划。

美国在下一代互联网发展中日渐彰显的垄断趋势已经引起许多发达国家的关注。

2001 年,欧共体正式启动下一代互联网研究计划;日本、韩国和新加坡三国在 1998 年发起建立"亚太地区先进网络 APAN",加入下一代互联网的国际性研究。日本目前在国际IPv6 的科学研究乃至产业化方面占据国际领先地位。

从 Internet 的发展过程可以看到,Internet 是历史的沿革造成的,是千万个可单独运作的子网以 TCP/IP 协议互联起来形成的,各个子网属于不同的组织或机构,而整个Internet 不属于任何国家、政府或机构。

6.2.3　中国的 Internet 现状

（1）中国 Internet 的发展历史

在我国最早着手建设专用计算机网络的是铁道部。1989 年 11 月我国第一个公用分组交换网 CNPAC 建成运行,其中更以 1987 年 9 月 20 日钱天白教授发出的我国第一封电子邮件"越过长城,通向世界",揭开了中国人使用 Internet 的序幕。1994 年 4 月 20 日我国通过 64Kbps 专线正式连入 Internet,被国际上正式认可为接入 Internet 的国家。从此,我国的 Internet 建设不断发展壮大,在经济、文化、军事等各个领域发挥着重要的作用。

Internet 服务提供商 ISP（Internet Service Provider）是向广大用户提供互联网接入业务、信息业务和增值业务的运营商。目前中国主要三大互联网供应商是:中国电信、中国移动、中国联通。

（2）中国下一代互联网的研究进展

1998 年,清华大学依托中国教育科研计算机网（CERNET）,建设了中国第一个 IPv6试验床,标志着中国开始下一代互联网的研究。中国政府对下一代互联网研究给予了大力支持,启动了一系列科研乃至产业发展计划。

2003 年 8 月,国家发改委批复了中国下一代互联网示范工程 CNGI 示范网络核心网建设项目可行性研究报告,该项目正式启动。CNGI 的启动是我国政府高度重视下一代互联网研究的标志性事件,对全面推动我国下一代互联网研究及建设有重要意义。

2004 年 12 月 25 日,CNGI 核心网 CERNET2 正式开通。这是目前世界上规模最大的纯 IPv6 互联网,引起了世界各国的高度关注。CERNET2 主干网基于 CERNET 高速传输网,采用 2.5～10Gbps 的传输速率,连接分布在北京、上海、广州等 20 个城市的25 个核心节点。

6.2.4　Internet 的特点

（1）Internet 的开放性

Internet 是全球最大的、开放的、由众多网络相互连接而成的计算机网络。Internet设计上最大的优点就是对各种类型的计算机开放。任何计算机如果使用 TCP/IP 协议,都能够连接到 Internet。

（2）Internet 的平等性

Internet 的一个重要特点是没有一个机构能把整个网络全部管理起来。Internet 不属于任何个人、企业、部门和国家,它覆盖到世界各地、各行各业。Internet 的成员可以自由地"接入"和"退出"。任何运行 TCP/IP 协议,且愿意接入 Internet 的网络都可以成为 Internet 的一部分,其用户可以共享 Internet 的资源,用户自身的资源也可向 Internet 开放。

(3) Internet 技术通用性

Internet 允许使用各种通信介质,包括把 Internet 上数以百万计的计算机连接在一起的电缆传输介质,如办公室中构造小型网络的电缆、专用数据线、电话网络(通过电缆、微波和卫星传送信号)等。

(4) Internet 专用协议

Internet 使用 TCP/IP 协议。TCP/IP 协议是一种简洁但很实用的计算机协议。由于 TCP/IP 的通用性,使得 Internet 增长得如此迅速,变得如此庞大。

(5) Internet 内容广泛

Internet 非常庞大,是一个包罗万象的网络,蕴含的内容异常丰富,具有无穷的信息资源。

6.2.5　TCP/IP 网络协议的基本概念

TCP/IP 协议起源于 20 世纪 60 年代末,由美国国防部高级研究规划署(DARPA)首先提出,不断完善后,成为目前应用最广、功能最为强大的一个协议,已成为计算机相互通信的标准。计算机要连入 Internet,都要先安装 TCP/IP 协议。

1. TCP /IP 协议简介

TCP/IP 协议包括两个子协议:一个是 TCP 协议(Transmission Control Protocol,传输控制协议),另一个是 IP 协议(Internet Protocol,互联网协议)。在这两个子协议中又包括许多应用型的协议和服务,使得 TCP/IP 协议的功能非常强大。新版 TCP/IP 协议几乎包括现今所需的所有常见网络应用协议和服务。

IP 协议为 TCP/IP 协议集中的其他所有协议提供"包传输"功能。IP 协议服务为计算机上的数据提供一个最有效的无连接传输系统,但 IP 协议包不能保证都可以到达目的地,接收方也不能保证按顺序收到 IP 协议包,IP 协议仅能确认 IP 协议包头的完整性。

TCP 协议是 IP 协议的高层协议,它在 IP 协议之上提供了一个可靠的"连接",属于面向连接的协议。"面向连接"的意思就是,在进行 TCP 连接时,首先需要有客户机发出连接请求,等服务器端确认后才能成功连接。具有"连接"性能的 TCP 协议能保证数据包的准确传输及正确的传输顺序,并且可以确认包头和包内数据的准确性。如果在传输期间出现丢包或错包的情况,TCP 协议负责重新传输出错的包。这样的可靠性使得 TCP/IP 协议在会话式传输中得到充分应用。

2. TCP /IP 协议层次模型

TCP/IP 协议层次模型主要包括网络接口层、网际层、传输层和应用层,对应于 OSI 的 7 层模块,如图 6-7 所示。

TCP/IP 模型各层的主要功能简述如下。

OSI 参考模型	TCP/IP 模型
应用层	应用层
表示层	
会话层	
传输层	传输层
网络层	网际层
数据链路层	网络接口层
物理层	

图 6-7　TCP/IP 模型对应 OSI 参考模型的层次

（1）网络接口层

网络接口层是 TCP/IP 协议模型的最低层，相当于 OSI 模型中的物理层加上数据链路层。它定义了各种网络标准，如以太网、FDDI、ATM 和 Token Ring（令牌环），并负责从上层接收 IP 协议数据包，并把 IP 协议数据进一步处理成数据帧发送出去；或从网络上接收数据帧，抽出 IP 协议数据包，并把数据包交给网际协议层。

（2）网际层

网际层解决了计算机与计算机之间的通信问题，这个层的通信协议统一为 IP 协议。IP 协议具有以下几个功能。

① 管理 Internet 地址：管理互联网上的计算机 IP 地址，互联网上的计算机都要有惟一的地址，即 IP 地址。

② 路由选择功能：数据在传输过程中要由 IP 协议通过路由选择算法，在发送方和接收方之间选择一条最佳路径。

③ 数据的分片和重组：数据在传送过程中要经过多个网络，每个网络所规定的分组长度不一定相同。因此，当数据经过分组长度较小的网络时，就要分割成更小的段。当数据到达目的地后，还需要由 IP 协议重新组装。

（3）传输层

传输层完成"流量控制"和"可靠性保证"这两项基本功能。

IP 协议仅负责数据的传送，而不考虑传送的可靠性和数据的流量控制等安全因素。传输层提供了可靠传输的方法。传输层包括 TCP 协议（传输控制协议）和 UDP 协议（用户数据报协议）。TCP 协议是面向连接的、可靠的协议。它把数据报文分解成几段，在目的站再重新装配这些段，并重新发送没有接收到的数据段，提供了可靠的传输机制，弥补 IP 协议的不足。TCP 协议和 IP 协议总是协调一致地工作，以确保数据的可靠传输。

UDP 协议是无连接的，而且是不可靠的。尽管 UDP 协议也传输信息，但是在 TCP/IP 协议的传输层没有对发送段进行软件检测，因此被认为"不可靠"。

（4）应用层

应用层提供了网络上计算机之间的各种应用服务，如 Telnet（远程登录）、FTP（文件传输协议）、SMTP（简单邮件传输协议）、HTTP（超文本传输协议）等。

在网络之间，源计算机的协议层与目的计算机的同层协议通过下层提供的服务实现对话。在源和目的计算机的同层实体称为伙伴，或叫对等进程。它们之间的对话实际上是在源计算机上从上到下然后穿越网络到达目的计算机，再从下到上到达相应层。

3. TCP/IP 协议的核心协议

TCP/IP 协议除了本身包括 TCP 和 IP 两个子协议外，还包括一组底层核心和应用型网络协议、协议诊断工具和网络服务，例如，用户数据报协议（UDP）、地址解析协议（ARP）及网间控制协议（ICMP）。这组协议提供了一系列计算机互联和网络互联的标准协议。

（1）TCP 协议

TCP 协议是 TCP/IP 协议的一个子协议，TCP 协议的作用主要是在计算机间可靠地交换传输数据包。因为 TCP 协议是面向连接的端到端的可靠协议，支持多种网络应用程序,所以在网络发展的今天,它已成为网络协议的标准。TCP 协议具有以下 3 种主要特征。

① TCP 协议是面向连接的,这意味着在任何数据实施交换之前,TCP 协议首先要在两台计算机之间建立连接进程。

② 由于使用了序列号和返回通知,TCP 协议使用户确信传输的可靠性。序列号允许 TCP 协议的数据段被划分成多个数据包传输,然后在接收端重新组装成原来的数据段。返回通知验证的数据已收到。

③ TCP 协议使用字节流通信号,这意味着数据被当做没有信息的字节序列来对待。

(2) IP 协议

IP 协议可实现两个基本功能:寻址和分段。IP 协议可以根据数据报报头中包括的目的地址将数据报传送到目的地址。在此过程中,IP 协议负责选择传送的道路,这种选择道路的功能称为路由功能。如果在有些网络内只能传送小数据报,IP 协议还可以将数据报重新组装成小块,并在报头域内注明。对 IP 协议来说,本身不保证数据包的准确达到,这个任务由路由设备来完成,IP 协议为计算机系统只提供一个无连接的传输系统。

IP 协议不提供可靠的传输服务,它不提供端到端的或(路由)节点到(路由)节点的确认。对数据没有差错控制,只使用报头的校验码,不提供重发和流量控制。

目前正在使用的 IP 协议的版本是第 4 版,称为 IPv4,新版本的 IP 协议 IPv6 正在完善过程中。IPv6 所要解决的问题主要是 IPv4 协议中 IP 地址远远不够的现象。IPv4 采用的是 32 位,而 IPv6 采用 128 位。

(3) UDP 协议

UDP 协议(User Datagram Protocol)与 IP 协议一样,也是一个无连接协议。它属于一种“强制”性的网络连接协议,能否连接成功与 UDP 协议无关。

UDP 协议主要用来支持那些需要在计算机之间传输数据的网络应用,例如,网络视频会议系统。UDP 协议的主要作用是将网络数据流量压缩成数据报的形式。

(4) ARP 协议

ARP 协议(Address Resolution Protocol,地址解析协议)的基本功能就是通过目标设备的 IP 地址,查询目标设备的 MAC 地址,以保证通信顺利进行。

在局域网中,网络中实际传输的是“帧”,帧里面有目标主机的 MAC 地址。在以太网中,一个主机要和另一个主机直接通信,必须知道目标主机的 MAC 地址。这个目标 MAC 地址是通过 ARP 协议获得的。所谓“地址解析”,就是主机在发送帧前将目标 IP 地址转换成目标 MAC 地址的过程。

(5) ICMP 协议

ICMP(Internet Control Message Protocol)是 TCP/IP 协议族的一个子协议,主要用于在 IP 主机、路由器之间传递控制消息。控制消息是指网络通不通、主机是否可达、路由是否可用等网络本身的消息。这些控制消息虽然并不传输用户数据,但是对于用户数据的传递起着重要作用。

我们经常使用用于检查网络通不通的 Ping 命令,这个“Ping”的过程实际上就是 ICMP 协议工作的过程。

ICMP 协议对于网络安全也具有极其重要的意义。如可以利用操作系统规定的 ICMP 数据包最大尺寸不超过 64KB 这一规定,向主机发起"Ping of Death"(死亡之 Ping)攻击,导致内存分配错误,致使主机死机。此外,向目标主机长时间、连续、大量地发送 ICMP 数据包,使得目标主机耗费大量的 CPU 资源,最终也会使系统瘫痪。

4. IP 地址、网关和子网的基本概念

(1) IP 地址的概念

所有 Internet 上的计算机都必须有一个 Internet 上惟一的编号作为其在 Internet 的标识,这个编号称为 IP 地址。目前使用的 IPv4 规定,每台主机分配一个 32 位二进制数作为该主机的 IP 地址。为了在 Internet 上发送信息,一台计算机必须知道接收信息的远程计算机的 IP 地址,每个数据报中包含有发送方的 IP 地址和接收方的 IP 地址。

IP 地址由 32 位二进制数组成,如 10001100 10111010 01010001 00000001。这么长的地址显然不便于记忆和输入,为此,将这种 32 位代码分为 4 组,每组 8 位,各组之间用小圆点分隔,然后把各组二进制数对应转换成十进制代码,上面的数字就对应为 140.186.81.1。这种表示方式称为点分十进制表示法。

把整个 IP 地址划分为两部分:高位部分为网络标识(Net ID),低位部分为主机标识(Host ID),如图 6-8 所示。网络标识和主机标识各自包含 IP 地址 32 位中的哪几位,要视具体的 IP 地址类型

图 6-8 IP 地址结构

而定。网络标识代表的是当前 IP 地址所在的网络类型,而主机标识代表的是当前主机自己的标识,它们组合在一起就能全面反映出主机所在的网络位置。

根据网络标识所代表的网络类型,IPv4 协议规定,整个 IP 地址共有 5 种类型。

① A 类 IP 地址

在 A 类 IP 地址中,用 7 位标识网络号,24 位标识计算机号,网络标识部分最前面的一位固定为 0,所以 A 类地址网络标识包括整个 IP 地址的第一个 8 位地址段,它的取值介于 1~126 之间(0 与 127 有其他用途)。而主机标识包括整个 IP 地址的后 3 个 8 位地址段,共 24 位。主机标识部分全"0"和全"1"不能用。

A 类地址一般提供给大型网络。全世界总共只有 126 个可能的 A 类网络,每个 A 类网络最多可以连接 16777214 台计算机。A 类地址的网络数最少,但这类网络所允许连接的计算机最多。

② B 类 IP 地址

在 B 类 IP 地址中,用 14 位来标识网络号,16 位标识计算机号,网络标识部分的前面两位固定为 10。

B 类地址的地址范围是 128.0.0.0~191.255.255.255,适用于中等规模的网络。B 类地址是互联网 IP 地址应用的重点,全世界大约有 16000 个 B 类网络,每个 B 类网络最多可以连接 65534 台计算机。

③ C 类 IP 地址

在 C 类 IP 地址中,用 21 位来标识网络号,8 位标识计算机号,网络标识部分的最前

面 3 位固定为 110。网络标识部分共有 24 位,占了整个 4 段 IP 地址中的 3 段,只有最后一段(8 位)才是用来标识主机的。

C 类地址范围为 192.0.0.0～223.255.255.255。它适用于校园网等小型网络,C 类网络可达 209 万余个,每个网络能容纳 254 台主机。这类地址在所有地址类型中地址数最多,但这类网络所允许连接的计算机最少。

随着公网 IP 地址日趋紧张,中小企业往往只能得到一个或几个真实的 C 类 IP 地址。因此,在企业内部网络中,只能使用专用(私有)IP 地址段。C 类地址中的私有地址段是 192.168.0.0～192.168.255.254,其他地址段中的地址规定由广域网用户使用。私有地址只在局域网内惟一,在全球范围内不具有惟一性。所以,局域网中的一台主机与网外通信时,要将私有 IP 地址转换成公共 IP 地址(除私有地址以外的地址)。

④ D 类 IP 地址

D 类网络地址的最高 4 位(二进制)是 1110,是一个专门保留的地址,它不指向特定的网络。目前这一类地址被用在多点广播(Multicast)中。

⑤ E 类 IP 地址

E 类网络地址的最高 5 位(二进制)必须是 11110,目前没有分配,保留以后使用。

另外,全零 0.0.0.0 地址对应于当前主机。全“1”的 255.255.255.255 是当前子网的广播地址。

在 Internet 中,一台计算机可以有一个或多个 IP 地址,就像一个人可以有多个通信地址一样,但两台或多台计算机不能共用一个 IP 地址。

所有的 IP 地址都由国际组织网络信息中心(Network Information Center,NIC)负责统一分配。目前全世界共有 3 个这样的网络信息中心,即 InterNIC,负责美国及其他地区;ENIC,负责欧洲地区;APNIC,负责亚太地区。

我国申请 IP 地址都要通过 APNIC。APNIC 的总部设在日本东京大学。申请时要先考虑申请哪一类 IP 地址,然后向国内的代理机构提出。

(2) 特殊的 IP 地址

IP 地址就像电脑的门牌号,每个网络上的独立计算机都有自己的 IP 地址。除了我们正常使用的 IP 地址以外,还有一些特殊的 IP,比如最小 IP“0.0.0.0”、最大 IP“255.255.255.255”,是我们不常见到和使用的。

① 0.0.0.0

严格说来,0.0.0.0 已经不是一个真正意义上的 IP 地址。它表示的是这样一个集合:所有不清楚的主机和目的网络。这里的“不清楚”是指在本机的路由表里没有特定条目指明如何到达对方。如果用户在网络设置中设置了默认网关,那么 Windows 系统会自动产生一个目的地址为 0.0.0.0 的默认路由。

② 255.255.255.255

限制广播地址。对本机来说,这个地址指本网段内(同一广播域)的所有主机。如果进行一个类比的话,那就是:“这个教室里的所有人都听着! 这个地址不能被路由器转发。”

③ 224.0.0.1

组播地址,它不同于广播地址。224.0.0.0～239.255.255.255 都是组播地址。IP 组播地址用于标识一个 IP 组播组。所有的信息接收者都加入到一个组内,并且一旦加入之后,流向组地址的数据立即开始向接收者传输,组中的所有成员都能接收到数据包。组播组中的成员是动态的,主机可以在任何时刻加入和离开组播组。224.0.0.1 特指所有主机,224.0.0.2 特指所有路由器。这样的地址多用于一些特定的程序以及多媒体程序。

④ 127.0.0.1

回送地址,指本地主机,主要用于网络软件测试以及本地机进程间通信。无论什么程序,一旦使用回送地址发送数据,协议软件立即返回,不进行任何网络传输。在 Windows 系统中,这个地址有一个别名 Localhost。寻址这样一个地址,是不能把它发到网络接口的。除非出错,否则在网络的传输介质上永远不应该出现目的地址为"127.0.0.1"的数据包。

⑤ 169.254.x.x

如果主机使用 DHCP 功能自动获得一个 IP 地址,那么当 DHCP 服务器发生故障,或响应时间太长而超出了系统规定的时间时,Windows 系统会分配这样一个地址。如果用户发现主机 IP 地址是一个此类地址,那么,大部分情况是用户网络不能正常运行了。

⑥ 10.x.x.x、172.16.x.x~172.31.x.x、192.168.x.x

私有地址,这些地址被大量用于企业内部网络中。一些宽带路由器也使用 192.168.1.1 作为默认地址。私有网络由于不与外部互联,因而可以使用随意的 IP 地址。保留这样的地址使用是为了避免以后接入公网时引起地址混乱。使用私有地址的私有网络在接入 Internet 时,要使用地址翻译(NAT),将私有地址翻译成公用合法地址,然后才能进行数据通信。

(3) 子网的概念

为了提高 IP 地址的使用效率,引入了子网的概念。将一个网络划分为子网,即采用借位的方式,从主机位的最高位开始借位,变为新的子网位,所剩余的部分仍为主机位。这使得 IP 地址的结构分为三级地址结构:网络位、子网位和主机位。这种层次结构便于 IP 地址分配和管理。它的使用关键在于选择合适的层次结构,即如何既能适应各种现实的物理网络规模,又能充分地利用 IP 地址空间,实际上就是从何处分隔子网号和主机号。

子网的划分虽然不适合所有企业和所有网络环境,但对使用它的人有重要的作用。

① 子网的划分能够减小广播所带来的负面影响,提高网络的整体性能。

② 子网的划分节省了 IP 地址资源。例如,某个企业在不同的地点有 4 个机房,每个机房有 25 台机器。该公司申请了 4 个 C 类地址,每个机房一个 C 类地址。对于这样的 IP 地址分配,我们可以发现,该公司一共浪费了$(254-25)\times4=916$ 个 IP 地址,因为这些地址没有被使用。而通过子网划分,例如,将一个 C 类网络地址划分为 8 个子网,可以在同一个 C 类网络地址中容纳这 4 个相对独立的子网,从而节省下 3 个 C 类地址。

③ 由于不同子网之间是不能直接通信的(但可通过路由器或网关进行通信),因此网络的安全性得到提高,因为入侵的途径小了。

④ 子网的划分使网络维护更加简单。我们都知道,一个大的网络要查找故障点是相当困难的,如果把网络规模缩小了,查找的范围就小了,维护起来自然就方便了。

子网地址的划分是通过改变网络掩码,将一个大的连续地址段分成几个小的可独立使用的地址段。其中,子网掩码是和 IP 地址成对出现的标识,形如 255.255.255.0。子网掩码中为 1 的位表示 IP 地址中该位是网络位,为 0 的位表示 IP 地址中该位是主机位。设 IP 地址为 192.168.10.2,子网掩码为 255.255.255.240,其网络标识就为 192.168.10.0,主机标识为 2;若 IP 地址为 192.168.10.5,子网掩码为 255.255.255.240,网络标识就为 192.168.10.0,主机标识为 5。由于两个 IP 地址的网络标识一样,表明这两个 IP 地址在同一个子网中。

(4) 子网掩码的概念

子网掩码是一个 32 位地址,是与 IP 地址结合使用的一种技术。它的主要作用有两个,一是用于屏蔽 IP 地址的一部分,以区别网络标识和主机标识,并说明该 IP 地址是在局域网上,还是在远程网上;二是用于将一个大的 IP 网络划分为若干小的子网络。

子网掩码的设定必须遵循一定的规则。与 IP 地址相同,子网掩码由 1 和 0 组成,且 1 和 0 分别连续。子网掩码的长度也是 32 位,左边是网络位,用二进制数字"1"表示,1 的数目等于网络位的长度;右边是主机位,用二进制数字"0"表示,0 的数目等于主机位的长度。这样做的目的是为了让掩码与 IP 地址做与运算(AND)时用 0 遮住原主机数,而不改变原网络段数字,而且很容易通过 0 的位数确定子网的主机数(2 的主机位数次方-2。因为主机号全为 1 时表示该网络广播地址,全为 0 时表示该网络的网络号,这是两个特殊地址)。只有通过子网掩码,才能表明一台主机所在的子网与其他子网的关系,使网络正常工作。

子网掩码是用来判断任意两台计算机的 IP 地址是否属于同一子网络的根据。最为简单的理解就是两台计算机各自的 IP 地址与子网掩码进行按位与运算后,如果得出的结果是相同的,说明这两台计算机是处于同一个子网络上的,可以直接通信;否则,如果不在同一个子网络上,需要通过路由器进行数据转发,才能彼此通信。

子网掩码通常有以下两种格式的表示方法:

① 通过与 IP 地址格式相同的点分十进制表示,如 255.0.0.0 或 255.255.255.128。

② 在 IP 地址后加上"/"符号以及 1~32 的数字。其中,1~32 的数字表示子网掩码中网络标识位的长度,如 192.168.1.1/24 的子网掩码也可以表示为 255.255.255.0。

(5) 网关的概念

可通过网关软件实现两个网络间数据的相互转发。该软件通常运行在连接两个网络的网络设备(一般为路由器)上。在 Internet 网络中,是由路由器将许多小的网络连接起来形成的世界范围的互联网络,路由器实现数据包的选路、转发。通过在主机上配置默认网关参数,指定从哪个设备的相应接口实现该主机和其他网络内主机的通信。一旦通信的源主机和目的主机不在同一网内时,原主机发送的数据包会相应地发送至默认网关对应的路由器设备接口,路由器接收该数据包,然后通过查看路由表,完成将该数据包向目的网络的转发。

6.2.6　域名系统的基本概念

IP 地址记忆起来十分不方便,因此,Internet 还采用域名地址来表示每台计算机。给每台主机取一个便于记忆的名字,这个名字就是域名地址,如主机 202.120.2.102 的域名地址是 www. sjtu. edu. cn。

要把计算机连入 Internet，必须获得网上惟一的 IP 地址与对应的域名地址。域名地址由域名系统(DNS)管理。每个连到 Internet 的网络都至少有一个 DNS 服务器，其中存有该网络中所有计算机的域名和对应的 IP 地址。

域名地址也是分段表示的(一般不超过 5 段)，每段分别授权给不同的机构管理，各段之间用圆点(.)分隔。每部分有一定的含义，且从右到左各部分之间大致上是上层与下层的包含关系。域名地址就是我们通常所说的"网址"。

例如，域名地址 www. sjtu. edu. cn 代表中国(cn)教育科研网(edu)上海交通大学校园网(sjtu)内的 WWW 服务器；域名地址 www. microsoft. com 代表商业公司(com) Microsoft 公司的 WWW 服务器。

一个域名地址最右面的一部分称为顶级域名。顶级域名分为两大类：机构性域名和地理性域名。为了表示主机所属机构的性质，Internet 的管理机构给出了 14 个顶级域名。美国之外的其他国家的 Internet 管理机构还使用 ISO 组织规定的国别代码作为域名后缀来表示主机所属的国家和地区，也是顶级域名。大多数美国以外的域名地址中都有国别代码，美国的机构直接使用 14 个顶级域名。机构性域名和常见的地理性域名见表 6-1。

表 6-1　机构性域名和常见的地理性域名

机构性域名		地理性域名(常见)	
域　名	含　义	域　名	含　义
com	商业机构	cn	中国内地
edu	教育机构	hk	中国香港
net	网络服务提供者	tw	中国台湾
gov	政府机构	mo	中国澳门
org	非营利组织	us	美国
mil	军事机构	uk	英国
int	国际机构，主要指北约组织	ca	加拿大
nfo	一般用途	fr	法国
biz	商务	in	印度
name	个人	au	澳大利亚
pro	专业人士	de	德国
museum	博物馆	ru	俄罗斯
coop	商业合作团体	jp	日本
aero	航空工业		

6.2.7　Internet 常见服务

使用 Internet 就是使用 Internet 所提供的各种服务来获取信息和进行交流。通过这些服务，可以获得分布于 Internet 上的庞大的各种资源，同时，可以通过使用 Internet 提供的服务将自己的信息发布出去，这些信息也成为网上的资源。下面介绍 Internet 上的几种常用服务。

① WWW(World Wide Web,万维网):万维网上凝聚 Internet 的精华,上面载有各种互动性极强、精美丰富的各种信息。借助强大的浏览软件,可以在万维网中进行几乎所有的 Internet 活动,它是 Internet 上最方便和最受欢迎的信息浏览方式。许多网站专门提供大量分类信息供用户查询,如新浪(www.sina.com.cn)、雅虎(www.yahoo.com.cn)等网站,这些网站被称作 ICP(Internet Content Provider,互联网内容提供商)。

② 电子邮件(E-mail):电子邮件服务使我们在 Internet 上发送和接收邮件。用户先向 Internet 服务提供商申请一个电子邮件地址,再使用一个合适的电子邮件客户程序,就可以向其他电子信箱发 E-mail,也可接收到来自他人的 E-mail。

③ 文件传输(FTP):文件传输可以在两台远程计算机之间传输文件。网络上存在着大量的共享文件,获得这些文件的主要方式是 FTP。

④ 搜索引擎(Search Engines):搜索引擎是一个对 Internet 上的信息资源进行搜集整理,然后供用户查询的系统。它是一个为用户提供信息"检索"服务的网站,它把 Internet 上的所有信息归类,以帮助人们在茫茫网海中搜寻到所需要的信息。

⑤ 网上聊天:利用网上聊天工具,用户可以与世界各地的人通过键盘、声音、图画等多种方式实时交谈。常用的聊天工具有 QQ、MS Messenger。

⑥ BBS(Bulletin Board System,电子公告板):BBS 是 Internet 最早的功能之一。顾名思义,其早期只是发表一些信息,如股票价格、商业信息等,并且只能是文本形式。而现在,BBS 主要是为用户提供一个交流意见的场所,能提供信件讨论、软件下载、在线游戏、在线聊天等多种服务。目前以基于 Web 方式的 BBS 为主流。

⑦ 博客(Weblog,简称 Blog,又称博客)是继 E-mail、BBS、QQ、MSN 之后出现的又一种网络交流方式。个人博客网站就是网民们通过互联网发表各种思想的虚拟场所。

⑧ 微博:微博(微型博客)不同于一般 Blog,因为书写微博只需三言两语,简单方便,目前已成为非常流行的信息分享、传播以及获取的交流平台。

其他还有远程登录(Telnet)、新闻组、电子商务、视频点播、远程教育、网络游戏、远程医疗等多种服务。

6.2.8 网络连接

1. Internet 的常用接入方式

ISP(Internet Service Provider),即 Internet 服务提供商,是一个层次化结构体系。第一层的 ISP 位于等级结构的最顶层,通常称为因特网主干(Internet Backbone)网络;第二层 ISP 通常具有区域性或国家性覆盖规模,且仅与少数第一层 ISP 相连接;在第二层之下是数量较多的较低层的 ISP。网络用户通过较低层的 ISP 接入 Internet,常用的接入方式有电话拨号接入、ADSL 接入、Cable Modem 接入、局域网接入等。内容提供商 ICP 也需要接入 ISP,才能提供互联网内容服务。

网络接入大致分为三种类型:

① 住宅接入:将家庭端系统与网络相连。

② 企业接入:政府机构、公司或校园网中的端系统与网络相连。

③ 移动接入：对于一些有移动办公需求的用户，目前可通过 3G 无线上网卡接入 Internet，如中国移动的 TD-SCDMA、中国电信的 CDMA2000 和中国联通的 WCDMA。

在我国，常见接入方式的特点和用途比较如表 6-2 所示。

表 6-2　常见接入 Internet 方式的特点和用途

接入方式	速度/bps	特　　点	成本	适 用 对 象
电话拨号	56K	方便，速度慢	低	个人用户、临时用户上网访问
ISDN	128K	较方便，速度慢	低	个人用户上网访问
ADSL	512K～8M	速度较快	较低	个人用户、小企业上网
Cable Modem	8M～48M	利用有线电视的同轴电缆来传送数据信息，速度快	较低	个人用户、小企业上网访问
LAN 接入	10M～100M	附近有服务提供商，速度快	较低	个人用户、小企业上网访问，常称为"宽带接入"
DDN（帧中继、PCM）	128K～2M	资源符合技术要求，速度较快	较高	企业用户全功能应用
光纤	22100M	速度快，稳定	高	大中型企业用户全功能
无线 LAN	11M～54M	方便，速度较快	较高	移动笔记本用户
GPRS、CDMA、3G		速度较慢	较低	智能手机和 PCMCIA 卡插入笔记本移动用户

目前，个人接入 Internet 一般使用电话拨号、ADSL、LAN 和无线四种方式。

（1）电话拨号

拨号接入是个人用户接入 Internet 最早使用的方式之一，也是目前为止我国个人用户接入 Internet 使用最广泛的方式之一。它的接入非常简单，只要具备一条能打通 ISP 特服电话（比如 169、263 等）的电话线、一台计算机、一台调制解调器（Modem），并且办理了必要的手续后（得到用户名和口令），就可以轻轻松松上网了。与其他入网方式相比，它的收费较为低廉。利用传统的电话网络，电话拨号方式致命的缺点在于它的接入速度慢，最高接入速度一般只能达到 56Kbps。

（2）ADSL

ADSL 是运行在原有普通电话线上的一种新的高速宽带技术，具有较高的带宽及安全性，它还是局域网互联远程访问的理想选择。ADSL 接入 Internet 有虚拟拨号和专线接入两种方式。采用虚拟拨号方式的用户采用类似调制解调器和 ISDN 的拨号程序，采用专线接入的用户只要开机即可接入 Internet。

（3）LAN

如果所在的单位或者社区已经建成了局域网，并在局域网出口租用一条专线和带宽与 ISP 相连接，而且所在位置布置了信息接口的话，只要通过双绞线连接计算机网卡和信息接口，即可以使用局域网方式接入 Internet。随着网络的普及和发展，高速正在成为使用局域网的最大优势。不像电话那样普及到人们生活的各个角落，局域网接入 Internet 受到所在单位或社区规划的制约。如果所在的地方没有建成局域网，或者建成的局域网没有和 Internet 相连而仅仅是一个内部网络，就没办法通过局域网访问

Internet。

（4）无线

个人无线接入分 WiFi 和移动接入两种。

WiFi 技术主要是作为高速有线接入技术的补充，例如，有线宽带网络（ADSL、小区 LAN 等）到户后，连接到一个无线路由器或 AP（可以自己购买），然后使用具有无线网卡的笔记本电脑或在电脑中安装一块无线网卡即可。甚至用户的邻里得到授权后，无须增加端口，也能以共享的方式上网。当前很多公共场所都提供免费的 WiFi 服务，例如机场、图书馆、咖啡厅、酒吧、茶馆等。一般公共场所所提供的 WLAN 网络是不收费的。配备 WiFi 的笔记本电脑或智能手机只要能搜索到 WLAN 网络，用户就可以放心使用，不会造成额外的流量费用。当 WLAN（WiFi）接入点有密码时，可向接入点拥有者索取密码，部分商业接入点可能需要付费使用。

移动接入是指采用无线上网卡接入互联网。无线上网卡指的是无线广域网卡，连接到无线广域网，如中国移动 TD-SCDMA、GPRS、中国电信的 CDMA2000、CDMA 1X 以及中国联通的 WCDMA 网络等。无线上网卡的作用、功能相当于有线的调制解调器。它可以在拥有无线手机信号覆盖的任何地方，利用 USIM 卡或 SIM 卡来连接到互联网上。无线上网卡的作用、功能就好比无线化了的调制解调器，其常见的接口类型有 PCMCIA、USB 等。通过智能手机或上网卡插入笔记本，即可使用移动运营商的无线 GPRS、CDMA、3G 接入互联网。当然，采用移动无线上网卡接入，用户需要向移动运营商缴纳昂贵的包月或按流量的通信费用。

无线网卡和无线上网卡是用户最容易混淆的无线网络产品。无线网卡指的是具有无线连接功能的局域网卡，它的作用、功能跟普通电脑网卡一样，是用来连接到局域网上的。而无线上网卡的作用、功能相当于有线的调制解调器，它可以在拥有无线手机信号覆盖的任何地方，利用手机的 USIM 卡或 SIM 卡来连接到互联网上。

2. 通过局域网的连接

通过局域网方式接入 Internet 必需的硬件有网卡（10Mbps/100Mbps）和网线（双绞线）。在关机状态下，将网卡插到计算机的一个扩展槽中，将网线的一端（称为 RJ-45 头）插入网卡的 RJ-45 接口中，另一端插入信息插座或交换机的 RJ-45 接口中，硬件连接就完成了。下面以 Windows XP 为例，讲解软件安装和配置的方法。

（1）网卡驱动程序的安装

当用户在电脑中插上网卡后，启动 Windows XP，系统将自动安装网卡的驱动程序。

（2）网络协议的安装

首先，右击"网上邻居"图标，选择"属性"命令，出现"网络连接"窗口，如图 6-9 所示。

选择网卡对应的"本地连接"后，右击，再选择"属性"命令。屏幕上出现本地连接网卡的设置窗口，如图 6-10 所示。上面的一栏是当前使用的网卡型号，下面是加载到该网卡上的各种服务和协议。每个服务或协议前面都有一个复选框，用来选择是否加载该项，标有"√"的便是要加载的项目，通常都需要加载。"Internet 协议（TCP/IP）"是接入因特网所必需的，因此必须加载。

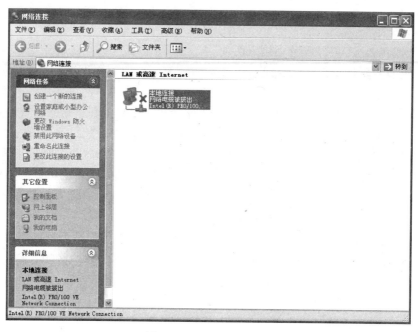

图 6-9 "网络连接"窗口

（3）TCP/IP 协议的设置

在图 6-10 所示的对话框中选择"TCP/IP"协议，然后单击"属性"按钮，弹出如图 6-11 所示的"Internet 协议属性"对话框，如果使用动态 IP 地址，则选中"自动获得 IP 地址"；若使用静态 IP 地址，需要配置 4 个参数，即 IP 地址、子网掩码、默认网关和 DNS 服务器地址，参数由网络管理员分配。最后，单击"确定"按钮，TCP/IP 协议就设置完成。完成上面的配置后，就可以访问 Internet 了。

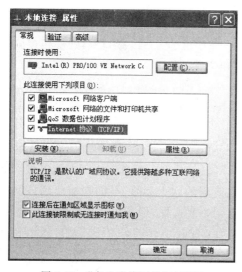

图 6-10 "本地连接属性"对话框

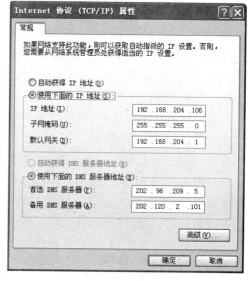

图 6-11 "Internet 协议属性"对话框

3. 通过 ADSL 的连接

ADSL 的硬件安装比安装普通拨号上网的调制解调器稍微复杂一些。必需的硬件设备包括：一块 10Mbps 或 10Mbps/100Mbps 自适应网卡、一个 ADSL 调制解调器、一个信号分离器，另外还有两根两端做好 RJ-11 头的电话线和一根两端做好 RJ-45 头的五类双绞网络线。

由于 ADSL 调制解调器是通过网卡和计算机相连的，所以在安装 ADSL 调制解调器前要先安装网卡驱动。要注意的是，安装协议里一定要有 TCP/IP，一般使用 TCP/IP 的默认配置，不要设置固定的 IP 地址。

然后，需要安装 PPPoE 虚拟拨号软件 EnterNet（Windows 已集成了 PPPoE 协议支持），方法如下：

① 选择"开始"→"程序"→"附件"→"通讯"→"新建连接向导"命令，出现"欢迎使用新建连接向导"画面，直接单击"下一步"按钮。

② 默认选择"连接到 Internet"，然后单击"下一步"按钮；在这里选择"手动设置我的连接"，再单击"下一步"按钮。

③ 选择"用要求用户名和密码的宽带连接来连接"，然后单击"下一步"按钮；在这里可以输入提供 Internet 服务的 ISP 名称作为创建的连接名称，然后单击"下一步"按钮。

④ 输入自己的 ADSL 账号（即用户名）和密码（一定要注意用户名和密码的格式，以及字母的大小写），并根据向导的提示对这个上网连接进行 Windows 其他安全方面的设置，然后单击"下一步"按钮。

⑤ 单击"完成"按钮后，会看到桌面上多了个名为 ADSL 的连接图标。至此，ADSL 虚拟拨号设置就完成了。

双击 ADSL 图标，确认用户名和密码正确以后，直接单击"连接"按钮即可用 ADSL 方式上网。

4. 通过代理服务器访问 Internet

接入 Internet 的方式是多样的。通常，对于个人用户来说，只要购买一个调制解调器，然后通过一根电话线就能连上 Internet 了。企业由于计算机数量多，通信需求量大，一般都采用专线租用带宽接入方式。然而专线费用比较昂贵，那么，有没有办法利用一条电话线和 ADSL 接入就可以使多台计算机同时上网呢？

（1）代理服务器的概念

在这种情况下，代理服务器应运而生。代理服务器（Proxy Server）就是内部网络和 ISP 之间的中间代理，它负责代理用户访问互联网的需求和转发网络信息，并对转发进行控制和登记。通过代理服务器，可以使企业内部网络与 Internet 实现安全连接。

在使用网络浏览器浏览网页信息的时候，如果使用代理服务器，浏览器就不是直接到 Web 服务器去取回网页，而是向代理服务器发出请求，由代理服务器取回浏览器所需要的信息。

目前使用的 Internet 是一个典型的客户机/服务器结构。当用户的本地机与 Internet 连接时，通过本地机的客户程序，如浏览器或者软件下载工具发出请求，远端的服务器在接到请求之后响应请求并提供相应的服务。

代理服务器处在客户机和服务器之间。对于远程服务器而言,代理服务器是客户机,它向服务器提出各种服务申请;对于客户机而言,代理服务器则是服务器,它接收客户机提出的申请并提供相应的服务。也就是说,客户机访问 Internet 时所发出的请求不再直接发送到远程服务器,而是被送到了代理服务器上,代理服务器再向远程的服务器提出相应的申请,接收远程服务器提供的数据并保存在自己的硬盘上,然后用这些数据对客户机提供相应的服务。

（2）代理服务器的作用

对于使用代理服务器上网的用户来说,合理设置并使用它有很多好处。

① 能加快对网络的浏览速度。代理服务器接收远程服务器提供的数据并保存在自己的硬盘上,如果有许多用户同时使用这一个代理服务器,他们对 Internet 站点所有的要求都会经由这台代理服务器。当有人访问过某一站点后,所访问站点上的内容会被保存在代理服务器的硬盘上,如果下一次再有人访问这个站点,这些内容会直接从代理服务器中获取,不必再次连接远程服务器。因此,它可以节约带宽,提高访问速度。

② 节省 IP 开销。使用代理服务器时,所有用户对外只占用一个 IP 地址,所以不必租用过多的 IP 地址,降低了网络的维护成本。

③ 可以作为防火墙。代理服务器可以保护局域网的安全,起到防火墙的作用。对于使用代理服务器的局域网来说,在外部看来只有代理服务器是可见的,其他局域网的用户对外是不可见的,代理服务器为局域网的安全起到了屏障的作用。另外,通过代理服务器,用户可以设置 IP 地址过滤,限制内部网对外部的访问权限。同样,代理服务器也可以用来限制、封锁 IP 地址,禁止用户对某些网页的访问。

④ 提高访问速度。通常,代理服务器都设置一个较大的硬盘缓冲区（可能高达几 GB 或更大）,当有外界的信息通过时,同时将其保存到缓冲区中,当其他用户再访问相同的信息时,直接从缓冲区中取出信息,传给用户,以提高访问速度。

⑤ 方便对用户的管理。通过代理服务器,管理员可以设置用户验证和记账功能,对用户进行记账,没有登记的用户无权通过代理服务器访问 Internet,并对用户的访问时间、访问地点、信息流量进行统计。

（3）代理服务器的配置

代理服务器的配置包括两个部分：服务器端与客户端。

服务器端代理服务器软件一般安装在一台性能比较突出且装有 ADSL 调制解调器和网卡的计算机上。服务器端的配置包括用户的创建、管理、监控、账号的统计、分析与查询等设置。但这项工作通常由 Internet 服务商负责,或者是由专门的网络管理员来完成的。对于普通的拨号用户来说,代理服务器的配置其实就是指客户端的配置。

在内部局域网中的每一台客户机都必须拥有一个独立的 IP 地址,而且事先必须在客户机软件上配置使用代理服务器并指向代理服务器的 IP 地址和服务端口号。

客户端的设置主要是在浏览器上配置代理服务器,从而能够利用代理服务器提供的功能。不同的浏览器的配置方式不同,具体配置方法如下：

① 运行 IE 浏览器,然后选择"工具"→"Internet 选项"命令,打开"Internet 选项"对话框。

② 选择"连接"选项卡,然后单击"局域网设置",打开"局域网(LAN)设置"对话框。

③ 在"代理服务器"选项组中,选中"为 LAN 使用代理服务器"复选框。在"地址"文本框中输入代理服务器的 IP 地址或者域名,在"端口"文本框中输入代理服务器的端口号。

④ 单击"确定"按钮,返回"Internet 选项"对话框。

⑤ 单击"确定"按钮,完成设置。

5. 网络故障的简单诊断命令

(1) ipconfig 命令

ipconfig 实用程序可用于显示计算机 TCP/IP 配置的设置值,这些信息一般用来检验人工配置的 TCP/IP 设置是否正确。但是,如果计算机和所在的局域网使用了动态主机配置协议(DHCP),这个程序所显示的信息也许更加实用。这时,ipconfig 可以让用户了解自己的计算机是否成功地获得一个 IP 地址。如果已获得,则可以了解它目前分配到的是什么地址。了解计算机当前的 IP 地址、子网掩码和默认网关,实际上是进行测试和故障分析的必要项目。

当使用 all 选项时(输入"ipconfig/all"),除了显示计算机 TCP/IP 设置值,还显示内置于本地网卡中的物理地址(MAC 地址)。如果 IP 地址是从 DHCP 服务器获得的,ipconfig 将显示 DHCP 服务器的 IP 地址和获得地址预计失效的日期。

(2) ping 命令

ping 是个使用频率极高的实用程序,用于确定本地主机是否能与另一台主机交换(发送与接收)数据报。根据返回的信息("Reply from..."表明有应答,"Requesttimed out"表明无应答),就可以推断 TCP/IP 参数是否设置得正确,以及运行是否正常。常见的使用方法如下:

① ping　127.0.0.1:这个 ping 命令被送到本地计算机的 IP 软件。如果无应答,表示 TCP/IP 的安装或运行存在某些最基本的问题。

② ping　本机 IP:这个命令被送到用户自己计算机所配置的 IP 地址,自己的计算机始终都应该对该 ping 命令作出应答。如果没有,表示本地配置或安装存在问题。出现此问题时,局域网用户可以断开网络电缆,然后重新发送该命令。如果网线断开后本命令正确,表示另一台计算机可能配置了相同的 IP 地址。

③ ping　局域网内其他 IP:这个命令应该发送数据报离开用户的计算机,经过网卡及网络电缆到达其他计算机,再返回。收到回送应答,表明本地网络中的网卡和载体运行正确。如果没有应答,表示子网掩码不正确,或网卡配置错误,或电缆系统有问题。

④ ping　网关 IP:这个命令如果应答正确,表示局域网中的网关路由器正在运行并能够作出应答。

⑤ ping　远程 IP:如果收到应答,表示成功地使用了默认网关。对于拨号上网用户,表示能够成功访问 Internet(但不排除 ISP 的 DNS 有问题)。

如果上面所列出的所有 ping 命令都能正常运行,那么计算机进行本地和远程通信的功能基本上就可以实现了。但是,这些命令的成功并不表示所有的网络配置都没有问题。例如,某些子网掩码错误可能无法用这些方法检测到。

习　题

选择题（只有一个正确答案）

1. 下面（　　）不属于网络软件。

    A. Windows 2000 Server   B. Office 2000

    C. FTP   D. TCP

2. 计算机网络最重要的功能是（　　）。

    A. 数据传输   B. 共享   C. 文件传输   D. 控制

3. 下列选项中,（　　）是将单个计算机连接到局域网上的设备。

    A. 显示卡   B. 网卡   C. 路由器   D. 网关

4. 下列属于按网络信道带宽把网络分类的是（　　）。

    A. 星状网和环状网   B. 电路交换网和分组交换网

    C. 有线网和无线网   D. 宽带网和窄带网

5. 把网络分为电路交换网、报文交换网和分组交换网属于按（　　）进行分类。

    A. 连接距离   B. 服务对象   C. 拓扑结构   D. 数据交换方式

6. 要测试自己的网络接口及协议是否正常,应在 MS-DOS 方式下执行（　　）命令。

    A. ping 127.0.0.1   B. ping Localhost

    C. ping 自己的 IP 地址   D. 以上都正确

7. 城域网英文缩写是（　　）。

    A. LAN   B. WAN   C. MEN   D. MAN

8. 能惟一标识 Internet 网络中每一台主机的是（　　）。

    A. 用户名   B. IP 地址   C. 用户密码   D. 使用权限

9. 对于一个局域网,其网络硬件主要包括服务器、工作站、网卡和（　　）等。

    A. 计算机   B. 网络协议   C. 传输介质   D. 网络操作系统

10. 假设某网站的域名为 www.zhenjiang.com.cn,可推测此网站类型为（　　）。

    A. 教育   B. 商业   C. 政府   D. 网络机构

11. 基于文件服务的局域网操作系统软件一般分为两个部分,即工作站软件与（　　）。

    A. 浏览器软件   B. 网络管理软件   C. 服务器软件   D. 客户机软件

12. （　　）不属于计算机网络的功能。

    A. 资源共享   B. 提高可靠性

    C. 提高 CPU 运算速度   D. 提高工作效率

13. 在 OSI 模型中,第 N 层和其上的 $N+1$ 层的关系是（　　）。

    A. N 层为 $N+1$ 层提供服务

    B. $N+1$ 层将从 N 层接收的信息增加了一个头

    C. N 层利用 $N+1$ 层提供的服务

  D. N 层对 $N+1$ 层没有任何作用

14. 在 OSI 模型中,从高到低排列的第 5 层是(　　)。

  A. 会话层   B. 数据链路层   C. 网络层   D. 表示层

15. TCP/IP 上的每台主机都需要用(　　)区分网络号和主机号。

  A. IP 地址   B. IP 协议   C. 子网掩码   D. 主机名

16. 普通的 Modem 都是通过(　　)与计算机连接的。

  A. LPT1   B. LPT2   C. USB 接口   D. RS-232C 串口

17. 计算机网络通信中传输的是(　　)。

  A. 数字信号   B. 模拟信号

  C. 数字或模拟信号   D. 数字脉冲信号

18. (　　)是信息传输的物理通道。

  A. 信号   B. 编码   C. 数据   D. 传输介质

19. 数据传输方式包括(　　)。

  A. 并行传输和串行传输   B. 单工通信

  C. 半双工通信   D. 全双工通信

20. 具有结构简单灵活,成本低,扩充性强,性能好以及可靠性高等特点,目前局域网广泛采用的网络结构是(　　)。

  A. 星状结构 B. 总线状结构 C. 环状结构 D. 以上都不是

21. 网卡实现的主要功能是(　　)。

  A. 物理层与网络层的功能   B. 网络层与应用层的功能

  C. 物理层与数据链路层的功能 D. 网络层与表示层的功能

22. OSI 参考模型的(　　)提供建立、维护有序的虚电路,负责信息传输的差错检验和恢复控制。

  A. 表示层   B. 传输层   C. 数据链路层 D. 物理层

23. TCP/IP 协议的(　　)为处在两个不同地理位置上的网络系统中的终端设备之间提供连接和路径选择。

  A. 物理层   B. 网络层   C. 表示层   D. 应用层

24. 在一种网络中,超过一定长度,传输介质中的数据信号就会衰减。如果需要比较长的传输距离,需要安装(　　)设备。

  A. 中继器   B. 集线器   C. 路由器   D. 网桥

25. 当两种相同类型但使用不同通信协议的网络互联时,需要使用(　　)。

  A. 中继器   B. 集线器   C. 路由器   D. 网桥

26. 光缆的光束是在(　　)内传输。

  A. 玻璃纤维 B. 透明橡胶 C. 同轴电缆 D. 网卡

27. 在 TCP/IP 参考模型中,应用层是最高的一层,它包括了所有的高层协议。下列协议中不属于应用层协议的是(　　)。

  A. HTTP   B. FTP   C. UDP   D. SMTP

28. 广域网覆盖的地理范围从几十公里到几千公里。它的通信子网主要使用（   ）。

    A. 报文交换技术　　　　　　　　B. 分组交换技术

    C. 文件交换技术　　　　　　　　D. 电路交换技术

29. 下列说法中正确的是（   ）。

    A. 互联网计算机必须使用 TCP/IP 协议

    B. 互联网计算机必须是工作站

    C. 互联网计算机必须是个人计算机

    D. 互联网计算机在相互通信时不必遵循相同的网络协议

30. 下列网络类型中属于局域网的是（   ）。

    A. 以太网　　　　B. X.25 网　　　　C. Internet　　　　D. ISDN

31. TCP/IP 协议在 Internet 网中的作用是（   ）。

    A. 定义一套网间互联的通信规则或标准

    B. 定义采用哪一种操作系统

    C. 定义采用哪一种电缆互联

    D. 定义采用哪一种程序设计语言

32. 计算机网络是按（   ）相互通信的。

    A. 信息交换方式　　　　　　　　B. 分类标准

    C. 网络协议　　　　　　　　　　D. 传输装置

33. 多用于同类局域网间的互联设备为（   ）。

    A. 网关　　　　B. 网桥　　　　C. 中继器　　　　D. 路由器

34. 设 IP 地址为 202.168.10.7,子网掩码为 255.255.255.224,以下说法不正确的是（   ）。

    A. 其网络标识为 192.168.10.0　　B. 主机标识为 7

    C. IP 地址是 C 类地址　　　　　　D. 主机标识为 224

35. 当个人计算机以拨号方式接入 Internet 网时,必须使用的设备是（   ）。

    A. 调制解调器　　B. 网卡　　　　C. 浏览器软件　　D. 电话机

36. 与 Internet 相连的计算机,不管是大型的还是小型的,都称为（   ）。

    A. 工作站　　　　B. 主机　　　　C. 服务器　　　　D. 客户机

37. 选择 Modem 时,除考虑其兼容性,还要考虑其（   ）。

    A. 内置和外置　　B. 出错率低　　C. 传输速率　　　D. 具有语言功能

38. 关于 IP 协议和 TCP 协议,不正确的是（   ）。

    A. IP 协议负责路由选择功能

    B. IP 协议提供不可靠的传输服务

    C. TCP 协议是面向连接的,提供可靠的传输服务

    D. UDP 协议是地址解析协议

39. 决定局域网特性的主要技术要素是：网络拓扑、传输介质与(　　)。

    A. 数据库软件　　　　　　　　　B. 服务器软件

    C. 体系结构　　　　　　　　　　D. 介质访问控制方法

40. 传输速率的单位是 bps，表示(　　)。

    A. 帧/秒　　　　B. 文件/秒　　　　C. 位/秒　　　　D. 米/秒

第7章

Internet 应用

Internet 网络从诞生到现在短短几十年的时间,其爆炸式的技术发展速度远远超过了人类历史上任何一次技术革命。它已经变成了一个遍及全球的信息网络。通过 Internet,可以随时随地了解世界上各地的信息,在网上漫游世界各地,关注世界热点,在网上购物、阅读报纸杂志、查找科研资料、进入世界著名的图书馆……要在 Internet 中漫游,必须首先学会使用 Internet 浏览器。利用这一软件工具,才能在网上浩如烟海的各种资料信息中,找到自己所需的东西。

7.1 浏览器的相关概念

1. 浏览器

浏览器(Browser)实际上是一个软件程序,是用户浏览网页时使用的客户端软件,利用它可以浏览万维网(World Wide Web,WWW)上的所有信息资源。浏览器可以在 WWW 系统中根据链接确定信息资源的位置,并将用户感兴趣的信息资源取回来,进而对 HTML 文件进行解释,最后将文字、图像或者其他多媒体信息还原出来。目前流行的 WWW 浏览器有 Microsoft IE(Internet Explorer)、Netscape Navigator、Mosaic、Opera,以及近年发展迅猛的火狐(FireFox)浏览器等。

通常说的浏览器一般是指网页浏览器。除了网页浏览器之外,还有一些专用浏览器用于阅读特定格式的文件,如 RSS 浏览器(也称 RSS 阅读器)、PDF 浏览器(PDF 文件浏览器)、超星浏览器(用于阅读超星电子书)、caj 浏览器(阅读 caj 格式文件)等。

2. 文本

所谓文本,就是可见字符(文字、字母、数字、符号等)的有序组合,又称为普通文本。在计算机中,仅仅由普通文本构成的文件称为文本文件。文本文件是一种典型的顺序文件,其文件的逻辑结构属于流式文件。文本文件中除了存储文件有效字符信息(包括能用 ASCII 码字符表示的回车、换行等信息)外,不能存储其他任何信息,因此文本文件不能存储声音、动画、图像、视频等信息。

3. 超文本

超文本(HyperText)也是一种文本文件,它与传统的文本文件相比,主要的差别是:传统文本是以线性方式组织的,而超文本是以非线性方式组织的。这里的"非线性"是指文本中遇到的一些相关内容通过链接组织在一起,用户可以很方便地浏览这些相关内容。

这种文本的组织方式与人们的思维方式和工作方式比较接近。超链接(Hyperlink)是指文本中的词、短语、符号、图像、声音剪辑或影视剪辑之间的链接,或者与其他的文件、超文本文件之间的链接。超链接是对象之间或者文档元素之间的链接。建立互相链接的这些对象不受空间位置的限制,它们可以在同一个文件内,也可以在不同的文件之间,还可以通过网络与世界上的任何一台联网计算机上的文件建立链接关系。

4. 超媒体

超媒体不仅可以包含文字,而且可以包含图形、图像、动画、声音等多媒体。这些媒体之间是用超链接组织的。超媒体与超文本之间的不同之处是,超文本主要以文字的形式表示信息,建立的主要是文字之间的链接关系;超媒体除了使用文本外,还使用图形、图像、声音、动画或影视片断等多种媒体来表示信息,建立的是文本、图形、图像、声音、动画和影视片断等媒体之间的链接关系。

5. 超文本标记语言

超文本标记语言(HyperText Marked Language,HTML)是一种用来制作超文本文档的简单标记语言。超文本传输协议(HTTP)规定了浏览器在运行 HTML 文档时所遵循的规则和进行的操作,HTTP 协议的制定使浏览器在运行超文本时有了统一的规则和标准。用 HTML 编写的超文本文档称为 HTML 文档,它能独立于各种操作系统平台。自 1990 年以来,HTML 就一直被用作 WWW 的信息表示语言。使用 HTML 语言描述的文件,需要通过 Web 浏览器显示出它的效果。

6. 统一资源定位器

统一资源定位器(Universal Resource Location,URL)的主要功能是定位信息,即所谓的网址。URL 是惟一在 Internet 上标识计算机的位置、目录与文件的命名协议。

URL 的语法为(协议规则与举例见表 7-1):

<服务类型>://<主机 IP 地址或域名>/<资源在主机上的路径>

表 7-1　服务类型的协议

协议名称	用　途	例　子	协议名称	用　途	例　子
http	超文本传输	http://www.pku.edu.cn	news	新闻组	news://news.pku.edu.cn
ftp	文件传输	ftp://ftp.etc.pku.edu.cn	telnet	远程登录	telnet://www.w3.org:80

如果用户要浏览某个网站的主页,就要用超文本传输协议,即 HTTP,如浏览上海交通大学的主页,可在地址栏中输入 http://www.sjtu.edu.cn,当在主页上点击了某一超链接,则要链接的网页文件路径名会显示在域名之后。

7.2　IE 浏览器

7.2.1　IE 浏览器简介

IE 浏览器是微软公司推出的免费浏览器,IE 是 Internet Explorer 的缩写。IE 浏览器直接绑定在微软的 Windows 操作系统中,当用户计算机安装了 Windows 操作系统之后,IE 浏览器便会一同安装。IE 浏览器自 1995 年 1 月与操作系统 Windows 95 捆绑发布 IE 1.0 版至今,已发展到了 IE 7.0 版本。每次 IE 浏览器的升级都对互联网应用带来了不同程度的影响。

7.2.2 打开和关闭 IE 浏览器

要浏览网页,必须先打开浏览器。

1. 启动 IE 浏览器的几种方法

(1) 双击操作系统桌面上的 IE 浏览器快捷方式图标。

(2) 单击屏幕下方任务栏左边的 IE 图标。

(3) 在桌面上依次单击"开始"→"程序"→"Internet Explorer"菜单项。启动成功后,屏幕上就会出现 IE 浏览器窗口。

2. 关闭 IE 浏览器的方法

(1) 单击 IE 窗口右上角的关闭按钮。

(2) 右击任务栏中打开的 IE 窗口,在弹出的快捷菜单中单击"关闭"菜单命令。

(3) 双击浏览器窗口的标题栏中左边的 IE 浏览器控制按钮图标。

(4) 单击"文件"菜单,在打开的菜单中单击"关闭"菜单命令。

7.2.3 IE 浏览器窗口结构

1. IE 浏览器窗口构成

打开 IE 浏览器后,操作系统中将会弹出一个浏览器窗口,结构如图 7-1 所示。

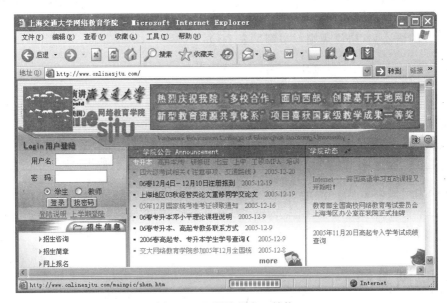

图 7-1　IE 浏览器窗口结构

(1) 标题栏

当已连接到某个 WWW 网页时,便显示该网页的标题名称,可以单击该栏右边的"最大化"按钮,使窗口变大;也可单击"最小化"按钮,使窗口最小化。

(2) 菜单栏

所有 IE 的功能与命令选项均列在菜单栏中,当单击某个菜单时,会出现相应的菜单命令列表。如单击"文件"菜单,再用鼠标单击"文件"菜单列表中的某一命令项,便会执行相应的菜单命令。

(3) 工具栏

工具栏中罗列了一些工具按钮,如"后退"、"前进"、"停止"、"刷新"、……,单击相应的按钮,就会出现相应的窗口或完成相应的功能。使用工具栏中的工具按钮,使操作更直接、方便。

(4) 链接栏

在链接栏中有几个预定义的链接,用户也可以预定义链接。单击这些链接,可迅速地转到要链接的网页。

(5) 地址栏

地址栏是用来输入和显示资源定位器指定的地址的,在进行超文本传输(HTTP)、文件传输(FTP)时,均要在该栏内输入称为统一资源定位器 URL 的地址。

(6) 活动状态指示器

在菜单栏右侧有 IE 图标,当与 Internet 连接,进行网页内容传送时,它便会转动起来;当文档下载完后,它停止转动。双击该图标,还可进入中国微软网页。

(7) 主窗口

该窗口用来显示网页。当网页较大,一屏无法显示的时候,可用该窗口右侧的滚动条来查看网页文档的其他部分。它是用户浏览网页的显示窗口。

(8) 状态栏

在主窗口的下部有一个状态栏,显示用户链接站点的一些状态信息。最左侧的框用来显示用户进行超链接的定位地址(用 IP 地址表示);紧邻的框用来显示下载网页内容的进度;紧接着的 3 个小方框,其左、右分别代表两种工作状态:脱机工作、安全证书;右侧的框用来显示当前主页所处的网络区域。

当用户浏览网页时,在网页上的超链接处(一般用带有下画线的蓝色文字表示,当鼠标箭头移到此处时,鼠标箭头变成小手状)用鼠标点击时,状态栏最左侧会显示超链接的 IP 地址,紧邻的框会以不断增长的蓝色条显示下载的进度。

在"查看"菜单的"工具栏"命令选项中可以设置是否显示链接栏、地址栏等。

2. 常用工具栏按钮

为了操作上的方便,IE 浏览器将一些常用的功能操作命令以按钮的形式放在了工具栏上。下面简单介绍这些工具按钮。

(1)"主页"按钮

单击"主页"按钮,IE 浏览器将会连接并显示浏览器中设置好地址的网页信息。

(2)"后退"按钮 与"前进"按钮

单击工具栏上的"后退"按钮,IE 浏览器将返回浏览过的上一个网页;单击工具栏上的"前进"按钮,将会转到浏览过的下一页。

（3）"历史"按钮 🖼️

单击"历史"按钮，窗口中将出现文件夹列表，包含几天或几周前访问过的 Web 站点的链接。可以单击文件夹或网页以显示 Web 页。

（4）"收藏"按钮 🖼️

单击"收藏"按钮，可以打开"个人收藏夹"。在"个人收藏夹"菜单中，单击"添加到个人收藏夹"，可以将用户自己喜欢的当前页面或地址放进收藏夹中，以便再浏览该页面时，只需单击"收藏"菜单，就可以从中找到收藏的地址。

（5）"搜索"按钮 🖼️

单击此按钮，将打开搜索工具栏，可以在其中输入要搜索的信息。选择搜索服务，并在 Internet 上制定搜索信息，搜索结果将显示在"搜索"工具栏中。

（6）"停止"按钮 🖼️

单击"停止"按钮，会中断正在浏览的 Web 页的连接，停止该网页信息的下载显示。

（7）"刷新"按钮 🖼️

单击该按钮可更新当前页。如果在频繁更新的 Web 页上看到旧的信息或者图形加载不正确，可以使用该功能。

（8）"打印"按钮 🖼️

该按钮用于启动 IE 浏览器的打印功能。可以按照屏幕的显示打印 Web 页，也可以打印选中的部分，如框架。另外，还可以指定打印页眉和页脚中的信息，如标题、网页地址、日期、时间和页码。

7.2.4　IE 浏览器的基本操作

1. 网页浏览

当用户知道自己要浏览的网址后，进行如下操作：

（1）在 IE 浏览器窗口的地址栏中输入想要浏览网页的网址，如要浏览"上海交通大学网络教育学院"网页，已知其网址是 www. onlinesjtu. com，可用鼠标单击地址栏框的开始处，然后输入 URL 并按 Enter 键（输入 URL 时也可不输入"http：//"，IE 浏览器可自动加上它）。

（2）此时，窗口中的活动状态指示器开始转动。在窗口底部的状态栏中，左侧显示正在链接的网址，进度指示器不断增长，显示网页下载的进度。当状态栏左侧显示"完成"字样，活动状态指示器停止传动时，"上海交通大学网络教育学院"的主页就出现在主窗口中，如图 7-1 所示。

（3）用鼠标移动窗口右侧的滚动条，可以完整地浏览整个主页页面。

（4）一般在浏览的每个主页上均有许多蓝色词条，其下面或标有下画线，或用一些醒目的图标表示，当鼠标移动到该处时，鼠标箭头变成了小手状，这些是可进行超链接（热链接）的锚点。当用户用鼠标点击它时，可进行超文本链接。在网页上，未点击过的链接和已点击过的链接会用不同的颜色显示。

2. IE 浏览器使用技巧

（1）全屏浏览

当用户浏览网页时，由于屏幕有标题栏、菜单栏、工具栏、地址栏等，网页仅在浏览器的主窗口中显示，因而觉得显示画面的窗口过小，有些内容被遮挡，需要移动滑动条才能显示，为此可以如下操作，将整个屏幕用作浏览窗口：

① 单击菜单栏中的"查看"菜单，出现"查看"菜单列表。

② 在"查看"菜单列表中选择"全屏显示"命令，就会全屏显示网页，屏幕上仅保留一个工具栏。

当要恢复原来的 IE 窗口时，可以单击工具栏中的"还原"按钮。

（2）主页

主页按钮是打开浏览器时浏览器自动进入的页面。主页的设置是：单击"工具"→"Internet 选项"命令，在打开的"Internet 选项"对话框中选择"常规"选项卡，在"主页"的"地址"文本框处可输入某个网站的起始页的地址。这样单击工具栏的"主页"图标可直接进入设定的主页。

（3）前后翻页

当用户在浏览器中一页页地浏览网页时，对于已经看过的网页，IE 会把它们暂存在用户硬盘上的一个临时文件夹中。用户可单击工具栏中的"后退"、"前进"按钮，向前或向后查看浏览过的网页。（这里是浏览器没有关闭时的情况，如果关闭重开，不会实现。）

（4）多窗口浏览

在浏览一个网页时，若用户既想保留原页面，又想看到超链接的另一网页，有以下两种方法。

① 在菜单栏中单击"文件"→"新建"→"窗口"命令，在屏幕上出现另一个窗口，也显示当前网页的内容，然后在该网页上点击预前往的超链接处。

② 将鼠标指向超链接处，右击，在出现的快捷菜单中选择"在新窗口中打开"选项，于是新的超链接网页出现在新打开的浏览器窗口中，原来的网页仍在另一窗口显示。

（5）停止主页传送和刷新显示

当用户下载一个主页时，若该页面下载时间过长，或者从已下载显示出的部分内容看，不是自己所要求的，可单击工具栏中的"停止"按钮，中断页面传送。

当用户下载一个主页时，由于按了"停止"按钮，致使许多图片没有下载，但主页中的某个图片对用户来说是需要的（图片没下载完时，在主页该图片位置处是一个空框，且框内有一小图标），这时可右击该空框，然后在弹出的菜单中选择"显示图片"命令，则可只下载该图片，大大加快下载速度。

在用户下载一个网页时，因为网络太忙而"停止"传送，要想将中断的网页重新下载，可单击工具栏中的"刷新"按钮。要注意的是，用"前进"、"后退"按钮翻看网页，是在网页已下载到硬盘的情况下进行重新显示的，而"刷新"是再一次重新从网络上下载该网页。

（6）历史记录

当退出 IE 后，浏览过的网页会存在用户硬盘中，不会因退出 IE 或关机而消失。因而用户开机后，可以方便地再次下载这些曾经浏览过的网页，方法如下：当启动 IE 后，单击工具栏中的"历史"按钮,在主窗口的左侧将出现一个历史记录栏,列出了浏览过的历史记录。历史记录是按周列表的,而最近一周是按星期几即按日来列表的,当天是按当天浏览过的网页地址来列表的。用鼠标单击历史记录中每周或每天或今日前的图标,即可出现访问过的主页标题或地址列表。单击选中某一主页地址或标题,又将列出许多网页标题或地址。单击选中某一标题或地址,即可链接该网页并下载。

可以通过更改"工具"菜单下的"Internet 选项"命令修改保留网页的天数,指定天数越多,保存该信息所需的磁盘空间就越多。

(7) 脱机浏览

用户在下载完要看的网页后,单击"文件"菜单下的"脱机工作"命令,就可以断开网络连接,在浏览器中仔细浏览下载的内容。

需要注意的是,当在"文件"菜单中选择了"脱机工作"项时,下次要联网时,必须要在"文件"菜单中去掉"脱机工作"复选标记,否则它一直有效。

脱机工作常用于阅读文章、小说之类,对于有多种动态超链接的网页,在脱机工作时,这些超链接的网页并未下载,故而看不到。

(8) 通过代理服务器访问网页

单击"工具"→"Internet 选项",然后在打开的对话框中选择"连接"选项卡,单击"局域网络设置"按钮。然后在"代理服务器"区域选择"为 LAN 使用代理服务器"复选框,并输入所选的代理服务器地址。若单击"高级"按钮,可分别对 HTTP、FTP、Gopher、Socks设置代理。

当在浏览器中输入网页的 URL 并按 Enter 键后,计算机与代理服务器相连接。这时,一般会弹出一个对话框,要求输入用户名和密码,通过验证后就可以下载网页了。

(9) 快速浏览网页

可通过关闭图片、声音或视频选项来加快网页的显示速度。运行"工具"→"Internet选项"菜单命令,在弹出的"Internet 选项"对话框中选择"高级"选项卡,然后在其中的"多媒体"区域中取消对所需选项的选择,就可以关闭图片、声音或视频。

如果要经常查看某一页,可将其添加到个人收藏夹中,或在桌面上创建指向该页的快捷方式。

(10) 复制网页文本信息

要保存网页全部文本内容或部分文本内容,可以用"复制"和"粘贴"命令。

(11) 网页的保存

在浏览网页的时候,常常需要将一些看到的有用网页存盘,或者仅保存网页上的某些图片、某些信息,可用以下方法来实现。

① 保存网页文本。当在浏览器窗口看到需要保存的网页时,可执行如下操作:

- 在菜单栏中选择"文件"→"另存为"选项。
- 在出现的如图 7-2 所示的"保存网页"对话框中,选择要存入的硬盘盘符和要存入的文件夹,并在"文件名"栏内输入要存的文件名。在"保存类型"栏内,选择"文本文件"。
- 单击"保存"按钮,该网页的文本内容便以文本格式存盘。

用上述方法,网页上的图形、图像并没有被保存,即这种操作方法并不能将网页上的

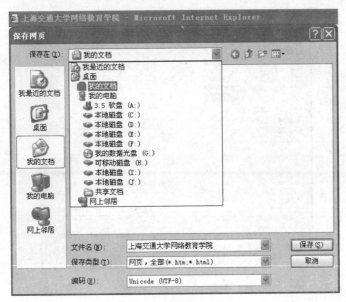

图 7-2　选择保存位置

所有内容保存下来,只保存了文本部分。

② 将网页上的图片存盘,若想将网页上的图片存盘,可采用如下方法:

- 右击要保存的图片,弹出一个快捷菜单。
- 选择"图片另存为"选项,出现"保存图片"对话框,其设置方法如同文件保存一样,不过这时是以.jpg 为扩展名的文件类型格式存盘。

(12) 打印网页

IE 提供了打印网页的方法,可以将网页全部打印出来,也可只按照屏幕上所列的布局,打印其中的一部分。对有框架结构的网页,可打印所有的框架,也可选样打印指定的框架。打印方法如下:

① 在主窗口中出现了要打印的网页时,单击工具栏中的"打印"按钮,也可单击菜单栏中的"文件"→"打印"项,这时出现如图 7-3 所示的"打印"对话框。

② 若网页不是框架结构的,可在"打印范围"框内选择全部打印,还可选择不同的页面或内容打印。

③ 对于有框架结构的网页,可单击"选项"选项卡,然后在其中进行相关的设定。

7.2.5　收藏夹的使用

用户对于常要浏览的很重要的网页站点,可以收藏起来,需要时立即进行超链接,将其网页打开。

为了能够记住这些重要的网页站点,IE 提供了一个如同记事本一样的收藏夹,用户可以将网页站点、超链接等地址存放到这个收藏夹中。一旦需要浏览收藏的网页时,只要打开收藏夹,在出现的收藏夹列表中单击要链接的名称,就可进行超链接,在浏览器窗口中便会出现要链接的网页。

图 7-3 "打印"对话框

要将某个网页添加到收藏夹中，方法如下：

在 IE 的浏览窗口中调出要收藏的网页，然后在菜单栏中选择"收藏"下的"添加到收藏夹"选项，将出现"添加到收藏夹"对话框，如图 7-4 所示。在"名称"框中输入一个名字，这个名字代表要收藏网页的站点（一般可用网页的标题名，也可另起名），然后单击"确定"按钮，该网页的网址就以所起名字形式存到收藏夹中。这个收藏夹的名字叫 Favorites，它是 IE 中一个默认的收藏夹名字。

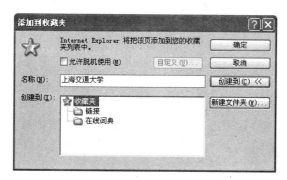

图 7-4 "添加到收藏夹"对话框

若用户想要创建一个自己的收藏文件夹，以便保存网页站点到该文件夹中去，操作如下：

① 在"添加到收藏夹"对话框中单击"创建到"按钮，于是出现一个新的"新建文件夹"按钮。

② 单击"新建文件夹"按钮，出现"创建新文件夹"对话框。

③ 在"文件夹名"框中输入要创建的收藏夹名，然后单击"确定"按钮，返回到"添加到收藏夹"对话框。再单击"确定"按钮，该网页便保存到刚才新建的收藏夹中了。

每次需要打开某个保存在收藏夹中的网页地址时,只需单击工具栏上的"收藏"按钮,然后单击收藏夹列表中所需的网页地址名称即可。

7.2.6　IE 浏览器的基本设置

选择"工具"→"Internet 选项"命令,打开"Internet 选项"对话框,如图 7-5 所示。

图 7-5　"Internet 选项"对话框

1. "常规"选项卡

在该选项卡中,可以更改默认的主页;设置 Internet 临时文件夹的属性,以便提高浏览的速度;删除临时文件夹的内容,增加计算机的硬盘可用空间;在"历史记录"中,设置清除记录及历史记录存储时间;以及设置网页中颜色、字体、语言和辅助功能。

在启动 IE 浏览器的同时,IE 浏览器会自动打开其默认主页,通常为 Microsoft 公司的主页。用户也可以自己设定在启动 IE 浏览器时打开其他的 Web 网页,具体设置可参考以下步骤:

① 打开要设置为默认主页的 Web 网页。

② 在"主页"选项组中单击"使用当前页"按钮,可将启动 IE 浏览器时打开的默认主页设置为当前打开的 Web 网页。若单击"使用默认页"按钮,可在启动 IE 浏览器时打开默认主页。若单击"使用空白页"按钮,可在启动 IE 浏览器时不打开任何网页。

浏览器会自动将用户浏览过的信息保存在系统的临时文件夹中,以便于下次用户在此浏览该网页的时候直接从临时文件夹中读取相关内容,从而加快网页的浏览显示速度。但有时这会为用户带来问题。当网页已经更新,可是用户在浏览网页时,由于计算机还是从临时文件夹中读取了旧有的网页,从而得不到最新网页的信息。这时可以通过"Internet 临时文件"选项组中的"删除 Cookies"和"删除文件"按钮将临时文件夹中的文件全部清除,同时利用"设置"按钮所弹出的"设置"对话框来更改临时文件夹存储空间的大小。

在 IE 浏览器中,用户只要单击工具栏上的"历史"按钮就可查看所有浏览过的网站的记录。时间长了,历史记录会越来越多,这时可以在"Internet 选项"对话框中设定历史记录的保存时间,一段时间后,系统会自动清除这一段时间的历史记录。单击"清除历史记录"按钮,可清除已有的历史记录。

IE 浏览器可以设置自己的页面颜色,包括文字和背景的颜色、已访问和未访问的超链接的颜色等。具体设置方法如下:

① 单击"颜色"按钮,将出现"颜色"对话框。在颜色框中可以进行文字和背景的设置。

② 如果选中了"使用 Windows 颜色"复选框,Internet Explorer 中的颜色与 Windows 的当前设置一样。此时"文字"和"背景"两个按钮发灰,即这两个选项不可自行设置。

③ 如取消"使用 Windows 颜色"选项,"文字"和"背景"两个按钮恢复正常,可以对它进行设置。

④ 单击两个按钮中的任何一个,会出现"颜色"设置对话框。

⑤ 在"基本颜色"或者"自定义颜色"中选择一种用户希望要的颜色。如果在上面的两栏中找不到需要的颜色,用户可以自己定义颜色。单击"规定自定义颜色"按钮,打开对话框的右半部分,在这里可以调配新的颜色,在"颜色要素"中输入合适的数值,在中间的颜色框里会自动根据这些数值调配并显示出相应的颜色。调配好颜色后,单击"添加到自定义颜色"按钮,可将该种颜色添加到左边的"自定义颜色"对话框中,再从框中选择所要的颜色即可。

⑥ 在"链接"框里可以设置页面中超链接的显示颜色。单击"已访问"按钮,可以在"颜色"对话框中设置所有已经被单击过的链接的颜色;单击"未访问"按钮,可以在"颜色"对话框中设置所有还没有被单击过的链接的颜色。

⑦ 如果没有选中"鼠标悬停"选项,则当鼠标指针指向超链接时也不会显示特别的颜色;如果选中了该项,则当鼠标指针指向某个超链接时,该链接会显示特别的颜色。单击"悬停"按钮,将出现"颜色"对话框,让用户设置鼠标悬停时显示什么颜色,这样可以清楚地看到当前鼠标指针指向的是哪一个超链接。

利用"辅助功能"的设置,可以调整页面的外观。具体设置方法如下:

① 单击"辅助功能"按钮,打开"辅助功能"对话框。

② 在"格式"框中有 3 个选项:"不使用网页中指定的颜色",选择该项后可以忽略原来设置的网页采用的颜色;"不使用网页中指定的字体样式"或"不使用网页中指定的字体大小",选择其中一项,可以忽略原来设置的字体的样式或字号。

③ 在"用户样式"表中,可以定义页面中各种格式元素的样式文件,如文本的格式等。

2. "安全"选项卡

在选项卡的"请为不同区域的 Web 内容指定安全设置"一栏中有 4 个图标,代表 4 个区域,即"Internet 区域"、"本地 Internet 区域"、"可信站点区域"和"受限站点区域"。每一种代表一类不同的信息来源。对于不同的信息来源,可以设置不同的安全等级。

在"该区域全级别"一栏中有两个选项:"自定义设置"和"默认设置"。在一般情况下,上述 4 个区域都有一个默认设置。如果想更改某一区域的设置,先单击该代表区域的图标,然后在默认设置中上、下拖动级别游标,设置安全级别。游标在每一个等级上时,都会显示该级别的名称与说明,让用户对该级别的大致内容有所了解。如果用户设置的级别低于默认级别,将弹出一个警告对话框,提醒用户是否更改安全级。

如果对上面的 4 个等级还不满意,用户可以对某个安全区自行设置安全等级。单击"自定义设置"按钮,可打开安全设置对话框,在这里可以调整每个安全选项。安全设置的大多数选项都有 3 个选择:启用、提示和禁用。用户可以选择在需要该项内容时是直接使用,还是提示用户选择是否使用,或干脆不允许使用该项。如果用户改变了安全设置中的许多内容后,又改变了主意,想恢复到先前的设置,可以单击"重置为"的下拉列表框,选择先前的安全等级,然后单击"重置"按钮,将所有选项恢复到该安全等级的设置。

3.　"隐私"选项卡

在该选项卡中,可以移动滑块来为 Internet 区域选择一个浏览的隐私设置,即设置浏览网页是否允许使用 Cookie 的限制。同时在"弹出窗口阻止程序"中可以设置是否要阻止弹出窗口的出现。

4.　"内容"选项卡

在该选项卡中可以进行三方面的设置,分别是分级审查、证书和个人信息。Internet 为用户提供了访问各种信息的渠道,但这些信息不是对每一位浏览者都适合。如果不希望别的用户访问某些内容,可以使用 IE 提供的分级审查功能来限制访问的内容。

在"分级审查"栏中单击"启用"按钮,将打开"分级审查"对话框。选择"分级"选项卡,然后在"类别"框中选择要设置等级的类别。用鼠标将"等级"游标拖动到想设置的等级上,当游标在每一个等级时,都会显示该等级的名称与说明,让用户对于该等级的大致内容有所了解。将每一个类别都设置好等级后,单击"确定"按钮,将弹出"创建监护人密码"对话框。在"密码"一栏输入设置的密码,然后在"确认密码"一栏再次输入密码。如果两次输入的密码不同,计算机将会提醒用户,并要求重新确认密码。单击"确定"按钮后,分级审查开始启用,这时"启用"按钮变成"禁用"。如果想停止分级审查,单击"禁用"按钮,这时弹出"需要监护人密码"对话框。输入密码后,单击"确定"按钮,即可关闭分级审查。这时,"禁用"按钮又会变成"启用"。

当用户访问网站时,一些网页会提示输入一些信息。例如,搜索时会要求输入搜索内容,登录邮箱时要填用户名、密码,这些都会被 IE 自动记录,为信息安全带来极大的隐患,因此有必要清除这些被 IE 浏览器记录下来的信息。要删除它们,可单击"个人信息"中的"自动完成"按钮,在弹出的"自动完成设置"对话框中,将"表单"、"表单上的用户名和密码"和"提示我保存密码"前的"√"去掉,再单击"清除表单"和"清除密码"按钮,最后单击"确定"按钮。

5.　"连接"选项卡

在该选项卡中可以设置一个 Internet 拨号连接,或添加 Internet 网络连接,还可以设置连接的代理服务器,以及设置局域网的相关参数(代理服务器的地址)等。

在"连接"选项卡中,单击"拨号设置"一栏中的"添加"按钮,将弹出网络连接向导的对话框。在该对话框中填入此连接的名称,并选择用户所使用的设备。单击"下一步"按钮,出现电话号码对话框。输入要拨的号码,包括区号、国家(地区)号,然后单击"下一步"按钮,将弹出向导完成对话框。单击"完成"按钮完成设置。

如果用户想更改现有连接的设置,首先选中代表该连接的项,然后单击"设置"按钮,将弹出"拨号连接设置"对话框。在"拨号设置"一栏中可以输入用户名、密码等内容。在"自动配置"栏中单击"使用自动配置脚本",然后在地址栏中输入自动配置文件的地址。在下一次启动 Internet Explorer 时,就会下载这个文件并对 Internet Explorer 进行设置。

如果想删除某个连接,先选中该连接,然后单击"删除"按钮,这时将出现一个警告,用户可以选择是否删除。

在代理服务器一栏中,用户可以先单击使用代理服务器,然后输入服务器的地址、端口,而且可以选择对于本地地址是否使用代理服务器。如果单击"高级"按钮,还可以对代理服务器进行更多的设置,如分别为不同的传输协议设置不同的代理服务器和相应的端口,也可以把所有的服务器设置为使用同一代理服务器,还可以对一定的地址范围设置不使用代理服务器,

6."程序"选项卡

在"程序"选项卡的"Internet 程序"区域中,可以指定 Windows 自动用于每个 Internet 服务的程序,其中包括 HTML 编辑器、电子邮件等。可单击"重置 Web 设置"按钮,将 Internet Explorer 重置为使用默认的主页和搜索页等。单击"管理加载项"按钮,将会弹出"管理加载项"对话框,在该对话框中可以对已经加载的 IE 加载项进行启用或禁用的设置。

7."高级"选项卡

"高级"选项卡中的设置很多,它主要是 IE 个性化浏览的设置,其中包括 HTTP 1.1 设置、Microsoft VM、安全、从地址栏中搜索、打印、多媒体、辅助功能、浏览页面的显示效果等相关属性的设置。这里着重介绍浏览功能。

① 给链接加下画线的方式。该项功能可以选择 3 种不同的方式:始终(始终给链接加下画线)、从不(不给链接加下画线)和悬停(只有在鼠标指针指向连接时才加下画线)。

② 显示友好的 URL。当鼠标指针指向某个超级连接时,Internet Explorer 会在状态栏中显示这个超链接指向的网页地址。如取消该项,显示地址时会把完整的地址显示出来。选择该项显示地址时,只显示简化的地址。

③ 允许网页计数。选中该项,可以让访问到的 Web 站点进行访问人数、页面收视率计数,并且把用户也计算在内;取消该项,则站点统计不会把用户的访问次数算在内。

④ 允许页面转换。如果选中了该项,则当访问某个网页时,一旦下载的信息足够,就会打开该网页,然后一边显示页面,一边下载剩余的信息,不用等到完全下载该网页,就可以浏览网页,或者继续访问网页里的内容,如链接等,并直接跳转至另一个网页。如取消该项,Internet Explorer 将会一直等到该网页的信息全部下载完毕才显示页面。这样显示的是一个完整的网页,但是浏览时间肯定更长。因为在没有完全下载完整网页时,无法看到该网页,也无法访问该网页的内容。一般如果没有什么特殊情况,应选中该项,以加快浏览速度。

⑤ 禁止脚本试调。取消该项时,如果在页面中有脚本错误,会自动启动调试器,帮助确定 Internet Explorer 中运行的脚本发生的问题。如果选中该项,可以选择用调试器对脚本查错。

⑥ 使用联机自动完成功能。如果选中了该项,当用户在地址栏等地方输入某个已经访问过的站点地址时,Internet Explorer 会代用户完成输入;如果取消了该项,则输入地址时不作自动补充。

⑦ 使用平滑滚动。如果选中了该项,将调整页面滚动的速度,使其显得更为平滑。

7.2.7　搜索引擎的使用

1. 搜索引擎的概念

Internet 如同一个巨大的图书馆,要在许许多多的资料中找到所需要的信息,就要使用搜索引擎。搜索引擎是一种能够通过 Internet 接收用户的查询指令,并向用户提供符合其查询要求的信息资源网址的系统。搜索引擎既是用于检索的软件,又是提供查询、检索的网站。所以,搜索引擎也可称为 Internet 上具有检索功能的网站,只不过该网站专门为用户提供信息"检索"服务。它使用特有的程序把因特网上的所有信息归类,以帮助人们在浩如烟海的信息海洋中搜寻到自己所需要的信息。

各种搜索引擎的主要任务都包括以下三个方面。

(1)信息搜集。各个搜索引擎都利用一种名叫"网络机器人"或"网络蜘蛛"的网页搜索软件,搜索访问网络中公开区域的每一个站点并记录其网址,将它们带回搜索引擎,然后根据一定的相关度算法进行大量的计算,建立网页索引,并添加到索引数据库中。

(2)信息处理。将网页搜索软件带回的信息进行分类整理,建立搜索引擎数据库,并定时更新数据库内容。在进行信息分类整理阶段,不同的搜索引擎会在结果的数量和质量上产生明显的差异。

(3)信息查询。每个搜索引擎都必须向用户提供一个良好的信息查询界面,一般包括分类目录及关键词两种信息途径。不同的搜索引擎,网页索引数据库不同,排名规则也不尽相同,所以,当以同一关键词用不同的搜索引擎查询时,搜索结果也不尽相同。

2. 搜索引擎的分类

搜索引擎按其工作方式分为两类:一类是基于关键词的搜索引擎,即全文搜索引擎;一类是分类目录型的搜索引擎。

对于基于关键词的搜索引擎,用户可以用逻辑组合方式输入各种关键词(keyword),搜索引擎根据这些关键词在数据库中寻找用户所需资源的地址,然后根据一定的规则反馈包含此关键字词信息的所有网址。我们熟悉的百度和 Google 就是这种搜索引擎。

分类目录型的搜索引擎是指把 Internet 中的资源收集起来,由其提供的资源类型不同而分成不同的目录,再一层层地进行分类。这类搜索引擎虽然有搜索功能,但在严格意义上不算是真正的搜索引擎,仅仅是按目录分类的网站链接列表而已。雅虎、搜狐、新浪和网易等都属于这类搜索引擎。分类目录型搜索引擎一般都有专门的编辑人员,利用人工来负责收集和分析网站的信息。

全文搜索引擎和分类目录型搜索引擎在使用上各有优缺点。全文搜索引擎因为依靠软件进行,所以数据库的容量非常庞大,但是它的查询结果不够准确;分类目录型搜索引擎依靠人工收集和整理网站,能够提供更为准确的查询结果,但收集的内容非常有限。为了取长补短,现在很多搜索引擎中,这两种查找都有。比如 Google、Sina、Yahoo 既有目录查找,也有关键词查找。

3. 常用的搜索引擎

(1) 全文搜索引擎

① Google(www.google.com):中英文搜索都可以,是世界范围内规模最大的搜索引擎。

② 百度(www.baidu.com):国内最早的商业化全文搜索引擎,拥有自己的网络机器人和索引数据库。

(2) 分类目录型搜索引擎

① 雅虎中国(cn.yahoo.com):最早的分类目录型搜索引擎。此外,雅虎中国可以对"所有网站"进行关键词搜索。

② 新浪(www.sina.com):用户可按目录逐级向下浏览,直到找到所需网站。就好像用户到图书馆找书一样,按照类别大小层层查找,最终找到需要的网站或内容。

③ 搜狐(www.shou.com):搜狐分类目录把网站作为收录对象,具体的方法是将每个网站首页的 URL 地址提供给搜索用户,并且将网站的题名和整个网站的内容简单描述一下,但是并不揭示网站中每个网页的信息内容。

这三个分类目录型搜索引擎目前都支持使用关键词进行全文搜索。

4. 搜索引擎的基本操作

在 IE 浏览器中输入搜索引擎的网址,如 www.google.com,就可以启动搜索引擎。

在搜索信息的时候,用户常常会搜索到大量的信息,也常常搜到许多无用的信息。为了提高搜索的效率,可以采用以下方法。

(1) 简单查询

在搜索引擎中输入关键词,然后单击"搜索"按钮,很快会返回查询结果。这是最简单的查询方法,使用方便,但是查询的结果不准确,会包含很多无用的信息。

(2) 查询条件具体化

在搜索引擎中输入较复杂的搜索条件,可以过滤掉大量的无用信息,从而减少搜索的工作量。

① 使用加号+

有时需要搜索结果中包含有查询的两个或是两个以上的内容,这时可以把几个条件之间用"+"号相连。比如说想查询王菲的歌曲《香奈儿》,可以输入'王菲+香奈儿'。其实,大多数搜索引擎用空格和用加号时的查询结果是相同的。

② 使用减号-

有时可能在查询某个题材时并不希望在这个题材中包含另一个题材,这时可以使用减号。比如想查找"刘德华的歌曲《享用你的姓》",但又不希望得到的结果是 RM 格式(Realplayer)的,可以输入"刘德华 歌曲 享用你的姓 -RM"。记住,一定要在减号前留一个空格位。

③ 使用引号

给要查询的关键词加上半角双引号,可以保证搜索结果非常准确。即使是有分词功能的搜索引擎,也不会对引号内的内容进行拆分。例如,在搜索引擎的文字框中输入"电传"，它就会返回网页中有"电传"这个关键字的网址，而不会返回诸如"电话传真"之类的网页。

④ 布尔检索

所谓布尔检索，是指通过标准的布尔逻辑关系来表达关键词与关键词之间逻辑关系的一种查询方法，这种查询方法允许用户输入多个关键词，各个关键词之间的关系可以用逻辑关系词来表示。

- and(逻辑与)：表示它所连接的两个词必须同时出现在查询结果中。
- or(逻辑或)：表示所连接的两个关键词中的任意一个出现在查询结果中。
- not(逻辑非)：表示所连接的两个关键词中，应从第一个关键词概念中排除第二个关键词。例如，输入"交通大学 not 上海"，表示要求查询的结果中是不包含上海交通大学的所有的交通大学。

在实际的使用过程中，用户可以将各种逻辑关系综合运用，灵活搭配，以便进行更加复杂的查询。

7.2.8　使用 IE 浏览器访问 FTP 站点

1. FTP 协议

FTP(File Transfer Protocol)是 TCP/IP 协议簇中的协议之一。该协议提供 Internet 上的文件传输服务，实际上 FTP 就是实现两台计算机之间的文件复制，从远程计算机复制文件至本地的计算机上，称为"下载(download)"文件。若将文件从本地计算机复制到远程计算机，则称为"上传(upload)"文件。

2. FTP 地址格式

FTP 地址格式如下：

ftp：// 用户名：密码@FTP 服务器 IP 或域名：FTP 命令端口号/ 路径/ 文件名

上面的参数，除"FTP 服务器 IP 或域名"为必要项外，其他都不是绝对必要的。例如，以下地址都是有效的 FTP 地址：

ftp://user:password@ftp. sjtu. edu. cn/symantec

ftp://user:password@ftp. sjtu. edu. cn

ftp://ftp. sjtu. edu. cn

3. FTP 的使用

要访问 FTP 站点，首先要运行 IE 浏览器，然后在地址栏中输入要连接的 FTP 站点的 Internet 地址或域名，如图 7-6 所示。

当该 FTP 站点只被授予"读取"权限时，只能浏览和下载该站点中的文件夹和文件。要浏览文件或文件夹，只需双击相应的文件夹和文件。如要将文件或文件夹下载到用户的机器上，右击，并在快捷菜单中选择"复制"命令，打开 Windows 资源管理器，将该文件或文件夹粘贴到要保存的位置即可。

一般情况下，在登录 FTP 站点后，用户多被授予"读取"权限，这时用户只能浏览和下载站点中的文件夹和文件，不能做别的动作。如果以高级权限用户名登录，用户可以被授

图 7-6 FTP 登录后的界面

予"读取"和"写入"权限,可以直接在 Web 浏览器中实现新文件的建立,以及对文件夹和文件的重命名、删除和文件的上传。

7.2.9 使用 IE 浏览器访问 BBS 站点

1. 什么是 BBS

BBS(Bulletin Board System)就是"电子公告板"或"电子公告牌"。在 BBS 公告牌上,每个用户既可作为读者去读取公告中的内容,也可作为作者去发布自己的公告。

像日常生活中的黑板报一样,BBS 一般都按不同的主题、分主题分成很多布告栏。布告栏的设立依据是大多数 BBS 使用者的要求和喜好,使用者可以阅读他人关于某个主题的最新看法,也可以将个人的想法毫无保留地贴到公告栏中。如果需要独立的交流,用户可以将想说的话直接发到某个人的电子信箱中。如果用户想与在线的某个人聊天,可以启动聊天程序。

2. BBS 的使用

(1) BBS 的访问方式

目前,BBS 有两种访问方式: Telnet 和 WWW。

Telnet 方式采用的是网络上的远程登录服务。Telnet 方式指通过各种终端软件,直接远程登录到 BBS 服务器去浏览、发表文章,还可以进入聊天室和网友聊天,或者发信息给站上在线的其他用户。既然是一种网络服务,它就有自己的服务端口,默认是 23 端口,但是有些 BBS 站为了减轻一个端口的访问量,可能提供多个访问端口。

WWW 方式浏览是指通过浏览器直接登录 BBS。这种方式的优点是使用起来比较简单、方便,入门很容易。但是由于 WWW 方式本身的限制,不能自动刷新,而且有些BBS 的功能难以在 WWW 下实现。

(2) BBS 的登录与使用

支持 WWW 访问方式的 BBS 站点一般有一个网址,所以只要使用 IE 或是其他浏览器在地址栏输入网址登录即可。例如,输入"http://bbs.sjtu.edu.cn/",将显示如图 7-7 所示的登录 BBS 页面。输入用户账号及密码,单击"登录"按钮后即进入 BBS 页面,如图 7-8 所示。

图 7-7　BBS 的登录界面

图 7-8　登录后的 BBS 页面

如果是第一次登录,BBS 默认用户身份是游客,就是匿名登录,只能浏览文章,不能回复也不能发表文章。所以,要想能真正使用 BBS,必须注册一个用户 ID(即账号)。ID

是用户在 BBS 上的标记,BBS 系统就是靠.ID 来分辨每个注册的网友,并提供各种站内服务。当用户 ID 通过了站内简单的注册认证后,用户将获得各种默认用户身份所没有的权限,如发表文章、进聊天室聊天、发送信息给其他网友、收发站内和站外信件等。

7.2.10　Web 格式邮件的使用

Web 格式的邮件也称 HTML 格式的邮件,这种邮件不同于一般的纯文本格式的邮件。Web 格式的邮件可以插入好看的图片,可以更改字体或是字的大小、颜色等,做到"图文并茂"。用户可以按照自己的风格来设计邮件内容。它打破了最初的电子邮件特性,使电子邮件有了新的特点和新的元素。因此,Web 格式的邮件既有传统电子邮件方便、快捷的特性,还具备 Web 上网页美观的特性。

与纯文本邮件比较,Web 格式的邮件容量大,因为它要包含很多 HTML 的代码或是图片等信息,将造成客户下载邮件时间延长。另外,Web 格式的邮件还存在兼容性的问题。因为并不是每个邮件收发软件都支持 Web 格式的邮件,当收件人的邮件收发软件不能支持 Web 格式邮件时,将会看到一堆乱码。一些掌上电脑、手机等移动设备对 Web 格式的邮件支持也不是很好,而纯文本邮件在这两方面都不存在问题。

7.3　电子邮件

电子邮件(Electronic Mail,E-mail)是 Internet 上的重要信息服务方式。普通邮件通过邮局、邮差送到人们的手上,而电子邮件是以电子的格式(如 Microsoft Word 文档、.txt 文件等)通过互联网为世界各地的 Internet 用户提供了一种极为快速、简单和经济的通信和交换信息的方法。

7.3.1　电子邮件的基本原理

电子邮件的发送与接收过程类似于普通收发信过程,图 7-9 显示出了电子邮件收发过程:用户在自己的机器上用收发电子邮件的专用软件编写完电子邮件后进行发送,送到由 ISP 提供接入服务的网络上。在 ISP 提供的网络上设有一个发送邮件服务器,当它接收到电子邮件后,就会发往 Internet;电子邮件在 Internet 上逐级传送,最后达到收件人所在 ISP 网络的接收邮件服务器上,并分拣到收件人的邮箱中。当收件人开机联网后,就可以用专用软件来接收和阅读电子邮件。

图 7-9　电子邮件收发过程

整个邮件传输过程使用的 SMTP(简单邮件传输协议)协议是邮件存储转发协议,负责将邮件通过一系列服务器转发到最终目的地。

7.3.2　电子邮件的基本知识

1. 电子邮件地址

为了在 Internet 上发送电子邮件,用户要有一个电子邮件地址和一个密码。电子邮件地址由用户的邮箱名(即用户的账号)和接收邮件服务器域名地址组成。用户账号可由用户自己选中,但需要由局域网管理员或 ISP 认可。如邮件地址 tianhhh@mail. sjtu. edu. cn,其中 tianhhh 是电子邮箱名(又称用户账号),该邮箱实际上对应接收邮件服务器硬盘上的一个小区域,此区域用于存放用户的邮件;mail. sjtu. edu. cn 表示中国教育系统上海交通大学网上邮件服务器 mail 的域名;@表示在什么上,因而 tianhh@mail. sjtu. edu. cn 表示设在域名为 mail. sjtu. edu. cn 的邮件服务器上名为 tianhh 的一个邮箱。

Internet 全天 24 小时通邮。电子邮件传送的快慢和距离的远近几乎没有关系,但信件内容的多少与电子邮件传送的速度有较大关系,过长的邮件应采用压缩文档的方法传输。

2. 电子邮件的优点

与常规信函相比,E-mail 非常迅速,把信息传递时间由几天到十几天减少到几分钟,而且 E-mail 使用非常方便,即写即发,省去了粘贴邮票和跑邮局的烦恼。与电话相比,E-mail 的使用是非常经济的,传输几乎是免费的;传输内容非常丰富,不仅可以传送文本,还可以传送声音、视频等多种类型的文件;而且这种服务不仅仅是一对一的服务,用户可以向一批人发信件,或者向一个人这么发,向另一个人那么发。正是由于这些优点,Internet 上数以亿计的用户都有自己的 E-mail 地址,使 E-mail 成为利用率最高的 Internet 应用。

3. 电子邮件中的常用术语

① 收费邮箱:通过付费方式得到一个用户账号和密码。收费邮箱有容量大、安全性高等特点。

② 免费邮箱:网站上提供给用户的一种免费邮箱,用户只需填写申请资料即可获得用户账号和密码。它具有免付费、使用方便等特点,是人们使用较为广泛的一种通信方式。

③ 收件人(To):邮件的接收者,相当于收信人。

④ 发件人(From):邮件的发送人,一般来说,就是用户自己。

⑤ 抄送(CC):用户给收件人发出邮件的同时把该邮件抄送给另外的人。在这种抄送方式中,收件人知道发件人把该邮件抄送给了另外哪些人。

⑥ 暗送(BCC):用户给收件人发出邮件的同时把该邮件暗中发送给另外的人,所有收件人都不会知道发件人把该邮件发给了哪些人。

⑦ 主题(Subject):即这封邮件的标题。

⑧ 附件:同邮件一起发送的附加文件或图片资料等。

4. 电子邮箱的申请

收发电子邮件之前,必须先申请一个电子邮箱地址。

① 通过申请域名空间获得邮箱。如果需要将邮箱应用于企事业单位,且经常需要传

递一些文件或资料，并对邮箱的数量、大小和安全性有一定的需求，可以到提供该项服务的网站上申请一个域名空间，即主页空间。在申请过程中，会为用户提供一定数量及大小的电子邮箱，以便别人能更好地访问用户的主页。这种电子邮箱的申请需要支付一定的费用，适用于集体或单位。

② 通过网站申请收费邮箱。提供电子邮件服务的网站很多，如果用户需要申请一个收费邮箱，只需登录到相应的网站，单击提供邮箱的超链接，根据提示信息填写好资料即可。

③ 通过网站申请免费邮箱。免费邮箱是目前较为广泛的一种网上通信手段，其申请方法与申请收费邮箱相同，只是选择"申请免费邮箱"，然后根据提示填写资料即可。

7.3.3 Outlook Express 的使用

目前收发电子邮件的软件已有几十种，在各种常用的操作系统中，都有相应的软件。由于 Windows 操作系统自带的是 Outlook Express，所以本节仅介绍 Outlook Express 软件的使用。

1．Outlook Express 窗口简介

打开 Outlook Express 后，将弹出该应用程序的窗口，如图 7-10 所示。Outlook Express 窗口由以下几部分构成：

（1）标题栏

最上面是标题栏。标题栏最左边是一个 Outlook Express 小图标，旁边是应用程序的名字。右边有 3 个窗口控制按钮，分别是最大化、最小化和关闭按钮。当用鼠标拖动标题栏时，可使 Outlook Express 窗口重新定位。

（2）菜单栏

所有 Outlook Express 的功能选项均列在菜单栏中。当选中某菜单命令时，会出现相应的下拉菜单。

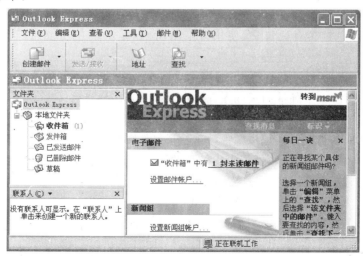

图 7-10 Outlook Express 窗口

（3）工具栏

工具栏中罗列出一系列工具按钮，如"创建邮件"、"发送和接收"按钮，用鼠标单击这些图标就可以执行相应的命令。

（4）文件夹栏

在文件夹栏中有一个文件夹列表，其中有 5 个文件夹，分别用于存放用户接收和发送及删除的邮件。除了系统已经建立的这些文件夹以外，还允许用户自己建立一些文件夹。用户可以将邮件放入相应的文件夹中。

（5）Outlook Express 预览区

用于显示各个文件夹中的内容，以便于用户进行查看。

（6）联系人栏

用于显示所有在通讯簿中建立的朋友们的邮件地址，可以直接单击联系人来打开"撰写邮件"对话框，给指定的朋友发信。

（7）状态栏

显示当前 Outlook Express 软件的工作状况，看是否处于联机状态。

2. Outlook Express 的设置

第一次使用 Outlook Express 时，用户必须要对其进行设置，即要告诉 Outlook Express 用户的邮箱所在的发送邮件服务器（SMTP）的域名与接收邮件服务器（POP3）的域名，以及本人的邮件地址、邮箱账号名及密码等信息，这样，用户才能用经过设置的 Outlook Express 发送和接收邮件。

对于设置 Outlook Express 所需知道的邮件服务器的类型（POP3、IMAP 或 HTTP）、账户名和密码，以及接收邮件服务器的名称、POP3 和 IMAP 所用的发送邮件服务器的名称等，可以从 Internet 服务提供商（ISP）或局域网（LAN）管理员那里得到。设置过程如下：

① 在 Outlook Express 窗口中选择"工具"→"账户"选项。

② 在出现的"Internet 账户"对话框中，选择"邮件"选项卡，并单击"添加"按钮，在出现的菜单中选择"邮件"选项。

③ 打开"Internet 连接向导"对话框，在对话框中输入发件人的姓名，并单击"下一步"按钮。

④ 在出现的"电子邮件服务器名"对话框内，输入接收邮件服务器和发送邮件服务器的域名或 IP 地址，并单击"下一步"按钮。

⑤ 在出现的"Internet Mail 登录"对话框中，在"账户名"栏内填入用户的账号名，并输入密码。账号名就是用户电子邮件地址"@"前的名字；密码是用户向 ISP 申请电子邮件账号时给定的。然后，单击"下一步"按钮。

⑥ 在出现的"完成"窗口中单击"完成"按钮完成设置。

3. 电子邮件的阅读

当单击 Outlook Express 工具栏上的"发送和接收"按钮，或单击菜单栏中的"工具"→"发送和接收"命令后，用户就可以在"预览区"中阅读收到的电子邮件了，其方法如下：

① 单击文件夹栏中的"收件箱"图标,这时 Outlook Express 预览区中会显示已阅读或未阅读的邮件。邮件前显示未开封的信封图样的信,表示还没有阅读过;若已经开封,表示已阅读过。也可从显示信件的字体中看出来,粗体显示的邮件是未曾读过的,正常字体表示已阅读过。

② 单击要阅读的邮件,这时要读的邮件内容就在预览区中显示出来,可拖动预览区右边的滑块,快速浏览收到的邮件。

③ 若要仔细阅读某个收到的邮件,可双击要读的邮件,此时将弹出一个新的窗口。新的窗口中包括发件人的姓名、电子邮件地址、发送的时间和主题以及收件人的姓名等,在下面的显示区中显示信件的内容。阅读邮件后,在该窗口中可进行邮件的答复、转发、打印、删除等操作。

4. 电子邮件的发送

要使用 Outlook Express 提供的文本编辑窗口编写电子邮件,其方法如下:

(1) 在 Outlook Express 窗口中,选择"文件"→"新建"→"邮件"菜单项,将弹出一个"新邮件"窗口;或单击工具栏中的"创建邮件"图标,也将弹出一个"新邮件"窗口,如图 7-11 所示。

(2) 在"新邮件"窗口中的"收件人"框中填入要接收信件的人的电子邮件地址,如 tianhhh@mail.sjtu.edu.cn。

(3) 若此信要抄送给其他人,可在"抄送"框中陆续输入各收信人的电子邮件地址,其间用逗号或分号分隔。

(4) 在"主题"框中,可输入该邮件的主题,表明这封信的主题思想。

(5) 在邮件编辑框中输入邮件的内容。撰写新邮件时,一般默认的是纯文本的邮件

图 7-11　撰写邮件窗口

格式。要想使用 Web 格式的邮件,需要选择"格式"→"Web 格式邮件"命令。处在 Web 格式邮件编写环境下,系统会提供一个工具栏。在这样的环境下写邮件,就像在编写一个简单的网页。

如要更改邮件内容的文本样式、字体格式和段落格式,应首先选择要编排的文本,然后使用格式工具栏或"格式"菜单上的命令。

(6) 信件写好后,单击工具栏中的"发送"按钮,该邮件信便立即发送出去。

当邮件用其他编辑软件写到磁盘中时,可用如下方法发送(注意,磁盘中的信件必须是以文本文件或 HTML 文件格式存盘的)。

① 在"新邮件"窗口中,选择"插入"→"文件中的文本"项。

② 在出现的"插入文本文件"窗口中,选择已经保存在磁盘中的文件,然后单击"打开"按钮,信件便被插入"新邮件"窗口的编辑窗口中了。

5. 邮件中的其他操作

（1）在邮件中使用信纸

在发送的邮件中使用指定的信纸，可以使发送的邮件更加美观，增加艺术效果。利用 Outlook Express 的信纸功能，可选用有不同背景的信纸，用不同书写字体来书写信件。

若此信是一封圣诞贺信，可在贺信背景上加一些圣诞树，做法如下：在"新邮件"窗口中，选择"格式"→"背景"→"图片"命令，再在"背景图片"选择框中单击"浏览"按钮，选择相应的图片，然后单击"确定"按钮，图片就会插入到信件文本的编辑区中。这时可在此背景下编写邮件，发送后，对方便可读到带有此背景的电子邮件。

（2）为待发邮件使用 Outlook Express 信纸功能

使用 Outlook Express 也可以为待发邮件设置信纸。

① 将信纸应用于所有的待发邮件：单击"工具"→"选项"命令，然后在弹出窗口中选择"撰写"选项卡，在"信纸"区域，选中"邮件"和"新闻"复选框，然后单击"选择"按钮选择一种信纸。

② 将信纸应用于个别待发邮件：单击"邮件"→"新邮件使用"命令，然后选择一种信纸。

（3）在待发邮件中加入签名

单击"工具"→"选项"菜单命令，然后在弹出窗口中单击"签名"选项卡，选中"在所有待发邮件中添加签名"复选框。若要创建签名，请单击"新建"按钮，然后在"编辑签名"框中输入文字；或单击"文件"，再找到要使用的文字或 HTML 文件。

（4）在所有邮件中插入名片

单击"工具"→"选项"菜单命令，然后单击"撰写"选项卡，在"名片"部分选中"邮件"或"新闻"复选框，然后从下拉列表框中选择一张名片。注意，要插入名片，首先必须在通讯簿中为自己创建一个联系人。

（5）在邮件中插入文件

用 Outlook Express 可以发送邮件，同时可附带发送一些多媒体文件，如程序、文本文件、图像文件、声音文件甚至视频文件（如用 MPEG 压缩的）等。发送过程如下：在"新邮件"窗口中单击"插入"→"文件附件"菜单命令，在弹出的浏览窗口中选择附件文件，然后单击"附加"按钮，这就在邮件中成功地添加了附件。附件可以添加一个或者一个以上。

（6）邮件拼写检查

当写好邮件后，在发送前还可对英文邮件内容进行拼写检查，如英文信件中是否有单词拼写错误，利用"拼写检查"这一工具，将检查出的错误提供给用户，以便改错。

在 Outlook Express 中，实际上是调用 Office 程序中的拼写检查功能，因而若用户未安装这些程序，Outlook Express 中的拼写检查功能就无法实现。

自动调用拼写检查功能，只要在"新邮件"窗口中选择"工具"→"拼写检查"项，就可以对编辑窗口中的邮件自动进行拼写检查。

7.3.4 邮件管理

在 Outlook Express 中,可以对邮件设置一定的规则进行分类管理。这些邮件可以是"发件箱"、"收件箱"、"已发送的邮件"、"已删除的邮件"和用户新建分类文件夹中的邮件。下面将具体介绍对"收件箱"中的邮件进行分类设置的过程,其他文件夹中的邮件分类设置与此类似。

1. 使用文件夹为邮件分类

Outlook Express 提供了几个固定的邮件文件夹,分别是收件箱、发件箱、已发送邮件、已删除邮件、草稿文件夹,还可以新建分类文件夹。

① 收件箱:保存各账户收到的已读和未读的邮件。

② 发件箱:保存各账户没有成功发送到收件服务器的邮件。Outlook Express 启动时或单击"发送/接收"按钮时,会自动发送其中的邮件。

③ 已发送邮件:保存各账户已成功发送到收件服务器的邮件,包括邮件账号错误的邮件。

④ 已删除邮件:保存用户删除的邮件,以便用户在必要时阅读。

⑤ 草稿:保存用户撰写后尚未发送的邮件,一旦用户执行了"发送"操作,该邮件立即转到发件箱中,等待发送。如果发送成功,这个邮件又转到"已发送邮件"箱中。

用户利用 Outlook Express 的邮件分类管理功能,在"收件箱"文件夹中添加一些新的文件夹并设置一定的规则,可以自动地将收到的邮件分门别类归入到不同的文件夹中,这样,用户就可以按其轻重缓急程度来处理邮件了。下面介绍其具体操作方法。

(1)新建文件夹

右击"收件箱",在弹出的菜单中选中"新建文件夹"菜单命令;或者直接在 Outlook Express 中右击,然后在弹出的菜单中选中"新建文件夹"命令;或单击"文件"→"新建"→"文件夹"菜单命令,如图 7-12 所示,弹出一个"创建文件夹"对话框,如图 7-13 所示。在这

图 7-12　Outlook Express 窗口

个对话框中输入新建文件夹的名称,并选择新文件夹创建的位置,这里选择"收件箱"。单击"确定"按钮,就可以在"收件箱"下新建一个文件夹,如图 7-14 所示。

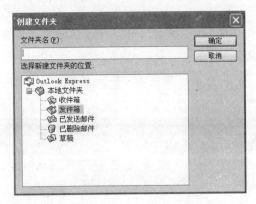

图 7-13　"创建文件夹"对话框

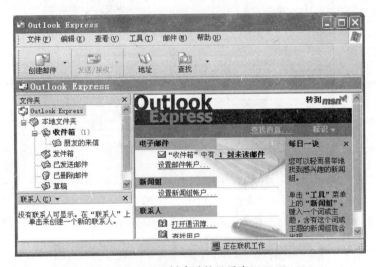

图 7-14　创建后的显示窗口

（2）手工移动邮件

对于"收件箱"中原有的邮件,用户可以用手工的方法将其移动到指定的文件夹中去,具体操作方法如下:

① 直接拖动。在"收件箱"视图界面中,选择要移动的邮件并拖到用户指定的文件夹中即可。

② 选择移动。右击要移动的邮件,在弹出的菜单中选择"移动到文件夹",将弹出一个"移动"对话框。选择目的文件夹后,单击"确定"按钮,就可以把邮件移到指定的文件夹。

（3）删除邮件

打开"收件箱",选择要删除的邮件,然后单击工具栏中的"删除"按钮,删除的邮件即从"收件箱"移到"已删除邮件"文件夹中。要想彻底删除,在"已删除邮件"文件夹中选中邮件,然后单击工具栏中的"删除"按钮。此时,Outlook 给出一个提示,询问是否真的要删除,选择"是",这封信就彻底删除了。

2. 使用邮件规则

借助 Outlook Express 的"邮件规则",可以在收信时自动把不同的来信分类放在相应的文件夹中,具体的设置如下:

① 单击"工具"→"邮件规则"→"邮件"菜单命令,弹出"邮件规则"对话框,参见图 7-15。

图 7-15 "邮件规则"对话框

② 选择"邮件规则"选项卡,然后单击"新建"按钮,此时出现一个新的设置窗口。先从"选择规则条件"框中选择"若'发件人'行中包含用户"项。例如,若想将 luck@163.net 发来的邮件自动放到"朋友的来信"的文件夹中,按照如图 7-16 所示的方法操作即可。

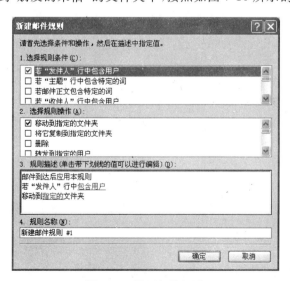

图 7-16 设置邮件规则

③ 在"选择规则操作"框中选择"移动到指定的文件夹",此时下面的"规则说明"栏目中便出现具体的规则说明,其中"包含用户"和"指定的"都变成了蓝色可单击的链接。接下来的工作就是指定用户和文件夹了。

④ 单击"包含用户",屏幕上会出现一个选择用户的窗口。单击"地址簿",再选择朋友的地址,然后返回。最后单击"确定"按钮。

⑤ 单击"指定的"文件夹,然后从文件夹中选中"朋友的来信",再单击"确定"按钮,规则就设置好了。通常,为了易于了解这些规则的内容,需要将规则的名称修改为具有意义的,在规则名称中输入新的名字即可。最后,单击"确定"按钮结束。

在实际的使用中,用户可以制定多条规则。规则是按照从上到下的顺序依次执行的。规则前面带有对钩的方框表示该规则起作用。

3. 定时收取邮件

Outlook Express 还为用户提供了定时收取邮件的功能。如果用户每天都要收取信件,设置这项功能会带来很大的方便。

选择"工具"→"选项"命令;选择"常规"选项卡,其中有一项是"每隔 30 分钟检查一次新邮件",用户可以修改检查的时间间隔。若一直运行 Outlook,可以根据设置的值定时自动收取邮件,如图 7-17 所示。

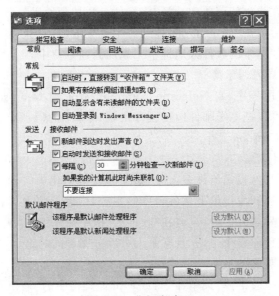

图 7-17 "选项"窗口

7.3.5 通讯簿

正如人们在日常生活中使用的一样,通讯簿用于记录经常要联系的人的名称、电子邮件地址、电话等诸多信息。当要和某联系人发信而记不得其电子邮件地址等信息时,可调用通讯簿而取得。

Outlook Express 也提供了通讯簿功能,用户可以把需要经常保持联系的朋友的电子邮件地址放在通讯簿中,如果要发送邮件,只需从通讯簿中选择,不需要每次都输入地址。通讯簿不但可以记录联系人的电子邮件地址,还可以记录联系人的电话号码、家庭住址、业务以及主页地址等信息。除此之外,用户还可以利用通讯簿功能在 Internet 上查找用户及商业伙伴的信息。本节介绍如何在通讯簿中添加联系人及如何使用通讯簿。

1. 添加联系人

用户可以使用多种方式将电子邮件地址和联系人信息添加到通讯簿中,可以直接输入,也可以从其他程序导入。下面介绍几种常用的方法。

(1) 直接输入联系人信息

① 单击"工具"→"通讯簿"菜单命令,或单击工具栏中的"通讯簿"按钮,或按快捷键 Ctrl+Shift+B,将弹出"通讯簿"对话框。

② 弹出的"通讯簿"对话框中列出了已有的联系人列表信息,如果要新增加,单击工具栏中的"新建"按钮,在弹出的菜单中选择"新建联系人(c)",然后在对话框中选择不同的选项卡填写联系人的具体信息。

③ 详细信息填写完毕后,单击"确定"按钮,地址簿中就会增加一条联系人信息。

(2) 从电子邮件中添加联系人

为了减少输入错误,用户可以在收到邮件时手工将发件人添加到通讯簿中。右击收件箱中收到的邮件,在弹出的菜单中选择"将发件人添加到通讯簿"选项,然后在弹出的对话框中填写信息,最后单击"确定"按钮,地址簿中就会增加一条联系人信息。用户也可以用类似的方法,将发件箱中的收件人地址手工添加到通讯簿中。

(3) 从其他程序导入通讯簿

其他电子邮件应用程序,如 Netscape Communicator 和 Microsoft Exchange 等也有相应的通讯簿功能,可以把电子邮件应用程序的通讯簿中的信息导出为文本文件(C3V)格式,然后将其导入 Outlook Express。

2. 添加联系人组

当经常要将一封邮件发送给许多人时(如在办公自动化中实现无纸办公),公司秘书常常要将相同的一件通知发送给下属各单位的主管,为此可将下属各单位的主管添加到一个联系人组中。在发送邮件时,只需在"收件人"框中输入组名,就可以将邮件发送给该组的每个用户。可以创建多个组,并且联系人可以分属不同的组。

创建联系人组的步骤如下:

① 单击"工具"→"通讯簿"菜单命令,或单击工具栏中的"通讯簿"按钮,或按快捷键 Ctrl+Shift+B,将弹出"通讯簿"对话框。

② 单击工具栏中的"新建"按钮,然后在弹出的菜单中选择"新建组(G)",将弹出一个"属性"对话框。

③ 选择"组"选项卡,然后在"组名"框中输入组的名称,如"高中同学"。单击"选择成员"按钮,在弹出的"选择组员"对话框中双击要加入到组中的联系人,将他们加入到右边的成员框中,然后单击"确定"按钮。用户也可以单击"新联系人"按钮,然后输入联系人信息,并将其加入组中。

④ 选择完所有的组员后,填写组详细资料,然后单击"确定"按钮,地址簿中就会增加

一条组员信息。

　　将联系人添加到现有组中的步骤为：在通讯簿列表中双击所需的组。如果联系人已经在通讯簿中，单击"选择组员"按钮；否则，单击"新联系人"。

3. 修改和删除联系人

　　当联系人的电子邮件地址或其他信息发生了改变，或因故要修改某联系人或组名，可分别作如下操作。

　　(1) 修改联系人的信息

　　若要修改联系人的信息，可在 Outlook Express 窗口中的工具栏上单击"通讯簿"按钮，在出现的"通讯簿"窗口中双击要修改的联系人名称，将弹出要修改的该联系人属性对话框，在相应的信息框中进行修改。

　　(2) 删除某联系人

　　若要删除某联系人，可在"通讯簿"窗口中单击选中要删除的联系人名称，然后单击工具栏中的"删除"按钮，该联系人就被删除。若该联系人是加入某个组的，则他从该组中同时被删除。

　　(3) 删除组

　　若要删除一个组，在"通讯簿"窗口中，选择"查看"→"组列表"命令项，然后选择要删除的组名，再单击"删除"按钮。

　　(4) 删除组员

　　也许加入某组的某一联系人需要从该组中删除，但他在通讯簿中作为单独的联系人仍要保留，这时可进行如下操作：在"通讯簿"窗口中，双击要删除的联系人所在的组名，将弹出一个选中组的"属性"对话框。在组员列表框中，选中要删除的组员，再单击"删除"按钮，就可以删除选中的组员。

4. 通讯簿的使用

　　当用户发送邮件时，在"新邮件"窗口中要填入"收件人"的电子邮件地址，或者在"抄送"框中填入要抄送给某个人的电子邮件地址。若在通讯簿中已有这些人的邮件地址，可从通讯簿中选择该联系人，而不用人工输入，方法如下：

　　① 在 Outlook Express 窗口的联系人栏中选择要发送信件的联系人，然后双击，将弹出"新邮件"窗口。此时，收件人文本框中显示的就是选择的联系人。

　　② 单击"新邮件"窗口中的"收件人"按钮，或者单击"抄送"按钮，会出现"选中收件人"对话框。单击选中收件人或抄送者名称，并相应地单击"收件人"或"抄送"按钮。最后单击"确定"按钮操作，选中的收件人或抄送者的电子邮件地址便填入到"新邮件"窗口相应的文本框中了。

　　当收件人或抄送者同属一个组时，操作方法同上。

习　　题

一、选择题（只有一个正确答案）

1. 为了保证全网正确通信，Internet 为联网的每个网络和每台主机都分配了惟一的地址。该地址由纯数字组成,并用小数点分隔,称为(　　)。

    A. IP 地址　　　　　　　　　　　　B. TCP 地址

    C. WWW 服务器地址　　　　　　　D. WWW 客户机地址

2. 互联网上的服务都基于某种协议,WWW 服务遵循的协议是(　　)。

    A. SNMP　　　　　B. HTTP　　　　　C. SMTP　　　　　D. Telnet

3. 在 Internet 中,用字符串表示 IP 地址称为(　　)。

    A. 账户　　　　　　B. 域名　　　　　C. 主机名　　　　　D. 用户名

4. 下列说法正确的是(　　)。

    A. 上因特网的计算机必须配置一台调制解调器

    B. 上因特网的计算机必须拥有一个固定的 IP 地址

    C. IP 地址和域名一般来说是一一对应的

    D. 调制解调器在信源端的作用是把数字信号转换成模拟信号

5. BBS 站点一般都提供的访问方式是(　　)。

    A. WWW　　　　　B. FTP　　　　　C. QQ　　　　　D. Blog

6. Internet 的两种主要接入方式是(　　)。

    A. 广域网方式和局域网方式

    B. 专线入网方式和拨号入网方式

    C. Windows NT 方式和 NOVELL 网方式

    D. 远程网方式和局域网方式

7. 下面(　　)不属于网络软件。

    A. Windows 2000 Server　　　　　B. Office 2000

    C. FTP　　　　　　　　　　　　　D. TCP

8. 下面的顶级域名中,表示非营利性用户组织的是(　　)。

    A. NET　　　　　B. WEB　　　　　C. ORG　　　　　D. ARTS

9. 基于文件服务的局域网操作系统软件一般分为两个部分,即工作站软件与(　　)。

    A. 浏览器软件　　　B. 网络管理软件　　C. 服务器软件　　D. 客户机软件

10. 因特网的主要组成部分包括(　　)。

    A. 通信线路、路由器、主机和信息资源

    B. 客户机与服务器、信息资源、电话线路、卫星通信

    C. 卫星通信、电话线路、客户机与服务器、路由器

    D. 通信线路、路由器、TCP/IP 协议、客户机与服务器

11. TCP/IP 协议簇包含一个提供对电子邮件邮箱进行远程存取的协议,称为(　　)。

    A. POP　　　　　B. SMTP　　　　　C. FTP　　　　　D. Telnet

12. 电子邮件(E-mail)是(　　)。

    A. 有一定格式的通信地址　　　　　B. 以磁盘为载体的电子信件

    C. 网上一种信息交换的通信方式　　D. 计算机硬件地址

13. 当电子邮件在发送过程中有误时,(　　)。

　　A. 电子邮件将自动把有误的邮件删除

　　B. 邮件将丢失

　　C. 电子邮件会将原邮件退回,并给出不能寄达的原因

　　D. 电子邮件会将原邮件退回,但不给出不能寄达的原因

14. 典型的局域网硬件可以看成由以下三部分组成:网络服务器、工作站与(　　)。

　　A. IP 地址　　　　B. 通信设备　　　　C. TCP/IP 协议　　D. 网卡

15. 如果要添加一个新的账号,应选择 Outlook Express 中的哪个选项?(　　)

　　A. 文件　　　　　B. 查看　　　　　C. 工具　　　　　　D. 邮件

16. 在 Outlook Express 中设置惟一的电子邮件账号:kao@sina.com,现成功接收
到一封来自 shi@sina.com 的邮件,则以下说法正确的是(　　)。

　　A. 在收件箱中有 kao@sina.com 的邮件

　　B. 在收件箱中有 shi@sina.com 的邮件

　　C. 在本地文件夹中有 kao@sina.com 的邮件

　　D. 在本地文件夹中有 shi@sina.com 的邮件

17. 在 OutLook Express 窗口中,新邮件的"抄送"文本框输入的多个电子信箱的地
址之间,应用(　　)来分隔。

　　A. 分号(;)　　　　B. 逗号(,)　　　　C. 冒号(:)　　　　D. 空格

18. 用户的电子邮箱实际是(　　)。

　　A. 通过邮局申请的个人信箱　　　　B. 邮件服务器内存中的一块区域

　　C. 邮件服务器硬盘中的一块区域　　D. 用户计算机硬盘中的一块区域

19. 以下关于进入 Web 站点的说法正确的是(　　)。

　　A. 只能输入 IP　　　　　　　　　B. 只能输入域名

　　C. 需同时输入 IP 地址和域名　　　D. 可以通过输入 IP 地址和域名

20. Internet 上的资源分为两类:(　　)。

　　A. 计算机和网络　　　　　　　　B. 信息和网络

　　C. 信息和服务　　　　　　　　　D. 浏览和邮件

21. 远程登录是指用户使用 Telnet 命令,使自己的计算机暂时成为远程计算机的一
个(　　)的过程。

　　A. 电子邮箱　　　　B. 仿真终端　　　C. 服务器　　　　D. 防火墙

22. 因特网上用户最多、使用最广的服务是(　　)。

　　A. E-mail　　　　　B. WWW　　　　　C. FTP　　　　　D. Telnet

23. FTP 是下列(　　)服务的简称。

　　A. 字处理　　　　　B. 文件传输　　　C. 文件转换　　　D. 文件下载

24. 收发电子邮件的条件是(　　)。

　　A. 有自己的电子信箱

　　B. 双方都要有电子信箱

　　C. 系统装有收发电子邮件的软件

D. 双方都有电子信箱,且系统装有收发电子邮件的软件

25. 网站的主页指的是( )。

    A. 网站的主要内容所在的页   B. 一种内容突出的网页

    C. 网站的首页   D. 网站的代表页

26. 下面( )是 Internet 服务中交互特性最强的。

    A. E-mail   B. FTP   C. Web   D. BBS

27. ( )是正确的电子邮件地址的格式。

    A. 用户名@因特网服务商名

    B. 用户名@域名

    C. 用户名@计算机名·组织机构名·网络名·最高层域名

    D. B 和 C 都对

28. 下面各邮件信息中,( )是在发送邮件的时候,邮件服务系统自动加上的。

    A. 邮件发送的日期和时间   B. 收信人的 E-mail 地址

    C. 邮件的内容   D. 邮件中的附件

29. Web 浏览器是专门用来浏览 Web 的一种程序,是运行于( )上的一种浏览 Web 页的软件。

    A. 客户机   B. 服务器

    C. WWW 服务器   D. 仿真终端

30. Web 服务的统一资源地址 URL 的资源类型是( )。

    A. HTTP   B. FTP   C. NEWS   D. WWW

31. 下面程序( )不能当作 FTP 客户程序。

    A. Netscape Navigator   B. Telnet

    C. IE 6.0   D. CuteFTP

32. 在 Outlook Express 的设置向导中,应输入电子邮件地址、SMTP 和 POP3 服务器的( ),然后选择登录方式,输入 Internet Mail 账号,选择连接的类型。

    A. IP 地址   B. DNS 地址   C. 服务器名   D. 电话号码

33. FTP 与 Telnet 的区别在于( )。

    A. FTP 把用户的计算机当成远端计算机的一台终端

    B. Telnet 用户完成登录后,具有和远端计算机本地操作一样的使用

    C. FTP 用户允许对远端计算机进行任何操作

    D. Telnet 只允许远端计算机进行有限的操作,包括查看文件、改变文件目录等

34. 更改 IE 中的起始页,应单击"( )"菜单下的"Internet"选项。

    A. 工具   B. 查看   C. 编辑   D. Internet

35. 下面各"邮件头"信息中,( )是用户发送邮件时候必须提供的。

    A. 标题或主题   B. 发信人的 E-mail

    C. 收信人的 E-mail 地址   D. 邮件发送日期和时间

36. ( )是构成万维网的基本元素。

    A. 网站   B. 网页   C. Web 服务器   D. 超链接

37. 收藏夹是用来(　　)。

　　A. 记忆感兴趣的页面内容　　　　B. 记忆感兴趣的页面地址

　　C. 收集感兴趣的文件内容　　　　D. 收集感兴趣的文件名

38. 在一个主机域名 http：//www. zj. edu. cn 中,(　　)表示主机名。

　　A. www　　　　　B. zj　　　　　　C. edu　　　　　　D. cn

39. 通过 Internet 发送或接收电子邮件(E-mail)的首要条件是应该有一个电子邮件 (E-mail)地址,它的正确形式是(　　)。

　　A. 用户名@域名　B. 用户名♯域名　C. 用户名/域名　D. 用户名. 域名

40. 统一资源定位器 URL 的格式是(　　)。

　　A. 协议：//IP 地址或域名/路径/文件名

　　B. 协议：//路径/文件名

　　C. TCP/IP 协议

　　D. HTTP 协议

二、操作题

1. 一个网络的 DNS 服务器 IP 为 10.62.64.5,网关为 10.62.64.253。在该网络的外部有一台主机,IP 为 10.62.1.15,域名为 www. hn. cninfo. net。现在该网络内部安装一台主机,网卡 IP 设为 10.62.64.179。请使用 ping 命令来验证网络状态,并根据分析情况验证网络适配器(网卡)是否工作正常,验证网络线路是否正确,验证网络 DNS 是否正确,验证网络网关是否正确。

2. 已知某一网站的 IP 地址为 202.112.0.36,请确认该地址是否可以访问,并选择确定网站的名称和域名。

3. 请使用 Windows 2000 的网络故障诊断命令获取所使用计算机网卡的物理地址 (MAC 地址)、网卡的型号描述和 IP 地址。

4. 浏览上海交通大学 Web 站点(Web 地址为 http：//www. sjtu. edu. cn),并通过链接浏览上海交通大学网络教育学院的 Web 站点,在"收藏夹"中建立一个文件夹,命名为"大学",将该 Web 站点添加到"收藏夹"的新建文件夹中。然后导出收藏夹,将文件命名为 mybook。

5. 浏览上海交通大学 Web 站点,将该站点设置为默认主页,设置浏览器背景颜色为灰色,文字颜色为蓝色,字体为隶书。设置网页在历史记录中的保存时间为 15 天,临时文件存储空间为 200M。

6. 进入 yahoo 搜索网站,查找歌曲"挪威的森林",并将它下载保存在一个文件夹下面。

7. 浏览上海交通大学 Web 站点,进入"交大简介"网页,然后下载左上角的校名图片到文件夹中。复制所有的简介内容到写字板文件中,并将文件以"简介"为名保存到文件夹中。

8. 使用 Outlook Express 添加一个邮件账号,相关信息为：收发邮件的服务器名为 advanced. com. cn,账号为 service。

9. 使用 Outlook Express 给自己的邮件地址发一封信。主题是"难,难,难!",内容是

"心似平原放马,易放难收;学如逆水行舟,不进则退",同时抄送给其他两个同学。将内容字体设置为隶书,字号12,加粗,颜色为紫色。然后,在邮件中插入一张图片(任选),应用信纸为"自然"。

10. 在 Outlook Express 的通讯簿中添加三个联系人(输入同学的邮件地址)。然后,建立一个联系人组,取名为"同学"。将刚刚建立的三个联系人加入到组中,并利用新建的组给三位同学发一封邮件,内容同第 9 题。

第8章

计算机安全

8.1 计算机安全的基本知识和概念

随着因特网的发展与普及,人们能够以最快的速度、最低廉的开销获取世界上最新的信息,并在国际范围内进行交流。但同时,随着网络规模的扩大和开放,网络上许多敏感信息和保密数据难免会受到各种主动和被动的攻击。因此,人们在享用网络带来的便利的同时,必须考虑计算机网络中存储和传输的信息及数据的安全问题,并制定出相应的控制对策。普及和增强计算机信息安全知识,逐步提高人们的计算机系统安全防护能力和网络文明意识,是提高计算机信息安全和信息文明的关键。

8.1.1 计算机安全的概念和属性

计算机系统(Computer System)实际上是计算机信息系统(Computer Information System),是由计算机及其相关和配套的设备、设施构成的,并按一定的应用目标和规则对信息进行采集、加工、存储、传输、检索等处理的人—机系统。

1. 计算机安全的概念

对于计算机安全,国际标准化委员会给出的解释是:为数据处理系统所采取的技术和管理方法,保护计算机硬件、软件、数据不因偶然的或恶意的原因而遭到破坏、更改和泄露。我国公安部计算机管理监察司的定义是"计算机安全是指计算机资产安全,即计算机信息系统资源和信息资源不受自然和人为有害因素的威胁和危害"。

2. 计算机安全所涵盖的内容

从技术上讲,计算机安全主要包括以下几个方面:

(1) 实体安全

实体安全又称物理安全,主要关注因为主机、计算机网络硬件设备、各种通信线路和信息存储设备等物理介质造成的信息泄露、丢失或服务中断等不安全因素,其产生的主要原因包括:电磁辐射与搭线窃听、盗用、偷窃、硬件故障、超负荷、火灾及自然灾害等。

(2) 系统安全

系统安全是指主机操作系统本身的安全,如系统中用户账号和口令设置、文件和目录存取权限设置、系统安全管理设置、服务程序使用管理等保障安全的措施。

(3) 信息安全

信息安全是计算机安全的核心所在,可以说,计算机安全最终的体现是信息安全。所以,从狭义上讲,计算机安全的本质就是信息安全。信息安全是指保障信息不会被非法阅读、修改和泄露。信息安全主要包括软件安全和数据安全。

3. 计算机安全的属性

计算机安全通常包含如下属性:可用性、可靠性、完整性、保密性和不可抵赖性。除此之外,安全属性还包括可控性、可审查性等。

(1)可用性:是指得到授权的实体在需要时能访问资源和得到服务。可用性保证信息和信息系统随时为授权者提供服务,而不要出现非授权者滥用却对授权者拒绝服务的情况。

(2)可靠性:是指系统在规定条件下和规定时间内完成规定的功能。

(3)完整性:是指信息不被偶然或蓄意地删除、修改、伪造、乱序、重放、插入等破坏的特性。完整性保证信息从真实的发信者传送到真实的收信者手中,传送过程中没有被他人添加、删除、替换。

(4)保密性:是指确保信息不暴露给未经授权的实体。

(5)不可抵赖性(也称不可否认性):是指通信双方对其收、发过的信息均不可抵赖。不可抵赖性在一些商业活动中显得尤为重要,信息的行为人要为自己的信息行为负责,提供保证社会依法管理需要的公证、仲裁信息证据。

(6)可控性:对信息的传播及内容具有控制能力。

(7)可审查性:是指系统内所发生的与安全有关的动作均有说明性记录可查。

8.1.2 影响计算机安全的主要因素和安全标准

1. 影响计算机安全的主要因素

影响计算机安全的因素很多,它既有人为的恶意攻击,也有天灾人祸和用户偶发性的操作失误,概括起来主要有以下几点。

(1)影响实体安全的因素:电磁辐射与搭线窃听、盗用、偷窃、硬件故障、超负荷、火灾、灰尘、静电、强磁场、自然灾害以及某些恶性病毒等。

(2)影响系统安全的因素:操作系统存在的漏洞;用户的误操作或设置不当;网络的通信协议存在的漏洞;作为承担处理数据的数据库管理系统本身安全级别不高等原因。

(3)对信息安全的威胁有两种:信息泄露和信息破坏。信息泄露是指由于偶然或人为因素,将一些重要信息为别人所获,造成泄密事件。信息破坏则可能由于偶然事故或人为因素破坏信息的正确性、完整性和可用性,具体地说,可归结为:输入的数据容易被篡改;输出设备容易造成信息泄露或被窃取;系统软件和处理数据的软件可以被病毒修改;系统对数据处理的控制功能还不完善;病毒和黑客攻击等。

2. 计算机安全等级标准

美国国防部的可信计算机系统评价准则(Trusted Computer System Evaluation Criteria,TCSEC)是计算机系统安全评估的第一个正式标准,第一版发布于1983年。现有的其他标准大多是参照该标准来制定的。TCSEC标准将计算机安全从低到高顺序分为四等八级:最低保护等级D类(D1)、自主保护等级C类(C1,C2)、强制保护等级B类(B1,B2,B3)和验证保护等级A类(A1,超A1)。TCSEC为信息安全产品的测评提供准则和方法,指导信息安全产品的制造和应用。

8.2 网络攻击和计算机安全服务的主要技术

8.2.1 网络攻击

随着计算机技术的不断发展,计算机网络已成为计算机技术及应用的主要平台,网络安全自然成为计算机安全的主要内容。网络攻击也自然成为影响计算机安全的主要因素。网络攻击可分为主动攻击和被动攻击。

1. 主动攻击

主动攻击是指攻击信息来源的真实性、信息传输的完整性和系统服务的可用性。主动攻击涉及修改数据流或创建错误的数据流,包括假冒、重放、修改信息和拒绝服务等。

假冒是一个实体假装成另一个实体,通常包括一种其他形式的主动攻击,例如假冒成合法的发送者把篡改过的信息发送给接收者;重放涉及捕获数据单元,以及后来的重新发送,以产生未经授权的效果;修改消息意味着改变了真实消息的部分内容,或将消息延迟或重新排序,导致未授权的操作;拒绝服务则禁止对通信工具的正常使用或管理,这种攻击拥有特定的目标。拒绝服务的形式是整个网络的中断,这可以通过使网络失效来实现,或通过消息过载使网络性能降低。

2. 被动攻击

被动攻击的典型表现是网络窃听和流量分析,通过截取数据包或流量分析,从中窃取重要的敏感信息。被动攻击不会导致对系统中所含信息的任何改动,而且系统的操作和状态不被改变,因此被动攻击主要威胁信息的保密性。攻击方式有偷窃和分析。被动攻击很难被发现,因此预防很重要,防止被动攻击的主要手段是数据加密传输。

8.2.2 计算机安全服务的主要技术

随着计算机网络技术的飞速发展,计算机安全技术主要围绕着网络安全而在不断完善。为了保护网络资源免受威胁和攻击,在密码学及安全协议的基础上发展了网络安全体系中的五类安全服务,它们是:数据加密技术、认证技术、访问控制技术、入侵检测技术和数据完整性技术。另外,还有防火墙技术和防病毒技术等。

1. 数据加密技术

密码技术是保护信息安全最基础、最核心的手段,上述计算机安全技术或多或少地需要密码技术来支持。到目前为止,密码技术已经从外交和军事领域走向广大社会公众,它是集数学、计算机科学、电子与通信等诸多学科于一身的交叉学科。它不仅具有信息加密功能,而且具有数字签名、身份验证、秘密分存、系统安全等功能。所以,使用密码技术不仅可以保证信息的机密性,而且可以保证信息的完整性和可用性,防止信息被篡改、伪造或假冒。

需要隐藏的消息叫做明文。明文被变换成的另一种隐藏形式,被称为密文。这种变换叫做加密。加密的逆过程叫做解密。对明文进行加密所采用的一组规则称为加密算法。对密文解密时采用的一组规则称为解密算法。加密算法和解密算法通常是在一组密钥控制下进行的,加密算法所采用的密钥称为加密密钥,解密算法所使用的密钥叫做解密密钥。密码学是研究信息系统加密和解密变换的一门科学,是保护信息安全最主要的手段之一。目前主流的密码学方法根据密钥类型不同分为两大类:保密密钥算法和公开密钥算法。

(1) 保密密钥算法

保密密钥算法是指通信双方即接收者和发送者在加密和解密时使用相同且惟一的密钥进行计算,只有双方知道这个密钥,所以又称为"对称算法"。保密密钥算法好比是人们在日常生活中锁上和打开家门时用的是同一把钥匙一样。比如在使用自动取款机(ATM)时,用户需要输入用户识别号码(PIN),银行确认这个号码后,双方在获得密码的基础上进行交易。

保密密钥算法的安全性依赖于以下两个因素。第一,加密算法必须是足够强的,仅仅基于密文本身去解密信息在实践上是不可能的;第二,加密方法的安全性依赖于密钥的秘密性,而不是算法的秘密性,因此,我们没有必要确保算法的秘密性,而需要保证密钥的秘密性。

(2) 公开密钥算法

公开密钥算法(Public Key Infrastructure,PKI)使用一对密钥,即一个私人密钥和一个公开密钥,一个归发送者,一个归接收者。密钥对中的一个必须保持秘密状态,称为私钥;另一个则被广泛发布,称为公钥。因为公开密钥算法中的通信双方使用不同的密钥,所以又称为"不对称算法"。在准备传输数据时,发信人先用收信人的公开密钥对数据进行加密,再把加密后的数据发送给收信人。收信人在收到信件后,要用自己的私人密钥对它进行解密。每个人的公共密钥将对外发行,而私人密钥被秘密保管。

在对称密钥体制下,加密、解密算法可以公开,密钥不可公开;在非对称密钥体制中,加密算法、解密算法和加密密钥(也称为公钥)都可以公开,但解密密钥(也称为私钥)是不可公开的。发送者用公钥加密发送,拥有私钥的接收者用私钥解密接收。

这些密码技术的应用,可以进一步加强数据通信的安全性。例如,用于网上传送数据的加解密、认证(认证信息的加解密)、数字签名、数字证书、数字指纹、安全套接字 SSL、安全电子交易 SET 等安全通信标准,因此密码技术是网络安全的基础。

2. 认证技术

认证是防止主动攻击的重要技术,它对于开放环境中的各种信息系统的安全有重要作用。认证技术包括身份认证和消息认证。

(1) 身份认证的主要目的是:验证信息的发送者是真实的,而不是冒充的,这称为信源识别。验证接收者身份的真实性称为信宿识别。账户名和口令认证方式是计算机技术中身份认证最常用的方式;而生物认证技术(例如指纹、虹膜、脸部、掌纹)认证是最安全的认证方式。

(2) 消息认证的主要目的是:保证信息在传送过程中未被篡改、重放或延迟等。消息认证的主要技术是数字签名。

为了鉴别文件或书信的真伪,传统的做法是相关人员在文件或书信上亲笔签名或印章,签名起到认证、核准、生效的作用。随着信息时代的到来,人们希望通过数字通信网络迅速传递贸易合同,这就出现了合同真实性认证的问题,数字签名(Digital Signature,DS)应运而生。

数字签名是公开密钥加密技术的另一类应用。它的主要方式是:报文的发送方从报文文本中生成一个散列值(或报文摘要),发送方用自己的专用密钥对这个散列值进行加密来形成发送方的数字签名;然后,这个数字签名将作为报文的附件和报文一起发送给报文的接收方。报文的接收方首先从接收到的原始报文中计算出散列值(或报文摘要),再用发送方的公开密钥来对报文附加的数字签名进行解密。如果两个散列值相同,那么接收方就能确认该数字签名是发送方的,没有私有密钥,任何人都无法完成非法复制。

数字签名的应用范围十分广泛,在保障电子数据交换(EDI)的安全性上是一个突破性的进展。凡是需要对用户的身份进行判断的情况都可以使用数字签名,比如加密信件、商务信函、订货购买系统、远程金融交易、自动模式处理、维护数据库完整性等。

3. 访问控制技术

访问控制是信息安全保障机制的重要内容,它是实现数据保密性和完整性机制的主要手段。访问控制的目的是决定谁能够访问系统、能访问系统的何种资源以及访问这些资源时所具备的权限。这里的权限指读取数据、更改数据、运行程序和发起链接等,从而使计算机资源在合法范围内使用。访问控制机制决定用户程序能做什么,以及做到什么程度。

访问控制的手段包括用户识别代码、口令、登录控制、资源授权、授权核查、日志和审计。

(1) 访问控制有两个重要过程:①通过"鉴别(authentication)"来检验主体的合法身份;②通过"授权(authorization)"来限制用户对资源的访问权限。

(2) 根据实现的技术不同,访问控制可分为以下三种。

① 强制访问控制(MAC)

MAC 是指由系统(通过专门设置的系统安全员)对用户所创建的对象进行统一的强制性控制,按照规定的规则决定哪些用户可以对哪些对象进行什么样操作系统类型的访问,即使是创建者用户,在创建一个对象后,也可能无权访问该对象,这经常用于军事领域。

② 自主访问控制(DAC)

自主访问控制机制允许对象的属主来制定针对该对象的保护策略。用户有权对自身所创建的访问对象(文件、数据表等)进行访问,并可将对这些对象的访问权授予其他用户和从被授予权限的用户收回其访问权限。自主访问控制机制经常被用于商业系统。

③ 基于角色的访问控制(RBAC)

基于角色的访问控制的要素包括用户、角色、许可等基本定义。角色是指一个组织或任务中的工作或者位置,它代表了一种权利、资格和责任。许可(特权)就是允许对一个或多个课题执行的操作。

一个用户可经授权而拥有多个角色,一个角色可由多个用户构成,每个角色可拥有多种许可,每个许可也可授权给多个不同的角色。每个操作可施加于多个客体,每个客体也可以接受多个操作。

在 RBAC 中,许可被授权给角色,角色被授权给用户,用户不直接与许可关联。

(3) 根据应用环境的不同,访问控制主要有以下三种。①网络访问控制;②主机、操作系统访问控制;③应用程序访问控制。

4. 入侵检测技术

所谓入侵检测,是通过从计算机网络或计算机系统中的若干关键点收集信息并对其进行分析,从中发现网络或系统中是否有违反安全策略的行为和遭到袭击的迹象的一种安全技术。

入侵检测系统主要由事件产生器、事件分析器、事件数据库和响应单元几个模块组成。事件产生器负责原始数据采集,并将收集到的原始数据转换为事件,向系统的其他部分提供此事件。收集的信息包括系统或网络的日志文件、网络流量、系统目录和文件的异常变化、程序执行中的异常行为等。事件分析器负责接收事件信息,对其进行分析,判断是否为入侵行为或异常现象,最后将判断的结果转变为告警信息。事件数据库负责存放各种中间数据和最终数据。响应单元负责根据告警信息做出反应。

5. 数据完整性技术

数据完整性技术保证信息的正确性。正确地使用完整性技术,可以使用户确保信息在存储和传输过程中不被偶然或蓄意地删除、修改、伪造、乱序、重放、插入等破坏和丢失。

保证完整性的主要技术和方法如下所述:

① 协议:通过各种安全协议,可以有效地检测出被复制的信息、被删除的字段、失效的字段和被修改的字段。

② 纠错编码方法:由此完成检错和纠错功能。最简单和最常用的纠错编码是奇偶校验法。

③ 密码校验法:它是抗篡改和传输失败的重要手段。

④ 数字签名:保障信息的真实性。

⑤ 公证:请求网络管理或中介机构证明信息的真实性和可靠性。

6. 防火墙技术

由于网络协议本身存在安全漏洞,外部侵入是不可避免的,轻者给被侵入方带来麻烦,严重的会造成国家机密的泄露,或造成金融机构经济上极大的损失等灾难。对付黑客和黑客程序的有效方法是安装防火墙,使用信息过滤设备,拒绝恶意、未经许可的访问。

防火墙是采用综合的网络技术设置在被保护网络和外部网络之间的一道屏障,用以分隔被保护网络与外部网络系统,防止发生不可预测的、潜在破坏性的侵入。它是不同网络或网络安全域之间信息的惟一出入口,像在两个网络之间设置了一道关卡,能根据企业的安全政策控制出入网络的信息流,防止非法信息流入被保护的网络,且本身具有较强的抗攻击能力。它是提供信息安全服务,实现网络和信息安全的基础设施。

防火墙是一个或一组在两个不同安全等级的网络之间执行访问控制策略的系统,通常处于企业的局域网和 Internet 之间,目的是保护局域网不被 Internet 上的非法用户访问,同时管理内部用户访问 Internet 的权限。防火墙的原理是使用过滤技术过滤网络通信,只允许授权的通信通过防火墙。其目的如同一个安全门,既为门内的部门提供安全,也对门外的访问进行控制。防火墙可根据是否需要专门的硬件支持分为硬件防火墙和软件防火墙。通常,软件防火墙只在安全和速度要求不高的场所使用。

（1）防火墙的功能

① 所有进出网络的通信流都应该通过防火墙。

② 所有穿过防火墙的通信流都必须有安全策略的确认与授权。

防火墙能保护站点不被任意连接,甚至能通过跟踪工具,记录有关正在进行的连接信息、记录通信量及试图闯入者的日志。

（2）硬件防火墙的分类

目前,根据防火墙的逻辑位置和在网络中的物理位置及其所具备的功能,将其分为包过滤防火墙、应用型防火墙、主机屏蔽防火墙和子网屏蔽防火墙。其中,包过滤防火墙的安全程度较低;子网屏蔽防火墙的安全程度最高,但实现的代价也高,且不易配置,网络的访问速度减慢,其费用明显高于其他几种防火墙。

（3）常用的软件防火墙

天网防火墙（个人版）是专为个人计算机访问互联网提供安全保护的网络安全应用系统,它在目前的个人版防火墙系统中安装量较多,具有根据使用者设定的安全规则保护网络,提供强大的访问控制、信息过滤等功能;它能帮助用户抵挡网络入侵和攻击,防止信息泄露。天网防火墙把网络分为本地网和互联网,针对来自不同网络的信息设置不同的安全方案,适合于上网方式不同的个人用户。

可以从该公司网站（http://sky.net.cn）上下载天网防火墙（个人版）试用软件系统和注册码。图 8-1 所示的是天网防火墙（个人版）安装后的主界面,所有功能都可以从主界面上进行配置并获取使用帮助。天网防火墙（个人版）的主要功能有如下几种。

图 8-1　天网防火墙主界面

① 应用程序规则设置。天网防火墙提供了对应用程序数据包进行底层分析拦截的功能,它可以控制应用程序发送和接收数据包的类型以及它们的通信端口,并且决定拦截还是通过。这是目前其他很多软件防火墙不具有的功能。图 8-2 所示的是应用程序访问网络权限管理图。

② 供高级用户使用的 IP 规则管理。天网防火墙（个人版）设置了一系列安全规则,允许特定主机的相应服务,拒绝其他主机的访问要求。用户还可以根据实际情况,添加、删除、修改安全规则,以保护本机安全。图 8-3 所示的是自定义 IP 规则。

③ 系统设置。天网防火墙设置涉及开机后是否自动启动防火墙、应用程序权限、局域网地址设定、报警声音、日志自动保存、在线升级（试用版不支持此功能）等。图 8-4 所示的是天网防火墙系统的设置界面。

④ 安全级别的设置。天网防火墙的安全级别分为低、中、高、扩四个等级,默认的安全

图 8-2　应用程序访问网络权限设置

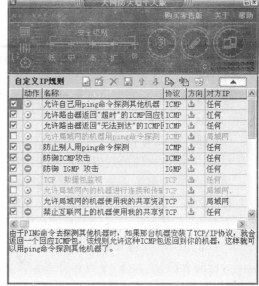

图 8-3　自定义 IP 规则

等级为中级。

⑤ 应用程序访问网络的状态设置。该功能不但可以控制应用程序访问权限，还可以监视该应用程序访问网络所使用的数据传输通信协议端口等。通过提供的应用程序网络状态功能，用户能够监视到所有开放端口连接的应用程序及它们使用的数据传输通信协议，任何不明程序的数据传输通信协议端口，例如特洛伊木马等，都可以在应用程序网络状态下一览无遗，如图 8-5 所示。

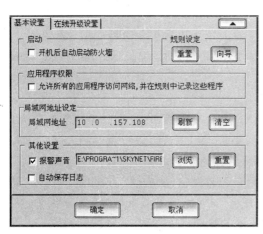

图 8-4　天网防火墙(个人版)系统设置界面

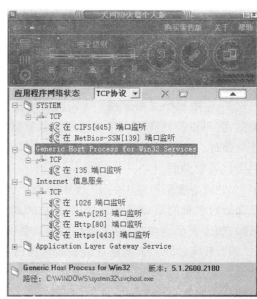

图 8-5　应用程序网络状态图

⑥ 日志管理。天网防火墙(个人版)可显示所有被拦截的访问记录,包括访问的时间、来源、类型、代码等都详细地记录下来,用户可以清楚地看到是否有入侵者想连接到自己的计算机,从而制定更有效的防护规则。

⑦ 网络接通或断开控制。该功能可使用户在未访问互联网的情况下,通过逻辑断开或接通控制功能,对本机实现逻辑隔离控制。

8.3 计算机病毒和木马的基本知识及预防

8.3.1 计算机病毒的基本知识

1. 计算机病毒的概念

计算机病毒是指编制成单独的或者在其他计算机程序中插入的破坏计算机功能或者毁坏数据,影响计算机使用,并能够自我复制的一组计算机指令或者程序代码。

通俗地说,计算机病毒(Computer Virus,CV)是能够侵入计算机系统并给计算机系统带来危害的一种具有自我繁殖能力的程序或一段可执行代码。它隐藏在计算机系统的数据资源或程序中,借助系统运行和共享资源而进行繁殖、传播和生存,扰乱计算机系统的正常运行,篡改或破坏系统和用户的数据资源及程序。计算机病毒不是计算机系统自生的,而是人为故意制造出来的。现在,随着计算机网络的发展,计算机病毒和计算机网络技术相结合,计算机病毒蔓延的速度更加迅速。

2. 计算机病毒的特征

(1) 可执行性

计算机病毒是一段可执行代码,既可以是二进制代码,也可以是脚本。

(2) 寄生性

大多数病毒将自身附着在已存在的程序上,并将其代码插入该程序。当程序执行时,病毒程序也被执行。被寄生的程序称为宿主程序,或者称为病毒载体。当然,现在某些病毒本身就是一个完整的程序,例如网络蠕虫。

(3) 传染性

传染性是计算机病毒的基本特征。判断一个计算机程序是否为病毒,一个最主要的依据就是看它是否具有传染性。传染是计算机病毒生存的必要条件,它总是设法尽可能地把自己复制并添加到其他程序中去。

(4) 破坏性

计算机病毒或多或少地都对计算机有一定的破坏作用。传染性和破坏性是计算机病毒最为显著的特征。计算机病毒生存、传染的目的是为了表现其破坏性,其实现形式有两种:一种是把病毒传染给程序,使宿主程序的功能失效,如程序被修改、覆盖、丢失等;另一种是病毒利用自身的表现/破坏模块进行表现和破坏。无论是哪种方式,其危害都是很大的。凡是与软件有关的资源都有可能受到病毒的破坏。

(5) 欺骗性

计算机病毒需要在受害者的计算机上获得可执行的权限,因为病毒首先要能执行才能进行传染或者破坏。因此病毒设计者通常把病毒程序的名字起成用户比较关心的程序的名字,如命名成微软发布的补丁。有些计算机病毒能对计算机的文件或引导扇区进行修改,当程序读这些文件或扇区时,它们表现的是未被修改的原貌,其目的是欺骗反病毒程序,使其认为这些文件或扇区并未被修改。

(6) 隐蔽性和潜伏性

大多数计算机病毒都把自己隐藏起来。例如,利用操作系统的弱点将自己隐藏起来,它没有文件名,也没有图标,使用常规的方法难以查出;或者把自身复制到 Windows 目录下或者复制到一般用户不会打开的目录下,然后把自己的名字改成系统的文件名,或与系统文件名相似。这样,当运行时,用户就不易发现它是个病毒文件,达到隐蔽的目的。另外,计算机病毒在运行后,一般以服务、后台程序、注入线程或钩子驱动程序的形式存在,驻留内存,不易被发现。潜伏性是指计算机病毒并不是随时都在运行,而是有一定的激发条件,当条件不满足时,它潜伏在计算机的外存中并不执行。

(7) 衍生性

有一部分病毒具有多态性,它每感染一个 EXE 文件就会演变成为另一种病毒。这种衍生出来的病毒可能与原病毒有很相似的特征,因此被称为原病毒的一个变种。如果衍生病毒已经与原病毒有了很大差别,则会将其认为是一种新的病毒。变种或新的病毒可能比原来的病毒有更大的危害性。

3. 计算机病毒的表现

(1) 平时运行正常的计算机,突然经常性无缘无故地死机;

(2) 运行速度明显变慢;

(3) 打印和通信发生异常;

(4) 系统文件的时间、日期、大小发生变化;

(5) 磁盘空间迅速减少;

(6) 收到陌生人发来的电子邮件;

(7) 硬盘灯不断闪烁;

(8) 计算机不识别硬盘;

(9) 操作系统无法正常启动;

(10) 部分文档丢失或被破坏;

(11) 网络瘫痪;

(12) U 盘无法正常打开;

(13) 锁定主页;

(14) 经常性地显示"主存空间不够"的提示信息;

(15) 磁盘无故被格式化等。

4. 计算机病毒的分类

按照计算机病毒的诸多特点及特性,其分类方法有很多种,所以同一种病毒按照不同的分类方法可能被分到不同的类别中。

(1) 按攻击的操作系统分类

按照攻击的操作系统不同来分类,有攻击 DOS 系统的病毒、攻击 Windows 系统的病毒和攻击 UNIX 或 OS/2 系统的病毒。

（2）按传播媒介分类

按照传播媒介来分类，有单机病毒和网络病毒。

单机病毒的载体是磁盘，从磁盘传入硬盘，感染系统。

网络病毒的传播媒介是网络。网络病毒往往造成网络阻塞，修改网页，甚至与其他病毒结合修改或破坏文件。网络病毒的传播速度更快，范围更广，造成的危害更大。

网络病毒的主要传播方式有 3 种：电子邮件、网页和文件传输。通过电子邮件传播的病毒，其病毒体一般隐藏在邮件附件中，只要执行附件，病毒就会发作。有些病毒邮件，甚至没有附件，病毒体就隐藏在邮件中，只要打开邮件就会感染。近年来流行的很多病毒，如"梅丽莎"、"爱虫"等都是通过邮件传播的。为了增加网页的交互性、可视性，通常需要在网页中加入某些 Java 程序或者 ActiveX 组件，这些程序或组件往往是病毒的宿主。如果浏览了包含病毒程序代码的网页，且浏览器未限制 Java 或者 ActiveX 的执行，其结果就相当于执行了病毒程序。文件传输的传播方式主要是指病毒搜寻网络共享目录，把病毒体拷入其中，远程执行或欺骗用户执行。

（3）按链接方式分类

计算机病毒需要进入系统，从而进行感染和破坏，因此，病毒必须与计算机系统内可能被执行的文件建立链接。根据病毒对这些文件的链接形式不同来划分病毒，有以下几类。

① 源码型病毒

这类病毒在高级语言（C、Pascal 等）编写的程序被编译之前，插入源程序之中，经编译后，成为合法程序的一部分。这类病毒程序一般寄生在编译处理程序或链接程序中。目前，这种病毒并不多见。

② 入侵型病毒

入侵型病毒也叫嵌入型病毒，在感染时往往对宿主程序进行一定的修改，通常是寻找宿主程序的空隙将自己嵌入进去，并变为合法程序的一部分，使病毒程序与目标程序成为一体。这类病毒的编写十分困难，因此数量不多，但破坏力极大，而且很难检测和清除。

③ 外壳型病毒

这类病毒程序一般链接在宿主程序的首尾，对原来的主程序不做修改或仅做简单修改。当宿主程序执行时，首先执行并激活病毒程序，使病毒得以感染、繁衍和发作。这类病毒易于编写，数量也最多。

④ 操作系统型病毒

这类病毒程序用自己的逻辑部分取代一部分操作系统中的合法程序模块，从而寄生在计算机磁盘的操作系统区，在启动计算机时，能够先运行病毒程序，再运行启动程序。这类病毒可表现出很强的破坏力，可以使系统瘫痪，无法启动。

（4）按寄生方式分类

① 文件型病毒

文件型病毒是指所有通过操作系统的文件系统进行感染的病毒。这类病毒专门感染可执行文件（以 .EXE 和 .COM 为主）。这种病毒与可执行文件链接。一旦系统运行被感染的文件，计算机病毒即获得系统控制权，并驻留内存监视系统的运行，以寻找满足传染条件的宿主程序进行传染。

② 系统引导型病毒

引导型病毒寄生于磁盘的(主)引导扇区,通过改变计算机引导区的正常分区来达到破坏的目的。常用病毒程序的全部或部分来取代正常的引导记录,而把正常的引导记录隐藏在磁盘的其他存储空间中。它可以在系统文件装入内存之前先进入内存,使它获得对操作系统的完全控制,在系统启动时就获得了控制权,因此具有很大的传染性和危害性。

③ 混合型病毒

该类病毒具有文件型病毒和系统引导型病毒两者的特征。

(5) 按破坏后果分类

① 良性病毒

所谓良性病毒,是指那些只为表现自己,并不破坏系统和数据的病毒,通常是一些恶作剧者所制造的,如国内较早出现的小球病毒。

② 恶性病毒

恶性病毒是指那些破坏系统数据,删除文件,甚至摧毁系统的危害性较大的病毒。

5. 木马

木马是一种远程控制程序。木马本身并不具备破坏性和主动传播性,它的基本原理是把木马程序隐藏在某个貌似正常的文件中,例如某个邮件的附件或某个可以下载的应用软件,甚至某个图片文件,一旦用户打开邮件的附件或者下载这个软件,木马随即传播到用户的计算机。当运行这个应用程序或打开图片时,木马随之运行。木马的目的通常不是破坏计算机系统,而是通过对计算机某个端口的监听来盗窃用户计算机中某些有用的数据,例如用户的某个密码、口令、IP 地址等,并利用远程传送把这些数据发送到盗窃者的计算机系统中,实现盗窃者对用户计算机的控制。

木马和病毒主要的区别在于:

① 木马不是主动传播,而是通过欺骗的手段,利用用户的误操作来实现传播。

② 木马的主要目的不是破坏,而是"盗窃"。

③ 计算机病毒是主动攻击,而木马属于被动攻击,所以更难预防。

8.3.2　典型病毒及木马介绍

1986 年,世界上只有 1 种已知的计算机病毒;而到 1990 年,这一数字剧增至 80 种;1999 年以前,全球病毒总数约 18000 种;截至 2000 年 2 月,计算机病毒的总数已激增至 4.6 万种。在 1990 年 11 月以前,平均每个星期发现一种新的计算机病毒。现在,每天就会出现 10～15 种新病毒,其中相当一部分具有极强的传染性和破坏性。下面介绍当今典型及流行的病毒。

1. "尼姆达"(Nimda)病毒

"尼姆达"病毒是一个传播性非常强的黑客病毒。它具有集邮件传播、主动攻击服务器、实时通信工具传播、FTP 协议传播、网页浏览传播为一体的传播手段,全方面地展示了网络病毒迅捷传播的特性。

2001 年 9 月 18 日,"尼姆达"病毒在全球蔓延,许多企业的网络受到了很大的影响,有的甚至导致瘫痪;个人计算机感染后速度也会明显下降。在此后的几个月中,"尼姆达"

病毒共侵袭了 830 万台计算机,造成了 5.9 亿美元的损失。

2. "求职信"(Wantjob)病毒

"求职信"病毒不仅具有"尼姆达"病毒自动发信、自动执行、感染局域网等破坏功能,而且在感染计算机后还不停地查询内存中的进程,检查是否有一些杀毒软件的存在(如 AVP/NAV/NOD/Macfee 等)。如果存在,则将这些杀毒软件的进程终止,然后每隔 0.1 秒循环检查进程一次,以至于这些杀毒软件无法运行。该病毒如果感染的是 Windows NT/2000 系统的计算机,即把自己注册为系统服务进程,一般方法很难杀灭。"求职信"病毒会不断遍历磁盘,分配内存,导致系统资源很快被消耗殆尽。判断计算机是否中了"求职信"病毒,最明显的特点便是计算机速度变慢,硬盘有高速转动的震动声,硬盘空间减少。它还不停地向外发送邮件,把自己伪装成 Htm、Doc、Jpg、Bmp、Xls、Cpp、Html、Mpg、Mpeg 类型文件中的一种,文件名也是随机产生的,很具隐蔽性。

3. CIH 病毒

CIH 病毒是迄今为止发现的最阴险的病毒之一,也是发现的首例直接破坏计算机系统硬件的病毒。它由台湾大同工学院一位名叫陈盈豪的学生设计。1999 年 4 月 26 日,这个游荡在互联网和个人计算机间的黑色幽灵在全球全面发作。在短短的几个月内,CIH 造成的可以统计的经济损失以亿计算,一跃进入流行病毒的前十名。CIH 发作时会毁坏磁盘上的所有文件,从硬盘主引导区开始依次往硬盘中写入垃圾资料,直到硬盘资料被全部破坏为止。更为严重的是,CIH 病毒还会破坏主板上的 BIOS,使 CMOS 的参数回到出厂时的设置,假如用户的 BIOS 是可 Flash 型的,主板将会报废。

4. VBS.LoveLetter(我爱你)病毒

2000 年 5 月 4 日,一种叫做"我爱你"的计算机病毒开始在全球各地迅速传播。这个病毒是通过 Microsoft Outlook 电子邮件系统传播的,邮件的主题为"I LOVE YOU",并包含一个附件。一旦在 Microsoft Outlook 里打开这个邮件,系统就会自动复制并向地址簿中的所有邮件地址发送这个病毒。

"我爱你"病毒是一种蠕虫病毒,这个病毒可以改写本地及网络硬盘上面的某些文件。用户机器染毒以后,邮件系统将会变慢,并可能导致整个网络系统崩溃。美国国防部的多个安全部门都曾感染过这一病毒,中央情报局也没有幸免。瑞士银行、英国国会的计算机系统也受到过袭击。

5. 宏病毒

宏病毒是随着 Microsoft Office 软件的使用而产生的,它是利用高级语言宏语言编制的寄生于文本文件或模板的宏中的计算机病毒。计算机一旦打开这样的文档,其中的宏就会被执行,于是宏病毒被激活,转移到计算机上,并驻留在 Normal 模板上。从此以后,所有自动保存的文档都会感染上这种宏病毒,而且如果其他用户打开了感染病毒的文本文件,宏病毒会转移到其他的计算机上。

宏病毒隐蔽性强,传播迅速,危害严重,难以防治。与感染普通.EXE 或.COM 文件的病毒相比,宏病毒具有隐蔽性强、传播迅速、危害严重、难以防治等特点。

6. "红色代码"病毒

"红色代码"病毒不同于以往的文件型病毒和引导型病毒,它只存在于内存中,传染时不通过文件这一常规载体,可以直接从一台计算机内存感染到另一台计算机的内存,并且它采用随机产生 IP 地址的方式,搜索未被感染的计算机,每个病毒每天能够扫描 40 万个 IP 地址,因而其传染性特别强。一旦病毒感染了计算机,会释放出一个"特洛伊木马"程序,从而为入侵者大开方便之门,黑客可以对被感染的计算机进行全程遥控。

2001 年 7 月 18 日午夜,"红色代码"大面积爆发,被攻击的计算机数量达到 35.9 万台。被攻击的计算机中 44％位于美国,11％在韩国,5％在中国,其余分散在世界各地。

7. 特洛伊木马

木马(特洛伊木马)是一种基于远程控制的黑客工具,其主要目的是盗窃用户的账号密码,打开用户的电脑端口、被黑客控制。目前,木马数量众多(已达到了五位数),而且新木马及其变种还在源源不断地涌现。如果根据木马针对的领域划分,有五大类,即网游类木马、广告类木马、通讯类木马、后门类木马、网银类木马。例如,"灰鸽子(Hack.Huigezi)"木马自带文件捆绑工具,寄生在图片、动画等文件中,一旦打开此类文件即可中招,被偷窃各种密码,监视用户的一举一动。

8.3.3　计算机病毒和木马的预防

一般来说,计算机病毒和木马的预防分为两种:管理方法上的预防和技术上的预防。在一定的程序上,这两种方法是相辅相成的。这两种方法的结合对防止病毒的传染是行之有效的。

1. 管理手段预防

对于计算机管理者来说,应认识到计算机病毒对计算机系统的危害性,制定并完善计算机使用的有关管理措施,堵塞病毒的传染渠道,尽早发现并清除它们。这些安全措施包括以下几个方面:

① 系统启动盘要专用,并且要加以写保护,以防病毒侵入。

② 尽量不使用来历不明的软盘,除非经过彻底检查。不要使用非法复制或解密的软件。

③ 不要轻易让他人使用自己的系统,如果无法做到这点,至少不能让他们自己带程序盘来使用。

④ 对于重要的系统盘、数据盘及硬盘上的重要文件内容要经常备份,以保证系统或数据遭到破坏后能及时得到恢复。

⑤ 经常利用各种检测软件定期对硬盘做相应的检查,以便及时发现和消除病毒。

⑥ 对于网络上的计算机用户,要遵守网络软件的使用规定,不要下载或随意使用网络上外来的软件。尤其是当从电子邮件或从互联网上下载文件时,在打开这些文件之前,应用反病毒工具扫描该文件。

2. 技术手段预防

① 打好系统安全补丁。很多病毒的流行,都利用了操作系统中的漏洞或后门,因此应重视安全补丁,查漏补缺,堵死后门,使病毒无路可遁,将之长久拒之门外。

② 安装防病毒软件,预防计算机病毒对系统的入侵,及时发现病毒并进行查杀。要注意定期更新,增加最新的病毒库。

③ 安装病毒防火墙,保护计算机系统不受任何来自"本地"或"远程"病毒的危害,同

时防止"本地"系统内的病毒向网络或其他介质扩散。

8.3.4　计算机病毒和木马的清除

目前病毒和木马的破坏力越来越强,几乎所有的软件、硬件故障都可能与病毒有牵连,所以当操作时发现计算机有异常情况,首先应怀疑的就是病毒在作怪,而最佳的解决办法就是用杀毒软件对计算机进行全面清查。我国目前较为流行的杀毒软件有瑞星、KV3000、金山毒霸、赛门铁克防病毒软件,以及 360 安全卫士、金山毒霸 2009、木马克星等防木马软件。

在杀毒时应注意以下几点:

① 在对系统杀毒之前,先备份重要的数据文件。

② 目前,很多病毒都可以通过网络中的共享文件夹传播,所以计算机一旦遭受病毒感染,应首先断开网络(包括互联网和局域网),再进行漏洞的修补以及病毒的检测和清除。

③ 有些病毒发作以后,会破坏 Windows 的一些关键文件,导致无法在 Windows 下运行杀毒软件来清除病毒,所以应该制作一张 DOS 环境下的杀毒软盘,作为应对措施,进行杀毒。

④ 有些病毒针对 Windows 操作系统的漏洞,杀毒完成后,应即时给系统打上补丁,防止重复感染。

⑤ 及时更新杀毒软件的病毒库,使其可以发现并清除最新的病毒。

8.3.5　常用防病毒软件的使用方法

1. 瑞星防病毒软件的使用

瑞星防病毒软件是在安装向导指引下安装的。成功安装后,启动瑞星杀毒软件,弹出如图 8-6 所示应用程序窗口。先选择要查杀的目标文件夹,然后单击"杀毒"按钮,即开始

图 8-6　瑞星杀毒软件运行界面

杀毒。如要停止,单击"停止"按钮。

　　另外,要对杀毒软件定期升级,以更新病毒库,此时单击"升级"按钮即可。也可以设置定时升级,方法是:单击"设置"→"定时升级设置"命令,弹出如图 8-7 所示的对话框。设置完成之后,单击"确定"按钮。

图 8-7　定时升级设置

2. 赛门铁克(Symantec)防病毒软件的使用

　　启动赛门铁克杀毒软件后,打开如图 8-8 所示的应用程序窗口。在"扫描"列表中单击选择"快速扫描"、"全面扫描"或者"自定义扫描",然后单击"扫描"按钮,开始杀毒。如要停止,单击"停止"按钮,如图 8-9 所示。

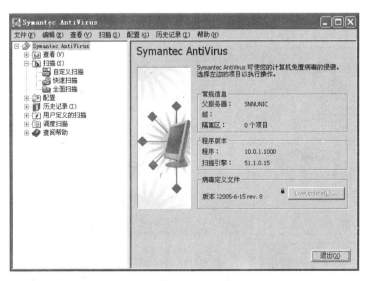

图 8-8　赛门铁克软件运行界面

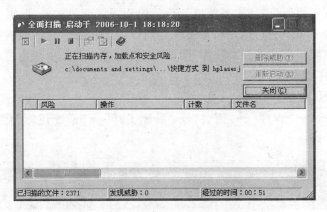

图 8-9　赛门铁克软件正在进行全面扫描

另外,要对杀毒软件定期升级,以更新病毒库,此时单击 LiveUpdate 按钮即可。

8.4　系统更新和系统还原

1. 系统更新

如前所述,任何操作系统都会存在或多或少的漏洞,从而为病毒或其他攻击提供了条件。Windows 操作系统当然也不例外。为了最大限度地减少最新病毒和其他安全威胁对计算机的攻击,Microsoft 公司建立了 Windows Update 网站,向用户免费更新软件,这些软件包括安全更新、重要更新和服务包(Service Pack)。

用户可以设置 Windows 进行系统自动更新(也可使用其他工具,例如 360 安全卫士的漏洞修复,打开“自动更新”),不必联机搜索更新或担心错过重要的修复程序,Windows 会利用确定的计划自动为用户下载并安装;如果希望自己下载并安装更新,还可以设置“自动更新”通知,当有任何可用的高优先级更新时,用户就会接到通知。要设置系统自动更新方案,可以在“系统属性”对话框中操作:在桌面上右击“我的电脑”,然后在快捷菜单中选择“属性”命令,打开“系统属性”对话框,在“自动更新”选项卡中进行设置,如图 8-10 所示(必须以计算机管理员身份登录才能完成该过程)。

2. 系统还原

“系统还原”是 Windows XP 中的一个组件。利用它可以在计算机发生故障时恢复到以前的状态,而不会丢失用户的个人

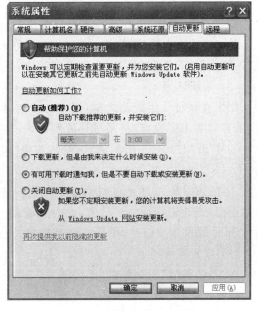

图 8-10　“自动更新”选项卡

数据文件。"系统还原"可以监视系统以及某些应用程序文件的改变,并自动创建易于识别的还原点,这些还原点允许用户将系统恢复到以前的状态。每天或者在发生重大系统事件(例如安装应用程序或者驱动程序)时,都会创建还原点。用户也可以在任何时候创建并命名自己的还原点。

(1) 创建还原点

① 选择"开始"→"程序"→"附件"→"系统工具"→"系统还原"菜单命令,打开如图 8-11 所示的对话框。

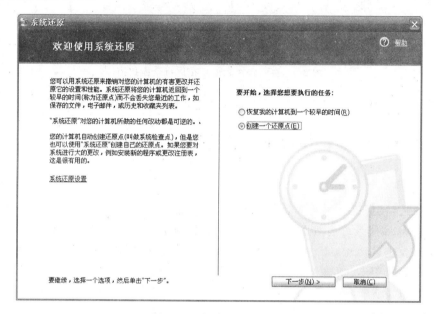

图 8-11　创建系统还原点

② 选中"创建一个还原点",然后单击"下一步"按钮。

③ 在"还原点描述"框中,输入一个名称来标识该还原点。"系统还原"会自动将创建该"还原点"的日期和时间添加到此名称中,单击"创建"按钮完成该还原点的创建。

(2) 系统还原

如果在系统发生故障之前,用户已经创建了一个还原点,那么,当系统出现故障的时候,就可以利用还原点,将系统还原到原来的某个状态。

① 打开如图 8-11 所示的对话框,选中"恢复我的计算机到一个较早的时间",然后单击"下一步"按钮。

② 在如图 8-12 所示的对话框中,选择一个还原点,然后单击"下一步"按钮,系统会自动重启,进行还原操作。注意,此时不能强行关机。

③ 计算机重启以后,单击"确定"按钮,完成系统还原。

(3) 设置系统还原

在"系统属性"对话框的"系统还原"选项卡中,可以设置在某一驱动器上是否关闭"系统还原"。当关闭某一分区或驱动器上的"系统还原"时,该分区或驱动器上存储的所有还原点都将被删除,系统将无法恢复。

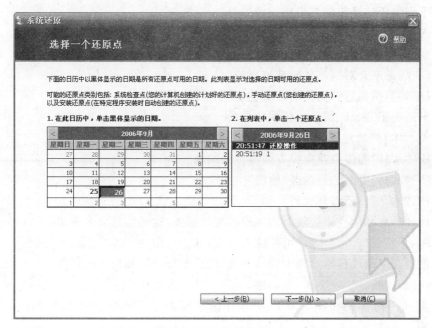

图 8-12 选择一个还原点

"系统还原"不会替代卸载程序的过程。要完全删除某一程序所安装的文件,必须使用控制面板中的"添加或删除程序"或程序自带的卸载程序来删除程序。

8.5 网络道德

随着计算机应用的普及,计算机行业逐步形成了较为规范的道德准则。国家有关部门相继出台了多部法规法令,其主要的准则有以下几点。

① 保护好自己的数据:企业及个人有责任保持自己数据的完整和正确。

② 不使用盗版软件:软件是一种商品,付费购买商品是天经地义的事,使用盗版软件既不尊重软件的作者,也不符合 IT 行业的道德准则。

③ 不做"黑客":"黑客"是指计算机系统未经授权访问的人。未经授权而访问存取他人计算机系统中的信息是一种违法行为。

④ 网络自律:不应在网上发布和传播不健康的内容和他人的隐私,更不应恶意地攻击他人。

习　　题

选择题（只有一个正确答案）

1. 计算机病毒是一种（　　）。

    A. 特殊的计算机部件　　　　　　B. 游戏软件

    C. 人为编制的特殊程序　　　　　D. 能传染的生物病毒

2. 下列关于计算机病毒说法正确的是( )。

    A. 每种病毒都能攻击任何一种操作系统

    B. 每种病毒都会破坏软件、硬件

    C. 病毒不会对网络传输造成影响

    D. 计算机病毒一般附着在其他应用程序之后

3. 下面关于"木马"的说法错误的是( )。

    A. "木马"通常有文件名,而病毒没有文件名

    B. "木马"的传染速度没有病毒传播的快

    C. "木马"更多的目的是"偷窃"

    D. "木马"并不破坏文件

4. 保证信息和信息系统随时为授权者提供服务,这是信息安全需求( )的体现。

    A. 保密性   B. 可控性   C. 可用性   D. 可抗性

5. 信息在存储或传输过程中保持不被修改、不被破坏和丢失的特性是( )。

    A. 保密性   B. 完整性   C. 可用性   D. 可控性

6. 美国国防部的可信计算机系统评价准则将计算机安全按从低到高的顺序分为( )。

    A. 四等八级   B. 十级   C. 五等八级   D. 十等

7. 下面不破坏实体安全的是( )。

    A. 火灾   B. 偷窃   C. 木马   D. 搭线窃听

8. 以下形式( )属于被动攻击。

    A. 窃听数据   B. 破坏数据完整性

    C. 破坏通信协议   D. 拒绝服务

9. 下面关于天网防火墙的实现方法,说法正确的是( )。

    A. 它是由路由器实现的

    B. 它是由代理服务器实现的

    C. 它是由纯软件实现的

    D. 它是由专用的硬件设备和相应的软件实现的

10. 计算机安全属性包含( )。

    A. 机密性、完整性、可抗性、可控性、可审查性

    B. 完整性、保密性、可用性、可靠性、不可抵赖性

    C. 机密性、完整性、可抗性、可用性、可审查性

    D. 机密性、完整性、可抗性、可控性、可恢复性

11. 以下不是计算机病毒的特征的是( )。

    A. 传染性   B. 破坏性   C. 欺骗性   D. 可编程性

12. 入侵型病毒是( )的一种病毒。

    A. 按寄生方式分类   B. 按链接方式分类

    C. 按破坏后果分类   D. 按传播媒体分类

13. 计算机病毒的变种与原病毒有很相似的特征,但比原来的病毒有更大的危害性,

这是计算机病毒的(　　)性质。

　　A. 隐蔽性　　　　B. 潜伏性　　　　C. 传染性　　　　D. 衍生性

14. 以下能实现身份鉴别的是(　　)。

　　A. 指纹　　　　　B. 智能卡　　　　C. 口令　　　　　D. 以上都是

15. (　　)破坏计算机系统的硬件。

　　A. 宏病毒　　　　B. CIH 病毒　　　C. "尼姆达"病毒　D. "红色代码"病毒

16. 为了防止已存有信息的软盘被感染,应采取的措施是(　　)。

　　A. 保持软盘的清洁

　　B. 对软盘进行写保护

　　C. 不要将有病毒的软盘与无病毒的软盘放在一起

　　D. 定期格式化软盘

17. 下列说法中,(　　)是正确的。

　　A. 反病毒软件通常滞后于计算机新病毒的出现

　　B. 反病毒软件总是超前于病毒的出现,可以查杀任何病毒

　　C. 感染过计算机病毒后的计算机具有对该病毒的免疫性

　　D. 计算机病毒会危害计算机用户的健康

18. 计算机病毒只能隐藏在(　　)中。

　　A. 网络　　　　　B. 软盘　　　　　C. 硬盘　　　　　D. 存储介质

19. 以下(　　)不属于计算机防病毒软件。

　　A. 瑞星　　　　　B. 金山毒霸　　　C. 赛门铁克　　　D. RealPlayer

20. 防火墙的主要作用是(　　)。

　　A. 防病毒和黑客入侵　　　　　　　B. 防电磁干扰

　　C. 防止网络中断　　　　　　　　　D. 防火灾

21. 关于数据加密说法正确的是(　　)。

　　A. 加密是密文变明文　　　　　　　B. 加密是明文变密文

　　C. 加密是解码　　　　　　　　　　D. 加密就是解密的过程

22. 网络黑客是(　　)。

　　A. 网络病毒　　　B. 电磁干扰　　　C. 人　　　　　　D. 垃圾邮件

23. 不属于计算机网络安全技术的是(　　)。

　　A. 密码技术　　　　　　　　　　　B. 采用 HTTP 协议

　　C. 防火墙　　　　　　　　　　　　D. 数字签名

24. 在下列操作中,计算机网络病毒不可以通过(　　)进行传播。

　　A. 打开某个主页　　　　　　　　　B. 阅读网上新闻

　　C. 使用 IP 电话　　　　　　　　　D. 收发电子邮件

25. 关于防病毒软件正确的是(　　)。

　　A. 防病毒软件要经常进行升级　　　B. 防病毒软件可以查出所有病毒

　　C. 病毒库由用户定义　　　　　　　D. 一般机器上要安装所有防病毒软件

26. 计算机病毒主要造成(　　)。

    A. 对磁盘片的损坏   B. 对磁盘驱动器的损坏

    C. 对 CPU 的破坏   D. 对程序和数据的破坏

27. 新买回来的从未格式化的软盘（   ）。

    A. 可能会有计算机病毒

    B. 与带病毒的软盘放在一起会有计算机病毒

    C. 一定没有计算机病毒

    D. 经拿过带病毒的软盘的手碰过后会感染计算机病毒

28. 以下叙述正确的是（   ）。

    A. 计算机病毒是一种人为编制的特殊程序

    B. 严禁在计算机上玩游戏是预防病毒的惟一措施

    C. 计算机病毒只破坏磁盘上的数据和程序

    D. 计算机病毒只破坏内存上的数据和程序

29. 以下关于防火墙不正确的说法是（   ）。

    A. 保护计算机系统不受来自"本地"或"远程"病毒的危害

    B. 防止"本地"系统内的病毒向网络或其他介质扩散

    C. 是一个防止病毒入侵的硬件设备

    D. 是被保护网络和外部网络之间的一道安全屏障,是不同网络之间信息的惟一出入口

30. 下列现象,（   ）不属于计算机病毒感染的现象。

    A. 设备有异常现象,如磁盘读不出   B. 没有操作磁盘,却发生磁盘读写

    C. 程序装入时间明显比平时长   D. 打印机常发生卡纸现象

31. 从技术上讲,计算机安全不包括（   ）。

    A. 实体安全   B. 系统安全   C. 信息安全   D. 通信安全

32. 关于系统还原的说法,下列正确的是（   ）。

    A. 系统还原后,用户数据大部分都会丢失

    B. 系统还原可以解决系统漏洞问题

    C. 还原点可以由系统自动生成,也可以由用户手动设置

    D. 系统还原的本质就是重装系统

33. （   ）病毒只存在于内存中,传染时可以直接从一台计算机内存感染到另一台计算机的内存。

    A. "红色代码"   B. 宏病毒   C. CIH 病毒   D. "求职信"

34. 访问控制不包括（   ）。

    A. 强制访问控制   B. 自主访问控制

    C. 授权访问控制   D. 基于角色的访问控制

35. 下面关于系统更新不正确的是（   ）。

    A. 系统更新的目的是修复系统漏洞,保护计算机免受最新病毒和其他安全威胁攻击

    B. 用户可制订自动更新计划,让系统自动下载并安装更新

C. 系统更新可在"系统属性"对话框中设置

D. 系统更新后,计算机就不会感染病毒

36. 关于系统更新的说法,下列正确的是(　　)。

　　A. 系统更新之后,系统就不会崩溃

　　B. 系统更新包的下载需要付费

　　C. 系统更新的存在是因为系统存在漏洞

　　D. 所有更新应及时下载,否则会立即中毒

37. (　　)不属于计算机病毒的特征。

　　A. 可执行性　　　B. 寄生性　　　　C. 可预测性　　　D. 破坏性

38. 下面描述正确的是(　　)。

　　A. 公钥加密比常规加密更具有安全性

　　B. 公钥加密是一种通用机制

　　C. 公钥加密比常规加密先进,必须用公钥加密替代常规加密

　　D. 公钥加密的算法和公钥都是公开的

39. 下列服务,不属于完整性服务的是(　　)。

　　A. 加密　　　　　B. 防窃听　　　　C. 防病毒　　　　D. 数字签名

40. 有关系统还原说法不正确的是(　　)。

　　A. 用户可以自定义还原点　　　　　B. 可以关闭某一驱动器的系统还原

　　C. 可以清除所有病毒　　　　　　　D. 系统还原要用额外的存储空间

第9章

计算机多媒体技术

多媒体计算机技术是20世纪90年代计算机的时代特征,它综合了计算机技术、电子技术、通信技术等各种技术,是一门跨学科的、综合的技术。多媒体技术对大众传媒产生了深远的影响,给人们的工作、生活和娱乐带来深刻的变革。多媒体技术与Internet一起成为推动20世纪末、21世纪初信息化社会发展的重要动力。

9.1 计算机多媒体技术的基本知识

9.1.1 多媒体技术的概念

1. 媒体和多媒体

媒体在计算机领域中有两种含义:一是指用以存储信息的物理介质,如磁带、磁盘、光盘等;另一种含义是指信息的表现形式或载体,如文字、图形、图像、声音等。多媒体计算机技术中的"媒体"是指后者,它应用计算机技术将各种媒体以数字化的方式集成在一起,从而使计算机具有表现、处理、存储多种媒体信息的综合能力和交互能力。

国际电信联盟(ITU)下属的国际电报电话咨询委员会(CCITT)将媒体划分成五大类:

(1) 感觉媒体(Perception Medium):指直接作用于人的感觉器官,使人能产生感觉的媒体。例如,人类的各种语言、音乐,自然界的各种声音、图形、静止或运动的图像,计算机系统中的文件、数据和文字等。

(2) 表示媒体(Representation Medium):指信息在计算机中的表示,通常是指信息的各种编码。例如,字符的ASCII码与汉字的GB 2312编码,图像编码和声音编码等都属于表示媒体。

(3) 表现媒体(Presentation Medium):指进行信息输入与输出的媒体,如键盘、鼠标、扫描仪、摄像机、光笔、话筒等为输入媒体;显示器、扬声器和打印机等为输出媒体。

(4) 存储媒体(Storage Medium):指用于存放表示媒体的物理介质,即存放感觉媒体数字化后的代码。常见的存储媒体主要有磁带、磁盘和光盘等。

(5) 传输媒体(Transmission Medium):指传输表示媒体的物理介质,它是将媒体从一处传送到另一处的物理载体,如双绞线、同轴电缆、光纤等。

在上述各种媒体中,表示媒体是核心。这是因为用计算机处理媒体信息时,首先通过表现媒体的输入设备将感觉媒体转换成表示媒体,并存放在存储媒体中;然后,计算机从存储媒体中获取表示媒体信息,进行加工、处理;最后利用表现媒体的输出设备将表示媒体还原成感觉媒体,反馈给应用者。各种媒体之间的关系如图 9-1 所示。

图 9-1 各种媒体之间的关系

也就是说,计算机内部真正保存、处理的是表示媒体,所以,若没有特别说明,通常可将"媒体"理解为表示媒体,它以不同的编码形式反映不同类型的感觉媒体。所谓"多媒体",是指能够同时获取、处理、编辑、存储和展示两个或两个以上不同类型信息媒体的技术,这些信息媒体包括文字、声音、图形、图像、动画、视频等多种形式。现在所说的"多媒体",常常不是指多种媒体本身,而主要是指处理和应用它的一整套技术。

2. 多媒体技术及其特征

所谓"多媒体技术",是指计算机综合处理文本、图形、图像、声音、视频等多种媒体数据,使它们建立一种逻辑连接,并集成为一个具有交互性系统的技术。在不发生混淆的情况下,人们通常将"多媒体技术"简称为"多媒体"。多媒体技术通常包括对媒体设备的控制和媒体信息的处理与编码技术、多媒体系统技术、多媒体信息组织与管理技术、多媒体通信网络技术、多媒体人—机接口与虚拟现实技术,以及多媒体应用技术这 6 个方面。

多媒体技术主要有以下 5 个特性。

(1) 同步性

多媒体技术的同步性是指在多媒体业务终端上显现的图像、声音和文字是以同步方式工作的。例如,用户要检索一个重要的历史事件的片断,该事件的运动图像(或静止图像)存放在图像数据库中,其文字叙述和语言说明放在其他数据库中。多媒体业务终端通过不同传输途径将所需要的信息从不同的数据库中提取出来,并将这些声音、图像、文字同步起来,构成一个整体的信息呈现在用户面前,使声音、图像、文字实现同步,并将同步的信息传送给用户。

(2) 集成性

多媒体技术的集成性是指将多种媒体有机地组织在一起,共同表达一个完整的多媒体信息,使声、文、图像一体化。早期,各项技术都是单一应用,如声音、图像等,有的仅有声音而无图像,有的仅有静态图像而无动态视频等。多媒体系统将它们集成起来以后,经过多媒体技术处理,充分利用了各媒体之间的关系和蕴涵的大量信息,使它们能够发挥综合作用。特别指出的是,如果没有数据压缩技术的进步,多媒体就不能快速、实时地综合处理声音、文字、图像信息,难以实现系统的集成功能。

(3) 交互性

交互性是指人和计算机能"对话",以便进行人工干预控制。交互性是多媒体技术的关键特征。目前许多业务系统也有着程度不等的交互性,如信息检索业务,它一般都提供菜单和征询单两种用户与业务系统的交互界面,用户可以通过点菜单或填写征询单,将用户的要求告诉系统;系统根据用户的要求,将满足条件的信息送给用户。用户与系统通过这一简单的交互过程完成了通信过程。在多媒体业务系统中,交互过程将不再是这么简单。诚然,菜单和征询单这一类简单的交互过程在多媒体业务系统中仍将使用,以提供简洁而明了的交互操作,但是只有简单的菜单和征询单的交互过程是不能满足多媒体业务系统的全部需要的,它将需要更为复杂的交互操作过程。

（4）数字化

数字化是指媒体信息的存储和处理形式。多媒体中的各种单媒体都以数字的形式存放在计算机中。

（5）实时性

多媒体技术是多种媒体集成的技术,在这些媒体中,有些媒体(如声音和图像)是与时间密切相关的,这就决定了多媒体技术必须要支持实时处理。如果对具有时间要求的媒体不能保证播放时的连续性,就失去了它的应用价值。

多媒体技术是基于计算机技术的综合技术,它包括数字信号处理技术、音频和视频技术、计算机硬件和软件技术、人工智能和模式识别技术、通信和图像技术等。它是正处于发展过程中的一门跨学科的综合性高新技术。

3. 多媒体计算机

多媒体(个人)计算机(Multimedia Personal Computer,MPC)是指具有获取、压缩编码、编辑、加工处理、存储和展示包括文字、图形、图像、声音、动画和活动影像等信息处理能力的计算机。简单地说,就是把声、文、图像和计算机结合在一起的系统。一台典型的多媒体计算机在硬件上应该包括功能强、速度快的中央处理器(CPU),大容量的内存和硬盘,高分辨率的显示接口与设备,光盘驱动器,音频卡,图形加速卡,视频卡,用于 MIDI设备、串行设备、并行设备和游戏杆的 I/O 端口等。

按照目前的计算机硬件水平,大多数微机都属于多媒体计算机,完全能够胜任非专业的多媒体处理工作。

多媒体计算机发展的理想目标是能够直接接收声音、图像信息,然后对它们进行识别、压缩、存储和播放。目前,由于受到硬件和软件技术的限制,多媒体计算机只能达到采集、压缩、存储、播放等功能,还不能对声音和图像进行很好的识别。但多媒体计算机的发展前景看好,更自然的人—机交互和更大范围的信息存取服务必将实现。

9.1.2 多媒体系统中的基本元素

多媒体的元素种类很多,表现的方式也很多,将各种元素进行综合统一地组织和安排,充分发挥各种元素之所长,就可以形成一个完美的多媒体节目。在一般的多媒体节目中,展示给用户的元素主要包括以下几个方面。

① 文本(Text):是人与计算机之间进行信息交换的主要媒体,主要指汉字、英文字符等。文本的特性可以有字体(如汉字中的宋体、隶书、楷体等,英文中的 Times New Roman 字体等)、字号(如 10 号字、12 号字等)和格式(如加粗、倾斜等)等。

② 超文本(HyperText):是索引文本的一种应用,它能在一个或多个文档中快速地搜索特定的文本串,是多媒体文档的重要组件。超文本进一步充实了书面文字的意义,允许用户单击一段文字中的单词或短语,获得与之链接的相关主题的内容。通常,应用程序使用某种方式指示超文本链接词,例如使用不同的颜色、下画线标识超文本链接词;或者

当鼠标指针在链接词上移过时,改变指针的外观等。

③ 图形(Graphics):指由点、直线、圆、圆弧、任意曲线等组成的二维和三维图形。图形可以是黑白的或彩色的。

④ 静止的图像(Still Image):是通过扫描仪、数码相机、摄像机等设备捕捉到的真实场景的画面,如各种工程图、环境布置图以及绘画、摄影图片等。

⑤ 动画(Animation):是一组连续图形的集合,包括卡通、活页动画和连环画等。

⑥ 视频(Video):是指通过摄像机、录像机等设备捕获的动态画面,主要包括录像带和电影带等。

⑦ 音响效果(Sound):包括各种各样的音响效果,如动物的鸣叫、雷电的声音、东西碰撞(如关门声)的声音等。

⑧ 音乐(Music):包括各种歌曲、乐曲等,如管弦乐队的演奏。

9.1.3 多媒体的研究领域

由于多媒体系统需要将不同的媒体数据表示成统一的编码,然后对其变换、重组和分析处理,以便存储、传送、输出和交互控制,所以,多媒体的传统关键技术主要集中在以下几个方面:数据压缩/解压缩技术、超大规模集成电路(VLSI)芯片技术、大容量的光盘存储技术、多媒体网络通信技术、多媒体系统软件技术和流媒体技术等。由于这些技术取得了突破性的进展,多媒体技术才得以迅速发展,成为具有强大的处理声音、文字、图像等媒体信息能力的高科技技术。

1. 多媒体数据压缩/解压缩技术

研制多媒体计算机需要解决的关键问题之一是要使计算机能实时地综合处理声、文、图信息。然而,由于数字化的图像、声音等媒体数据量非常大,致使在目前流行的计算机产品,特别是个人计算机系列上开展多媒体应用难以实现。例如,未经压缩的视频图像处理时的数据量每秒约 28MB,而播放 1 分钟立体声音乐就需要 100MB 的存储空间。又如,一幅中等分辨率的彩色(24 位像素)图像(640×480),数字化视频图像的数据量大约为 1MB,如每秒 30 帧,1 秒钟数字化数据量大约 30MB,如果用 600MB 的硬盘,只能存放 20 秒的动态图像。

视频与音频信号不仅需要较大的存储空间,还要求传输速度快。因此,既要进行数据的压缩和解压缩的实时处理,又要进行快速传输处理。对于总线传送速率为 150KB/s 的 IBM PC 或其兼容机,处理上述音频、视频信号必须将数据压缩 200 倍,否则无法胜任。因此,视频、音频数字信号的编码和压缩算法是重要的研究课题。

数据压缩算法分为无损压缩和有损压缩两种。

① 无损压缩:适用于要求重构的信号与原始信号完全一致的场合。一个很常见的例子是磁盘文件的压缩,它要求还原后不能有任何的差错。根据目前的技术水平,无损压缩算法一般可以把数据压缩到原来的 1/2 到 1/4 的数据量。

② 有损压缩:适用于重构信号不一定非要和原始信号完全相同的场合。例如,对于图像、视频和音频数据的压缩,就可以采用有损压缩,以大大提高压缩比(可达 10∶1 甚至 100∶1),而人的主观感受不至于对原始信息产生误解。

数据压缩是数字信号处理最基本也是最重要的任务之一。数据压缩在一定程度上解决了存储容量和传输带宽的问题，从而使多媒体的实际应用成为可能，其代价是需要高速的处理器进行大量的计算。

2. 超大规模集成电路（VLSI）芯片技术

多媒体的大数据量和实时应用的特点要求计算机有很高的处理速度，因此要求配置高速 CPU 和大容量 RAM，以及多媒体专用的数据采集和还原电路，对数据进行压缩和解压缩的高速数字信号处理（DSP）电路，这些都有赖于 VLSI 技术的发展和支持。

目前的多媒体专用芯片可以分成三类：第一类是对多媒体信号的采集和播放，包括 A/D、D/A 转换，以及一些简单的处理功能，常常采用将模拟电路和数字电路混合做在一个芯片中的混合电路方法制作；第二类为固定功能的高速信息处理芯片，内部固化了某种算法，能对语音和视像数据进行压缩和存储；第三类为可编程的信息处理芯片，采用所谓的"微码引擎"通过编程实现不同的处理功能，如各种压缩、解压缩算法。

目前，高速信号处理芯片成本还比较高，比如用这些芯片做成的一块实时视像压缩卡（全屏、全色、全速，即 352×288 像素，25 帧/秒）仍处在万元以上的高价位。只有当多媒体 VLSI 芯片技术有较大发展时，才有可能得到较大的普及。

3. 大容量光盘存储技术

数字化的多媒体信息经过压缩处理仍然包含大量的数据，因此多媒体信息和多媒体软件的发行不能用传统的磁盘存储器。这是因为，软盘存储量太小，硬盘虽存储量较大，但不便于交换。而近几年快速发展起来的光盘存储器（Compact Disc，CD），由于其原理简单，存储容量大，便于大量生产和价格低廉，被广泛用于多媒体信息和软件的存储。

多媒体项目经测试合格后，便可以对外发布，它的发布载体有多种。通常，一个多媒体项目的容量比较大，目前比较流行的载体有 CD-ROM（光盘只读存储器）光盘、DVD（数字通用磁盘）光盘和闪盘。

（1）CD-ROM 光盘

CD-ROM 光盘是目前多媒体项目最具成本优势的发布载体，它的生产成本非常低，容量比较大，约 700MB，可以包含一段长达 80 分钟的视频和声音节目，还可以包含由制作系统控制生成的图像、声音、视频和动画，并以此来提供任意的全屏幕视频和声音。其工作特点是采用激光调制方式记录信息，然后将信息以凹坑和凸区的形式记录在螺旋形光道上。

（2）DVD 光盘

DVD 光盘分为两种类型：DVD-Video 和 DVD-ROM。它很好地支持了全动态的视频以及高质量的环绕音频，是一种新的光盘技术。其制造工艺与 CD-ROM 光盘不同，能够提供更大的 GB 级存储量，单面单层 DVD 盘存储量为 4.7GB，容量更高的双层双面 DVD 盘可以达到 17GB。

现在流行的 DVD 技术采用的是波长为 650nm 的红色激光和数字光圈为 0.6 的聚焦镜头，因而被称为红光 DVD。蓝光 DVD 技术采用波长为 450nm 的蓝紫色激光和广角镜头比率为 0.85 的数字光圈，其单面单层容量达到了 27GB，也可以制成双层双面，容量更大。但蓝光 DVD 价格较高，目前还没有广泛应用。

（3）闪盘

闪盘（Flash 盘）是当今最为流行的存储设备，俗称 U 盘。它不仅具有亮丽的外表，更为重要的是具有体积小、容量大、数据可靠性高的优点，而且随着技术的完善，其成本不断降低。市面上最大的闪盘容量已经达到了 16GB，新一代的 MP3、MP4 很多都使用了闪盘来存储数据，因而闪盘成为多媒体的重要载体之一。

4. 多媒体网络通信技术

计算机整体性能的提高和网络的普及，使得多媒体数据高速公路的应用越来越普遍。铜芯电缆、玻璃纤维和无线电/蜂窝技术将成为交互式多媒体文件发布的主流渠道，多媒体项目开发者可以直接将软件放置在网上进行发布。网络将成为多媒体最重要的发布载体。

多媒体通信网络主要解决以下两个问题：

① 网络带宽问题，也就是"信息公路"的宽度问题。由于多媒体数据量十分庞大，它要求网络有极高的传输速率，以胜任多媒体数据的传输，因此研究并建立高速网络成为多媒体网络应用的关键。从这个意义上说，"信息高速公路"实际上就是能顺利地传输多媒体信息的宽带计算机网络。

② 多媒体数据的同步问题。在多媒体信息中，声像同步、实时播放是很基本的应用要求，人们难以忍受声音和画面反复停顿、声音与画面不同步的情况发生。但在计算机网络中，多媒体数据的同步需要花费较大的力气才能解决。

5. 多媒体系统软件技术

多媒体系统软件技术主要包括多媒体操作系统、多媒体编辑系统、多媒体数据库管理技术、多媒体信息的混合与重叠技术等。这里仅介绍多媒体操作系统。

多媒体技术要求操作系统能像处理文本、图形文件一样方便、灵活地处理动态音频和视频。在控制功能上，要扩展到对录像机、音响、MIDI 等声像设备以及 CD-ROM 光盘存储设备等的控制。多媒体操作系统要能处理多任务，并易于扩充；要求数据存取与数据格式无关，提供统一的友好界面。为支持上述要求，一般是在现有操作系统上进行扩充。Windows 从 3.1 版开始提供对多媒体的支持，还提供了多媒体开发工具包 MDK、底层应用程序接口（API）和媒体控制接口（MCI）。多媒体应用系统的设计者只需直接用它们进行开发，不必再关心物理设备的驱动程序。IBM 公司的 OS/2、苹果公司的 Macintosh 操作系统都提供了对多媒体的支持。

多媒体技术是一项蓬勃发展的跨学科的新兴技术，除了上述几项关键技术外，还涉及多项基本技术，例如多媒体系统平台开发技术、超媒体技术、多媒体外围设备控制技术、多媒体信号数字化处理技术、多媒体数据库模型及格式转换技术和基于内容的多媒体信息检索技术等。

6. 流媒体技术

流媒体是一种可以让音频、视频等多媒体元素在网上实时播放而无须下载的技术。流媒体技术的发展依赖于网络的传输条件、媒体文件的传输控制、媒体文件的编码压缩效率，以及客户端的解码等几个重要因素。其中任何一个因素都会影响流媒体技术的发展和应用。

采用流媒体方式传输数据时,先将动画、音乐等多媒体文件压缩成一个个小的压缩包,然后由视频服务器向用户计算机通过不同的路由进行连续、实时地传送。用户端可边下载边观看多媒体视频文件,计算机后台服务器会继续传输文件,用户端将文件进行一定的延时后会继续播放。当带宽达到一定程度时,就可以连续地播放。

流媒体传输方式具有以下优点:

① 可以实时观看,不必等到将全部多媒体信息下载完毕。

② 可以充分利用网络的带宽。流媒体观看采用边下载边观看的方式,因而可以将下载任务分配到观看过程中的不同阶段来完成,不会因为都集中在一起下载造成网络堵塞、拥挤。

③ 不占用硬盘空间。在网上观看多媒体信息有两种方式:下载方式和流传输方式。采用流传输方式观看多媒体信息时,不用将信息保存在本地磁盘上。

④ 节省缓存。采用流媒体传输多媒体信息时,不需要将所有内容下载到缓存中,因而节省了用户端的缓存。

目前,互联网上使用较多的流媒体格式主要有 Real Networks 公司的 RealMedia 和 Microsoft 公司的 Windows Media。它们是网上流媒体传输的两大技术流派。比较常见的流媒体文件格式及其主要应用如表 9-1 所示。

表 9-1　常见流媒体文件格式及主要应用

流媒体文件格式	主要应用
SWF 格式(.swf)	流式动画格式,可用 Flash 软件制作,具有体积小、功能强、交互能力好、支持多个层和时间线程的优点,主要应用于网络动画
ASF 格式(.asf)	流式媒体格式,其播放器已经与 Windows 捆绑在一起,它的使用与 Windows 密切相关
RM/RA 格式(.rm/.ra)	Real Networks 公司开发的流式视频 RealVedio 和音频 RealAudio 文件格式,主要用于低速率网络上的视频、音频文件实时传输,它们可以根据网络数据传输速率的不同而采用不同的压缩比率
AAM/AAS 格式(.aam/.aas)	用 Authorware 制作的多媒体软件,可以压缩为 AAM 或 AAS 流式文件格式
QT 格式	苹果公司开发的流式文件格式,拥有先进的音频和视频功能,支持 RLC、JPEG 等领先的集成压缩技术
MTS 格式	MetaCreations 公司开发的流式文件格式,用于实现网上流式三维网页的浏览,主要用于创建、发布及浏览可缩放的 3D 图形和电脑游戏

9.1.4　多媒体技术的应用领域

目前,多媒体计算机技术的应用领域不断拓宽,从文化教育、技术培训、电子图书到观光旅游、商业及家庭应用等领域,给人们的工作和生活带来日益显著的变化。利用多媒体技术和通信技术在多媒体领域的协同工作,还可实现如视频会议、远程医疗及远程教育等应用。

下面将从技术领域和市场领域两大方面来具体阐述多媒体应用。

9.1.4.1　多媒体应用的技术领域

从多媒体应用技术的角度,可以列出如下几类应用:电子出版技术、多媒体数据库技术、可视通信技术、网络多媒体技术和虚拟现实技术等。

1. 电子出版技术

电子出版是多媒体最早的应用,现在已经相当普及。它解决了传统的纸张印刷出版设备笨重、生产周期长、作品信息密度低、成本高等许多缺点,具有出版迅速、图文声像并茂、信息密度高、成本低、流通快等许多优点。

电子出版物的内容包含计算机软件和资料两大类。资料中除图文资料外,还包含数字音像资料,所以电子出版物的内容十分丰富。例如,电子图书(E-Book)、电子期刊(E-Magazine)、电子新闻报纸(E-Newspaper)、电子手册与说明书、电子公文与文献、电子图画、电子广告、电子音像制品等。

电子出版物的载体,早期直接使用软磁盘,后来大量使用光盘,现在进一步增加了网络作为载体,直接在网上"出版",提供给用户在网上阅读和下载的途径。

电子出版物广泛用于教育培训用的教材和课件,娱乐用的游戏软件,科学研究用的情报资料存储与检索,商业用的公司与产品介绍,设计与美术创作用的大量图文音像素材等。

电子出版涉及创作编导、多媒体快速输入与制作技术、多媒体编辑排版技术、光盘刻录与生产技术、网络电子出版物制作与发行技术等。电子出版已经逐步形成一个新兴的行业,将逐步发展到数字出版阶段。

2. 多媒体数据库技术

多媒体数据库的应用需求越来越大。下面列举常用的几种应用:

① 高品质数字音频点播(Audio On Demand,AOD);

② 数字视频点播(Video On Demand,VOD);

③ 公共多媒体资源库,例如博物馆艺术藏品多媒体资料库、多媒体百科全书、多媒体地图、旅游资料库等;

④ 教学素材库,内含从幼儿园到大学教学中可能用到的各学科多媒体教学素材,例如图片、动画、录音、影视片断等,对形象化教学起到了极好的作用,可以大大提高教学效率;

⑤ 公司产品多媒体资料库等。

3. 可视通信技术

人类对通信媒体的使用,可以分为三个层次,即文字通信、语音通信和视像通信。现在文字通信虽然仍在使用,但已大大减少,语音通信得到了世界范围的很大普及,人们进一步追求更高层次的能直接看到对方视像的可视通信。

多媒体在可视通信方面的应用包括视频会议系统技术,可视电话技术等,因有广阔的市场,所以成为多媒体研究的热点之一。

4. 网络多媒体技术

网络多媒体技术,就是通过网络来传播各种多媒体信息的技术,它是计算机的交互性、网络的分布性和多媒体信息综合性的有机结合,并且突破了计算机、通信、出版等行业的界限,为人们提供全新的多媒体信息服务。

相对于传统媒体,多媒体网络技术具有难以比拟的优势,具体体现在以下几个方面:

① 网络可以实现"信息源、传播媒介、传播受众"的紧密结合。网络使得信息来源更丰富、传播渠道更多样、信息覆盖面更宽广,为实现大众传播开辟了更广阔的道路。

② 网络可以减少传播的中间环节,增强大众选择新闻的自主性。网络的发展有可能使新闻信息产品通过网络直接与大众见面,大众选择的多元化增加了媒介在控制传播进程、引导舆论和履行社会责任方面的难度。

③ 网络传播是传播方式上的一次重大变革,它集合了报纸、广播和电视传播的优点于一身,为增强传播内容的感染力和影响力提供了保证。

④ 网络成本相对低廉,能大量存储、检索和利用新闻信息。网络还便于用户的信息反馈,加强了媒体与大众之间的互动。

5. 虚拟现实技术

虚拟现实(Virtual Reality),也称"人工现实"或"灵境"技术,是多媒体应用的更高境界。它是用计算机技术生成一个集视觉、听觉,甚至嗅觉在一起的感觉世界,让人得到一种逼真的体验。它将被广泛应用于模拟训练、科学可视化、娱乐等领域。

虚拟现实是一种高度集成的技术,它取决于三维实时图像显示技术、三维定位跟踪传感技术、人工智能技术、高速并行计算机技术,以及人的行为学等领域的研究进展。因此虚拟现实难度较高,美国著名的图形学专家 J. Foley 讲过:"虚拟现实是人—机接口中的最后一个堡垒,也是最有意义的领域。"虚拟现实的部分研究成果,如三维实时图像显示技术,已经开始应用于建筑设计效果展示、虚拟博物馆、虚拟演播室等项目之中。

9.1.4.2 多媒体应用的市场领域

技术人员重视技术领域,但技术必须与市场结合,才能产生巨大的效益。多媒体应用的市场领域十分广泛,下面列举几个主要的市场领域。

1. 娱乐与家庭使用

娱乐与家庭使用所涉及的信息家电和信息消费,始终是极大的国际市场。它不但提高了现代家庭的生活素质,也大大促进了多媒体信息家电和消费信息业的发展。例如:

① 多媒体游戏。因其具有逼真的动态三维图像和良好的音响效果受到广泛欢迎。好的游戏软件能在娱乐中给人们以灵敏的手眼配合操作训练,开发智力,提高创造能力与管理能力。

② 可视电话。这一技术目前在高速的计算机网络上已经实现,不久的将来,即可在低速网络上实现。

③ 视频点播,又称 VOD,包括音乐点播。能按照用户的意愿,从数字化的影像和音乐资料库里任意点播自己喜爱的节目。这就避免了每个用户都必须准备大量音像资料的麻烦,因为大型的音像资料服务器可以将资料收集得很全,又可同时为许多人服务。

④ 网上购物。用户在网上能快速地找到自己所要的物品,经过对该物品用多媒体方式表现的信息详细研究后,就可用信用卡进行购物,送货人员很快就会把物品送到用户手中。

2. 教育与培训

多媒体在教育与培训中的应用是多媒体最重要的应用之一,有着非常大的市场。计算机、多媒体和网络的引入,使得以往教学必须在同一时间、同一地点、被动式的学习,变为可以自选时间、远程学习、主动式的学习。采用多媒体技术的教学和培训能够更有效地提高学习者的兴趣、集中学习者的注意力,并且加快知识消化和吸收的速度。

(1) 多媒体教学的主要形式

① 多媒体 CAI 课程。图文声像并茂的多媒体计算机辅助教学课程,由于其形象生动,信息量大,学习者为交互式的主动学习,学习效果相当好。多媒体 CAI 课程中,包括了教师采用多媒体手段进行辅助课堂教学、以 CD-ROM 为介质发行的多媒体计算机自学课程,以及基于计算机网络的采用超媒体手段的 CAI 课程。

② 远程视像教学。传统的电视大学的教学方式只有信息的广播"下行",是被动式的学习;而基于网络的远程视像教学,既有"下行",又可"上行",即可以进行交互、讨论,达到"面对面"的教学效果。这使得距离相隔较远的学生可以在一起学习。

③ 多媒体教学资源库。该资源库将包括多媒体教学素材库、优秀课件库和多媒体题库三大部分。有了内容丰富的多媒体教学资源库,可以让大部分教师能结合自己的课程,方便地利用多媒体来进行教学,有效地提高了教学质量和教学效率,使学生学得更好、更轻松、更具有创造力。

此外,结合了虚拟现实技术的多媒体培训还可用于一些特殊场合,比如利用多媒体计算机进行汽车驾驶技术的培训、在计算机模拟火灾演习中培训消防员掌握灭火技术等,降低了培训费用和风险。

(2) 多媒体技术对远程教育的影响

多媒体技术使远程教学传输过程网络化。网络远程教学模式依靠现代通信技术及多媒体计算机技术的发展,大幅度地提高了教育传播的范围和时效,使教育传播不受时间、地点、地域、国界、气候等的影响,真正打破了明显的校园界限,一改传统"课堂"的概念;学生能突破时空限制,接收到来自不同地区、国家、教师的指导,获得除文本以外更为丰富、直观、生动的多媒体信息,共享全国各地乃至世界各地图书馆的资料。它可以按学习者的思维方式组织教学内容,也可以由学习者自行控制和检测,使传统的教学由单向转为双向,实现了远程教学中教师与学生之间、学生与学生之间的双向交流。它使教学由大众化趋向个人化、个性化,学生的个别化学习得到了更为充分的体现。随着硬件环境的进一步发展和改善,远程教学已逐步过渡到以因特网为主的教学方式。

3. 办公与协作

① 多媒体办公环境。包括办公设备和管理信息系统等。由于增加了图、声、像的处理能力,增进了办公室自动化程度,比起单纯的文字处理,更加增进人们对工作的兴趣,提高工作效率。这也是社会进步的一个重要标志。

② 视像会议。当今的社会已进入世界范围内合作的阶段。计算机支持的 CSCW 协同工作环境,使得一个群体能通过多媒体计算机网络协同工作,完成一项共同的任务。从工业产品的协同设计制造,到医疗上的远程会诊;从科学研究的共同探讨、学术交流,到师生间的协同式教学。视像会议是多媒体协同工作重要的手段,它提供了几乎是面对面的图文声像的交流环境。

4. 电子商务

电子商务亦是多媒体应用的一个很大的市场,显现了飞速发展的趋势。多媒体技术主要应用在公司产品信息的发布和搜索、视像商务洽谈等许多电子商务的主要环节之中。客户不仅能通过多媒体光盘,还可以通过网络联机方式,对公司的产品和服务信息、产品开发速度、产品演示及实时更新的多媒体目录进行交互式访问。同时,它还特别适合于公司通过联机方式销售自己的产品,因为对于顾客来说,它是在一个可视的网上商店购物。多媒体还比较适合于提供可视的网上售后服务,增加顾客的满意度。

5. 设计与创作

多媒体技术的出现,给各类艺术家提供了极大的创作空间和极好的创作手段。计算机绘画功能已经大大促进了广告画设计行业的发展;影视业中使用数码编辑、图像变形等技术,使得影视效果得到了极大的加强,出现了像《侏罗纪公园》、《指环王》、《阿凡达》等影视佳作;也使电视台的片头和各类广告更加丰富多彩,更加吸引人们观看。3D 图像设计使得建筑师有了更好地表现自己设计作品的手段,使设计作品更加完美。同样,数码音响编辑设计手段和 MIDI 乐器的创作能力,使音乐家能创造出许多震撼人心的音乐佳作来。

9.2 多媒体信息的数字化与媒体形式

9.2.1 模拟信号的数字化

多媒体信息都是以数字信号的形式而不是以模拟信号的形式存储和传输的,而用传统的设备(如话筒、摄像机等)得到的媒体信号通常是模拟信号。为了能进入多媒体计算机进行存储和处理,模拟信号必须转换为数字信号,这称为 A/D 转换(Analog to Digital,模数转换)。最典型的例子是将语音信号转换为数字信号,将数字化得到的二进制数据存储在计算机中;要播放时,再用 D/A 转换(数模转换)电路将数字信号转换回模拟信号,经喇叭放出还原为声音。

模拟信号数字化的方法很多,最基本的一种方法称为 PCM 法(Pulse Code Modulation,脉冲编码调制)。该方法的转换过程分为采样、量化和编码三个步骤,如图 9-2 所示。

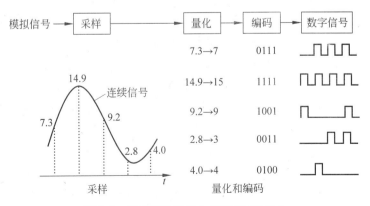

图 9-2 模拟信号数字化过程(PCM 法)

采样是在连续信号中每隔一定时间取一个值;量化是把其大小取整为 n 位二进制数所能表示的数,例如 $n=4$,即有 $2^n=16$ 个级别可用于表示一个采样信息,所以量化后只能以 0,1,2,…,15 这 16 个数之一来表示;编码即按一定的规律产生二进制位流输出信号。

　　数字化过程是离散化的过程,采样将连续的时间离散化;量化则将连续的幅度值离散化。数字化过程中有两个主要参数,一是采样频率,二是量化精度。采样定理指出,采样频率要高于信号最高有效频率的 2 倍,信号才可能完全复原。例如,话音最高频率为 4000Hz,则需每秒采样 8000 次;声音的最高频率为 20kHz,所以在多媒体计算机中使用的多是 44.1kHz 的采样频率。量化精度取决于用于表示一个采样值的二进制位数,位数越多,精度就越高。例如,用 16 位二进制表示声音,可将声音强度分为 $2^{16}=65536$ 级;若用 8 位,仅能区分出 $2^8=256$ 级,二者之间量化精度差别很大,用 16 位表示的声音比用 8 位的声音质量高得多。

9.2.2　文本(Text)

　　文本是人与计算机之间进行信息交换的主要媒体。纯文本文件常用 .txt 扩展名, .doc 是 MS Word 所采用的加入了排版命令的特殊文本文件。

　　如第 1 章所述,文字用编码的方式在计算机内存储和交换。为了显示或打印汉字,还需要字模库。字模库中存放的是汉字的字形信息,它可以用平面二进制位图即“点阵”方式表示,也可以用“矢量”方式表示。位图中最典型的是用“1”表示有笔画经过,“0”表示空白。位图方式占用的存储量相当大。例如,采用 64×64 点阵来表示一个汉字(其精度可提供给激光打印机输出),则一个汉字占 $64\times64\div8\text{bit}=512$ 字节 $=0.5\text{KB}$,一种字体(如宋体)的一、二级国标汉字(共 6763 个)所占的存储量为 $0.5\text{KB}\times6763=3382\text{KB}$,接近 3.3MB。汉字最常用的字体有宋体、仿宋体、楷体和黑体 4 种,此外,隶书、魏碑、综艺等字体也比较常用。由于字体众多,字模库所占的存储量是相当大的。矢量表示法则抓住了汉字的笔画特征进行表示,存储量较小,且字形可以随意放大而不产生“锯齿”形失真。

9.2.3　声音(Audio)

　　声音是一种波,频率在 20Hz～20kHz 的波称为音频波,小于 20Hz 的称为亚音波,大于 20kHz 的称为超音波。人们说话时产生的声波范围为 300～3000Hz;音乐波的频率范围可达到 10～20 000Hz,英文用 High-Fidelity Audio 来表示,一般就使用 Audio。

　　为了取得立体声音响效果,有时需要进行“多声道”录音,最起码有左、右两个声道,较好的则采用 5.1 或 7.1 声道的环绕立体声。所谓 5.1 声道,是指含左、中、右、左环绕、右环绕 5 个有方向性的声道,以及 1 个无方向性的低频加强声道。

　　采样频率越高,量化精度越高,声道数越多,声音质量就越好,数字化后的数据量也就越大。例如,采用 44.1kHz 采样,精度为 16bit(即 2 字节),在左、右两个声道的情况下,每秒声音所占的数据量为:

$$44.1\text{kHz}\times2\text{B}\times2(声道)=176.4\text{KB/s}$$

　　1 秒钟的声音就占 176KB 容量,一张软盘只够存储 8 秒钟声音,这对存储和传输来说负担都很重,所以必须对声音数据事先进行压缩,使数据量大大减少,到播放时再解压、还原。

声音文件是各种实际声音的数字化录音。无论是普通响声(如人的话语、关门声),还是音乐(如管弦乐队的演奏),都是人们用麦克风录制的数字文件。通常使用 Windows 中的录音机程序或专用的录音软件进行录制。硬件方面则要求有声卡(音频输入接口)、麦克风(Mic)或收音机、放音机等声源设备(使用 Line in 输入口)。计算机中常用的音频文件格式如表 9-2 所示。

表 9-2　常用音频文件格式及其功能特点

音频文件格式	功　能　特　点
WAV 音频(. wav)	Windows 使用的标准数字音频文件,是模拟信号数字化后的原始数字音频文件,因而体积比较大,往往需要压缩处理
MIDI 音频(. mid)	MIDI 是一种通信标准,用于规定程序电子合成器和其他电子设备之间交换信息与控制信号的方法。MIDI 记录的是乐谱符号的描述信息,因而文件体积很小,是目前比较成熟的音乐格式
Windows Medi Audio (. wma)	一种音频压缩文件,能够在保持音质的前提下采用较低的采样率
Real Audio 文件(. ra/. rm/. ram)	网络音乐与视频采用的格式,具有强大的压缩量和极小的失真,为适应网络传输带宽资源而量身定做,具有较好的容错性
AIFF 文件(. aif)	苹果公司与 Unix 联合开发的音频格式,与 WAV 相似
MPEG Layer 3(. mp3)	现在最流行的音频文件格式,是经过压缩的音频文件,如 MP3 歌曲等,大小只有几 MB
CD Audio(. cda)	唱片采用的格式,可以完全再现原始声音,但文件无法编辑,体积太大

9.2.4　图形(Graphics)

1. 图形的概念

图形是指由外部轮廓线条构成的,即由计算机绘制的直线、圆、矩形、曲线、图表等。计算机的图形显示方法分为矢量图形和位图图形两种。

矢量图形是使用直线和曲线来描绘图形的,称之为矢量,具有颜色和位置属性。当用户编辑矢量图形时,可以修改表述形状的线条和曲线的属性,可以移动和修改大小和形状,改变颜色,而不会改变外观质量。矢量图形的分辨率是独立的,这意味着可以用不同的分辨率显示,而质量不受损失。

位图图形是使用颜色点来描绘图形的,称之为像素,这些像素是在网格内安排好的。当用户修改位图图形时,需要修改的是像素而不是线条和曲线。位图图形的分辨率是同图形紧密关联的,这是由于描绘图像的数据是以特定尺寸固定在网格上的,因而编辑位图图形会改变它的显示质量。尤其是缩放一个位图图形时,会因为像素在栅格内的重新分配而导致图形边缘粗糙,变模糊。在比位图图形本身分辨率低的输出设备上显示图形,也会降低质量。

对于历史上保存下来的大量城市建筑结构图图纸,现在都需要输入计算机保存起来。它一般经过扫描仪扫描进入计算机,得到每个扫描点非黑即白的二值位图,然后经过一个矢量化工作软件,将 BMP 文件转化为矢量化图形文件保存起来。

AutoCAD 是著名的图形设计软件,它所使用的. dxf 图形文件就是典型的矢量化图形文件。在实际应用中,有些图形文件既可以存储位图,也可以存储矢量图形。而有些图形文件,里面存储的都是一些绘图命令。新的图形设计软件可以在完成框架设计以后,对其表面进行美化设计,例如增加光照和色彩效果等,使所设计的图形与图像十分接近。

图形有二维(2D)和三维(3D)之分。二维图形是指只有 X、Y 两个坐标的平面图形。三维图形是指具有 X、Y、Z 三个坐标的立体图形。真三维立体图形由于能给人以非常真实和使人兴奋的极好效果,现正不断扩大应用,除了军事训练、手术模拟等领域外,还将很快推广到娱乐市场。

2. 常用图形文件格式及其特点

(1) EPS 格式

EPS 格式是专门为存储矢量图设计的特殊的文件格式,输出的质量很高,能够描述 32 位色深,分为 Photoshop EPS 和标准 EPS 格式两种,主要是用于将图形导入到文档中。这种格式与分辨率没有关系,几乎所有的图像、排版软件都支持 EPS 格式。

在将 EPS 图形导入桌面出版程序后,可能只显示一个灰色的方框,这不是图形导入不正确,而是 DTP 程序不能显示,打印此图形时会正常输出。如想在布局中显示出图片,选择"位图预览"选项,这时画面中可生成一个低分辨率的预览图,DTP 程序可正常地将其显示出来。

(2) WMF 格式

WMF 格式是 Microsoft 公司设计的一种矢量图形文件格式,广泛应用于 Windows 平台,几乎每个 Windows 下的应用软件都支持这种格式,是 Windows 下与设备无关的最好格式之一。

(3) EMF 格式

EMF 格式文件是 WMF 格式的增强版,是 Microsoft 公司为弥补 WMF 格式的不足而推出的一种矢量文件格式。

(4) CMX 格式

CMX 格式是 Corel 公司经常使用的一种矢量文件格式,Corel 公司附带的矢量素材就采用这种格式。它的稳定性比 WMF 格式和 EMF 格式都要好,能更多地保存设计时的信息。

(5) SVG 格式

SVG 格式是一种开放、标准的矢量图形语言,可设计出激动人心的、高分辨率的 Web 图形页面。该软件提供了制作复杂元素的工具,如简便、嵌入字体、透明效果、动画和滤镜效果等,并可以使用平常的字体命令插入到 HTML 编码中。SVG 被开发的目的是为 Web 提供非光栅的图像标准。

9.2.5　图像(Image)

1. 图像的概念

图像是由扫描仪、摄像机等输入设备捕捉实际的画面产生的数字图像,是由像素点阵构成的位图。利用计算机可以很方便地对图像进行各种处理,如放大/缩小、剪辑拼接、强化轮廓等,在广告图像处理、遥感图像处理等许多方面得到了广泛的应用。

最典型的图像是照片和名画。它不像图形那样有规律、明显的线条,因此在计算机中难以用矢量来表示,基本上只能用点阵来表示。数字图像的最小元素称为像素,其大小是由"水平像素数×垂直像素数"来表示的。显示时,每一个显示点通常用来显示一个像素,普通 PC 机的 VGA 全屏显示模式就是由 640 像素/行×480 行=307200 像素来组成的。

与二值位图不同,图像的每一个像素不再仅仅只占 1 位,而是需要用许多位来表示。例如,一个像素使用 8 位来表示时,黑白图像可以表示出由白到黑 256 种灰度,彩色图像可以表示 256 色。彩色图像的像素通常是由红绿蓝(RGB)3 种颜色搭配而形成的。如采用 24 位表示一个彩色像素,则在这里 24 位被分为 3 组,每组 8 位,分别表示 RGB 三种颜色的色度,每种颜色分量可有 256 个等级。当 RGB 三原色以不同的值搭配时,可以得到的颜色数为 $2^8 \times 2^8 \times 2^8 \cong 1677$ 万种,称为百万种颜色的"真彩色"图像。若 RGB 全部设置为 0,则为黑色;全部设置为 255,则为白色。

数字图像文件存储方式有:①位映射图像,以点阵形式存取文件,按点排列顺序读取数据;②光栅图像,也是以点阵形式存取文件,但以行为单位读取;③矢量图像,用数学方法来描述图像。

数字图像的最大特点是其所占存储量极为巨大。例如,一幅能在标准 VGA 显示屏(分辨率为 640×480)上全屏显示的真彩色图像(即以 24 位表示),所占存储量接近一张软盘的存储容量:

$$640 \text{ 像素/行} \times 480 \text{ 行} \times 24 \text{ 位/像素} \div 8 \text{ 位/字节} = 921600 \text{ 字节} \cong 900\text{KB}$$

将一张 3 英寸×5 英寸的彩色相片扫描为数字图像,若扫描分辨率为 1200dpi(点/英寸),则数字图像文件的大小为:

$$5 \text{ 英寸} \times 1200 \text{ 点/英寸} \times 3 \text{ 英寸} \times 1200 \text{ 点/英寸} \times 24 \text{ 位/点} \div 8 \text{ 位/字节}$$
$$= 64800000 \text{ 字节} \cong 62\text{MB}$$

可见数据量之庞大。因此,要对数字图像进行压缩,使它能以较小的存储量存储和传送,成为关键的问题。科技界研究了许多压缩算法,对于静态图像,在失真不大的情况下,压缩比可达到 10 倍、30 倍,甚至 100 倍。

将图像输入计算机,主要采用扫描仪扫描输入,或用数码相机拍摄后直接输入计算机。图像输入时,分辨率的选择要视图像的用途而定。如果主要用于屏幕显示,可以选用较低的分辨率(如 160dpi),以保证只需较小的存储量;如果用于打印输出,则要求具有尽可能高的输入分辨率(如 600dpi、1200dpi,甚至更高),用 1440dpi 甚至更高的分辨率打印输出。

2. 常用图像文件格式及其特点

(1) BMP 格式

BMP 格式的文件名后缀是 .bmp,其色彩深度有 1 位、4 位、8 位及 24 位几种格式。BMP 格式的应用比较广泛,由于采用非压缩格式,所以图像质量较高,缺点是这种格式的文件占用空间比较大,通常只能应用于单机,不适于网络传输,一般情况下不推荐使用。

(2) TIFF 格式

TIFF 格式简称 TIF 格式,适用于不同的应用程序及平台,和图形媒体之间的交换效率很高,并且与硬件无关,是应用最广泛的点阵图格式,是最佳的无损压缩选择之一。

TIF 格式具有图形格式复杂、存储信息多的特点,它最大的色彩深度为 48bit,适合从 Photoshop 中导出图像到其他排版制作软件中。

（3）PSD 格式

PSD 是 Photoshop 的默认格式。在 Photoshop 中,这种格式的存取速度比其他格式都要快,功能也较强大。其文件扩展后缀名为 .psd,支持 Photoshop 的所有图像模式,可以存放图层、通道、遮罩等数据,便于使用者反复修改,但是此格式不适用于输出(打印、与其他软件的交换)。

（4）JPEG 格式

JPEG 格式简称 JPG 格式,是比较流行的文件格式,适用于压缩照片类的位图图像,可支持不同的文件压缩比。由于它采用的压缩技术先进,对图像质量影响不大,因此可用最少的磁盘空间得到最好的图像质量,是目前最好的摄影图像压缩格式。由于 JPG 格式一直在发展、演化,其标准中有可选项,所以存在不兼容的现象。色彩信息比较丰富的图像适用于 JPG 压缩格式。

（5）PCD 格式

PCD 格式是 Photo CD 专用存储格式,它是 Kodak 公司的一项专门技术。这种文件格式支持从专业摄影到普通显示用的多种图像分辨率,因采用高质量设备,效果是一流的。

（6）GIF 格式

GIF 格式是一种流行的彩色图形格式,常应用于网络。GIF 是一种 8 位彩色文件格式,它支持的颜色信息只有 256 种,但是它同时支持透明和动画,而且文件量较小,所以广泛用于网络动画。

（7）PNG 格式

PNG 是新兴的一种网络图像格式,结合了 GIF 和 JPG 的优点,具有存储形式丰富的特点。PNG 最大的色深为 48bit,采用无损压缩方式存储,是 Fireworks 的默认格式。

9.2.6　视频（Video）

视频图像是一种活动影像,它与电影和电视原理一样,都是利用人眼的视觉暂留现象,将足够多的画面(Frame,帧)连续播放,只要能够达到每秒 20 帧以上,人的眼睛就觉察不出画面之间的不连续性。电影是以每秒 24 帧的速度播放的,电视则依据视频标准的不同,有每秒 25 帧(PAL 制,中国用)和每秒 30 帧(NTSC 制,北美用)之分。活动影像的帧率如果在 15 帧/秒之下,将产生明显的闪烁感,甚至停顿感;相反,若提高到 50 帧/秒甚至 100 帧/秒,则感觉到图像极为稳定。

视频的每一帧实际上就是一幅静态图像,所以图像存储量大的问题在视频中显得更加严重,因为播放 1 秒钟视像需要 20～30 幅静态图像。幸而,每幅图像之间往往变化不大,因此,在对每幅图像进行 JPEG 压缩之后,还可以采用移动补偿算法去掉时间方向上的冗余信息,这就是 MPEG 动态图像压缩技术。其中,MPEG-1 压缩标准具有中等分辨率,其分辨率与普通电视接近,为 VCD 机采用,位速率在 1.15～1.5Mbps;MPEG-2 压缩标准的分辨率达到高清晰度水平,为 DVD 机所采用,位速率在 4～10Mbps 之间。

在 PC 机中常见的视频影像文件格式主要有：

① . avi 格式，Audio Video Interleaved 的缩写，即音频视频交错格式，是 Windows 所使用的动态图像格式。它不需要特殊的设备，就可以将视频和音频交织在一起同步播放。这种视频格式的优点是图像质量好，可以跨多个平台使用，缺点是数据量较大。

② . mpeg、. mpg 或 . dat 格式，也就是运动图像专家组（Motion Pictures Experts Group，MPEG）制定的压缩标准所采用的格式，供动画和视频影像使用，是运动图像压缩算法的国际标准。这种格式数据量较小，家用的 VCD、SVCD、DVD 等就采用这种格式。目前 MPEG 格式有 3 个压缩标准，分别是 MPEG-1、MPEG-2 和 MPEG-4。此外，MPEG-7 与 MPEG-21 正处在研发阶段。

③ . ra、. rm 或 . rmvb 格式是 RealNetworks 公司开发的一种新型流式视频文件格式，它包含在 RealNetworks 公司所制定的音频视频压缩规范 RealMedia 中，主要用来在低速率的广域网上实时传输活动视频影像，可以根据网络数据传输速率的不同而采用不同的压缩比率，实现影像数据的实时传送和实时播放。

④ . mov 格式是 Apple 计算机公司开发的一种音频、视频文件格式，用于保存音频和视频信息，具有先进的音视频功能。

⑤ . asf 是 Microsoft 公司采用的流式媒体播放的文件格式，比较适合在网络上进行连续的视像播放。

其他视频文件格式还有 DivX、WMV 等。

视频图像输入计算机是通过将摄像机、录像机或电视机等视频设备的 AV 输出信号，送至 PC 机内的视频图像捕捉卡进行数字化而实现的。数字化后的图像通常以 . avi 格式存储，如果图像卡具有 MPEG 压缩功能，或用软件对 . avi 进行压缩，则以 . mpg 格式存储。新型的数字化摄像机不再需要通过视频捕捉卡，能直接从 PC 的并行口、SCSI 口或 USB 口等数字接口输入计算机，得到数字化图像。

9.2.7　动画（Animation）

动画也是一种活动影像，最典型的是"卡通"片，它与视频影像不同的是，视频影像一般是指生活中发生的事件的记录，而动画通常指人工创造出来的连续图形所组合成的动态影像。

动画也需要每秒 20 幅以上的画面。每个画面的产生可以是逐幅绘制出来的（例如卡通片），也可以是实时"计算"出来的（例如立体球的旋转）。前者绘制工作量大，后者计算量大。二维动画相对简单，三维动画就复杂得多，它要经过建模（指产生飞机、人体等三维对象的过程）、渲染（指给以框架表示的动画贴上材料、涂上颜色等）、场景设定（定义模型的方向、高度，设定光源的位置、强度等）、动画产生等过程，常需要高速的计算机或图形加速卡及时地计算出下一个画面，才能产生较好的立体动画效果。

FCI/FLC 是 AutoCAD 的设计厂商 Autodesk 设计的动画文件格式，Autodesk 产品 Animator、3D Studio MAX、Animator Pro 等都支持这种格式。MPG、AVI 也可以用于动画文件格式。

9.3　多媒体计算机系统组成

9.3.1　多媒体计算机系统的层次结构

多媒体计算机系统是指能综合处理多媒体信息,使多种信息建立联系,并具有交互性的计算机系统。多媒体系统结构包括计算机硬件、软件及其外部设备,甚至其他一些通过计算机控制的视听设备也包括在内,其结构大致可分为 8 个层次,由下而上依次为:多媒体外围设备、多媒体计算机硬件、多媒体输入/输出控制卡及接口、多媒体驱动软件、多媒体操作系统、多媒体数据处理软件、多媒体创作软件和多媒体应用软件,如图 9-3 所示。

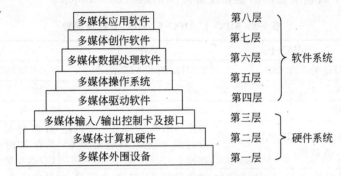

图 9-3　多媒体计算机系统的层次结构

① 第一层:多媒体外围设备,负责视听媒体信息的输入/输出,如扫描仪、摄像机、显示器、麦克风、音箱、光驱等。

② 第二层:多媒体计算机硬件,包括计算机的主要硬件,如内存、主板、CPU、硬盘等。

③ 第三层:多媒体输入/输出控制卡及接口,包括各种外部设备的接口卡,如声卡、视卡、SCSI 接口卡等。

④ 第四层:多媒体驱动软件,包括各种外部设备的驱动程序,如声卡驱动程序、视卡驱动程序、扫描仪驱动程序等。

⑤ 第五层:多媒体操作系统,是指多媒体系统开发运行的基础,包括操作系统的输入/输出控制界面(如解压卡系统运行的控制面板)程序。

⑥ 第六层:多媒体数据处理软件,包括对象的构造、产生、处理及窗口环境建立的系统,如 Windows Software Development Kit(SDK),供用户二次开发使用。

⑦ 第七层:多媒体创作软件,如 WaveEdit、Photoshop、Director、3D Studio MAX 等各种媒体制作编辑系统。

⑧ 第八层:多媒体应用软件,包括多媒体编辑系统和多媒体播放系统。多媒体编辑系统是指多媒体开发工具,它是多媒体系统软件的编制环境。设计者可以利用编辑系统制作各种文教、娱乐、商业、旅游等多媒体系统节目。常用的多媒体编辑系统有 Authorware、Toolbook、Action 等。多媒体播出系统可以是直接在计算机上的播出系统,即计算机硬盘上的多媒体系统产品,也可以是单独播出的体系,如 CD 光盘。

以上第一层到第三层构成多媒体系统的硬件系统,第四层到第八层构成多媒体系统的软件系统。

9.3.2　多媒体计算机标准

多媒体计算机具有多媒体处理功能,要有较大的主存空间和较高的处理速度,故MPC主机既要有功能强、运算速度高的中央处理器,又要有分辨率高的显示接口。因此,1990年11月,在Microsoft公司的主持下,由Microsoft、IBM、Philips、NEC等14家较大的多媒体计算机公司组成的"多媒体个人计算机市场协会"制定了MPC平台标准,第一个MPC-Ⅰ标准出台于1991年。在这个标准中,规定了多媒体计算机系统应具备的最低标准。此后根据其发展,先后在1993年和1995年公布了MPC-Ⅱ和MPC-Ⅲ两个级别的MPC标准。三个级别所规定的主要设备性能指标如表9-3所示。

表 9-3　MPC-Ⅰ、MPC-Ⅱ、MPC-Ⅲ标准配置

基本部件	MPC-Ⅰ	MPC-Ⅱ	MPC-Ⅲ
CPU	16MHz 的 80386SX	25MHz 的 80486SX	75MHz 的 Pentium
内存	2MB	4MB	8MB
硬盘	30MB	160MB	540MB
CD-ROM	数据传输率 150KB/s,符合 CD-DA 规范	数据传输率 300KB/s,平均存取时间 400ms,符合 CD-XA 规范	数据传输率 600KB/s,平均存取时间 250ms,符合 CD-XA 规范
音频卡	量化位数 8 位,8 个音符合成器	量化位数 16 位,8 个音符合成器	量化位数 16 位,波形合成技术
显示适配器	VGA 640×480,16 色或 320×200,256 色	Super VGA640×480,65535色	Super VGA640×480,65535色
I/O	串行接口、并行接口、MIDI 接口、游戏杆串口	串行接口、并行接口、MIDI 接口,游戏杆串口	串行接口、并行接口、MIDI 接口,游戏杆串口

MPC是目前市场上最流行的多媒体计算机系统,通常可通过两种方式构成MPC:一是厂家直接生产一体化的MPC;二是在原有的PC机上增加多媒体套件升级为MPC。升级套件主要有声卡、CD-ROM驱动器及解压卡等,再安装上驱动程序和软件支撑环境即可构成。

上述配置标准目前已经远远落后了,在此列出,只是为了让读者了解多媒体计算机的发展过程,从中感悟多媒体计算机与普通计算机在部件配置上的差异。

9.3.3　多媒体计算机硬件设备

构成多媒体计算机硬件系统除了需要较高配置的计算机主机外,通常还需要音频、视频处理设备、光盘驱动器、各种媒体输入/输出设备等。由于多媒体计算机系统需要计算机交互式地综合处理声、文、图信息,不仅处理量大,处理速度要求也很高,因此对多媒体计算机系统的要求比通用计算机系统更高。

通常对多媒体计算机基本硬件结构的要求是:有功能强、速度高的主机,有足够大的存储空间(主存和辅存),有高分辨率的显示接口和设备。图9-4所示为多媒体计算机硬件系统基本组成。

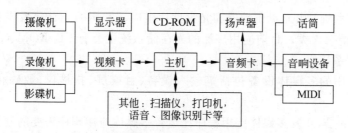

图 9-4　多媒体计算机硬件系统基本组成

1. 主机

多媒体计算机主机可以是大、中型机，也可以是个人机、工作站、超级微机等，目前普遍使用的是 MPC。当前流行的 CPU 芯片均增加了多媒体数据处理指令和数据类型，例如 Pentium 4 微处理器包括了 144 条多媒体及图形处理指令。

2. 多媒体设备接口

在制作和播放多媒体应用程序工作环境中，多媒体设备接口是必不可少的硬件设施，它们是根据多媒体系统获取、编辑音频或视频的需要而插接在计算机上的，以解决各种媒体数据的输入/输出问题。通用的多媒体设备接口包括并行接口、USB 接口、SCSI 接口、IEEE 1394 接口和 VGA 接口等。

① 并行接口（简称并口），是采用并行通信协议的扩展接口。它的数据传输率比串行接口快 8 倍，标准并口的数据传输率为 1Mbps，一般用来连接打印机、扫描仪、外置存储设备等。

② USB 接口，亦即通用串行总线接口，它具有即插即用的优点，因此成为一种十分常用的接口方式，可用于连接打印机、扫描仪、外置存储设备、游戏杆等。USB 有两个规范，即 USB 1.1 和 USB 2.0。

③ SCSI 接口，是一种广泛应用于小型机上的高速数据传输技术。它具有与多种外设通信的能力，其特点是应用范围广、多任务、带宽大、CPU 占用率低，以及支持热插拔等优点，可用于连接外置存储设备、打印机等。

④ IEEE 1394 接口，也称"火线"接口，是苹果公司开发的串行标准。IEEE 1394 也支持外设热插拔，并可为外设提供电源，省去了外设自带的电源。IEEE 1394 接口能连接多个不同设备，并支持同步数据传输。它主要用于连接数码相机、DVD 驱动器等。

⑤ VGA 接口，亦即视频图形阵列接口，用于在显示卡上输出模拟信号，一般用来连接显示器。

3. 多媒体设备

多媒体设备十分丰富，工作方式一般为输入和输出。按其功能又可分如下几类。

① 音频设备：是音频输入/输出设备的总称，包括很多种类型的产品，一般分为：功放机、音箱、多媒体控制台、数字调音台、音频采样卡、合成器、中高频音箱、话筒，PC 中的声卡、耳机等。

② 视频设备：主要包括视频采集卡、DV 卡、电视卡、视频监控卡、视频压缩卡等。视频信息的采集和显示播放是通过视频卡、播放软件和显示设备来实现的。

③ 光存储系统：由光盘驱动器和光盘盘片组成。常用的光存储系统有只读型、一次写型和可重写型三大类。目前应用广泛的光存储系统主要有 CD-ROM、CD-R、CD-RW、DVD 和光盘库系统等。

④ 其他常用的多媒体设备包括笔输入设备、触摸屏、扫描仪、数码相机、数码摄像机等。

需要指出的是，开发多媒体应用程序比运行多媒体应用程序需要的硬件环境更高，基本原则是多媒体开发者使用的硬件设备要比用户的速度更快、功能更强、外部设备更多。

9.3.4 多媒体计算机软件系统

1. 多媒体软件系统的层次结构

多媒体计算机软件系统按功能分为系统软件和应用软件。

系统软件是多媒体系统的核心，它不仅具有综合使用各种媒体、灵活调度多媒体数据进行媒体传输和处理的能力，而且能控制各种硬件设备和谐地工作，即将种类繁多的硬件有机地组织到一起，使用户能灵活控制多媒体硬件设备和组织，操作多媒体数据。

多媒体软件可以分为 5 个层次，如图 9-5 所示。这种层次划分没有绝对的标准，它是在发展过程中逐渐形成的，其中，低层软件建立在硬件基础上，高层软件建立在低层软件的基础上。

(1) 多媒体硬件驱动程序

多媒体硬件驱动程序也称为驱动模块，是最底层硬件的软件支撑环境，直接与计算机硬件打交道，完成设备初始化、各种设备操作、基于硬件的压缩/解压缩、图像快速变换及功能调用等。通常，驱动程序有视频子系统、音频子系统以及视频/音频信号获取子系统等。一种多媒体硬件需要一个相应的驱动程序。驱动程序一般随硬件产品提供，它常驻内存。

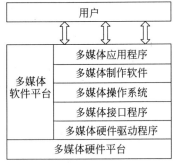

图 9-5 多媒体软件系统的层次结构

(2) 多媒体接口程序

多媒体接口程序是高层软件与驱动程序之间的接口，为高层软件建立虚拟设备。

(3) 多媒体操作系统

多媒体操作系统的任务是控制多媒体设备的使用，协调应用软件环境的各项操作。它应该具有多任务的实时处理能力，支持多媒体数据格式，支持对音频、视频的实时处理和同步控制等。比如，Microsoft 公司的 Windows，Apple 公司的 QuickTime 就是这样的系统。

(4) 多媒体制作软件

多媒体制作软件，包括基本素材制作软件，如声音录制、图像扫描、全动态视频采集、动画生成等软件，以及多媒体项目制作专业软件，如 Authorware 等。

(5) 多媒体应用程序

多媒体应用程序包括系统提供的一些应用程序，如 Windows 系统中的录音机、媒体播放器和为用户开发的多媒体应用程序等，用于多媒体项目的播放。多媒体应用程序是多媒体项目和用户连接的纽带。

2. 常用的多媒体设计软件

多媒体设计软件基本上可分为两大类：一类由完成支撑平台功能的软件构成，称为"平台软件"；另一类由各种各样专门用于制作素材的软件构成。

平台软件通常是一些可编程的系统，其主要作用是把各种素材有机地组合起来，并利用可编程环境创建人—机交互功能。这类设计软件还提供操作界面的生成、添加交互控制、数据管理等功能。常用的多媒体平台软件有 Authorware、Visual Basic（VB）、Macromedia Director 等。

多媒体的素材编辑软件有很多，适用于不同元素的处理。按照处理对象的不同，可以分为文字编辑软件、图像编辑软件、动画编辑软件、音频编辑软件、视频编辑软件等。

（1）文字编辑软件

常用的文字编辑软件有 Word 2003、WPS 2000 等。很多字处理软件同时允许嵌入文本、图像和视频等多媒体元素。

（2）图像编辑软件

图像编辑软件是用来对已有的位图图像进行改进和润色的专门软件，这类软件还提供了很多位图和矢量图绘制的功能和工具。常用的图像编辑软件有 Photoshop、CorelDraw、PhotoStyler、FreeHand、PainShop Pro、ACD See 等。

（3）音频编辑软件

音频编辑软件可以进行声音的数字化处理和制作 MIDI 声音，可以非常精确地对声音进行剪切、复制、粘贴和其他编辑处理。常用的音频处理软件有：①GIF Construction Set 和 Real Jukebox，这两个软件主要用于将声音进行数字化处理；②Goldwave、Cool Edit Pro、Acid WAV，这三个软件用于对数字化后的声音进行剪辑、编辑、合成；③L3Enc、Xingmp3 Encoder、WinDAC32，这三个软件用于将音频文件压缩成 MP3 格式。

（4）动画编辑软件

动画由一系列快速播放的位图或矢量图构成。常用的动画编辑软件有：①Animator Pro、Flash、3ds max、Maya、Cool 3D、Poser 等，这些软件是动画的绘制和编辑软件，它们拥有丰富的图形绘制和着色功能，并具备了动画的生成功能，是原始动画的重要创建工具；②Animator Studio 和 GIF Construction Set，这两个软件是动画的处理软件，用于对动画素材进行后期合成加工。

（5）视频编辑软件

常用的视频编辑软件有 Adobe Premiere 和 After Effects，它们都是功能强大和性能优良的视频编辑软件，且操作简单，界面友好。

9.4　多媒体基本应用工具的使用

9.4.1　Windows 图像编辑器

"画图"程序是 Windows 为用户提供的绘画作图工具。利用其中的各种工具，用户可以很方便地绘制点、线、圆等基本图形,还可以建立、编辑和打印各种复杂的图形。"画图"程序是一个功能十分强大的应用程序,通过它可以将图形搬到其他应用程序窗口中,或将其他应用程序中的图形复制到"画图"窗口中,也可以将画出来的图片用作桌面背景。

1. 启动"画图"程序

单击"开始"→"程序"→"附件"→"画图"命令,弹出如图 9-6 所示的"画图"窗口。还可以在 Office 2003 应用程序(如 Word 2003)中选择"插入"→"对象"命令,在弹出的对话框的列表框中选择"画笔图片"程序,然后单击"确定"按钮,即可进入"画图"窗口。该窗口中除了标题栏和菜单栏外,主要由"工具箱"、"线宽框"、"调色板"、"绘图区"、"状态栏"和"滚动条"6 个部分组成。

"画图"程序是一个位图(bitmap)绘制程序,有一整套绘制工具及比较丰富的色彩。"画图"程序建立的文件在保存时自动以.bmp(位图)作为扩展名。利用"画图"程序进行绘图,最主要的操作有 3 种:一是从"工具箱"中选取一种工具;二是从"线宽框"中选择画线的宽度;三是选取颜色,前景色用鼠标左键选取,背景色用鼠标右键选取。

2. 绘图工具箱的使用

画图的绘图工具箱中共有 16 种工具,分别用 16 种图标表示,如图 9-7 所示。在需要选择某一种绘图工具时,首先将鼠标指针移到对应的图标上,然后单击即可。下面分别介绍各绘图工具的功能与有关的操作。

图 9-6　"画图"窗口　　　　图 9-7　绘图工具箱

(1) 任意形状的裁剪工具

功能:在当前编辑的图形中选取不规则边界区域中的图形。

操作:选中本工具,将光标移到区域边界上的某一点后,按住鼠标左键,然后沿区域边界拖动鼠标绕区域一周释放左键。此时,区域被虚线边界包围,该区域被选中。

(2) 选中工具

功能:在当前编辑的图形中选取某矩形区域中的图形。

操作:选中本工具后,将光标移到矩形区域的左上角,按住鼠标左键,拖动鼠标到矩形区域的右下角后释放左键。此时,虚线框内的区域就被选中。

(3) 橡皮/彩色橡皮工具

功能:擦除与当前前景色相同或相近的颜色(即变为背景色)。

操作:选中本工具,再在工具箱下方的线宽框中选中橡皮的大小,将光标移到需要擦除的位置后,按住鼠标左键,沿着擦除的部位拖动鼠标;释放鼠标左键,即结束擦除。

(4) 用颜色填充工具

功能:将选中的前景色填入封闭区域内。

操作:选中本工具,将光标指针置于某封闭区域(如空心方框、空心圆等)中后单击,则该区域被前景色填满。如果区域不封闭,则在全窗口内用前景色填满。

(5) 取色工具

功能:在不同区域或对象之间复制颜色。

操作:选中本工具,然后单击包含要复制的颜色的区域,再单击要更换为新颜色的对象或区域。

(6) 放大工具

功能:将绘图区的图形放大或还原。

操作:选中本工具后,在绘图区中单击鼠标一次,即将图形放大;当再次选中本工具后,在绘图区中单击鼠标一次,图形即还原。

(7) 铅笔工具

功能:以选中的前景色自由画线。

操作:选中本工具后,就可以以选中的前景色通过移动鼠标在绘图区自由画线。

(8) 刷子工具

功能:以选中的前景色和画线宽度自由地绘制线条。

操作:选中本工具后,将光标移到起始点,按住鼠标左键移动鼠标,即可以画出与光标移动轨迹相同的线条。释放鼠标左键,即停止绘制。

(9) 喷枪工具

功能:产生喷雾状效果的图形(如云彩、阴影等)。

操作:选中本工具后,单击绘图区中需要喷雾的位置,画面上就会出现一团雾状圆圈。

如果按住鼠标左键拖动鼠标,会产生一条雾状轨迹;释放鼠标左键,喷雾就停止。在这种情况下,拖动的速度将影响喷雾的密度。

(10) 文字工具

功能:在图形中加入文字标注。

操作:选中本工具后,单击绘图区中需要加注文字说明的位置,此时出现文本光标,表示可以开始输入文字。

(11) 直线工具

功能:绘制直线。

操作:选中本工具后,按住鼠标左键,从直线的起点拖动到终点,释放鼠标左键即形成一条直线。

（12）曲线工具

功能：绘制光滑曲线。

操作：选中本工具，首先按住鼠标左键，从曲线的起点拖动到终点，释放鼠标左键后即形成一条连接曲线两个端点的直线。然后，将光标置于需要弯曲的位置处，按住鼠标左键并拖动鼠标，直线就向光标移动的方向弯曲，弯曲程度感到满意后释放鼠标左键。如果释放鼠标左键后又感到不满意，可用单击鼠标右键的方法来取消本次曲线的成形。

（13）矩形工具

功能：绘制矩形空心框。

操作：选中本工具，将光标移到方框的左上角，按住鼠标左键并拖动到方框的右下角后释放按键，即形成一个矩形框。

（14）多边形工具

功能：绘制空心多边形。

操作：选中本工具，首先将光标移到多边形的任意一个顶点，按住鼠标左键并拖动到下一个顶点，释放按键后即形成第一条边；然后，依次将光标移到各顶点后单击，即依次形成各条边。当到最后一个顶点时，双击鼠标左键，即形成最后两条边。在多边形未封闭之前，可以单击鼠标右键来取消刚形成的边。

（15）椭圆工具

功能：绘制空心圆或空心椭圆。

操作：选中本工具后，按照画方框的方法来绘制圆或椭圆的外切矩形，但实际得到的是圆或椭圆。

（16）圆角矩形工具

功能：绘制空心圆角框。

操作：方法与"矩形工具"相同。

3. 编辑图形

① 要编辑一个已经存在的图形文件，可选择"文件"→"打开"命令，然后在"打开"对话框中指定要打开文件所在的驱动器、文件夹、文件类型及文件名。

② 要绘制一幅新的图画，可选择"文件"→"新建"命令，然后在空白的绘图区绘制图形。

③ 要设置图画的尺寸和颜色，可选择"图像"→"属性"命令，打开"属性"对话框，设置画布的宽度和高度。

④ 要设置当前的前景色，应在颜料盒中某个颜色块上单击鼠标左键。如果要设置当前的背景色，应在颜料盒中某个颜色块上单击鼠标右键。

⑤ 要输入文本，执行以下步骤：

· 单击工具箱中的"文字"工具 **A**。

· 在绘图区拖放鼠标指针，出现一个文本框和一个文本工具栏。

· 选中文本的前景色和背景色。

· 在文本框中输入文字。

· 完成文本输入后，在文本框外单击鼠标。

⑥ 绘制图形一般步骤如下：

- 在工具箱中单击选择相应的工具。
- 选择前景色和背景色。
- 将鼠标移动到绘图区指定位置，单击或拖放鼠标即可画出相应形状。

4. 插入图形文件

在画图程序中，不仅能通过粘贴的方式插入图形，还能直接把一个图形文件添加到画图区，具体操作步骤为：

① 单击"编辑"→"粘贴自"命令。

② 在出现的对话框中，指定图形文件名。

③ 单击"打开"按钮，即可插入图形。

5. 保存图形

可以将整幅图形保存到一个文件，也可将选中区域单独保存。

（1）保存整幅图形

当绘图工作告一段落时，单击"文件"→"保存"或"另存为"命令，可以把画图区中的内容保存起来。如果是第一次保存，将弹出"另存为"对话框，然后输入文件名，并选择保存类型。默认保存类型为.bmp 位图文件，也可保存为.jpg、.gif、.tif 等格式的文件。最后单击"保存"按钮。

（2）保存选中区域图

有时用户想将图片的部分内容保存到另一个位图文件，画图程序特为此提供了"复制到"命令，操作步骤为：

① 选中图片的某一部分。

② 单击"编辑"→"复制到"命令，弹出"复制到"对话框。

③ 选择保存位置，然后输入文件名，并选择保存类型，再单击"保存"按钮即可。

9.4.2　Windows 音频、视频工具的使用

1. 录音机

录音机是 Windows 自带的用于数字录音的多媒体附件，利用它可以录制、混合、播放和编辑声音，也可以将声音链接或插入到另一个文档中。如果要使用该附件，计算机上必须安装声卡和扬声器。如果用户想要现场录音，还必须配上一个话筒。录下的声音被保存为扩展名为.wav 的波形文件。

（1）启动录音机程序

单击"开始"→"程序"→"附件"→"娱乐"→"录音机"命令，即启动"录音机"程序，出现如图 9-8 所示的窗口。

窗口中央是一个声音波形振荡显示屏，可以显示声音波形，中间的绿线是波形的基线；左边的"位置"指示当前录音或放音的位置；右边的"长度"指示要播放的声音的总长度。它们的下面摆放着一个标尺，标尺中的游标指示当前录音或放音的相对位置。窗口底部是 5 个控制

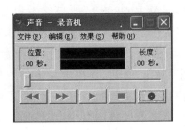

图 9-8　"录音机"窗口

按钮,自左至右分别用于"快退"、"快进"、"播放"、"停止"和"录音"。

（2）录音

操作方法是：选择"文件"→"新建"命令,然后单击"录音"按钮开始录音;录音完毕后,单击"停止"按钮;最后在"文件"菜单中选择"另存为",将录音以文件的形式保存在磁盘上。

（3）播放声音

操作方法是：选择"文件"→"打开"命令,定位到要播放的声音文件,双击该文件;单击"播放"按钮,即开始播放声音;单击"停止"按钮,则停止播放声音;单击"快进"按钮,可以移动到声音文件的开头;单击"快退"按钮,则移动到文件末尾。

（4）混合声音文件

混合声音文件是将声音文件合并在一起以创建新的声音文件,不过,只能混合未压缩的声音文件。操作方法是：选择"文件"→"打开"命令,定位要修改的声音文件,双击该文件;将滑块移动到文件中要混入声音文件的地方,选择"编辑"→"与文件混音"命令,然后输入要混合的文件名称。

（5）将声音插入到文档

将声音文件插入到文档,可使文档丰富多彩,操作方法是：选择"文件"→"打开"命令,定位要插入的声音文件,然后双击该文件;选择"编辑"→"复制"命令;再使用字处理程序打开要在其中插入声音的文档,然后单击要插入声音的位置,最后选择"编辑"→"粘贴插入"或"粘贴混入"命令即可。

（6）将声音文件链接到文档

将声音文件链接到文档,可以添加声音而不增加文件的大小,操作方法是：选择"文件"→"打开"命令,定位到要链接的声音文件,然后双击该文件;选择"编辑"→"复制"命令,再使用字处理程序打开要在其中链接声音的文档,然后单击要插入声音的位置;选择"编辑"→"特殊粘贴"（如果"编辑"菜单中没有"特殊粘贴"命令,则表明程序不支持链接）命令,单击"粘贴链接",然后单击"确定"按钮。

2. 媒体播放器

Windows 自带的媒体播放机（Windows Media Player）是一种通用的多媒体播放机,允许用户播放不同类型的多媒体文件,包括视频文件、音频文件和动画文件,支持常见的.mpg、.avi、.mov、.wav、.mp3、.mid 等文件格式。此外,还可以使用此播放机收听全世界的电台广播、播放和复制 CD、创建自己的 CD、播放 DVD 以及将音乐或视频复制到便携设备中。

单击"开始"→"程序"→"附件"→"娱乐"→Windows Media Player 命令,即启动 Windows Media Player 程序,出现如图 9-9 所示的窗口。

选择"文件"→"打开"菜单命令,再单击"浏览"按钮,选中要打开的媒体文件,然后单击"确定"按钮,再单击左下角的"播放"按钮就开始播放。用户不但可以单击屏幕下面的控制按钮来开始或停止播放,还可以单击屏幕来暂停播放,再单击屏幕继续播放;还可以设定播放屏幕的大小,在屏幕上单击右键,选择"缩放"选项中的"200％",视频的显示屏幕就会增加 1 倍;还可以放到全屏来看,方法是：在屏幕上单击右键,再选择"全屏幕"菜单

图 9-9　Windows Media Player 窗口

命令。

在 Windows 的资源管理器中,用户可以通过双击一个媒体播放器支持的文件来播放该文件。

3.其他的音频、视频播放工具

其他常见的音频播放软件有 Winamp、RealPlayer、Cakewalk 等。如果要对音频文件进行加工处理,应使用 Audition、GoldWave 等专业音频处理软件。

其他常见的视频播放软件有 RealPlayer、QuickTime Player、超级解霸等。如果要对视频文件进行加工处理,应使用 Premiere、AfterEffect 等专业视频处理软件。

9.4.3　压缩工具 WinRAR 的基本操作

压缩软件可以使文件变得更小,便于交流。WinRAR 是一款相当不错的压缩软件,在某些情况下,它的压缩率比 WinZip 还要大。WinRAR 的一大特点是支持很多压缩格式,除了 .rar 和 .zip 格式(经 WinZip 压缩形成的文件)的文件外,WinRAR 还可以为许多其他格式的文件解压缩。同时,使用该软件可以创建自解压可执行文件。

1.利用 WinRAR 压缩文件

当用户在文件名上右击时,将弹出如图 9-10 所示的快捷菜单。图中用圆圈标注的部分就是与 WinRAR 相关的菜单命令。

首先介绍"添加到档案文件"菜单命令(档案文件就是生成的压缩文件)。当选择该菜单命令后,就会出现如图 9-11 所示的"压缩文件名和参数"窗口。在本窗口中要完成的主要设置都在"常规"选项卡内。

（1）档案文件名

通过单击图 9-11 中的"浏览"按钮，可以选择要压缩的文件保存在磁盘上的具体位置和名称。

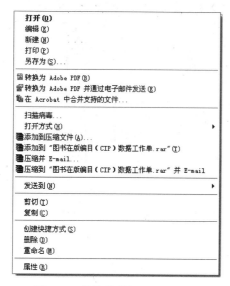

图 9-10　快捷菜单打开 WinRAR

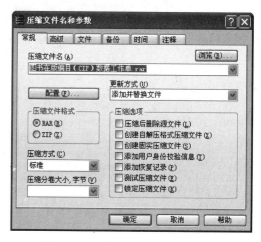

图 9-11　"压缩文件名和参数"窗口

（2）配置

这里的配置是指根据不同的压缩要求选择不同的压缩模式。不同的模式会提供不同的配置方式（自动配置图 9-11 中的各个选项）。单击图 9-11 中的"配置"按钮，则在按钮下方出现一个扩展的画面（如图 9-12 所示的方框内），方框内的菜单项分成两部分，上面两个菜单项用作配置的管理，下面5 个菜单选项分别是不同的配置。比较常用的是"默认配置"和"创建 1.44MB 压缩卷"。图 9-11 所示的就是"默认配置"的画面。

（3）档案文件类型

选择生成的压缩文件是 RAR 格式（经WinRAR 压缩形成的文件）或 ZIP 格式（经WinZip 压缩形成的文件）。

（4）更新方式

该项一般用于以前曾压缩过的文件，现在由于更新等原因需要再压缩时的选项。

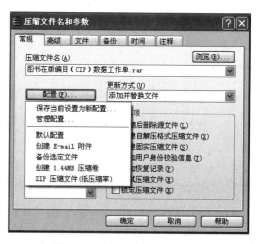

图 9-12　"配置"按钮中的选项

（5）存档选项

存档选项组中最常用的是"存档后删除原文件"和"创建自释放格式档案文件"。前者是在建立压缩文件后删除原来的文件；后者是创建一个.exe 可执行文件，以后解压缩时，可以脱离 WinRAR 软件自行解压缩。

（6）压缩方式

是对压缩比例和压缩速度的选择，由上到下压缩比例越来越大，但速度越来越慢。

（7）分卷，字节数

当压缩后的大文件需要用几张软盘存放时，就要选择压缩包分卷的大小，一般 3.5 寸软盘选择的字节数是 1457664。

（8）档案文件的密码设置

用户有时对压缩后的文件有保密的要求，只要选择图 9-11 中的"高级"选项卡，就出现如图 9-13 所示的窗口。单击"设置密码"按钮，弹出如图 9-14 所示的窗口，设置完成后单击"确定"按钮。对于设置了密码的压缩文件，需要给出正确的密码才能解压缩。

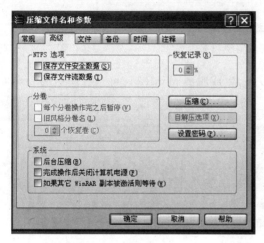

图 9-13 "高级"选项卡　　　　　　　　　　图 9-14 设置密码

2. 解压缩文件的方法

方法 1：在压缩文件名上右击后，会出现如图 9-15 中用圆圈标注的选项，用户只要选择"解压文件"就可以进行解压缩了。选择"解压文件"后，会弹出如图 9-16 所示的窗口，其中"目标路径"指的是解压缩后的文件存放在磁盘上的位置。"更新方式"和"覆盖方式"是在解压缩文件与目标路径中的文件同名时的一些处理选择。

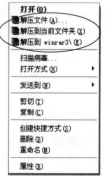

方法 2：双击压缩文件，就会出现 WinRAR 的主界面，如图 9-17 所示。图中，下部窗格内显示的是压缩文件中所包含的原文件，窗口上部显示的是 WinRAR 软件界面中的一组快捷工具按钮。单击"解压到"按钮后，接下来的操作步骤与方法一相同。

在图 9-17 中，单击"添加"按钮，就可以向压缩包　图 9-15　快捷菜单中的解压缩命令

图 9-16 "解压路径和选项"窗口

增加需压缩的文件;单击"自解压格式"按钮,生成脱离 WinRAR 可自行解压的.exe 可执行文件。

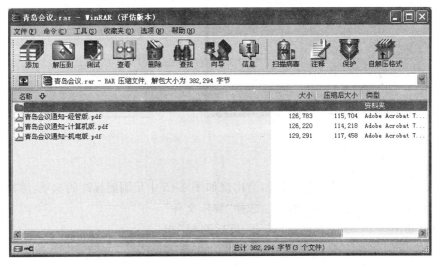

图 9-17 WinRAR 的主界面

习　　题

一、选择题（只有一个正确答案）

1. 在计算机领域中,媒体是指(　　　)。

   A. 表示和传播信息的载体　　　　B. 各种信息的编码

   C. 计算机的输入/输出信息　　　　D. 计算机屏幕显示的信息

2．多媒体信息不包括（　　）。

　　A．音频、视频　　　　B．文字、动画　　　　C．声卡、解压卡　　　D．声音、图形

3．根据国际电信联盟下属的 CCITT 组织对计算机多媒体的定义，键盘、话筒、显示器、音箱属于（　　）。

　　A．输入设备　　　　B．传输媒体　　　　C．表现媒体　　　　D．表示媒体

4．下面各组设备中，（　　）均属于存储媒体。

　　A．软盘、打印机、扫描仪　　　　　　　　B．光盘、软盘、磁带

　　C．磁盘、磁带、音箱　　　　　　　　　　D．显示器、键盘、硬盘

5．用来将信息从一台计算机传送到另一台计算机的通信线路属于（　　）。

　　A．存储媒体　　　　B．表示媒体　　　　C．传输媒体　　　　D．感觉媒体

6．以下是关于超媒体的描述，（　　）是不正确的。

　　A．超媒体可用于建立一个功能强大的应用程序的"帮助"系统

　　B．超媒体可以包含文字、图形、声音、动态视频等

　　C．超媒体的信息只能存放在某一台计算机中

　　D．超媒体采用一种非线性的网状结构来组织信息

7．以下（　　）不是多媒体技术的基本特征。

　　A．数字化　　　　B．实时性　　　　C．娱乐性　　　　D．综合性

8．多媒体计算机系统由（　　）组成。

　　A．计算机系统和各种媒体

　　B．多媒体计算机硬件系统和多媒体计算机软件系统

　　C．计算机系统和多媒体输入/输出设备

　　D．计算机和多媒体操作系统

9．下面关于多媒体系统的描述中，（　　）是不正确的。

　　A．多媒体系统是对文字、图形、声音、活动图像等信息及资源进行管理的系统

　　B．多媒体系统的最关键技术是数据的压缩和解压缩

　　C．多媒体系统只能在微型计算机上运行

　　D．多媒体系统也是一种多任务系统

10．具有多媒体功能的微型计算机系统，通常都配有 CD-ROM，这是一种（　　）。

　　A．只读存储器　　　　　　　　　　　　　B．只读大容量软盘

　　C．只读硬盘存储器　　　　　　　　　　　D．只读光盘存储器

11．在普通 PC 机上添加（　　），再配置支持多媒体的操作系统，即可升级为一台多媒体计算机。

　　A．绘图仪和调制解调器　　　　　　　　　B．声卡和光驱（CD-ROM）

　　C．音箱和打印机　　　　　　　　　　　　D．激光打印机和扫描仪

12．使用装有 Windows 系统的 PC 机欣赏音乐，必须有硬件（　　）。

　　A．多媒体声卡　　　B．CD 播放器　　　C．媒体播放器　　　D．录音机

13．使用 16 位二进制表示声音要比使用 8 位二进制表示声音的效果（　　）。

　　A．噪音小，保真度高，音质好　　　　　　B．噪音大，保真度低，音质差

C. 噪音大,保真度高,音质好　　　　D. 噪音小,保真度低,音质差

14. 声音信号的数字化过程有采样、量化和编码三个步骤,其中第二步进行的是( )转换。

　　　A. A/A　　　　B. A/D　　　　C. D/A　　　　D. D/D

15. 使用数字波形法表示声音信息时,采样频率越高,则数据量( )。

　　　A. 越小　　　　B. 恒定　　　　C. 越大　　　　D. 不能确定

16. 我们使用 CD-ROM 向光盘存入数据时,计算机常提示错误。其原因为( )。

　　A. 光盘写保护口未打开

　　B. 光盘已写满

　　C. 只能读取数据

　　D. 计算机软件系统不稳定而出现的异常错误

17. WinRAR 不能制作( )格式的压缩文件。

　　　A. .Cab　　　　B. .Exe　　　　C. .Rar　　　　D. .Zip

18. 多媒体的超文本类型称为( )。

　　　A. 超媒体　　　　B. 超链接　　　　C. 动画　　　　D. 超文本标记语言

19. 在多媒体计算机系统中,CD-ROM 属于( )。

　　　A. 感觉媒体　　　B. 表示媒体　　　C. 表现媒体　　　D. 存储媒体

20. 在计算机内存储和交换文本使用( )方式。

　　　A. 矢量　　　　B. 位图　　　　C. 编码　　　　D. 像素

21. 计算机中的声音和图形文件比较大,对其进行保存时一般要经过( )。

　　　A. 拆分　　　　B. 部分删除　　　C. 压缩　　　　D. 打包

22. 要设置操作系统中的声音事件,应在控制面板中双击( )图标。

　　　A. 声音　　　　B. 系统　　　　C. 显示　　　　D. 声音和多媒体

23. Windows 中内置的多媒体软件在( )中。

　　A. 资源管理器中　　　　　　　　B. 附件

　　C. 我的电脑　　　　　　　　　　D. 我的文档

24. 使用 Windows"附件"中的录音机可以将几个声音混合起来制作特殊的声音效果,方法是利用录音机中的( )菜单中的"插入文件"和"与文件混音"功能。

　　　A. "编辑"　　　　B. "文件"　　　C. "效果"　　　D. "设置"

25. 用 Windows"附件"中的画图软件绘图时,要确定画布的大小,可单击"图像"菜单中的( )命令进行设置。

　　　A. "缩放"　　　B. "页面设置"　　　C. "属性"　　　D. "清除图像"

26. 在多媒体技术标准中,MPEG 被称为( )。

　　A. 超媒体/时基结构语言

　　B. 多媒体和超媒体信息的编码表示法

　　C. 连续色调静态图像的数字压缩和编码

　　D. 动态图像和伴随声音的编码

27. 压缩为自解压文件的扩展名为( )。

　　　　A. .txt　　　　　B. .doc　　　　　C. .dat　　　　　D. .exe

28. 用户常常在计算机上使用 Photoshop 软件来进行（　　）。

　　　A. 动画制作　　　B. 文字处理　　　C. 图形图像处理　　D. 声音制作

29. Windows 所使用的动态图像格式文件为（　　），可以直接将声音和影像同步播出，但所占存储空间较大。

　　　A. .avi　　　　　B. .mpg　　　　　C. .asf　　　　　D. .wav

30. 媒体播放机程序（　　）。

　　　A. 只能播放 WAV 文件

　　　B. 只能播放 WAV 文件和 MIDI 文件

　　　C. 只能播放 WAV 文件、MIDI 文件和 CD 唱盘

　　　D. 能播放 WAV 文件、MIDI 文件和 AVI 文件

31. 声音的数字化过程,就是周期性地对声音波形进行（　　）,并以数字数据的形式存储起来。

　　　A. 模拟　　　　　B. 采样　　　　　C. 调节　　　　　D. 压缩

32. 对于主要由直线和弧线等线条组成的图形,由于直线和弧线比较容易用数学方法表示,因此图形多用（　　）图像表示。

　　　A. 位图　　　　　B. 矢量　　　　　C. 代码　　　　　D. 模拟

33. 下列文件格式中,能够用 Windows 录音机处理的是（　　）。

　　　A. MP3 文件　　　B. RA 文件　　　C. CDA 文件　　　D. WAV 文件

34. 如果一个像素用 8 位来表示,则该像素点可表示（　　）种颜色。

　　　A. 16　　　　　　B. 64　　　　　　C. 256　　　　　　D. 125

35. 下列视频播放软件中,Windows 系统自带的是（　　）。

　　　A. RealPlayer　　　　　　　　　B. Windows Media Player

　　　C. Premiere　　　　　　　　　　D. 超级解霸

36. 使用录音机录音的过程就是（　　）的过程。

　　　A. 模拟信号转变为数字信号　　　B. 把数字信号转变为模拟信号

　　　C. 把声波转变为电波　　　　　　D. 声音复制

37. MIDI 是一种数字音乐的国际标准,MIDI 文件存储的是（　　）。

　　　A. 乐谱　　　　　B. 波形　　　　　C. 指令序列　　　D. 以上都不是

38. MIDI 文件的重要特色是（　　）。

　　　A. 占用存储空间少　　　　　　　B. 乐曲的失真度小

　　　C. 读写速度快　　　　　　　　　D. 修改方便

39. MPEG 是一种（　　）。

　　　A. 静止图像的存储标准　　　　　B. 音频、视频的压缩标准

　　　C. 动态图像的传输标准　　　　　D. 图形国家传输标准

40. 若对声音以 22.05kHz 的采样频率、8 位采样深度进行采样,则 10 分钟双声道立体声的存储量为（　　）字节。

　　　A. 26460000　　B. 441000　　　C. 216000000　　D. 108000000

二、 操作题

1. 使用录音机录制一首古诗："床前明月光,疑是地上霜。举头望明月,低头思故乡。"并播放,然后配上背景音乐。将录制的内容命名为 TEST1. WAV 的文件,并保存在"多媒体素材"文件夹中。

2. 请查看你所用的计算机上是否安装有声卡;若有,请将声卡的型号写入一个文本文件。

3. 用"画图"程序绘制一幅图画,画面主题和内容自己拟定。将图画命名为 TEST2. JPG 的文件,并保存在"多媒体素材"文件夹中。

4. 用 Windows Media Player 播放视频文件:打开"多媒体素材"目录中的"行胜于言. AVI"文件进行播放。

5. 使用 WinRAR 软件对"多媒体素材"目录中的所有文件进行压缩,要求设置密码,并要求压缩为自释放格式,然后在桌面上进行解压缩。

参 考 文 献

1　全国高校网络教育考试委员会办公室.计算机应用基础(2010 年修订版).北京:清华大学出版社,2010

2　卢湘鸿.计算机应用基础(第 5 版).北京:清华大学出版社,2007

3　刘腾红,宋克振等.计算机应用基础.北京:清华大学出版社,2009

4　徐贤军,魏惠.中文版 Office 2003 实用教程.北京:清华大学出版社,2009

5　张胜涛.中文版 PowerPoint 2003 幻灯片制作实用教程.北京:清华大学出版社,2009

6　谭浩强.计算机网络应用技术教程(第 3 版).北京:清华大学出版社,2009

7　徐祥征,龚建萍.Internet 应用基础教程(第 2 版).北京:清华大学出版社,2009

8　李维杰,徐帆.多媒体技术及应用简明教程.北京:清华大学出版社,2009